U0205968

华政·城市与公共安全译丛

HANDBOOK ON CLIMATE CHANGE AND HUMAN SECURITY

气候变化与人类安全手册

〔英〕迈克尔·R.雷德克利夫特
（Michael R. Redclift）
〔意〕马尔科·格拉索
（Marco Grasso）

编著

邵明波——译

社会科学文献出版社
SOCIAL SCIENCES ACADEMIC PRESS (CHINA)
SSAP

作者简介

卡伦·比克斯塔夫（Karen Bickerstaff），英国埃克斯特大学地理系

汉斯·金特·布劳赫（Hans Günter Brauch），联合国大学环境与人类安全研究所（UNU‒EHS），德国

西蒙·多尔比（Simon Dalby），加拿大滑铁卢大学巴尔西利国际事务学院

盖伊·爱德华兹（Guy Edwards），美国布朗大学环境研究中心

朱塞佩·费奥拉（Giuseppe Feola），英国雷丁大学地理与环境科学系

德斯·加斯珀（Des Gasper），荷兰鹿特丹伊拉斯姆斯大学国际社会研究所，海牙

尼尔斯·彼得·格莱迪奇（Nils Petter Gleditsch），挪威奥斯陆和平研究所（PRIO），挪威科技大学（NTNU）

马尔科·格拉索（Marco Grasso），意大利米兰比可卡大学社会学与社会研究系

C. 迈克尔·霍尔（C. Michael Hall），新西兰坎特伯雷大学管理、市场营销与创业系；芬兰奥卢大学地理系

埃玛·欣顿（Emma Hinton），英国南安普顿大学第三部门研究中心

克里斯蒂安·D. 克洛斯（Christian D. Klose），美国纽约地质灾害咨询集团

迈克尔·梅森（Michael Mason），英国伦敦政治经济学院地理与环境系

理查德·马修（Richard Matthew），美国加利福尼亚大学尔湾分校非常规安全事务中心和规划、政策与设计系

朗希尔德·诺达斯（Ragnhild Nordås），挪威奥斯陆和平研究所（PRIO）

马克·纳托尔（Mark Nuttall），加拿大阿尔伯塔大学人类学系，丹麦格陵兰大学，格陵兰气候研究中心

厄休拉·奥斯瓦尔德·斯普林（Ursula Oswald Spring），墨西哥国立自治大学区域多学科研究中心

迈克尔·R. 雷德克利夫特（Michael R. Redclift），英国伦敦国王学院

埃利塞·雷姆林（Elise Remling），瑞典斯德哥尔摩环境研究所

杰西·里沃特（Jesse Ribot），美国伊利诺伊大学地理系

J. 蒂蒙斯·罗伯茨（J. Timmons Roberts），美国布朗大学环境研究中心和社会学系

于尔根·谢夫兰（Jürgen Scheffrom），德国汉堡大学地理研究所

戴维·西蒙（David Simon），英国伦敦大学皇家霍洛威学院地理系

沙拉特·斯里尼瓦桑（Sharath Srinivasan），英国剑桥大学国王学院政治与国际研究系（POLIS）

史蒂夫·范德海登（Steve Vanderheiden），美国科罗拉多大学博德分校，澳大利亚查尔斯特大学应用哲学与公共伦理研究中心（CAPPE）

伊丽莎白·E. 沃森（Ehizabeth E. Watson），英国剑桥大学地理系

克里斯蒂安·韦伯西克（Christian Webersik），挪威阿哥德大学发展研究系

目 录
Contents

引言　碳时代的人类安全

………… 迈克尔·R. 雷德克利夫特，马尔科·格拉索 / 001

第一部分　问题的提出：气候变化与人类安全

第一章　气候变化进入人类安全议题 ………………… 西蒙·多尔比 / 019

第二章　气候变化研究中人类安全方法的要素和价值贡献

……………………………………… 德斯·加斯珀 / 039

第三章　IPCC、人类安全、气候变化与冲突之间的关系

………… 朗希尔德·诺达斯，尼尔斯·彼得·格莱迪奇 / 067

第四章　气候变化中人类安全的空间、时间和范围

……………………………………… 理查德·马修 / 091

第二部分　气候变化背景下人类安全的决定因素

第五章　气候变化背景下人类安全的环境决定因素

……………………………………… 戴维·西蒙 / 117

第六章　气候变化背景下人类安全的社会维度

………………… 于尔根·谢弗兰，埃利塞·雷姆林 / 142

第七章　脆弱性并非从天而降：迈向多层面的利于穷人的气候政策

　　　　…………………………………………… 杰西·里沃特 / 170

第八章　灾难与人类安全：海地和多米尼加共和国的自然灾害
　　　　和政治不稳定

　　　　………… 克里斯蒂安·韦伯西克，克里斯蒂安·D. 克洛斯 / 210

第三部分　气候变化和人类安全的地区视角

第九章　气候变化对拉丁美洲和加勒比地区人类安全的影响

　　　　…… 厄休拉·奥斯瓦尔德·斯普林，汉斯·金特·布劳赫，

　　　　　　　　　　盖伊·爱德华兹，J. 蒂蒙斯·罗伯茨 / 237

第十章　地中海地区的人类安全和气候变化

　　　　………………………… 马尔科·格拉索，朱塞佩·费奥拉 / 267

第十一章　气候变化与北极地区的人类安全

　　　　　………………………………………… 马克·纳托尔 / 295

第十二章　非洲的气候变化与人类安全

　　　　　………… 沙拉特·斯里尼瓦桑，伊丽莎白·E. 沃森 / 319

第四部分　应对气候变化对人类安全的威胁

第十三章　气候变化与人类安全：个人和社区的应对

　　　　　…………………………………… C. 迈克尔·霍尔 / 355

第十四章　气候变化、人类安全和建筑环境

　　　　　………………………… 卡伦·比克斯塔夫，埃玛·欣顿 / 382

第十五章　气候变化与人类安全：国际治理架构、政策与法律依据

　　　　　………………………………………… 迈克尔·梅森 / 405

第十六章　应对气候变化加强人类安全的人权方法

　　　　　………………………………………… 史蒂夫·范德海登 / 426

索　引 …………………………………………………………… 447

图目录

图 6 - 1 气候变化因素超出临界值后的理想应对范围以及如何
构建新的应对范围以减少对气候变化的脆弱性 ……… 147

图 7 - 1 影响分析 ……………………………………………… 186

图 7 - 2 脆弱性分析 …………………………………………… 187

图 7 - 3 识别造成脆弱性的最主要原因 …………………… 197

图 7 - 4 识别并汇总造成脆弱性的多重原因 ……………… 197

图 8 - 1 1960 ~ 2009 年海地受气象灾害影响时期的经济增长和受影响
总人数 ……………………………………………… 218

图 8 - 2 1960 ~ 2009 年多米尼加共和国受气象灾害影响时期的
经济增长和受影响总人数 ………………………… 219

图 8 - 3 1960 ~ 2009 年海地和多米尼加共和国的经济增长 ……… 219

图 8 - 4 1850 ~ 2008 年政治体制特征，从专制（－）到民主（＋）… 226

图 8 - 5 1973 ~ 2008 年多米尼加共和国的政权更迭、风暴和地震
造成的死亡人数 …………………………………… 229

图 8 - 6 1973 ~ 2008 年海地的政权更迭、风暴和地震造成的
死亡人数 …………………………………………… 230

图 9 - 1 2007 年普遍脆弱性指数 …………………………… 243

图 9 - 2 1970 ~ 2010 年美洲自然灾害数量和受害者数量 ……… 245

图 10 - 1 MR 国家的经济（a）、社会（b）、制度（c）和环境（d）
指标分布 …………………………………………… 280

图 13 - 1 气候变化、人类安全和可持续发展的多层级性 ………… 361

表目录

表 2 – 1　人类安全话语特征 ………………………………………… 046

表 2 – 2　对明确采用人类安全主题的国家和地区的人类发展
　　　　　报告的分类 ……………………………………………… 051

表 8 – 1　伊斯帕尼奥拉岛自然灾害和社会经济数据时空分布 ……… 217

表 8 – 2　18 世纪以来海地（H）和多米尼加共和国（DR）的主要地震和
　　　　　热带风暴/飓风、政治背景和社会经济情况 　 224

表 9 – 1　拉丁美洲和加勒比地区基本数据 ………………………… 246

表 10 – 1　欧洲南部、中东和北非环境和社会变化趋势总结 ……… 269

表 10 – 2　地中海地区的环境脆弱性指数、全球化指数与和平指数 … 273

表 10 – 3　本研究中使用的指标与三个相关框架之间的对应关系 …… 276

表 10 – 4　24 个 MR 国家的相关指数及指标值 …………………… 277

表 10 – 5　生成的聚类（2 分类选项和 3 分类选项） ……………… 281

表 10 – 6　不同聚类国家相关指标的均值和方差 ………………… 282

表 13 – 1　生态本体论 ……………………………………………… 359

表 13 – 2　理解决策制定和行为改变的方法 ……………………… 366

表 14 – 1　参与者概况 ……………………………………………… 387

引 言

碳时代的人类安全

迈克尔·R. 雷德克利夫特，马尔科·格拉索

综观人类历史，个人和社会一直面临着环境变化的威胁。如今这些风险被进一步放大：事实上，有广泛的证据表明气候变化正日益对自然和人类社会造成巨大影响（IPCC，2007），严重威胁世界上绝大多数人口的安全（本手册的第三部分检验了气候变化对世界上一些最敏感地区人类安全的影响）。地球科学认为，我们正处于**人类世**（Crutzen，2002），人类正在经历气候变化的时代，这是一种全球性的复杂现象，有可能破坏自然和社会系统的稳定性，并最终影响人类安全（Scheffran and Remling，本手册）。因此，在介绍本手册时，我们首先需要简要地从历史和文化的角度探讨人类安全与气候变化之间的关系。

早期的讨论认为我们正接近资源能力的极限，以此为背景，人们开始讨论人类安全和气候变化。20 世纪 70 年代的资源短缺被认为是经济进一步增长和发展的瓶颈。因此，资源保护论认为通过保护资源能够实现自然资源约束下的经济增长，这基本上是 20 世纪 70 年代初 "增长的极限" 的主张（Meadows，1972）。与此同时，现有的经济增长水平被视为对环境和资源的威胁，有学者提出经济活动破坏了我们赖以生存的生物圈资源，形成了恶性循环。

第一种观点——保护资源有助于必要的经济增长——该观点不被支持的部分原因是它导致了能源价格高企（20 世纪 70 年代石油价格大幅提高）。随着碳氢化合物变得相对便宜，绿色革命在扩大粮食品种以应对人口增长方面的主张逐步得到认可，马尔萨斯（Malthus）的人口论不再受到

2

追捧，即人口增长超过了资源的承受极限。南方国家的经济发展动力（出自勃兰特委员会1980年报告）被一系列事件所取代：起初是20世纪80年代的债务危机、结构调整计划，接下来是复苏后市场管制的放松、政府的退出，最终许多新兴发展中国家的经济获得了较高增长水平，尤其是人口规模大的亚洲经济体。

"可持续发展"理念的巧妙之处在于几乎每个经济主体都能参与进来，因此很少有反对意见（Redclift，1987）。通过放松管制和新自由主义上台（即华盛顿共识，一个没有征询过大多数人的"共识"）所释放出来的机制，成为寻求可持续发展的政策工具，主要通过以下两种形式。

第一种形式是通过把环境的外部性内化在产品或服务中，即"生态现代化"。这被欧盟视为一项竞争策略，尤其是使欧洲获得相对于美国和其他新晋竞争对手的竞争优势。大体上，首先计算内化到产品中的碳使用量，然后考虑如何降低能源和材料的投入，通过降低能源成本（在碳氢化合物价格上涨的背景下）和减少环境破坏来实现"双赢"。贸易安排也要考虑"隐含碳"（embodied carbon）。20世纪90年代，欧盟很多干预政策促进了"隐含碳"对国际贸易的影响。

第二种形式是通过发展碳交易市场，使产业内部与（更重要的）国家之间都发生转变。碳交易市场给企业家带来新的机遇和挑战，政府干预相对较少。因此，与"碳税"等其他干预措施不同，碳交易市场在自由市场经济和环境保护支持者中很受欢迎。然而，还存在几个棘手问题没有引起重视：当市场下行、碳价格大幅下跌时会发生什么？将碳依赖观念制度化，如果碳交易主要以负面（如污染）而非积极的方式进行，将会有什么影响？在碳交易受到广泛支持的情况下，对于把碳交易作为解决污染问题的方法，潜在的反对意见尚未成熟。从2013年开始，这些反对声音因政策干预而有所减弱：欧盟减少了碳排放许可证的发放，以确保其价格上涨而不是下降。

对于通过市场机制解决污染问题，政府的态度从不置可否开始有所转变，这些转变主要体现在保护生物多样性的国际努力中。生物多样性制度在《生物多样性公约》（1992年）和《卡塔赫纳生物安全议定书》（2000年）中有所表述。这表明关注的焦点从因丧失物种多样性而失去复杂的生态系统，转向保护遗传的多样性，其中主要获益者是制药业和农业（Paterson，2009），而且更难以察觉的转变是从自然保护转向自然商品化。对后者的反对声音来自一些团体——主要是非政府组织——它们认为边缘化人群同样拥有权利，但是政府和制药业忽略了这一点。然而，业界游说团体赢得了大部分意识形态斗争的胜利，他们坚持基因库的先位保护应该等同于生态系统的原位（in situ）保护。

最后，如果我们还继续以发展的生物学来隐喻，建立新自由市场的同时关注环境（资本主义要解决的必然矛盾），事后看来这可能是一种管理上的衰退。① 一种更为主流的观点认为，这样的组合解决了系统失灵，甚至可能产生一种充满活力（几乎难以察觉）的轻物质资本（Lovins et al.，2000）。

经济的快速增长、全球消费和碳排放的大幅增加，都与环境问题有关联。寄希望于通过市场和技术解决环境问题，势必会受到各种事件的挑战。

金融危机的爆发源于银行家和金融管理者的贪婪，再加上几乎不受监管的信贷助推——不是因为低利率，而是因为房产（特别是美国、英国、西班牙和爱尔兰）价格虚高。次级贷款和借款结合无效的监管，使人们只看到自己的资产，忽视了抵押品和负债水平。政治上，这些被兜售为信贷权而不是债权。金融危机的爆发证明这是不可持续的。

然而，对正在快速消失的绿色议程的政策回应也是敷衍了事，并没有以有效的干预措施来支撑绿色议程的说辞（如新的绿色投资在尝试解决金融危机中的作用微乎其微）。当前大量的研究表明，金融衰退影响人口迁移和贫困。

另一个加速发展的方法是跨国采购粮食、矿物和其他资源。资本国际流动和资源安全方面的需要导致一些海湾国家加快对土地和矿产的跨国收购，这主要发生在非洲。相比完全依赖贸易关系（经济衰退期间的贸易合同）来满足其国内资源短缺，获取土地、水资源、粮食通过虚拟水（**virtual** 4

---

① "管理上的衰退"，该表述来自格雷厄姆·伍德盖特（Graham Woodgate），扩展了有机生长和发展的生物学隐喻，这意味着逐步放弃通过控制碳氢化合物的使用实现可持续发展目标。

water）的优势更加明显，尤其是在其地缘政治的影响范围内。将土地转为大豆等作物种植已经改变了国际粮食与土地的失衡。

这篇对"碳时代"政治和经济背景的简要介绍表明，以市场为基础、以化石燃料为中心的社会经济体系，正在引发全球气候变化，严重威胁我们的地球以及其他资源的退化。同时，人类社会及其环境被束缚在一系列的复杂关系中，其中碳的使用和依赖是这些关系的中心。欧洲和北美最近发生的金融危机①和推行的紧缩措施只是凸显了人类社会和自然的脆弱性、相互依存关系。我们认为，人类安全这一概念是解开碳时代与自然和社会经济系统之间根深蒂固的多层次联系的切入点，也是了解碳时代与气候变化之间矛盾关系的关键切入点。

一　手册的适用范围和目标

从高度依赖碳氢化合物的碳时代迈向更绿色的全球经济的过程中，厘清气候变化和人类安全之间的关系至关重要。然而，除了对自然和社会系统造成大规模破坏的危险之外，气候变化与人类安全之间难以建立起其他的互动关系（Dalby，本手册）。这一方面是因为气候变化所带来的危险不确定，另一方面是因为气候变化背景下与气候变化相关的人类安全概念有些模糊且存在争议。本手册的总体目标是在不同层面、从不同视角阐明第二个问题：人类安全与气候变化之间错综复杂的联系。人类安全的主要特征是注重人类社会的核心价值及其在时间上的连续性。这也是人类安全与传统安全概念的主要区别，而传统安全概念是基于使用武力来防御对独立自主和领土完整的威胁。

人类安全观点最早兴起于 20 世纪 60 年代，作为对安全和发展的传统范式日益不满的回应。然而，直到 20 世纪 90 年代初，经过联合国开发计划署（UNDP）的努力该观点才以一种结构化的方式被引入。1994 年 UNDP 的《人类安全报告》（*Report on Human Security*）强调了人类安全的本

---

① 这里指的是爆发于 2007 年 4 月的美国次级抵押贷款危机。——译者注

质属性：以人为中心性、普遍性、构成要素的相互依赖性和预防性，同时还提出了全球关注的七个领域：经济、粮食、卫生、环境、个人、社区和政治。此外，报告还对"人类安全"概念提出了两层定义："第一，安全意味着免于饥饿、疾病和压迫等长期威胁。第二，安全意味着保护人们的日常生活方式不受突然和有害的干扰。"（UNDP，1994：23）

事实上，联合国和联合国系统下属机构、各国政府以及学术文献对人类安全的定义提出了许多版本。尽管定义的边界模糊并且还存在争议，但是人们几乎一致认为，人类安全的定义需要关注个人和社区的需求和权利并优先予以考虑，整合不同的驱动因素，表达对正义的关切。此外，人们普遍认为，人类安全取决于一系列相互关联的因素（如政治自由、权利、经济平等），其中气候变化不一定是最相关的（Simon，本手册；Scheffran and Remling，本手册）。比如，人类安全可能受到全球进程的威胁，这些进程相互独立但协同作用，如全球环境变化与全球化（Oswald Spring et al.，本手册）。总而言之，人们认识到人类安全与环境和社会变迁有关，而环境和社会变迁本身与几个因素密不可分：生态（地理）和政治（制度）背景、权利和资源分配（Vanderheiden，本手册）以及对资产的控制和使用（Bickerstaff and Hinton，本手册）。这些介导因素的相对重要性又取决于具体的区域和社区特点。

事实上，人类安全具有很强的层面性（Matthew，本手册），并常常最先在社区或地方层面被观察到（Hall，本手册）。因此，人类安全这一概念的起源还是需要实现从国家到个人及社区的转变（Gasper，本手册），尽管民族国家在确定人类安全的条件层面，可以在多种方式上发挥调节作用（例如 Nordås and Gleditsh，本手册；Mason，本手册）。例如，在地中海地区很多影响人类安全的进程都发生在国家层面（比如"阿拉伯之春"），并且引发对民族国家自身角色的质疑，例如与外来移民的关系处理（Grasso and Feola，本手册）。

尽管理性区分影响人类安全的环境和社会因素很重要，但理解它们之间的密切关联同样重要，对人类安全的威胁往往来自这些驱动因素在特定环境中的相互作用（Dalby，本手册）。最好的例子就是人类行为所造成的气候变化。事实上，正如本手册一再强调的那样，气候动态主导的环境变化与社会和制度环境的变化相互作用，这些因素可能共同影响人类安全。需要指出的是，由于气候变化广泛而全面的冲击性，可将其视为威胁倍增器（Matthew，本手册；Srinivasan and Watson，本手册），因为它与影响人类安全的其他因素之间存在潜在的相互作用。例如，气候变化被认为与暴力冲突有关，尽管缺乏证据，因为有几项研究没有证实这种联系（Nordås and Gleditsch，本手册）。气候变化也与人口迁移有关（例如 Nuttall，本手册），人口迁移往往由一系列密切相关的因素共同导致，包括人口（如人口过剩）、经济（如失业）和政治（如冲突，以及自由和人权的缺乏）等（Ribot，本手册）。

总的来说，气候变化下人类安全的未来取决于当地和全球环境、社会经济和政治制度进程的相互作用。本手册的主要目标是了解这些社会进程与人类安全和气候变化的复杂相互作用，以及所涉及的各个层面、各种问题和不同地点。本手册汇集了著名学者的见解，他们首先探讨了气候变化与人类安全之间的双向关系，分析了气候变化中人类安全的决定因素，对关键领域进行充分研究，同时，本手册还考察了社会对气候变化挑战的应对方式。本手册主要面向人类发展、气候与发展政策以及全球环境政策/政治领域的学者和决策者，旨在跨越学术界和公共政策领域之间的鸿沟。

本手册主要分为四个主题。其一，试图系统化地分析气候变化与人类安全之间的关系；其二，研究气候变化背景下人类安全的决定因素；其三，聚焦于一些极度脆弱地区，研究那里的人类安全与气候变化：如拉丁美洲和加勒比、地中海、北极以及非洲；其四，本手册总结了一些关键的社会对策，以限制气候变化对人类安全的不利影响。

二 手册概述

第一部分"问题的提出：气候变化与人类安全"，深入探讨了人类安全概念的演变以及气候变化作为人类安全问题的出现，并对人类安全与气候变化所涉及的一些重要概念进行了较为详细的考察。由于气候变化依然属于传统安全问题，后续章节的论述聚焦于安全维度。在为本手册的其余部分奠定基础时，第一部分扩大了分析范围，以界定气候变化背景下与人类安全相关的变化进程及其时空范围。

在第一章"气候变化进入人类安全议题"中，西蒙·多尔比提出了一个广义的概念分析，为整个手册奠定了基础，涵盖了人类安全及其与气候变化关系中许多非常具有争议的问题。特别是，作者阐述了在应对气候变化时从纯粹的环境安全视角转向更注重发展的视角。他提出了安全概念的历史，回顾了埃玛·罗斯柴尔德（Emma Rothschild）总结的 20 世纪 80 年代和 90 年代早期安全概念的扩展，探讨了 UNDP 和人类安全委员会（Commission on Human Security，CHS）对人类安全的构想。多尔比继续强调，人类安全与气候变化之间的联系既需要了解人们的脆弱性和造成这种脆弱性的原因，也需要参与讨论国际保护的责任准则，这些准则要求各国政府有义务保护其人民。多尔比还认为，气候变化中的人类安全或者气候安全，除了免于匮乏的自由、免于恐惧的自由和过有尊严的生活的能力外，还取决于免受灾害影响的自由，这涉及同代人之间以及代际公平的争论。最后，多尔比提出一个重要问题，即在瞬息万变的时代里实施人类安全的权威来自哪里。事实上，人类安全对政治权威的传统假设提出挑战，明确提出构建新的政治秩序的迫切需求。

在第二章"气候变化研究中人类安全方法的要素和价值贡献"中，德斯· 8 加斯珀深入分析了气候变化中人类安全的一些重要问题。他首先从孟加拉国的一个案例开始，然后分析人类安全话语的一些特征：（1）谁的安全？（2）什么（哪些价值/哪些部门）的安全？（3）谁来提供？（4）谁来感知安全？（5）针对哪些威胁的安全？接着，加斯珀讨论了人类安全在气候变化研究中的应用及潜在价值贡献。特别是，人类安全方法有助于深化对连通性和连锁反应的理解，这种理解能更好地认识气候变化问题。人类安全分析促进了通过关心"遥远的他人"的生活和感受以及全球互联互通，增强对他人困难的同情和关注。最后，就人类对共同弱点、利益和人道关怀的看法，人类安全可以支持全球可持续发展所需的变革。

在第三章"IPCC、人类安全与气候冲突之间的关系"中，朗希尔德·

诺达斯和尼尔斯·彼得·格莱迪奇（Ragnhild Nordås and Nils Petter Gleditsch）将联合国政府间气候变化专门委员会（Intergovernmental Panel on Climate Change，IPCC）定义为气候变化和人类安全的辩论的主要议程制定者。然而，有趣的是，IPCC 的评估报告不仅将气候变化视为对人类安全的挑战，还将其视为狭义的武装冲突。诺达斯和格莱迪奇仔细研究了《第三次评估报告》和《第四次评估报告》，指出这两倍报告如何处理气候与冲突之间的关系，并为进一步提出主张提供了明确的实证基础。总的来说，他们发现将气候变化和冲突联系起来要非常谨慎，特别是在《第四次评估报告》中。《第四次评估报告》的非洲一章对这一问题给予了更多的关注，这一章对冲突的引证比其他章节都多。作者进一步指出，IPCC 并没有充分完成其在气候变化和冲突方面的使命。部分原因是当时的气候冲突文献有限，但主要是在评估论证和咨询这一特定问题的相关专家方面，缺乏系统的标准。总而言之，与其他气候变化相关问题的科学分析相比，气候变化与冲突之间的联系既没有得到很好的讨论也没有得到充分的证实。不过 IPCC 有望在 2014 年出版的《第五次评估报告》中更直接地解决安全问题。事实上，IPCC 第二工作组的报告包含关于人类安全的专门章节，其中有一节是关于冲突的。

在第四章"气候变化中人类安全的空间、时间和范围"中，理查德·马修首先讨论了普遍叙事和特殊叙事，然后考察了气候变化和人类安全的叙事，并探讨了气候变化和人类安全之间不同程度的联系。本章提出了一个问题，即为什么这些引人注目的、基于经验的、涉及面广的叙述没有得到全球关注。第四章最后指出，迫切需要建立全球道德准则来指导思考，尤其是在应对气候变化上。如果不这样做，在未来几十年内，就会出现一个气候变化制造者和气候变化受害者同时涌现的世界，这一分裂可能最终增加气候变化对全人类构成的风险。

第二部分"气候变化背景下人类安全的决定因素"，讨论了气候变化背景下人类安全的环境和社会决定因素，然后考察了气候变化脆弱性的概念及其与人类安全相关的组成部分，最后分析了气候影响和极端气候事件、灾害、风险、备灾及管理，以及它们与人类安全的关系。

在第五章"气候变化背景下人类安全的环境决定因素"中，戴维·西蒙首先强调环境因素以多样而重要的方式继续对人类活动产生影响，即使在高收入国家也是如此，而且环境变化对不同层面上的人类安全的影响不同，因此在不同层面上考察时表现出不连续性和间断性。环境变化的不同而又交叠的因素反映了当前社会、制度、经济和城市的物质结构。对于最贫穷、资源最匮乏的社会阶层，尽管他们对自然生态的影响最小，在影响环境变化的温室气体排放量上几乎可以忽略不计，他们却要面临对人类安全最极端和最持久的威胁。基于这些考虑，本章提出了一种理解环境变化风险性质的方法，该方法通过关注暴露在极端事件中的程度、严重性和持续时间以及环境条件缓慢变化的情况——基于环境变化风险与常规灾害风险。同样，从动态的和相互关联的视角理解人类在不断变化的环境中的适应能力，避免了对社会组织和生产做出城市与农村以及半游牧和游牧与定居的简单二分。鉴于此，本章考察了不同环境变化背景下人类安全脆弱性的主要表现，从不同农业气候区的沿海和内陆城市环境、狩猎采集群体和牧民社区、淡水和海洋渔业赖以生存的生产环境基础的逐步被侵蚀，再到专业化、全球一体化、资本密集型、出口导向型商业农业企业的特殊复杂性。

在第六章"气候变化背景下人类安全的社会维度"中，于尔根·谢弗兰和埃利塞·雷姆林重点讨论了人类安全的社会维度、条件和决定因素以及相关的理论概念。在深入分析人类安全概念起源的基础上，他们通过把积极的和消极的安全概念结合起来，将人类安全定义为保护人们不受威胁并赋予人们掌管其自身命运的权力。然后作者分析了气候脆弱性、适应能力与人类安全之间的联系。事实上，气候变化以多种方式影响人类安全的各个方面。一些由气候变化引起的后果可能直接威胁人类健康和生命，比如洪水、暴风雨、干旱和热浪；另一些则会在很长一段时间里缓慢影响人们的福祉，比如食物和水的短缺、疾病、经济不景气和生态系统退化。一旦超过临界值，气候变化的风险可能会变成对人类安全的实质性威胁，这取决于受影响群体的脆弱性。谢弗兰和雷姆林接着考察了气候变化对人类需求、能力和可持续生计的影响，以及对人们所处的更广泛的社会环境的影响，这包括人类参与社会互动和网络以及社会制度和治理结构。他们进一步强调，气候变化将加重一些人的负担，尤其是一些已经受到某些方面的压力，并缺乏必要能力和自由采取措施减少脆弱性和保护人类安全的人。因为"社会资本"少和恢复能力弱，这些群体可能很容易被气候变化的多方面影响淹没，这进一步破坏他们的社会稳定。因此，作者得出结论，为了更好地了解受气候变化影响的国家和社区实际和潜在的适应需求，人类安全政策从区域到全球层面应该有一个长期的规划和综合性架构。

在第七章"脆弱性并非从天而降：迈向多层面的利于穷人的气候政策"中，杰西·里沃特探讨了脆弱性的因果结构以及脆弱性与气候变化的关系。脆弱性的成因可以追溯到生产、交换、支配、从属、治理和主体性（subjectivity）等社会关系。这依然要从危机的发生地点和实时情况分析和理解。但是，公认的人类起源学为确定社会因果关系提供了一条新的途径，即明确责任和义务并要求赔偿和补偿。里沃特进一步认为，脆弱性是由于当地的社会不平等、获取资源的机会不平等、贫困、薄弱的基础设施、缺乏代表权以及社会保障、预警和规划系统缺乏而产生的，而贫困是造成气候相关脆弱性的最突出条件。总之，本章为分析脆弱性的各种因果结构和确定可能减少贫穷及边缘人口脆弱性的对策提供了一种方法。尤其是，本章认为理解特定脆弱性的多层次（multi-scale）因果结构——如错位风险或经济损失风险——以及人们用来管理这些脆弱性的实践可以制定解决方案和可能的政策响应。事实上，对脆弱性原因的分析可用于确定多层面的解决方案，还可以确定每个层面上负责产生和能够减少气候相关风险的组织。

在第八章"灾难与人类安全：海地和多米尼加共和国的自然灾害和政治不稳定"中，克里斯蒂安·韦伯西克和克里斯蒂安·D. 克洛斯讨论了自然灾害对人类安全的影响。他们特别分析了海地和多米尼加共和国这两个邻国的情况，它们都位于伊斯帕尼奥拉岛（Hispaniola），每年遭受程度和强度相似的自然灾害（主要是飓风和地震）。然而，与多米尼加共和国相比，海地在过去几十年政治上更加不稳定。本章的目的是利用 1850 ~

2007 年的灾害和政治数据,从时间和空间上研究海地和多米尼加共和国自然灾害与政治不稳定之间的关系。研究认为,自然灾害对两国的政治稳定没有显著影响。尽管与政治稳定没有联系,但自然灾害对两国影响显著,尤其是对最脆弱的人群。低收入、低效的政府机构和环境状况不仅降低了他们应对自然灾害的能力,还降低了他们适应未来气候变化冲击的能力。因此,作者进一步认为,需要通过自然保护政策来回应当地的需求,包括公众教育、确保环境保护的法律措施以及森林、渔业、农业和旅游业的参与式管理。

除上述决定因素外,气候变化以不同方式影响着不同地区的人类安全。一些受影响最严重的地区是拉丁美洲和加勒比、地中海、北极和非洲。本手册第三部分"气候变化和人类安全的地区视角"概述了气候变化在这些非常脆弱的地区对人类安全造成的主要威胁。 12

在第九章"气候变化对拉丁美洲和加勒比地区人类安全的影响"中,厄休拉·奥斯瓦尔德·斯普林(Úrsula Oswald Spring)、汉斯·金特·布劳赫(Hans Günter Brauch)、盖伊·爱德华兹(Guy Edwards)和 J. 蒂蒙斯·罗伯茨(J. Timmons Roberts)主要研究了气候变化对拉丁美洲和加勒比地区(LAC)人类安全的影响,特别是对中美洲、加勒比海、安第斯和亚马逊区域等气候变化热点区域的影响。这一章涉及四个研究问题。第一,自 1990 年以来,拉丁美洲和加勒比地区的人类安全概念的争论焦点是什么?第二,对气候变化及其可能对拉丁美洲和加勒比地区人类安全造成的影响了解多少?第三,拉丁美洲和加勒比地区正在实施哪些适应气候变化的措施,以及这些措施的资金来源于哪里?第四,如何从人类安全的角度解读应对气候变化的政策?为了回答这些问题,本章介绍了两个将气候变化影响与拉丁美洲和加勒比地区安全联系起来的全球话语,并从人类安全的角度讨论了拉丁美洲和加勒比地区的环境和社会脆弱性。评估了拉丁美洲和加勒比地区应对气候变化的策略,审查了为适应气候变化措施筹措资金的政策争论。

拉丁美洲和加勒比地区的讨论之后,在第十章"地中海地区的人类安全和气候变化"中,马尔科·格拉索和朱塞佩·费奥拉考察了地中海地区的人类安全及其与气候变化的关系（intersections）。本章从国家层面衡量（measure）人类安全，并批判性地探讨使用伦理方法改善地中海地区人类安全的可能性。本章研究表明，地中海地区内部存在着巨大的差异，欧洲国家的人类安全水平远远高于中东和北非国家，这些地区人类安全的不足和脆弱性主要归因于涉及人类安全的社会、经济和体制因素。本章进一步指出，鉴于该地区的特点及人类安全水平不平衡，在地中海这一区域层面，将道德伦理因素纳入应对人类安全的方法，可能会促进该地区人类安全水平的整体提升。道德伦理维度还可以减轻由此产生的利益冲突，从而有效解决气候变化对决定人类安全因素所造成的影响。

13   在第十一章"气候变化与北极地区的人类安全"中，马克·纳托尔讨论了北极高纬度地区的气候变化与人类安全。本章讨论了全球气候变化造成的生态系统转变的局部和区域后果如何对北极地区的人类安全和人类—环境关系产生深远的影响。考虑到北极八个国家的人口多样性，重点对格陵兰、加拿大和阿拉斯加的因纽特社区展开研究。但是，本章强调，理解气候变化的后果需要从特定的背景出发。社会、经济和人口的快速变化，资源管理和资源开发，动物权利和反捕鲸运动、贸易壁垒和保护政策，都对北极的人类安全产生重大影响。在许多情况下，气候变化只是放大了现有的社会、政治、经济、法律、制度和环境对人类安全的挑战，生活在资源依赖型社区的北方居民每天都要面对这些挑战。这一章的结论是，在北极环境中原住民的生计并不单独是被气候变化所改变或影响，有一点至关重要，即如果将人从环境中剥离，不考虑社会、文化、经济和人口变化等因素，对气候变化和科学研究就不能创设出北极未来可能发展图景。为此，人类安全的研究还需要从理解人与环境关系的复杂性和微妙性出发。

在第十二章"非洲的气候变化与人类安全"中，沙拉特·斯里尼瓦桑和伊丽莎白·E. 沃森从非洲气候变化的基本问题着手，研究气候变化对免于匮乏的自由和免于恐惧的自由的影响。研究的重点是在气候变化和人类安全的新话语中如何简化、重新解释和有效地利用新兴科学和地方复杂性。随后本章转向对两个案例的研究，这两个案例再现了当地发生冲突的政治过程，科学分析了这些政治过程以及不同层面上的政治活动。苏丹达尔富尔的冲突表明，气候变化的安全化如何激活一种特殊的免于恐惧的自由的话语，这种话语将某些现象和因果关系置于其他现象或后果之上，直接或间接地在多个层面服务于特定的利益。肯尼亚马萨比特的案例考察了关于气候变化和免于匮乏的自由的讨论，但容易忽视某些不便描述的过程，这些过程往往是复杂的、偶然的本地过程，不适合外部干预者的干预方式和目标。这一章在最后警告说，除非保持警惕，否则有关气候变化和人类安全的讨论——就像以前非洲的许多环境讨论一样——可能会被某些强大的利益集团所挟持，这些利益集团挟持非洲和非洲人需要通过新的强大技术、跨国治理、人道主义救援浪潮和投资模式获得拯救。

14

　　本手册的第四部分"应对气候变化对人类安全的威胁"，重点介绍了使个人和社区能够在应对气候变化时提升自身安全的条件，以及能够增加或者至少保护人类安全，使之免受气候变化影响的建筑环境和关键基础设施。这些章节对可能受限的国际治理架构、政策和法律依据进行了积极分析，以加强人类安全应对气候变化，并对需要哪些国际机构（international institutions）进行了规范分析。最后，探讨了人权议题下的人类安全概念，指出该方法涉及的相关义务，以及此视角的研究如何加强气候变化背景下的人类安全。

　　在第十三章"气候变化与人类安全：个人和社区的应对"中，C. 迈克尔·霍尔研究了社区和个人层面上与**新兴人类安全和气候变化议题**相关的几个问题。本章认为，与气候变化的现实一样，对行为和治理范式的质疑都是概念性的。本章主要分为三部分。第一部分讨论人类安全和气候变化应对问题的分析框架。这是研究变革能力以及协助和促成这种变革的干预措施的基础。本章接下来研究了对人类安全和气候变化回应的多层面性，以及社区和个人在扩展的社会和经济结构中的嵌入方式。本章指出了信任和价值观在社区中的关键作用，但也强调社区不应该被理想化，必须认识到它们可能充满了冲突，从而导致适当且可持续的解决方案极难实施。同时，本章还注意到个人应对气候变化的能力或意愿不足（即使从局外人的角度看这合乎情理），强调这种不足给风险和安全的相互关联带来了挑战。最后，本章回到不同行为和治理范式的重要作用，以及鉴于社区和个人在某些社会技术体系中被"锁定"的可能和这些重要作用对干预措施性质与行为改变能力的影响。

15　　在第十四章"气候变化、人类安全和建筑环境"中，卡伦·比克斯塔夫和埃玛·欣顿通过提高能源效率并在现有建筑存量基础上实现舒适度的视角，探讨建筑环境的作用——特别是在改变住户的行为方面。本章通过对变革进行社会技术分析（强调日常生活的社会物质构成），不仅对社会变革的主导模式进行了批判性回顾，并加入物质性和能动性的假设，还对实现变革的政策努力的影响和效果提供了深刻的见解。未来的政策不仅应侧重于消除对节能行为的普遍阻碍（如冷漠、无知、缺乏经济利益），而且还应通过关注创新的重要性，提出能促进更有效利用能源的新途径。最后，本章强调需要关注外部参与者（如政府、厂商、零售商）在支持创新方面的作用，这些创新能够促进对日常事务的重新评估和重组。这既需要发展有利于环保行为的技术，又需要为社会技术转让机构提供便利，还要允许人们更积极地参与能源流动并继续节能实践。

　　在第十五章"气候变化与人类安全：国际治理架构、政策与法律依据"中，迈克尔·梅森首先回顾了为应对气候变化对人类安全的影响而采取的全球治理政策和法律依据。这包括对全球气候治理特别是《联合国气候变化框架公约》（UNFCCC）中出现的人类安全问题的调查，也涉及对一些安全治理参与者的认识，即与气候相关的伤害对许多人的生命和生计构成重大威胁。文中提出若干治理举措以确定除了零散的机构举措外，是否还有其他措施来加强人类安全防范重大气候灾害。接下来本章针对这一目标的实现展开规范性分析，分析更综合的治理是否可行，如果可行的话，该如何呈现。本章认为，虽然全球气候制度在管理"危险的"气候变化方面拥有认识上和治理上的权威，但要在人类安全决策中有效纳入气候问题，最可行的做法是加强治理权威性的法律一致性和效力，特别是在制定

16　关于防止气候损害的人权和人道主义规范方面。在国际安全体系以权力为导向的政治背景下，这种基于权利的架构至少可以为人类安全治理提供一些保护，也可以让其成为重要的参与要素。

在第十六章"应对气候变化加强人类安全的人权方法"中，史蒂夫·范德海登提到这样一个问题，围绕气候变化的迫切事项是否可以用人权的语言及政治来投射表达。人权是道德权利的一部分，可以为其提供道德基础。事实上，不因人为环境变化而受到损害的权利可以视为最基本的权利之一，特别是当这种损害涉及严重痛苦或死亡时。在气候变化的背景下，这一权利跨越了安全和生存权的范畴。极端天气事件可能直接威胁人类安全，气候所导致的资源匮乏可能直接威胁生存。本章最后指出，尽管气候变化作为全球政策问题所表现出的严峻性，以及采取措施以预防气候相关苦难的紧迫性，都表明了其与人权联系，人权保护亦是为了应对人类道德和政治的最大挑战，然而，为缓解气候变化而援引权利的"好"处应被视为实践上的，而不是哲学上的。在承认这些权利的政治利益中，首要利益可能在于对当前和潜在气候相关伤害的受害者的认可和赋权，而不是对国际承认的政治当局的法律动员。

从上面的讨论可以看出，本手册力求履行两项互补的职能。首先，它寻求从自身的论述中演绎出一个坚实的学术体系，尽管其中大部分内容还比较分散，有时也会出现在一些专门的学术文献中。其次，本手册试图推进气候变化与人类安全关系的讨论，促使我们反思这两个概念，从而推动进一步的研究。本手册的编辑认为这是向前迈出的关键一步，希望本手册收录的所有原创性论文都能在学术界和政策界产生影响，并引发讨论，进而使人们更深入地理解人类的危险处境。

参考文献

Brandt Commission(1980), *North – South: A Programme for Survival*, London, UK: Pan Books.

Crutzen, P. (2002), 'Geology of mankind', Nature, 415(3), 23.

IPCC(International Panel on Climate Change)(2007), *Climate Change 2007: The Physical Basis of Climate Change. Contribution of Working Group I to the Fourth Assessment Report of the Intergovernmental Panel on Climate Change*, Cambridge, UK: Cambridge University Press.

Lovins, A. , Hawken, P. and Lovins, L. Hunter (2000) , *Natural Capitalism*, London, UK: Earthscan.

Meadows, D. H. , Meadows, D. L. , Randers, D. and Behrens, F. (1972) , *The Limits to Growth*, London, UK: Pan Books.

Paterson, M. (2009) , Global governance for sustainable capitalism? The political economy of global environmental governance' , in W. N. Adger and A. Jordan (eds) , *Governing Sustainability*, Cambridge, UK: Cambridge University Press.

Redclift, M. R. (1987) , *Sustainable Development: Exploring the Contradictions*, London, UK: Routledge.

UNDP (United Nations Development Programme) (1994) , *Human Development Report 1994. New Dimensions of Human Security*, New York, USA: Oxford University Press.

第一部分

问题的提出：气候变化与人类安全

第一章

气候变化进入人类安全议题

西蒙·多尔比

一 引言

过去几十年里人类安全问题已经成为国际政治关注的重点，学术界
开展了广泛的研究并提出政策建议。鉴于最近对气候变化造成破坏的讨
论日益激烈，将人类安全与气候变化两个主题联系起来是在考虑到未来
环境脆弱性的情况下提出政策建议的一种方式。但本章和本部分其他章
节明确指出，无视大规模环境破坏带来的各种危害，则很难在人类安全
与气候变化之间建立联系（Webersik，2010）。这在某种程度上是因为气
候变化在某些特定地区的具体表现方式并不确定。所以，一部分讨论必
然是推测性的，然而有些问题还直接来自跟人类安全相关的多个方面因
素。促进人类安全的政治和经济安排的具体形式也是影响人类安全问题
的因素之一，人类安全，不能简单地、理所当然地被视为一个普遍规范，
而不考虑其提供者的身份及其提供方式。

气候变化涉及一系列广泛的科学调查和关于环境变化的大量具体量化
研究，其中最显著的是气温和降雨模式变化。这类研究最大的问题在于其
隐含了一个假设，即由于大气中温室气体含量的上升，自然环境的相对稳
定性已经受到或不久将受到明显的干扰。由于地球气候系统变化频繁，很
难确立气候基准（线）。尽管如此，从现有的气象记录、众多卫星和其他
数据来源来看，全球变暖的趋势明显。尤其是 2012 年夏季美国的巨大热

浪，这一事件将人们的关注聚焦在高温纪录频繁被打破，这表明地球确实呈现变暖趋势。

22 尽管这类事件的伤亡悲剧值得关注，但并不意味着人类安全危机在增加。很大程度上，人们的生死受特定地点的一般基础设施和紧急设施情况影响。值得注意的是，除了暴风雨中雷击或树木折断带来的人员伤亡风险，技术、社会安排、建筑设计和功能型空调设备等人为因素降低了"自然"事件对"人"的脆弱性的冲击。安全的关键在于：生活条件的社会供应，而不是简单的自然事件对人类的即时影响（Matthew et al.，2010）。如果存在建筑设计不当以及缺少功能型空调等情况，便意味着人们会因暴露于恶劣环境而死，那么他们的不安全不仅仅是气象暴露的问题，而且是与极端事件相互作用的社会不安全问题。同样，在粮食安全问题上，人们挨饿的主要原因是缺乏购买粮食的经济能力，而不仅仅是因为营养不足。正如在气候讨论中经常出现的情况一样，虽然造成安全问题的直接原因常常归咎于"自然"事件，但安全问题研究仍需关注社会安排。值得注意的是，迄今为止 IPCC 在其四份主要评估报告中没有从安全视角研究气候问题；显然，气候如何被纳入安全问题研究尚未得到全面或权威的界定。

本章接下来的大部分内容阐述了需要采取哪些思考方式才能有效地将人类安全和气候变化联系起来（O'Brien et al.，2013）。虽然政策和学术文献中一再提到环境对人类安全的威胁，但 20 世纪 90 年代和 21 世纪初阐述人类安全逻辑的重要文献很少系统地研究环境问题，对气候安全问题的具体研究更少。就环境而言，问题在于环境可能导致各种不安全的方式（Scheffran et al.，2012）。直到最近，很多讨论都认为气候变化不是当前的问题，而是未来甚至遥远的将来才面对的问题。联合国直到 2005 年才把保护的责任原则和更广泛的人类安全讨论纳入其政策，这之后几年都没有把气候变化作为议题，仅在 2009 年的一份详细报告中提到过（United Nations Secretary General，2009）。尽管如此，近来推崇的"人类安全"的提法其实由来已久，其最初的表述中所隐含的矛盾现在也困扰着气候变化的讨论。

二　安全

安全是一种社会安排问题。18 世纪晚期，在威廉·冯·洪堡（Wilhelm von Humboldt）的构想中，安全被认为是自由的法律保障（Neocleous，2000：9）。这些论点强调，在现代社会中安全作为与法律和经济事项相关的准则出现，是在某些情况下的社会保护意识。这既与包括食品在内的许多物品由商业安排提供的兴起有关，也与促进商品生产和流通的经济安排的法律规定有关。自由社会依赖这些政治安排保障经济自由，这是一个社会秩序维护问题，而社会秩序又反过来为商业社会运作提供稳定的政治环境。

此外，长期以来安全被视作国家安全问题，主要包括保护国家主权和领土完整、维护社会稳定。对这些方面的军事保护涉及国际法规定的自卫权，受联合国宪章主要条款保护。然而，在冷战期间核武器规模不断增大，不仅危及核战争中的潜在对手，还危及全人类。这些年人类普遍缺乏安全感，帕尔梅委员会（Palme Commission）提出"共同安全"这一概念，以代替"安全"，在某种程度上是对核对抗危险的回应（Independent Commission，1982）。无论是从联盟系统的视角或更一般地从联合国集体行动视角，还是从全人类的视角，将核武器理解为不安全事件（而非安全事件），对随后的安全表述造成困难。

冷战结束时，非常明确的是仅以国家安全来理解安全是不够的；如果要将政策和分析的明确性运用于这一至关重要的政治概念，就必须将安全的"指向对象"从国家转移到人民。最终的结果是，作为古典自由主义的重要概念和国家实践的基石，安全概念被扩展到涵盖许多事物，适用于人类生活的许多方面。环境问题在 20 世纪 80 年代逐渐进入这场争论。理查德·乌尔曼（Richard Ullman，1983：133）建议：

> 　　一个更合适的（当然不是传统意义上的）定义可能是——威胁国
> 家安全的行动或一系列事件，（1）这些行动或事件在相对较短的时间

内严重威胁到一国居民的生活质量；（2）这些威胁限制了一国政府的政策选择，或者限制了私人、非政府实体（个人、团体、公司）的策略选择。

20 世纪 80 年代末，尽管当时还没有具体说明环境如何以及如何可能成为特殊类型的安全问题，但这些主题在一系列与政策有关的声明中被提及。这些声明敦促安全思想家认真看待环境问题，将其视为对许多事物构成威胁的根源。显然，如果平流层臭氧耗尽，大气系统中保护陆地生物不受太阳辐射危害的重要组成将被损坏。在发生重大核战争时，不仅造成直接人员伤亡，还可能带来气候系统的大规模破坏导致"核冬天"（Sagan and Turco，1990）。但是，还没有任何经验证据说明南方与北方的战争①为何以及如何可能爆发，或者全球经济边缘地带的环境危机为什么可能引发国际安全问题（Homer-Dixon，1999）。

埃玛·罗斯柴尔德（Emma Rothschild，1995：55）从四个大的主题概括了 20 世纪 80 年代和 90 年代早期对安全概念的扩展。一是（"向下"），"安全的概念从国家安全扩展到群体和个人的安全"。这在一定程度上是对冷战时期军备危及所有人安全这一认识的回应；各国以这种方式行事没有为大多数民众提供安全保障。在潜在的核战争以及相关军事行动面前，将安全局限于国家安全已站不住脚。在 20 世纪 80 年代，对安全的讨论转向为"共同安全"，在这个问题上人们越来越清楚地认识到，安全不能由国家单边行动确保，需要国际社会共同合作。

鉴于 20 世纪 80 年代对核冬天的关切，特别是有关臭氧层消耗和生物多样性丧失以及其他松散定义的环境问题，需要在"全球安全"框架下重新考虑这些内容。在罗斯柴尔德（Rothschild，1995：55）的术语中，安全概念的第二个扩展被她称为"向上"安全，即"从国家安全延伸到全球安全，或者是超国家的物理环境安全"。继而，这些关切进一步体现在对"气候安全"的讨论中，即要切实维护气候系统的稳定。

---

① 在这里，作者主要指的是围绕资源争夺的战争。"南方"指资源匮乏且不发达地区；"北方"指资源相对丰富且发达地区。——译者注

第三，罗斯柴尔德（Rothschild，1995：55）认为安全需要"横向"　25
扩展，即"从军事领域（扩展）到政治、经济、社会、环境或'人类'安
全"。在这一术语中，安全是一个经济和社会服务问题，最终以人而不是
国家为对象，这是一种宽泛的提法。虽然国家和国际安全在这些问题上依
然很重要，但为人类提供安全是当前的重要议题，也是国家和国际行动的
缘由。坚持认为国家负有主要责任保护战争中的平民，这一点作为主权的
基础塑造了"保护的责任"原则的逻辑，以支持联合国秘书长在千年峰会
（Millennium Summit）后续行动中所呼吁的"更大自由"（United Nations
Secretary General，2005）。

第四，罗斯柴尔德（Rothschild，1995：55）认为最后一个主题是：

> 确保安全（或监督所有这些"安全概念"）的政治责任的延伸，
> 它从各个国家向各个方向延伸，包括向上延伸到国际机构，向下延伸
> 到地区或地方政府，横向延伸到非政府组织、舆论和新闻界、自然力
> 量和市场。

所有这些都表明，虽然安全是人类最渴望得到的，也是许多政治辩论
中强烈强调的，但是人们常常在不成熟的时候就提出这个问题，不清楚谁
真正负有安全的最终责任。

冷战结束后关于安全的广泛讨论中，人类安全的构想应运而生。值得
注意的是，尽管这一提法很新颖，但正是从促进商业行为所需的社会秩序
和自由社会的政治秩序方面，对安全的最初表述塑造了今天这一概念。安
全现在也被明确地与发展原则联系起来，这一原则现在被解释为基于资本
主义社会安排的经济扩张。这一概念依然存在内在矛盾，正如本章在下文
中所述，将人类安全与气候变化联系起来的困难源于这一最初的表述
（formulation）。最明显的困难来自具体说明气候变化将影响谁和在哪些地
方产生影响，因此安全最初表述的分歧也是值得分析的问题之一。

最后，近期对安全问题的研究表明，安全是一个有争议的政治术语，
可用于应对危机，或者用于公共讨论中强调某一特定政策问题的重要性
（Buzan et al.，1998）。从这个意义上讲，援引安全话语是一种政治行为，　26

它可能会或可能不会成功地获得广泛的遵守以促进行动。援引安全通常与紧急行动要求有关，在紧急状态下正常的政治联系会终止，非常规行动将一再为与之有关的环境问题提供注解（Floyd，2010）。正如2011年利比亚内战中的军事干预案例所表明的那样，如果人类安全与更大的范围的政治秩序和保护的责任原则联系在一起，它会成为国际政治更大考量的一部分。将气候变化纳入此类讨论增加了很多有趣的微妙变化，尤其是当保护责任被引入跨国行动时。

三 人类安全

人类安全，最初是在1994年联合国开发计划署的报告中正式提出的，其措辞类似于厄尔曼（Ullman）的扩展定义，即"首先，免受饥饿、疾病和压迫等长期威胁。其次，安全意味着保护人们的日常生活模式不受突然和有害的干扰——无论是在家庭、工作场所还是社区层面"（UNDP，1994：23）。人类安全议程从一开始就涉及全球政治经济中更大的结构性问题，也涉及使人们处于被动状态的短期紧急情况。两者对于在气候变化背景下考虑人类安全都很重要，并且以重要的现实方式相互关联，但是其联系方式在全球经济中差异很大。

1994年UNDP的报告指出，人类安全至少有四个基本特征。第一，它是世界各国人民共同关心的问题。第二，安全的构成要素是相互依存的。第三，及早预防更容易保障人类安全。第四，安全的指涉对象从国家转移到民众，这是这一提法的关键创新。这又引起了权利、正义、脆弱性、权力关系和赋权等问题。现在的安全不仅仅是维持国家内部精英的政治控制或者准备向其他国家发动战争的问题。

虽然UNDP列出的人类安全威胁清单上许多不安全因素来自当地的威胁，但是据称全世界影响人类安全的因素至少包括六类。值得注意的是，与早期对战争的关注相比，这些因素不是哪些国家的蓄意侵略造成的，而是数百万人的集体行为。这六类因素分别是：（1）不受控制的人口增长；（2）经济机会不平等；（3）过度国际移民；（4）环境退化；（5）毒品生产和贩运；（6）国际恐怖主义。

值得注意的是，1987 年初世界环境与发展委员会（World Commission on Environment and Development）只是提及污染和资源短缺，并预测资源短缺会导致冲突。该委员会把环境视为影响人类安全的因素，并没有说明现实中环境怎样影响人类安全。在早期的表述中，气候变化并不是主要的优先事项，但是在此后的几十年里，气候变化对人类安全议题各个方面的影响越来越大，最主要的是上文列出的四个方面。现在它几乎与议程的各个方面交织在一起，并且一再强调气候变化可能导致武装冲突与恐怖主义，这些警告大多是夸大其词。由于担心气候导致的人口迁移会在都市圈国家造成政治混乱，这些国家面临着大量试图进入的外国人，这也引发了使用军事行动来阻止越境的担忧（Smith，2007）。上述情况在某些关键的情况下已经这样做了。在过去的十年中，在反恐战争的掩饰下控制国际移民的边境管制军事化进展迅速（Jones，2012）。

自 UNDP 提出人类安全概念以来，在讨论中增加了许多对其核心概念的补充和条件。针对如何体现威廉·冯·洪堡的自由法律保障的中心思想，人们对人类安全定义进行了一系列讨论。免于匮乏的自由和免于恐惧的自由是针对贫穷和暴力问题的重要表述，特别是需要国家提供预防贫穷和暴力发生的措施。因此，保护的责任表述为，政府有义务满足本国居民的基本需求（Kaldor，2007）。如果不能提供，国际社会应该选择援引这个原则允许外部军事力量介入该国领土和进行军事干预，以提供该国政府不能提供的东西。因此，主权至少在某些情况下取决于人类安全的提供情况。

四　整理归纳人类安全

2003 年人类安全委员会发布了《人类安全现状》（*Human Security Now*）的报告，该报告从现实世界的相互关联性出发整理归纳了关于人类安全的更广的讨论。显然，报告从一开始就认为，这种相互关联的状况是从多方面考虑人类安全的起点。开篇的几句话表明：

28

当今商品、服务、资金、人口和影像的全球流动凸显了所有人安全方面的相互关联性。我们共享同一个星球、同一个生物圈、同一个技术武器库，同一个社会结构。一个人、一个社会、一个国家的安全取决于众多他人的决定——有时候是偶然的，有时候是危险的。（Commission on Human Security，2003：2）

虽然这些是常识，但重要的是在安全提供方面强调相互联系；与不安全的致因一样，义务也是超越国界的。在气候安全问题上更是如此，人与地方之间的相互联系是讨论国际义务的关键，本章稍后将对此进行论述。人类安全委员会（Commission on Human Security，2003：4）将人类安全定义为：

以增进人类自由和实现自我的方式保护全人类生命的重要核心。人类安全意味着保护基本的自由——自由是生命的本质。这意味着保护人们免受重大（严重）和普遍（广泛）的威胁与境况的侵害。这意味着要基于人类优势和愿望来实现。这还意味着建立政治、社会、环境、经济、军事和文化体系，共同为人们提供生存、生活和尊严的基石。

这显然是一个非常宽泛的定义，但是它再次呼应了安全概念的传统自由主义表述，表明在某些情况下人们需要来自本国和他国的保护。独立自主的企业家和公民的参与能力是人类安全定义的关键。生活必需品的提供是关键的主题，这是由社会理论家米歇尔·福柯（Michel Foucault，2008）20 世纪 70 年代从对这些问题的反思中提出的，他将之称为"生物政治"（biopolitics）。很显然，人们生活的环境千差万别，提供"基石"（building blocks）的制度不尽相同。人类安全在本质上是一系列普适原则，这些原则以某种至关重要的方式限制政治精英们的行动，同时也塑造了他们对辖区民众的义务。但这也隐含了一个关键的问题，即一个国家如果不能提供安全保障，这就意味着国际社会有义务跨越国界进行干预。

29　人类安全不仅关系到人权问题，也关系到穷人对经济发展的利益诉求。和平是最重要的；暴力冲突引发经济混乱，这使武器商和相关供应商获得暴力，却动摇了大多数人的"基石"。委员会采纳联合国秘书长科菲·安南（Kofi Annan，2000）的建议，即将人类安全直接与联合国其他议程联系在一起：

> 从最广泛的意义上讲，人类安全远不止没有暴力冲突。它包括人权、善政、获得教育和保健的机会，并确保每个人都有机会并能够选择实现自己的潜能。朝这个方向迈出的每一步也是向减少贫穷、实现经济增长和防止冲突迈进的一步。免于匮乏的自由、免于恐惧的自由以及后代继承健康自然环境的自由——这些都是人类乃至国家安全相互关联的基石。

在这里虽然没有具体说明，但气候变化已经成为挑战人类安全的重要问题，气候是健康自然环境的一部分，同时也是人类安全本身应该包含的内容。在讨论"基石"之后的章节中，通过列出人类安全的各项"威胁"再次暗示气候变化，但没有明确提及。"国家安全意味着动用一切武力保护领土完整。人类安全还包括保护公民免受环境污染、国际恐怖主义、大规模人口流动、艾滋病毒/艾滋病等传染病以及长期压迫和被剥夺之类侵害"（Commission on Human Security，2003：6）。综上所述，免于匮乏的自由意味着提供基本的食物、水和住所，而免于恐惧的自由意味着没有政治暴力和压迫。当前气候变化经常被当作一种威胁来讨论，它可能破坏粮食生产，还会通过暴风雨直接危及居所和健康（Webersik，2010）。当然，相当一部分文献担心气候变化所造成的破坏会引发暴力冲突，不过社会科学研究斥之为危言耸听；尽管如此，当前安全研究机构在分析潜在的未来冲突时，经常引用这些文献的观点。

本报告的余下部分会反复提到环境议题。作为环境安全讨论的中心议题，环境议题的兴起要早于气候变化议题。气候变化不仅导致风暴、干旱和破坏带来的短期直接危害，还可能导致全球气候系统运行的长期改变（Bogardi，2004）。直接危害和长期环境退化危险都影响人类安全，政府通过制定政策不仅应对当前的危险，还要应对影响人类繁衍的长期危险。

30

五　气候安全

厘清气候变化与人类安全之间的关系，要从人们脆弱的地方着手，研究因政治和经济制度及其地理位置而导致人们易受伤害的原因。但是也需要就保护的责任这一国际准则展开相关讨论，这些准则要求各国保护其居民。气象灾害也是导致人们易受伤害的原因之一，无论是飓风、风暴、洪水和热浪的直接影响，还是降水模式变化和干旱的长期影响。面对气候破坏的国际援助义务与代际公平逐渐受到关注。气候正义的重要性不仅体现在对当前弱势群体的义务上，还体现在对未来可能给人们带来伤害的潜在破坏的义务上。

当我们逐渐成为"城市物种"时，需要结合气候系统的大规模变化与人类生存条件的转变，来考虑这些议题将如何发展。城市化改变了人类生存的环境脆弱性和实用技术，使人类在复杂的人工环境中变得不堪一击（Graham，2010）。人类安全将重点从问题出现后的应激性暴力转移到预期性行动，主要涉及制度建设、基础设施规划和应急服务。所有这些需要仔细地关注脆弱性的具体表现形式，这也是当前人类安全扩展议程中关于免受灾害影响权利的一部分。

最后，所有这些事情都必须考虑到一个简单而基本的事实，即面对全球环境变化，在天气模式、作物生产或基础设施设计标准等实际问题上，过去不能被视为未来的可靠指南。随着极端事件发生的频率增加，从桥梁设计到食物供应的各项规划都不能假设 20 世纪的情况是对未来的可靠指南（Pascal，2010）。对突发状况的预测正成为人类安全规划者的重要工作内容，因为未能预测的状况可能需要各种紧急干预措施来救援面临灾难和流离失所的人。在 UNDP 的提法中，人类安全的关键是预期和准备，这与在事件发生后通过紧急行动和使用暴力来恢复控制的传统方式不同。

关于风险的广泛讨论以及如何管理风险也涉及人类安全问题。不论是传统的保险方法还是复杂的金融工具（比如重灾债券），利用金融工具分散风险以备突发事件，是当前大规模安全演算的一部分。在罗斯柴尔德看来，安全责任正被广泛分散。但是大部分讨论只涉及政府和正规经济部门。在这些演算中，边缘化和贫困人口以及主要依赖非商业经济安排生存的人往往被忽略（Grove，2010）。详细讨论这些问题如何从理论上改变安全的定义不在本章讨论范围，但就社会理论而言，对生物政治学的关注以及使某种特定的经济行为蓬勃发展意味着安全不是对人类生活的非商业模式的保护。最明显的是，从娜奥米·克莱因（Naomi Klein，2007）所说的"灾难资本主义"来看，在目前的情况下，国家和企业经常利用灾难来加速地方和经济发展从生存和非商业模式向商业社会股份公司模式的转变。这里要保护的是从市场和金融（而不是其他生活方式）角度理解的经济发展过程。可以预见的是，这些术语中对发展的讨论占主导。但是这中间的矛盾是值得关注的，尤其是商业部门靠碳燃料的情况下。①

　　近年来，一系列新兴的经济政治实践被随意地贴上"新自由主义"的标签，这使得一切变得更加复杂了（Harvey，2005）。私有化、国际商业活动的延伸、金融体系的首要地位以及利用国家权力扩大资本主义影响，都强调了企业经济实践在提供经济增长和人类福利方面的所谓优势。这些做法打着发展的幌子，促进农村务工人员向城市迁移，加速了从维持生计的经济活动模式向纯粹的商业交易转变。与19世纪的城市化不同，当时人们迁往欧洲以及后来不断崛起的美国城市是为了在工业革命的新工厂工作。现在，全球南方的人口陆续迁入城市，主要是作为非正式经济体系的一部分，而不是产业就业。因此，在非洲、拉丁美洲和亚洲的新兴城市，非正规部门的经济体系关系着很多人的安全。

　　在气候变化问题上这种矛盾越来越明显，因为当代新自由主义力主的化石燃料经济发展模式是温室气体排放的主要来源，这破坏了气候稳定，进而使许多人更容易受到生活方式骤变的影响。厄尔曼的理论表述和联合国开发计划署1994年文件中更切实的论述都表明这是不安全的关键。任何试图把气候变化和人类安全联系起来的研究，想要清晰地梳理问题的脉

32

---

①　从上下文看，这里的"矛盾"是指当前对风险的演算未考虑边缘和贫困人品以及主要依赖非商业经济安排生存的人，而正是这些人面临风险。——译者注

络，就必须关注这些矛盾，尤其是当考虑到经济活动与人类安全之间的国际联系时（Dalby，2009）。谁有责任在何处提供什么样的保护，其争议的焦点集中在把安全界定为普适的人类准则与所谓的独立自主国家主权安全逻辑之间的冲突上。如果按照汉斯·金特·布劳赫（Hans Günter Brauch，2005）的观点，接下来将讨论政府也应该保护免受灾害影响的自由，如此，政治权力核心与预测未来危险义务的问题将是另外一个逻辑，这直接与气候变化问题有关。

六　保护的责任

保护的责任原则源于干预措施的讨论和联合国对 20 世纪 90 年代的一些人道主义灾难未能进行干预。在巴尔干地区明显迟缓的军事反应，以及卢旺达即将发生种族灭绝的明确警告未能得到有效处理，这些都说明当主权保护义务缺位时需要一些一般性原则来指导决策者和联合国系统。随着冷战僵局不再妨碍针对政治暴力的集体行动，许多人道主义行动倡导者致力于建立可指导未来干预的原则。

这其中大部分被编入国际干预与国家主权委员会（Commission on Intervention and State Sovereignty，ICISS）2001 年的《保护的责任》（*Responsibility to Protect*）报告，随后 2005 年联合国通过了这些原则，以有效解决国家主权与国际干预冲突，认为国家主权建立在政府为其公民提供基本安全保障的基础上（Elden，2009）。当然，一国政府如果不能提供安全保障，并不一定会导致国际干预。但在 2011 年针对利比亚卡扎菲政权的军事行动中，保护的责任原则被用于政治目的，比如支持内战中的一方。尽管如此，迄今为止联合国使用这些原则主要是解决种族灭绝、战争罪、危害人类罪和种族清洗等问题。如果某种情况被判断为这四种情况之一，并且如果不采取强有力的保护措施就无法保护受影响的国家公民，国际体系应当采取包括军事行动在内的干预措施。

这四个主题中没有一个直接涉及环境问题，尤其是气候变化问题。虽然还没有扩展到国家在风暴等自然灾害面前不履行保护公民义务，但是在热带风暴"纳尔吉斯"（Nargis）后对保护缅甸民众可采取的干预措施的讨论中，的确基于政府不履行保护公民义务的现实提出干预问题，同时还强调有些国家在应对危机中选择将国家安全优先于人类安全，从而以牺牲民众为代价的事实（Seckins，2009）。这种应对气候变化（而不是灾害）的思维，来自气候和环境变化引发的政治进程。但是，气候变化和冲突的实证研究证明，两者之间并不是简单的因果关系（Theisen et al.，2011）。在解释暴力何时爆发时，制度比环境变化更重要。值得注意的是，在环境匮乏的极端情况下，人们通常是挨饿而不是打架。鉴于通常是因为统治机构未能为其人口提供食物，饥荒显然是人类安全失败的问题。迈克尔·沃茨（Michael Watts，1983）在对尼日利亚饥荒的调查中将其称为"无声暴力"，强调冲突虽然不是明面上的，但人们却死于执政权力未能有效供给现在我们称之为人类安全的东西。

　　人口迁移是否为环境变化的必然回应，这一争论使所有这一切变得更加复杂。很多物种通过迁徙到气候更适宜的地区来适应不断变化的环境，人类也会这样。除此之外，现在一般认为，在政治地理学看来人被理解为特定国家的公民。因此，理论上讲，他们的人身安全应该由辖区政府提供，而不是通过人口迁移。虽然大多数与环境相关的人口迁移都仅限于一国之内，但显然有些人迁移的部分原因是气候变化导致的农业困难。但是在农业商业化耕作模式快速扩张和发展的背景下，大量人口向城市迁移。区分是由气候变化还是由经济情况导致人口迁移是非常困难的（White，2011）。

　　尽管没有"环境难民"或"气候难民"的法律界定，但作为更大的气候变化和安全讨论的一部分，有必要继续讨论这类人口迁移术语。隐含的（有时甚至是明确的）论点是，不可避免的环境变化迫使人们迁移，鉴于原籍国不能满足他们的需要，帮助流动人口的国际义务要求给予其政治难民的类似待遇。这一论断自20世纪80年代以来一直以各种形式存在，强调了许多关于人类安全问题的隐含地理学问题。

　　这直接提出了一个问题，即面对气候破坏是否应该有迁移自由。在靠近海平面的地方，当海面上升淹没陆地时，这个问题非常值得讨论。考虑到大多数气候变化是由经合组织（OECD）成员国的化石燃料和资源开采直接或间接导致，因此这些国家有义务为那些正处于海平面上升威胁之中的国家公民提供安全保障。人口迁移，将使流离失所者的安全得以保障。然而，北方国家普遍将领土完整作为国家安全的基本准则，并将移民视为潜在的威胁，因此讨论气候变化后果的国际影响，就会涉及国家安全与人类安全之间的矛盾。

七 免受灾害影响的自由

气候变化造成更严重的危害在于短期内直接威胁人类安全。虽然很难把个别的天气事件归因于气候变化，但是极端事件爆发的概率和频率正在增加，关心人民福祉的国家应该做好准备。这表明继前三个问题（免于匮乏的自由、免于恐惧的自由和过有尊严的生活的能力），有必要界定人类安全的第四个"支柱"，即免受灾害影响的自由。直截了当地讲，在人类安全议程中，"免受灾害影响的自由"的政策议程是免于匮乏的自由和免于恐惧的自由的延伸（Brauch，2005）。考虑到应对灾害准备工作的重要性，无论气候变化是否会增加灾害发生的频率和严重程度，都有必要延展这一议程，但如果认真审视气候变化，延展议程的逻辑就会更加明晰。

虽然反对意见认为气候或环境灾害相对于政治暴力的情况不同，但从环境安全的研究文献和对灾难的广泛研究来看，社会因素通过环境因素对人类安全产生影响。在风暴中提供庇护场所相比风暴强度更能决定死亡率。在古巴飓风防范实践中，由公共设施提供的基本保护是防范成功的关键，这表明正是人类的不作为将危险转变为灾难（Sims and Vogelman，2002）。因此，在建议提前做好应对风暴、干旱、洪水和其他破坏，实现免受灾害影响的自由时，重点是灾害的影响而不是灾害本身。

虽然很多政府已采取措施确保基础设施不受极端事件影响，但是卡特里那飓风过后的新奥尔良洪水事件中，政府仍不重视保护基础设施不受极端事件影响。这些政府措施中，其中一些通过保险和重灾债券等金融工具的形式为最坏情况下的重建提供资金。然而，这些措施为重建公路或电网提供资金，却不会为灾害中的弱势群体重建非正规聚居区和贫民窟提供资金。这些措施也不能称为预防措施。预防措施才是灾害中止损的关键，才属于人类安全议程的内容。

对于重灾债券来说，受保护的是经济中正规商业部门的基础设施。除此之外，在很多情况下人们是靠自己重建灾后生活和经济。虽然灾害援助、军队或援助机构的干预的确有帮助，但以牺牲当地生存环境为代价支持国际经济发展，是对当前经济优先事项的生动反映。气候变化与全球经济发展不是相互独立的两个问题。面对世界经济发展，人们可能展现出来的各种脆弱性反映了世界经济体系的不公平（Roberts and Parks, 2008）。36随着金融风暴席卷全球，经济增长会使每个人富裕起来的假设更不可信。虽然2009年金融危机爆发、温室气体排放暂缓，以及全球经济增长极不平衡，但全球经济依然在持续增长。其后果将是越来越难以及时遏制温室气体的增长以防止其对气候系统造成重大破坏，进而对人类生活造成各种不可知的长期影响。

八　气候安全与公平

在更大范围的气候变化中，关注的重点集中在农业生产以及极端天气或干旱情况下气候失调导致的食物短缺。如果农作物颗粒无收，靠农业生活的农民受气候变化的影响最大；如果没有其他的收入来源，他们将无法养活自己。关于粮食供应的讨论主要着眼于作物产量和价格，购买粮食的能力是影响粮食安全的关键因素，尤其是对城市人口来说。这里通常假设市场会为所有人供应粮食，没有考虑到粮食价格会成为穷人进入市场的壁垒；在饥荒发生的时候还伴随囤积粮食和投机定价。有关购粮资格和途径的讨论认为，尽管气候变化是加剧危机的重要因素，但是气候本身不是危机的根源。如果说人类安全是指为所有人提供基本必需品，那么粮食安全问题是讨论气候如何影响人类安全的关键。但是正如有关饥荒的文献所述，粮食不仅是供给问题，而且是确保获得粮食分配的经济安排。气候变化使这些问题处理起来更加棘手。它涉及城乡公平以及不同程度上的贫富差距。事实上，许多增进安全的呼吁与环境正义的呼吁彼此呼应（Stoett，2012）。

就人类安全而言，它是对未来可能限制人类发展的潜在问题的预测，如果今天的行动限制了子孙后代的选择，那么长期的气候变化问题就显得十分重要。1987年世界环境与发展委员会报告《我们共同的未来》（*Our Common Future*）中提出的可持续发展，是指既能满足当代人的需要又不阻碍后代人的发展，这里明确指出了代际公平。虽然很难确定子孙后代的具体需求，但是稳定的气候系统似乎十分重要。其他事项，诸如海洋系统未被酸化到超出大多数水生生物的耐受程度、生物多样性以及生态系统没有有毒污染物等都是必不可少的。所有这些问题都是当代问题，尽管针对污染进行了许多专业补救，但如果认为应该以类似于最初文明萌发时的状态把地球传给后代，这些问题就会显得日益严峻。这是《联合国气候变化框架公约》明确的前提，即必须避免危险的人为气候变化。

现在，随着气候变化的加速，问题变成了当前的决策会给后代留下什么样的遗产，以及这一代人是否会妨碍后代的发展（Vanderheiden，2008）。如果当前的经济活动方式正在破坏后代的发展，那么未来的人类安全正在被破坏。但这一切取决于对未来的预测，而未来的预测又取决于对未来几十年将发生何种经济活动的预测。因此，人类安全与目前的经济决策密不可分，最明显的是与"碳锁定"问题有关，即发电厂和其他已投入使用的基础设施及生产设施把社会的生命周期锁定在某些燃料的使用模式中。

九　赋权与人类安全

最后，所有这些讨论中悬而未决的重要前提是，在飞速变化的时代维护人类安全的权威来自哪里。正如本章开头所述，将安全的概念扩展到超越传统的国家安全，意味着有许多机构将参与其中；也就是说，人类安全的提供将涉及超越国家层面的主体。过去几十年，各个国家应对温室气体快速增长的努力还不够，这催生了众多试图寻求能更有效应对问题的商业措施和政治创新。许多地方的活动人士直接抨击燃煤工厂，敦促当局寻找替代能源。尽管活动人士可能对应对气候变化的商业举措持怀疑态度，但重大碳交易计划的出现表明至少在某些市场上，人们在非常认真努力地脱碳（Newell and Paterson，2010）。在美国，尽管华盛顿陷入了政治僵局，但很多州和市的举措都在降低碳排放，这些举措以美国或已超碳排放最高点为前提。

目前没有任何国家政府就控制未来温室气体排放水平作出有效决策，但仍有许多与人类安全有关的倡议为控制温室气体排放作出努力（Hoffman，2011）。比如建设基础设施以应对洪水，支持太阳能和风力发电设施，以及通过商业努力减少航空燃料消耗，这些举措虽然不能从根本上改变温室气体排放，但是都会产生影响。正如埃玛·罗斯柴尔德（Emma Rothschild，1995）所说，所有这些表明安全提供责任的扩展正在与气候变化有关的事项中发挥作用。这很难一言以蔽之，但这一点的确很重要。①迄今为止，许多国家在包括气候变化在内的许多事情上表现平平，人类安全的提供不能也不应该留给那些在包括气候变化在内的许多事情上都表现不佳的国家。人类安全主要关注那些被国家政治经济忽视的群体，这挑战了传统的政治权威核心的假定（Oswald Spring，2008）。

自由主义对安全的表述强调要为商业社会运作提供便利，鉴于自由主义关于经济理性的假设导致人类正在急剧改变环境，人们很难接受把自由主义的安全概念作为当前思考和行动的基准条件。关于气候安全的许多文献都假定找到环境破坏的根源就会有解决方案，但当气候和安全同时摆在我们面前时，意味着这个假定以及由此形成的作为现代社会基础的安全理念，将不再适用于未来人类文明的长远发展。这个矛盾不再是不可避免的，但在新的环境下如何重新审视安全问题还不好确定。对人类安全的研究认为，虽然政治精英们面临事件失控时会积极维护旧的制度以及保护他们的权力，但在表述安全时假设政治秩序一直停留在当初发生气候变化的状态十分不恰当。

---

① 此处，"这""这一点"都是指埃玛·罗斯柴尔德所讲的内容。——译者注

39   **参考文献**

Annan, Kofi(2000) , ' Secretary – General salutes international workshop on human security in Mongolia' , New York, USA: United Nations, Press Release SG/SM/7382.

Bogardi, Janos J. (2004) , ' Hazards, risks and vulnerabilities in a changing environment: the unexpected onslaught on human security?' *Global Environmental Change*, 14, 361 – 365.

Brauch, Hans Günter(2005) , *Environment and Human Security: Towards Freedom from Hazard Impacts*, Bonn, Germany: United Nations University Institute for Environment and Human Security Intersections.

Buzan, Barry, Ole Wæver and Jaap de Wilde(1998) , *Security: A New Framework for Analysis*, Boulder, USA: Lynne Rienner.

Commission on Human Security(2003) , *Human Security Now*, New York, USA: United Nations Publications.

Dalby, Simon(2009) , *Security and Environmental Change*, Cambridge, UK: Polity.

Elden, Stuart (2009) , *Terror and Territory*, Minneapolis, USA: University of Minnesota Press.

Floyd, Rita(2010) , *Security and the Environment: Securitization Theory and US Environmental Security Policy*, Cambridge, UK: Cambridge University Press.

Foucault, Michel(2008) , *The Birth of Biopolitics*, New York, USA: Palgrave Macmillan.

Graham, Steve(ed.) (2010) , *Disrupted Cities: When Infrastructure Fails*, London, UK: Routledge.

Grove, Kevin(2010) , ' Insuring "Our Common Future"? Dangerous climate change and the biopolitics of environmental security' , *Geopolitics*, 15(3) , 536 – 563.

Harvey, David (2005) , *A Brief History of NeoLiberalism*, Oxford, UK: Oxford University Press.

Hoffman, Matthew (2011) , *Climate Governance at the Crossroads: Experimenting with a Global Response after Kyoto*, Oxford, UK: Oxford University Press.

Homer – Dixon, T. (1999) , *Environment, Scarcity and Violence*, Princeton, USA: Princeton University Press.

Independent Commission on Disarmament and Security Issues(1982) , *Common Security: A*

Blueprint for Survival, New York, USA: Simon and Schuster.

Jones, Reece(2012) , Border Walls: *Security and the War on Terror in the United States, India, and Israel,* London, UK: Zed.

Kahl, C. (2006) , *States, Scarcity and Civil Strife in the Developing World,* Princeton, USA: Princeton University Press.

Kaldor, Mary(2007) , *Human Security: Reflections on Globalization and Intervention,* Cambridge, UK: Polity.

Klein, Naomi(2007) , *Shock Doctrine: The Rise of Disaster Capitalism,* Toronto, Canada: Alfred Knopf.

Matthew, Richard A. , Jon Barnett, Bryan McDonald and Karen L. O'Brian(eds) (2010) , *Global Environmental Change and Human Security*, Cambridge, USA: MIT Press.

Neocleous, Mark(2000) , ' Against security' , *Radical Philosophy*, 100, 7 – 15.

Newell, Peter and Matthew Paterson(2010) , *Climate Capitalism: Global Warming and the Transformation of the Global Economy*, Cambridge, UK: Cambridge University Press.

O'Brien, Karen, Johanna Wolf and Linda Sygna(eds) (2013) , *The Changing Environment for Human Security: New Agendas for Research, Policy, and Action*, London, UK: Earthscan.

Oswald Spring, Úrsula(2008) , Gender and Disasters. *Human, Gender and Environmental Security: A HUGE Challenge*, Bonn, Germany: United Nations University Institute for Environment and Human Security, Intersections.

Pascal, Cleo(2010) , *Global Warring: How Environmental, Economic and Political Crises Will Redraw the World Map*, Toronto, Canada: Key Porter.

Roberts, J. T. and B. C. Parks (2008) , *A Climate of Injustice: Global Inequality, North – South Politics and Climate Policy*, Cambridge, USA: MIT Press.

Rothschild, Emma(1995) , ' What is security?' , *Daedalus*, 124(3) , 53 – 98.

Sagan, Carl and Richard Turco(1990) , *A Path Where No Man Thought: Nuclear Winter and the End of the Arms Race*, New York, USA: Random House.

Scheffran, J. , M. Broszka, H. G. Brauch, P. M. Link and J. Schilling(eds) (2012) , *Climate Change, Human Security and Violent Conflict: Challenges for Societal Stability,* Berlin, Germany: Springer Verlag.

Seekins, Donald(2009) , ' State, society and natural disaster: Cyclone Nargis in Myanmar (Burma) ' , *Asian Journal of Social Science*, 37(5) , 717 – 737.

40

Sims, Holly and Kevin Vogelmann(2002), 'Popular mobilization and disaster management in Cuba', *Public Administration and Development*, 22(5), 389 – 400.

Smith, Paul J. (2007), 'Climate change, mass migration and the military response', *Orbis*, 51(4), 617 – 633.

Stoett, Peter(2012), 'What are we really looking for? From ecoviolence to environmental injustice', in M. A. Schnurr and L. Swatuk(eds), *Natural Resources and Social Conflict: Towards Critical Environmental Security*, London, UK: Palgrave Macmillan, 15 – 32.

Theisen, Ole Magnus, Helge Holtermann and Halvard Buhaug(2011), 'Climate wars? Assessing the claim that drought breeds conflict', *International Security*, 36(3), 79 – 106.

Ullman, Richard(1983), 'Rethinking security', *International Security*, 8(1), 129 – 153.

United Nations Development Program (1994), Human Development Report, New York, USA: Oxford University Press. United Nations Secretary General(2005), *In Larger Freedom: Towards Development, Security and Human Rights for All*, New York, USA: United Nations.

United Nations Secretary General(2009), *Climate Change and its Possible Security Implications*, New York, USA: United Nations.

Vanderheiden, Steve (2008), *Atmospheric Justice: A Political Theory of Climate Change*, Oxford, UK: Oxford University Press.

Watts, Michael(1983), *Silent Violence: Food, Famine and Peasantry in Northern Nigeria*, Berkeley, USA: University of California Press.

Webersik, Christian (2010), *Climate Change and Security: A Gathering Storm of Global Challenges*, Santa Barbara, USA: Praeger.

White, Greg(2011), *Climate Change and Migration: Security and Borders in a Warming World*, Oxford, UK: Oxford University Press.

World Commission on Environment and Development(1987), *Our Common Future*, Oxford, UK: Oxford University Press.

第二章

气候变化研究中人类安全方法的
要素和价值贡献

德斯·加斯珀

一　人类安全分析能为气候变化研究带来什么？

将气候变化作为一个影响人类安全的问题提出，意味着不仅要关注其对军队、国家和国民经济的影响，还要关注其对普通民众生活的影响。这意味着要关注预期寿命和营养模式、发病率和死亡率，而不仅仅是关注压力大的人群是否会爆发武装冲突——即极端的"达尔富尔"情景。这种情景和关注往往反映了传统的以国家为中心和以军事为中心的安全，而不是以个人为中心。通常情况下，穷人缺乏发起武装冲突的组织、凝聚力或资源，但这并不意味着他们的困境不是人类安全问题。从人道主义视角看，人类安全方法不仅在于货币化的经济变量，还在于民众的生活内容——他们的"行为"和"状态"、他们面临的约束、他们拥有或缺乏的真正机会以及他们经历的意义——而不仅是用金钱来衡量的人和事。

安全语言表达通常以优先考虑和维护本国内部强势群体的利益为导向。"人类安全"从根本上说是一个反概念（counter-concept），它试图将"安全"与国家安全之间占主导地位的隐性联系转变为以人自身的安全为核心，在这里人被视为真正的个体，而不仅仅是人数的统计数字。这一尝试首先涉及在不同力量交汇的特定生活环境中不同人类个体的安全问题。为什么要关注人类个体？为什么不忽略其中一些呢？或者为什么不把细菌、藻类或者云朵的安全也包括进来呢？显然，人类安全思想是以人为本的理念，与人权和人类发展观点如出一辙；甚至可以说是人文主义的姊妹观点。而且，将所有人类个体作为价值关注的主要对象，有益于对人类物种及其后代安全的关注。这是不言而喻且意料之中的。一些学者认为，群体由个人组成，还应关注在人类群体、文化和意义系统在某些方面的安全（Roe，2010）。然而，保护某个事物（比如一个群体）有时可能与保护其他事物（如个人）存在冲突，在界定人的身份和利益以及权衡相互竞争的因素时，不同类型的人类安全方法反映了不同的立场。事实上，对于人的本质有着不同的观点。

虽然人们对"安全"的含义进行了大量讨论，试图使"人类安全"一词摆脱以国家为中心的假设，但在许多关于人类安全的工作中，很少有人关注到"人"的含义，进而忽略了除了生命本身之外还应保护什么。然而，"安全"从根本上说是一个优先考虑的条件，其本身不是独立存在的实体，因此应该主要关注要保护什么以及为什么要保护。因此，人类安全分析必须涉及人类的本质以及什么是和/或应该是优先事项这两个核心问题。这与早期和正在进行的人类基本需求分析工作（Burton，1990）以及人文主义哲学中的探索传统相联系。

人类的生存不仅需要足够的食物和其他基本物品。人类是具象化的，且尤其是性别化的；人类不仅寿命有限，还有一个成长、成人和衰老的生命周期。漫长的成长过程中，包括大量的文化熏陶，还包括心态、知识和技能的习得。这些不是通过基因遗传，而是基于我们的潜能（包括推理和选择）在社会建构、交流、灌输和适应中逐步形成。在某种程度上，人类希望通过他们的能力来发挥作用。这些能力是人类安全理论最近关注的焦点，在"安全"概念中指的是：人们建立和维护自身安全的能力（UNDP，2003）。人类的身份认同及运作机制具有强大的社会性和关联性，这也许与生命周期中的长期依赖性有关；单个人不能称为人类。人类也不是一个抽象的概念：我们身体和感官存在于特定的时间、地点和社会背景下。人类复杂的情感系统调节着他们之间的依赖关系，并帮助组织调动和定位他们的能动性。安全和不安全既是客观脆弱性问题，也是情绪状态和主观

感知问题（Leaning, 2008；Leaning et al., 2004）。换句话说，广义的脆弱 43
性不仅是指身体上也可指情感上。

总的来说，生活环境的交叉多样性——物理位置、个人能力、健康状况、性别、社会地位和文化适应、资产和选择、习惯和看法、关系和交往——决定了人们安全与否。例如："在 2007 年（孟加拉国）的飓风锡德（Cyclone Sidr）事件中，因为之前很多去避难所的人家中遭遇抢劫，有些人担心去避难所后家中动物无人看管会被抢而拒绝去避难所，后来这些人中许多死于这场飓风（Saferworld, 2008：iii）。"

研究影响人类不安全感的真正原因需要从个人生活层面上进行整体性思考——这种叙事方法主要用于研究人类的历史境况决定和能动限制——以及从更广泛的层面上思考某些人在本国被边缘化的社会经济原因，思考全球范围内经济、环境和气候变化的驱动因素（Gasper, 2010, 2013a）。丹尼斯·古利特（Denis Goulet）在《残酷的选择》（*The Cruel Choice*）一书中详细阐述了个人生活层面及宏观体系层面两个思考视角的结合（Goulet, 1971；Gasper, 2011）。第一，对特定地区的脆弱性给予同情并细致关注；第二，果敢且冷静地关注全球联系，包括经常产生成本的联系——生态、医疗、心理、文化、经济成本，这些成本在狭义的国家、规范或商业计算中容易被忽视。他在"发展伦理"方面的工作有意按照 20 世纪 40 年代法国"经济与人文主义"运动的精神推进：我们应该考虑"发展人权与社会"。《残酷的选择》是自 1990 年前后开始的人类安全思潮的主要先驱之一，比如其第二章题目为"脆弱性：理解和促进发展的关键"。

古利特明确指出，在缺乏一定的感性和情感基础的情况下，不太可能出现所需要的分析类型组合。这不是一个可以随意变动的技术工具。正如前面提到的，为什么我们不应该把一些（甚至大多数）人类排除在我们的关注之外？如果我们不害怕他们（或他们的继任者）、不希望从他们身上获益，传统的安全分析不会把他们考虑进来。多尔比在其书中指出，传统的安全概念与民族国家相互竞争的威斯特伐利亚时代相对应，主要关注商业社会稳定运行的国内外环境，忽视了其他因素。

人类安全分析一方面要密切关注匮乏和不安全之间的联系，另一方面 44

还要考虑暴力、犯罪与人口迁移之间的关系。其对世界各地居民的关注超过了对自身的关注和对自我行为的恐惧。这与人权传统中的人道主义价值观是一致的，即不仅仅关注他人及其面临恐惧时的困难，而且从根本上将其作为同胞而尊重和重视。人权是人类安全方法的一个基本要素。可以说，人类安全方法加入了一些在主流人权研究中没有深入的内容：互联互通的本体论视角（Gasper，2012，2013a）。重要的是要与关注每个人尊严的人权方式相结合，因为追踪跨越国家、规范和组织边界联系的动机，在一定程度上取决于对同胞生活的同情。

对于气候变化分析来说，这意味着密切关注特定人群、特定生活环境如何受到影响，以及他们可能如何应对：例如，2007/2008 年《人类发展报告》（*Human Development Report*，HDR）中关于气候变化的描述涉及"孟加拉国的农村社区、埃塞俄比亚的农民和海地的贫民窟居民"（UNDP，2007：3）。该报告援引人权标准，在一定程度上是本着人类安全方法的精神，一再强调特定弱势群体的利益，包括儿童"我们的子孙（第 2 页）和"子孙后代"。相反，世界银行的气候变化相关报告 2010年《世界发展报告》（World Bank，2010；WDR）很少提及儿童，也从未使用过"子孙"或"子孙后代"之类的表述（Gasper et al.，2013a）。它主要关注抽象的总量概念，尤其是全额总数。遗憾的是，2011 年的《人类发展报告》几乎找不到关于 2007/2008 年报告中对人类可持续发展的关注（Gasper et al.，2013b），转而关注意义不大的全球人类发展指数的类别汇总（UNDP，2011：2），这掩盖了气候变化对最贫困群体的影响。比如，人类发展指数（HDI）这样的综合指数汇总了一个国家或地区（在这里是全世界）所有居民的情况，却掩盖了对贫困人口的影响，其中许多人的境况远低于国家或地区甚至全世界的平均水平。人类安全方法旨在反其道而行，揭示并回应这些人的处境。

我们将从孟加拉国的一个案例切入，明确人类安全方法的关键维度和组成部分，讨论其在气候变化研究中的应用和潜在价值，包括通过使用情景方法来确定、评估和回应未来的风险和机遇。

45

二　孟加拉国：哪些价值观和哪些人受到哪些威胁？

……与"免于匮乏的自由"相比，"免于恐惧的自由"带来的不安全感相对较低。孟加拉国人认为贫穷、就业、粮食安全和健康等问题比犯罪更值得关注。（Saferworld，2008：104）

由孟加拉国抑或世界上最大的非政府组织农村发展委员会（BRAC）的研究部门发起的一项涵盖2000个家庭的调查显示，相比通常被认为很重要并归类为"免于恐惧的自由"的问题（包括犯罪、敲诈勒索和枪支可获得性），更多的人认为"免于匮乏的自由"是最大的问题——贫困（69%）、失业（65%）、水电供应（56%）和易受自然灾害影响（51%）。犯罪仅被三分之一的样本评为五大主要问题（concerns）之一。

孟加拉国50%的人口生活在贫困线以下，贫困和失业是大多数人最关心的问题。贫困是许多问题的根源。它是造成粮食不安全的一个主要原因，因为许多人缺乏资源（包括土地和农产品），无法自己种植或从别人那里购买粮食。有限的资源使人们更难以获得医疗、卫生和教育等基本服务。贫穷和失业也被视为犯罪和不公平的两个最重要的驱动因素。（Saferworld，2008：ii）

同样，当访谈中把风险的优先级数值（priority values）转为那些使人们感到不安全的威胁来源时：

自然灾害是最普遍的担忧（53%），其次是缺乏医疗保健（48%）。第三大因素是觉察到犯罪率在上升（28%），第四个是滥用毒品（23%）。农村地区对自然灾害的担忧更大（农村为58%，城市为37%），……城市最常见的两种回答是犯罪和滥用毒品。（Saferworld，2008：ii）

1900 ~ 2008 年，有记录的 66 次飓风平均造成 9000 多人死亡。1970 年，除了飓风"波拉"（Bhola）的直接影响外，由其导致的内陆海水激增总共造成近 50 万人死亡。"自然灾害"，就其成因来说首先在很大程度上是人为因素，其次才是其影响范围和分布的决定因素。造成孟加拉国飓风和洪水这两大威胁的原因尽管主要不在其本国，但是依然有其人为因素；此外，人为（重新）构建的社会和自然景观结构是这些冲击的主要决定因素。

有趣的是，即使当人们被问及与免于恐惧的自由有关的安全提供者时，主要的回答也不是传统的安全机构：

> 最受欢迎的五个答案是教育机构（43%）、非政府组织/微型金融机构（34%）、远高于警察局（28%，远低于前两个答案）、联盟理事会/市政府（28%）和医院/保健设施（20%）。这些结果表明，孟加拉国人理解的人类安全不仅仅是犯罪和正义。（Saferworld，2008：vii）

"自然灾害"已然是人们感受到的最大威胁，气候变化很可能会严重增加其发生的频率和幅度。政府负责人宣称，"……据估计，海平面上升一米将淹没孟加拉国三分之一的国土，从而使 2500 万 ~ 3000 万人口无家可归……他们最有可能成为气候变化难民"（Ahmed，2007）。即使气温上升幅度微小，再加上极端天气事件，也可能导致大量人口流离失所：

> ……随着绝望的人们涌向城市寻找工作和食物，城市化（或"贫民窟化"）的节奏可能会加快。这将使本已不足的基础设施和治理机制更加捉襟见肘……其次，可能还会增加更多的出境移民，尤其是去往印度的经济移民。对两国来说这都是一个非常敏感且极具爆炸性的政治问题。（Safeworld，2008：24）

尽管如此，安全世界（the Saferworld）的报告宣称，至少在几年前"关于气候变化对孟加拉国人类安全影响的可能情景的严谨分析还很少"（the Saferworld，2008：xvi）。这或许反映出孟加拉国面临的挑战规模之大，已经超出了正常的政治能力，特别是孟加拉国严重分裂的政党政治。但除此之外，这种忽视反映了处在危险中的人主要是较贫穷的群体，这些人生活在容易被洪水淹没的土地上、房屋最不坚固、认为在洪水或飓风期间不能冒险让自己的动物无人看管。

三　人类安全方法的维度和特征

47

西蒙·多尔比在本手册的前一章中回顾了罗斯柴尔德（Rothschild，1995）在人类安全和其他"强调非传统安全"分析中提出的四个转变或扩展：这四种转变摆脱了强调以国家为中心和/或以暴力为中心的安全分析。我们前面已经注意到前两种转变，它们都涉及谁的安全构想：（1）从国家向下到人；（2）从国家向上到人类物种。罗斯柴尔德从国际体系和自然环境的角度阐述了第二种转移。可以说，在这两种情况下安全的最终目标都是人类物种。可以想象，所有个体的安全等同于整个物种的安全，但明确地强调人类物种突出了对尚未出生的个体的关注。

我们还谈到了其他两个转变：（3）哪些价值和哪些相关部门的安全（比如，粮食、水、身心健康）；（4）哪位提供者采取行动实现安全。在最后一种情况下，超越民族国家的外延既是国际的也是国家内部的，其中还包括对个人的自给和安全的关注。"安全"是 2003 年《拉脱维亚人类发展报告》（Latvia Human Development Report）中提出的一个概念："能够在面临不安全的情况下保持精神上的安全感的能力，以及在这些情况改变时重建安全和安全感的能力。"（UNDP，2003：15）

这个清单还可以有效地扩展。罗斯柴尔德探讨的另一个维度是：（5）谁来感知安全——所谓的客观（专家感知）安全与主观（自我感知）安全的问题。接下来，奥斯卡·戈麦斯（Oscar Gomez）等强调了三个补充问题。（6）针对哪些威胁的安全，其含义不仅是"受到严重破坏威胁的优先级数值 V"，还包括哪些特定类型的事件或力量可能造成这种破坏。仅仅因为存在威胁（至少感到威胁），安全才会成为一个问题，但被感知的威胁、被认为相关的威胁和需要被优先关注的威胁之间有很大不同。（7）多大程度的安全——这一点提出了如是的追问：在可把握的层面，保护目标是什么，该给予多大程度的保护。基于此问题，该观点详细阐述了第三点，即应确保哪些价值得到保护。最后，（8）通过什么手段保护——这个观点详细阐述了第四个问题即谁提供保护，该观点更充分地关注具体采用哪些手段（Gomez et al.，2013）。表2-1概括了问题清单和相应的议程。

48

表2-1 人类安全话语特征

问题/议题	人类安全话语中的重点/特点
1. 谁的安全？——Ⅰ	人（和社区），不只关注更大的系统，关注的焦点从国家向下转移
2. 谁的安全？——Ⅱ	人类物种，不仅仅是国家系统，关注的焦点从国家向上转移，包括支撑人类社会的自然环境
3. 什么（哪些价值/哪些部门）的安全？	部门方面：以基层部门为重点 传统的自由清单（"免于匮乏的自由""免于恐惧的自由""免于受辱的自由"） 人的意义→什么优先？→身体安全、健康……但首先要生存下来 保障人权 确保当前水平？——这里仅关注某些方面的稳定性
4. 谁来提供？	安全；赋权而不仅是处理问题 "一系列提供者"的思路（UNDP，2003）
5. 谁来感知安全？	客观（专家感知）与主观（自我感知）相结合
6. 针对哪些威胁的安全？	不仅是针对自然暴力的威胁 互联互通、纵横交错的本体论 联系点 危险点阈值
7. 多大程度的安全？	部门内：确保达到基本水平 保护能力（确保安全的潜能）或者保护功能（实际安全状况）？ 危害规避原则和预防原则
8. 通过什么手段保护？	人权 预防，而不是掩饰，使用各种非传统的工具 提升安全性

49

因此，与"谁的安全？"答案的重新定位相关联的是一个相互关联特征系统（Gasper，2005，2010，2013b）。我们早些时候看到，这一议程的基础是人文主义规范，这是一种相互关联的本体论（Thomashow，2002），以及由此产生对人类生命的感知，其特征是能力和脆弱性的结合。对特定的人和群体优先级数值的不同类型的威胁可能来自他们在相互交叉、相互联系的一系列系统中的特定位置：气候系统、生态和流行病学系统、经济系统、社会和政治系统。

我们需要考虑对构成不同维度选择基础的认知。特别是我们应该反思"人"这个字的意义，并相应地反思支持"安全"标签所隐含的优先权主张的论点。一个人不能仅仅通过使用安全语言来合理确定安全的优先级；人们应该有令人信服的理由，包括关于人的本质——人类安全主张中的所指——以及关于相互关联、威胁、阈值和潜在损害甚至崩溃的联系的思考。对于大多数问题，让我们看一些例子。

1. 关于问题1：谁的安全？——I：个人还是"整体经济"？个人抑或是公民？

为2009年哥本哈根会议撰写的关于气候变化的2010年《世界发展报告》（以下简称《报告》）非常注重气候变化成本的经济计算以及减缓和适应计划的净回报。《报告》估计全球变暖对潜在GDP的影响不大："全球平均GDP损失约为1%。"（World Bank，2010：5）这种影响在低收入国家比较大，但即使是在低收入国家，潜在GDP损失也没有超过一年的预期增长。这些是基于保守估计，现在已经取代了IPCC 2007年报告的气候预测，但这还不是问题所在。我们关心的是计算方法，即估计损失可能产生的直接货币成本总和。这忽略了其他人类代价以及疾病模式变化、社会和政治动荡、冲突和人口迁移的间接影响，比如达尔富尔危机所展现出来的影响。它将一些可能变穷并陷入赤贫群体的损失与其他可能已经很富有的群体的收益加总起来。而且，它根据市场价格来评估影响，从而得出结论认为对达尔富尔或者孟加拉国农村边缘地区低收入居民的住房、牲畜甚至生命造成的影响很小。相应地，沿着这个思路对各种经济情况建模讨论后，试图确定全球平均气温上升2摄氏度、2.5摄氏度、3摄氏度或3.5摄氏度的情景下的最佳经济回报率。① 令人震惊的是，《报告》简要讨论了 50

---

① 原文并未说明是"摄氏度"还是"华氏度"，根据参考文献，应为摄氏度。——译者注

"一切照旧"的经济扩张导致的预期死亡，并在最后一段附上一句"每年可能会有超过 300 万人死于营养不良"（World Bank，2010：5）。正如多尔比在本手册前一章所指出的，统治机构所解释的安全通常是"使特定形式的经济行为蓬勃发展，……而不是保护人类生活的非商业模式"。

相比之下，同样致力于气候变化的 2007/2008 年《人类发展报告》更关注人类活动的影响，而非 GDP："就全球 GDP 总量而言，这些短期影响可能不大。但对于世界上一些最贫穷的人来说，后果可能是悲惨的。"（UNDP，2007：v）报告明确指出他们的生活是如何被压抑和破坏的。总体而言，《报告》在应对气候变化方面的紧迫感相对较低，这反映了它对货币量的关注，从而也反映了那些已经有更多资源以保护自己免受未来可能压力的人的利益（Gasper et al.，2013a：32）。

第二个重要的反差是，基于人权的人类安全概念涵盖了所有受影响的人，而对"公民安全"的解释将非公民排除在外。"公民安全"的概念在西班牙语文学中崛起，包括在西班牙的后佛朗哥宪法和上一代独裁统治后的拉丁美洲都有突出的表现。它被定义为"免受暴力或免受他人故意暴力威胁或剥夺财产的个人、客观和主观条件"（UNDP，2005：14 - 15）。这一概念在其他各种国家和地区的人类发展报告（UNDP，2010，2012）以及 2011 年《世界发展报告：冲突、安全与发展》（World Bank，2011）中都十分突出。尽管这个提法与 1994 年《人类发展报告》七重列表中的"个人安全"内容接近，但其使用"公民"而非"个人"的提法可能部分源于将安全视为民族国家体系内商业社会运行环境的稳定，以及将人视为："民族国家国界内的公民消费者"的传统（Dalby，2009：160）。然而，商业社会中跨境移民规模越来越大，形成大量非公民（non-citzen）群体，在这些国家他们的人权往往受到威胁（Edwards and Ferstman，2011；Truong and Gasper，2011）。如今，民族国家体系内基于化石燃料的经济发展危及全世界非公民乃至其未来几代人的生活。

2. 关于问题 2：谁的安全？——Ⅱ：人类和后代？

如果不以人为中心就不存在后代问题：相反，所有的讨论都是以抽象且集体的方式——民族、经济、国民经济、国家。如果关注的是个人，那么最终会注意到许多受环境变化影响的人目前不能发声，因为他们中的大多数还没有出生或成年。因此，2007/2008 年《人类发展报告》经常专门提到"人类""人类社区""世界上的贫困人口""我们的孩子""我们的孩子和子孙后代""后代""世界贫困人口和后代"。

2010 年《世界发展报告》回避了所有这类术语（Gasper et al.，2013a 的表 2）。该报告 1.1 万字的概述从未提及子孙或后代。与 2007/2008 年《人类发展报告》相比，2010 年《世界发展报告》更注重讨论投资减缓和适应气候变化的保险依据；保险似乎是安全保守的经济术语。但是报告给出了大量的巨额临时性和对冲性的保险案例（Gasper et al.，2013a：35）。在这种情况下，保险的讨论在某种程度上引入了道德共同体的假设。气候变化保险在很大程度上是为了全世界范围内子孙后代的福利，而且对于那些不在国内，但又需要对当地事项进行处理的人来说，气候变化保险多数也是有用的。有人认为富国应该为发展中国家适应和缓解气候变化的努力投资，因为这种投资可以防止未来对所有人的"灾难性风险"（World Bank，2010：9），但这种观点有一个假设前提，即北半球目前的那些富国以及他们的后代都愿意勠力同心。这些道德选择隐藏在世界银行的经济计算背后，与人类发展报告办公室（Human Development Report Office）的做法不同的是，世界银行并未准备讨论这些。

3. 关于问题 3：保护哪些价值？

人类安全话语中提及优先价值的传统口号和标签一直是"免于匮乏的自由""免于恐惧的自由"，随后还有"免于受辱的自由"（CHS，2003；IIHR，n.d.）。有时会提到"免受灾害影响的自由"（Brauch，2005），并作为一个新的转变强调这是一种可能危及基本自由的危险。 并不是所有的危险都应该被列为人类安全问题，例如飓风对亿万富翁私人度假岛屿上城堡的破坏。优先级数值是广泛国际共识的基础，这反映在主要的人权公约和《千年宣言》（*Millennium Declaration*）中，其中部分需要通过特定背景下的辩论和谈判进一步选择和确定。因此，全球环境变化与人类安全（Global Environmental Change and Human Security，GECHS）研究项目将人类安全定义为个人和社区应对社会、人权和环境

权利威胁的能力，联合国人类安全信托基金也采取了类似的做法。它们
认识到，权利的实现不可能一蹴而就，解释和确定优先次序必须就地
进行。

一些学者通常从传统的安全研究背景出发，认为人类安全的概念应该
限定在对人身安全有影响的层面，不应该包括"免于匮乏的自由"这样的
安全，更不用说"免于受辱的自由"了（MacFarlane and Khong，2006）。
尽管不断地强调"免于匮乏的自由"对延长人类寿命、提升人类生活质量
的重要性——无论是客观的还是（正如我们在孟加拉国看到的）主观的。
在《国家人类发展报告》（*National Human Development Reports*，NHDRs）
中关于人类安全所要求的针对具体情况的优先次序和重点选择方面，出现
了一系列广泛的优先级数值供有关报告特别审议（见表 2 - 2）。一些报告
试图对威胁到基本价值观的情况全面摸底（例如，著名的《2009 年阿拉伯
国家人类发展报告》和《2003 年拉脱维亚报告》）；第二类报告称为"公
民安全"或公民安全报告，主要关注犯罪和人身暴力；第三类报告侧重于
国家建设，作为人类安全的必要基础，在某些情况下需要优先考虑第四类
报告关注特定国家在特定时期内面临的其他一两个主要挑战（比如，
《1998 年智利社会现代化研究报告》和《2012 年非洲粮食安全和人类发展
区域报告》）。其他各种国家人类发展报告也涉及气候变化问题（如哈萨克
斯坦，2008；摩尔多瓦，2009、2010；柬埔寨，2011），[①] 可视作第四组的
一部分。

巴尼特等（Barnett et al.，2010：20）强调这种优先化，以"安全"
的名义对个人和社区的需求、权利和来自环境变化风险价值优先排序，也
涉及不同的政策群体，包括那些与社会经济发展、可持续发展、人权和外
交政策等有关的政策群体。因此，"人类安全"的定义不能由传统的安全
提供者界定，更不可能以牺牲人类安全为代价成就国家强大的方式来
讨论。

---

① 原文中并未给出上述三个国家的国家人类发展报告的参考文献，从上下文来看应该是转
　引自表 2 - 2 所参考的著作（Gomez et al.，2003）。——译者注

表2－2　对明确采用人类安全主题的国家和地区的人类发展报告的分类　　53

全面关注		集中关注	
主要价值在特定背景下的主要威胁调查，在如何组织安全提供方面不受限制	关注一组首先受威胁的价值；"公民安全"，通常主要关注常规安全工具的使用	关注首先受威胁的方式：国家	关注一个或两个选定的、特定背景下的受威胁价值或主要威胁，而不限制如何组织安全提供
全面摸底报告	"公民安全"报告	国家建设报告	引起主要挑战的报告
阿拉伯国家（2009） 贝宁（2011） 吉布提（2012/2013） 肯尼亚（2006） 拉脱维亚（2003） 泰国（2009）	加勒比地区（2012） 哥斯达黎加（2005） 菲律宾（2005） 孟加拉国（2002）	阿富汗（2004） 刚果民主共和国（2008） 巴勒斯坦（2009/2010）	非洲（2012） 智利（1998） 马其顿（2001） 马里（2009） 塞内加尔（2010） 乌拉圭（2012/2013）

资料来源：Gomez et al. ，2013。

一些关于人类安全的讨论——例如1997～1998年亚洲金融危机后——在防止重大或剧烈的经济衰退的意义上强调了稳定的重要性。然而，一切事物的稳定意味着稳住供给过剩——比如推动全球气候变化并给穷人带来不安全的生活方式——和供给严重不足的事物。相反，人类安全的概念指的是实现优先级数值或基本需要，而不是稳定现状。

一个有趣的悖论是，澄清和关注人类基本价值以及威胁或感到威胁这些价值的议程意味着，人类安全分析的重点虽然明显受到限制但有时却比人类发展的开放式讨论更深入。1993年和1994年《全球人类发展报告》　54（The Global Human Development Report）的主要作者马赫布卜·蔚·哈克（Mahbub ul Haq）发起了人类安全的主流分析，他强调"人"不仅仅是单个个体、伤亡人数的单位；相应地，我们需要探索"人"的内容，而不仅仅是"安全"的含义（Lama，2010）。

作为人类的一部分，人们拥有并需要意义系统，其中包括身份认同。丹尼斯·古利特认为，每个人和每个社会都希望他人以符合自己的利益、按照自己的方式对待自己，以符合自己的内在价值，而不管这样做是否对他人有用（Goulet，1975）。人类安全具有涉及安全感的重要维度，包括如何理解他人的世界，比如《智利人类发展报告：现代性——人类安全悖论》（UNDP，1998）和联合国教科文组织（UNESCO）的西欧区域报告（Burgess et al.，2007）中所探讨的那样。人们为自己和家庭做出选择时的愿望和贡献能力，暗含着谁是回应不安全感的合适人选；官方语言中的"提供者"应该包括人们自己。

4. 关于问题4：谁来提供？

安全与否不仅取决于暴露于威胁的程度，还取决于面对特定威胁时的脆弱性以及受损后的恢复能力。因此，人类安全政策议程涵盖三个领域：第一，暴露程度、敏感性和恢复能力。需要更多的参与者，以互补的方式行动，包括加强人们自身的安全感。阿马蒂亚·森（Amartya Sen）等通过权利分析详细阐述了贫穷和边缘群体中的饥荒和粮食不足等问题（Sen，1981；Dreze and Sen，1991），然后扩展到更广泛的福利和社会问题研究中（Dreze and Sen，1989）。这种分析有助于揭示影响暴露和脆弱性的各种因素，也有助于发现应对和增强恢复能力的机会。

第二，造成损害的因素也是补救措施的潜在因素，这些因素既来自国际又来自国内，不仅仅是国家层面上的，特别是当我们讨论环境不安全的时候。就气候变化而言，《京都议定书》体系对于国家层面的问题和应尽的义务界定为各国国内事务的做法，无疑加剧了全球政策陷入僵局，这使得低收入国家很高的排放量没有得到重视，这些国家参与改进的积极性也不高（Harris，2010）。

55　　第三，人类安全分析的重点是人的基本需求，包括自我表达和自我决定的需求，与之相适应的是关注真实个体生命整体和自身努力的人类学特点，这导致对人类能力的关注，而不仅仅是脆弱性。因此，赋权和保护一直受到同等重视（CHS，2003；Dreze and Sen，1989，2002；Gasper，2008）。GECHS研究项目（1999～2009年）将人类安全定义为"个人和社区拥有必要的选择来终止、减轻或（充分）适应对其人权、社会和环境权利的威胁；有能力和自由行使这些选择；并积极参与这些选择"。同样，对巴尼特和阿杰（Barnett and Adger，2007：140）来说："人类安全在这里是指人们和社区有能力应对其需求、权利和价值所承受的压力"；换句话说，他们拥有足够的安全保障。既然人们能够且应该为自己的安全作出贡献，对安全的关注本身就不是一种家长式的语言表达；它包括帮助人们享受必要的条件，使他们能够在很大程度上独立行动和适应。

5. 关于问题 6：哪些威胁？

威胁没有固定的清单，要针对具体情况而言。一些学者试图坚持把蓄意人身暴力作为人类安全研究的首要威胁和唯一合理焦点；麦克法兰和孔（MacFarlane and Khong，2006）试图将焦点进一步限定在有组织的蓄意人身暴力。这些都是企图垄断"人类安全"概念，偏离了人们普遍认为的优先事项（比如我们在孟加拉国所见），也偏离了造成人类不安全、痛苦和死亡的典型事实（Gasper，2010）。化石燃料密集型的生活方式正在危害全球环境变化，实际上这可以被称为对人类安全的主要威胁（Dalby，2009；Urry，2011）。

虽然威胁各不相同，但有些问题会反复出现。

第一，许多威胁发生后都会产生重大的间接影响和连锁反应。沿海特大城市易受极端天气、海平面上升等事件影响，这意味着遍布全国和世界各地的间接脆弱性（O'Brien and Leichenko，2007）。尽管 2008 年对孟加拉国的人类安全研究发现，对"免于匮乏的自由"感到的威胁比对"免于恐惧的自由"要大得多，但它却提醒了这种重要的联动性。[①] 不仅如此，"这项研究发现，政治不安全是孟加拉国许多人类安全挑战的核心……**因为这使其他不安全因素难以得到国家的充分解决**"（Safeworld，2008：ix）。

第二，威胁融合化。随着家庭结构变化带来的更多老年人独居，再加上公共财政或公共政策的变化导致政府支持的减少或缺失，老年人在面对气候变化时尤其脆弱（O'Brien and Leichenko，2007：第六节）。人类安全思维着眼于"个人"和"群体"生活中的各种因素的交织。莱钦科和奥布赖恩（Leichenko and O'Brien）在《环境变化与全球化》（*Environmental Change and Globalization*，2008）中展示了抽象的学科话语如何错过这些重要的组合和互动。相比之下，许多人的安全分析采用了超学科视角，研究

56

---

① 这里是指威胁发生后所产生的连锁反应，见本段第二句。——译者注

不同因素交织下特定地方和社会中特定人群的生活，从而对具体案例提出
见解：

> 齐福格尔等（Ziervogel et al.，2006）通过研究赞比亚、马拉维和南
> 非农村家庭脆弱性的发展，发现最重要的是不同家庭经历了不同的压力
> ……在关注人的能力和安全时注意到，气候变化对不同个人和社区的影
> 响不同，这首先是由于人类发展差异造成的。（O'Brien and Leichenko，
> 2007：10，14）

第三，人类安全分析强调了一种特殊类型的危险：超过某个阈值，负
面影响会显著加剧，有时甚至会导致系统崩溃。比如，小孩子或老人暴露
在特殊压力下的死亡或死亡概率大大增加。第四，威胁也带来机遇。对这
些问题以及安全性和恢复能力的关注，对避免把人类安全思维降低到令人
沮丧的危险程度非常重要。

许多相关案例都倾向于情景思维，而不是确定性的预测或基于统计数
据的推断。理智地思考未来各种可能非常重要，这需要提高倾听和叙事想
象的能力，从而识别交错点、阈值和连锁反应的影响。

四　对未来的威胁和应对的思考

格温·戴尔（Gwynne Dyer）指出，IPCC 型的气候模型和预测"完全
没有试图描述政治、人口和战略对他们所预测的变量的影响"（Dyer，
2010：3）。世界银行等国际组织的大多数预测都假定不会有意外发生——
我们将在下文中讨论为什么这些意外最终将会真实发生。因此，这些不能
成为令人信服的场景。未来所谓的"适应"形式将远不止平安修建堤坝那
样简单。适应、对气候变化的反应——包括变化的差异程度、越来越频繁
的极端事件、某些地方的气候和环境异常——将包括许多类型的人类反
应。如果气候科学家和社会科学家对这些研究不够深入，那么世界各地的
军事策划者们就要专注于此，例如美国 2007 年启动的两项研究：海军分析
中心的《国家安全和气候变化威胁》（CNA，2007）以及华盛顿的战略与

国际问题研究中心的《后果时代》（Campbell et al.，2007）。

美国 2007 年两项研究者们所创设的各种情景表明：第一，"可能的政治和社会反应放大了自然事件效应"（Dyer，2010：16）。第二，"非线性气候变化（偶发骤变）将产生非线性政治事件"（Fuerth，2007：72）。第三，与"公共政策中经常采取方法，即你只需要这样做问题就会永远得到解决"不同，我们反而应该"预期使用的任何解决方法都可能扰乱系统，导致无穷的意外"（Dyer，2010：21）。第三个观点与未来研究中使用的叙事方法很像：故事将持续发展，并伴有周期性的突变。

通过回顾人类应对环境危机的历史，历史学家 J. R. 麦克尼尔（J. R. McNeill）发现了麻烦是如何相互激化的。灾难助长了相互猜忌和宗教狂热，压力下的人们变得更令人讨厌。更优雅的表述应该是："面对紧迫的需求时，克制与礼貌会迅速消失。自修昔底德（Thucydides）对科西拉革命（Corcyra Revolution）进行分析以来，这一点在观察家们看来已显而易见……（历史上）对冲击的（政治）反应往往是把少数民族和外国人当作替罪羊。"（McNeill，2007：29）在《后果时代》的姊妹篇中，格利奇（Gulledge）对"气候变化将是平稳渐进的"的神话提出了警告，"气候历史表明，气候变化是断断续续的，有时是急剧的变化而不随时间的推移而逐渐发生"（Gulledge，2007：37）。所以，正如富尔思（Fuerth）所说，社会影响和"适应"的形式也可能与科学报告中的平滑曲线所暗示的不同。

《后果时代》构建了三种气候情景。先从最不令人担心的情况开始：情景一追溯了 IPCC 2007 年报告预测的主要影响，直到 2040 年。"在这种情况下，人们和国家都面临着大规模的食物和水短缺、毁灭性自然灾害和致命疾病暴发的威胁。这也是不可避免的。"（Podesta and Ogden，2007：55）各种危机的组成部分"互相交织、自我延续而变得更加危险"（第 56 页）情景二增加了危险反馈效应的早期影响，这在 IPCC 2007 年报告中没有，因为无法对这些影响建模——例如，西伯利亚永久冻土层中碳的危险（"远远超过目前大气中的碳"；Woolsey，2007：83）——随着气温升高会释放出甲烷，大大加速温室效应。根据该方案，到 2040 年气温将上升 2.6 摄氏度。"农业在干旱的亚热带地区基本上无法生产"（Fuerth，2007：71），因为那里的可能平均变暖程度更高，极端天气事件频率大大增加。世界各地的人类系统将面临巨大压力，"全球环境中的大量非线性事件将导致大规模的非线性社会事件"（第 76 页）。情景三将这个故事延续到 2100 年，全球气温上升 5.6 摄氏度，海平面上升两米。值得注意的是，海平面上升一米足以淹没孟加拉国三分之一的国土。人们和组织的反应和互动会导致无尽的突变，该研究跟踪了这些气候情景对人类可能造成的不同影响。

戴尔更详细地阐述了这种方法，但从未把情景称为预测。巴基斯坦的数字令人吃惊：一个拥有 1.8 亿人口且掌握核武器的国家。2010 年的特大洪水体现了该国的环境脆弱性，究其原因显然与太平洋拉尼娜事件的异常降雨有关。此外，该国拥有世界上最大的连片灌溉系统，该系统依靠喜马拉雅山进入河道的水。预计喜马拉雅冰川的萎缩将影响巴基斯坦的冬季供水，并加剧与印度的紧张关系，因为印度是巴基斯坦几条主要河流的流经地。

孟加拉国人口与巴基斯坦相当，在环境方面则更加脆弱。考虑到历史、当前和即将发生的损害与不满情绪，世界各地的安全规划者（Campbell et al.，2007）都在考虑该国可能会成为第二个培养武装激进分子的基地。戴尔设想的第五种可能是，孟加拉国将遭受更加频繁和毁灭性的飓风。它的政府最终威胁说："如果不迅速达成全球协议以无害的方式减少有害气体排放，将把 100 万吨硫酸盐粉末上传到平流层，以阻碍阳光照射，单方面降低全球气温。"（Dyer，2010：161 - 62）

这种叙事方式对于探讨人类轨迹有许多优点。它提供的描述更生动、真实。像《斯特恩报告》（*Stern Review*，2007）和 2010 年《世界发展报告》这些文献关注的主体太少。例如，在一些分析中只有"发达国家"、"发展中国家"和"新兴国家"。由于缺乏具体的细节，在分析过程中会忽略一些具体的发展动态。第一，描述和情景会把我们带入具体细节、奇怪的组合、可能或切实发生的一连串巧合。第二，故事可以更好地尊重实际情况的复杂性，能更好地帮助人们理解实际情况。解读政策分析的标准建议是戈德堡规则（Goldberg Rule）：不要只问人们出了什么问题，而要问他们发生了什么事。通过这种方式，人们可以更深入地了解问题，并找出真正的问题所在（Forester，1999）。可以这样问："这个问题是如何进入你的生活的？"或"当这种情况发生时你做了什么？"（Forester，2009）。这样的提问人们不是用推测来回应，而是用具有启发性的叙述。

第三，有时讲故事更适合预测。故事能够完整地把人类经过计算和情感驱动的反应呈现出来，也不回避环境、经济、社会和政治冲击之间的相互作用，这些在正式建模中难以呈现。《斯特恩报告》在计算对富国可能造成的影响时，没有包括经济危机对"更容易受到气候变化影响的贫穷国家"产生的反馈效应。"……大规模人口迁移和政治不稳定的压力越来越大"（Stern，2007：139）。该报告承认了一系列疏漏（第 169 ～ 173 页），但没有提出处理这些疏漏的方法。相反，通过讲故事的方式有助于我们思考复杂互动的各种潜在因素，并揭示可能被忽视的风险、可能和机会。情景练习有助于人们认识到通常情况下可能被屏蔽掉的联系和可能性，比如心理、惯例和权威结构（Gasper，2013a）。在故事中，我们可以考虑可能发生的极不可能事件组合，如果它们真的发生了，将改变一切。虽然任何特定的事件组合都是极不可能的，但是这些极不可能发生但又能影响世界的事件组合，其发生的概率还是很高的。然而纳齐姆·塔利布（Nassim Taleb，2010）认为，社会科学对这类"黑天鹅"事件的兴趣太少，因为无法对它们建模。因此，第四，即使我们无法预测的情况下，讲故事的方式也许更有利于促进预防。

第五，故事在促进改善行动方面有优势但也有风险。在解释性政策分 60 析中，讲述一个人的故事、展示一个人的动机，有可能使一方成为另一方眼中公认的行动者，并提供信息和相互认可，从而发现相互交往中之前看不到的可能性（Forester，1999）。面对不同当事方明显冲突的价值观，针锋相对地阐述其冲突毫无意义。相反，要探索各方的世界观、历史和人性，建立充分的相互理解和接纳，并找到足够务实的处理办法才能向前推进。对话者的故事表明，他们是多面性的人而不是一些刻板的印象。因此，"当我们面对基于价值和身份的争议时，我们需要挖掘故事而不是激化辩论"（Forester，2009：71）。考虑到"个人叙事能够取代刻板印象和期望"（Forester，2009：126），讲述个人故事对于全球范围的问题尤为重要（Schaffer and Smith，2004）。

第六，故事和情景能更好地激励我们。它们让人感觉更真实，在吸引注意力、记忆力及与行动建立联系方面具有优势。它们通过激发我们的情感强化这些优势。这让我们更接近他人的生活和思想，并向我们展示抽象预测和总体趋势对人类的影响（Gasper，2013a）。通过故事，我们在情感上受到了教育，在与他人的关系中变得更渊博、更敏感（Forester，1999：Ch. 2）。这些工作中大部分不能通过抽象谈话完成。

然而，许多气候文献警告说，末日情境会产生顺从、怀疑和排斥，并强化个人主义反应，包括通过金钱、形象和地位寻求自尊。讲故事需要让我们超越只关注过去、现在或未来某个时段的问题。因此，情景规划显示了如何将微观层面的包容性叙事扩展到更大的运作规模（Raskin et al.，2002）。至于哪些类型的叙述和情景有助于哪种背景和任务，还需要进一步研究。

戴尔关于气候战争的情景得出如下结论，一种世界性的平均主义形式将是唯一能够确保全球长期和平与生存的安排。"全球协议"的唯一可持续基础不是计算"我们最需要作出什么让步"，而是传递平等尊重的原则，如英国全球公共资源研究所（Global Commons Institute）提出的原则："地球上的人都有权享有同样的基本温室气体排放配额权，超过这一配额的人必须补偿少用的人。"（Dyer，2010：72）

道德上的短视思维也可能导致目光短浅的解释，比如纯粹基于自身利益的"行为"。只关注自我利益从而缺乏对他人的关注、理解和可靠信息传递。它可能会导致人们对全球化世界中强者与弱者之间的联系认识不足。吉登斯（Giddens，2009：213ff）由此指出了布什—切尼"现实主义"失败的外交政策，即粗暴地使用军事和经济力量实现自己的利益。弗里德曼（Friedman，2009）认为，这种由睾丸素驱动的狂妄自大被证明是站在现实主义的对立面：它强化而不是减少了美国对进口石油的依赖，并助长了那些反美的独裁专制者，他们多集中在石油和天然气出口国以及中东世界（弗里德曼石油政治学第一定律）。比起单纯的回归分析，讲故事更有助于使这张联系网更清晰。

五　结　论

人类安全方法可以帮助我们以各种方式思考气候变化。它加深了对互联互通和连锁效应的思考。它引导我们反思人类的处境，人们会对不断变化的压力和机会做出反应，而不是简单地充当更大权力的出气筒。对他人造成的伤害会蔓延。人类安全分析可能有助于提高重要精英群体对全球互联互通的认识并对抗狭隘的自恋（Campbell et al.，2007；Moran，2011；Gasper，2012）。理想的情况下，人类安全分析还可以通过考虑"遥远的他人"的生活和感受以及全球的互联互通，增进对他人困难的同情和关注。在人们审视共同弱点、共同利益、共同人性的层面，人类安全分析有助于为实现全球可持续发展所需的变革（The Earth Charter；Gasper，2009）。

卡伦·奥布赖恩（Karen O' Brien）和罗宾·莱钦科（Robin Leichenko）在 2007/2008 年《人类发展报告》文章的选题背景中总结了一个很好的简短性的综合结论：

> 气候变化在很大程度上被视为一个环境问题，而不是人类安全问题。应对气候变化的人类安全方法可以被视为是一种以人为本的方法，该方法既强调公平，也强调人与当地之间日益密切的联系。它侧重于管理对个人和社区的环境、社会和人权的威胁，同时提高应对变化和不确定性的能力。从人类安全的角度应对气候变化，要求缓解和适应战略都考虑到人类安全的公平性和互联互通性。（O'Brien and Leichenko，2007：32）

尽管关联性和连锁效应很重要，但人类安全分析的最大价值贡献在于其公平议程：与其说是富人受损的警示，不如说是强调关注穷人的权利。一些作者认为，特定地区气候变化的形式和影响的不确定性使得很难把气候变化与人类安全联系起来。准确性和高度确定性是侵权法的要求，以证明代理人 A 对受害人 V 的损害 D 负有赔偿责任。但是，侵权法并不是应对全球互联的唯一相关机制，在这种互联中无数的排放者危及和伤害了分散在世界各地的无数弱势群体。我们对一般联系的认知有足够的准确性和确定性证明建立一个全球社会保险和保护体系是合理的（Penz，2010；Gasper，2012）。此外，对于某些特定灾害确切原因的不确定性——例如三角洲和低洼地区的生计定期遭到破坏——使人类的不安全感不仅仅是一个可计算的风险问题。它涉及对这些不确定因素做出反应的道德排序，以及决定由谁承担或分担费用和（一般意义上的而非正式意义上的）风险。人类安全分析有助于我们了解哪些人和哪些价值得到了保护，弱势群体的基本生活得到了多少关注，以及在处理风险和不确定性时涉及哪些人的利益。

最不安全的是非洲、亚洲和拉丁美洲大部分地区，以及岛屿和其他低洼地区的弱势边缘人口（如卡特里娜飓风事件所示）。可以很容易地推断：导致政治及经济体系不稳定的连锁反应，在这些地区发生的可能性会更大，影响会更广。无论导致政治及经济体系失衡的不确定性是什么，这些失衡致使该地弱势人群不安全是十分确定的。IPCC 最近的极端天气报告生动地显示，平均气温上升与天气变化加剧相结合将如何显著增加极端高温天气的频率，还增加了高温天气的频率，同时也会影响寒冷和极寒天气的频率（Summary for Policy Makers；IPCC，2012：5）。我们知道"更高的温度可能意味着以前不适合传播疟疾等疾病的地区变得更适合传播这些疾病"（O'Brien and Leichenko，2007：10）。联合国科学和技术咨询小组强调，"即使平均气温上升 2 摄氏度（这一数字在 21 世纪可能被大大超过），也将会对生活在小岛屿、大河三角洲或其他低洼地区的人口产生灾难性影响"（COMEST，2010：36）。

巴尼特等在全球环境变化和人类安全（GECHS）研究项目结束时的报告，首先集中在环境变化与武装冲突之间可能的联系上，尽管这对人类安全而言不是最重要的影响（Barnett et al.，2010：10 - 15）；事实上，他们在书中列出的唯一问题是可能的武装冲突。然而，环境变化特别是气候变化与暴力冲突之间关联的重要性并不在于普遍存在高度关联性（这样的联系并不存在），而在众多潜在的"火药桶"中，其中一些可能引发冲突。更重要的是，正如诺达斯和格莱迪奇在本手册中所引用的："格莱克（Gleick，1998）也认为，在大多数情况下，**在获取水资源方面的**不平等将导致贫穷、寿命缩短和苦难，但可能不会直接导致冲突"。与国家不安全所造成的贫穷、寿命缩短和苦难相比，气候变化对人类安全的影响更为显著。

人类安全视角下的公平性和互联互通性维度至关重要又相互关联，这不是偶然的结合。气候变化跨越国界引发的敏感性，部分来自对受影响的生活的敏感。人类安全视角结合了人的价值的规范性本体论（如在人权工作中）和相互关联的解释性本体论（Gasper，2012，2013a）。许多权利思想强调个人主义时只强调人的尊严。但是人权信念需要融入对人类物种更丰富、更现实的理解，人既有脆弱性，也有改造能力，包括既要依赖其生存地，又有能力对其进行破坏。人类安全观点有助于证实这种理解。

参考文献

Ahmed, F. (2007), Statement by His Excellency Dr. Fakhruddin Ahmed, Honorable Chief Adviser of the Government of the People's Republic of Bangladesh at the High – level Event on Climate Change, New York, 24 September. Cited in Saferworld 2008, p. 23.

Barnett, Jon, and W. Neil Adger(2007), 'Climate change, human security and violent conflict', *Political Geography*, 26, 639 – 655.

Barnett, Jon, Richard A. Matthew, and Karen L. O'Brien (2010), 'Global environmental change and human security: an introduction', in Richard A. Matthew, Jon Barnett, Bryan McDonald and Karen L. O'Brien (eds), *Global Environmental Change and Human Security*, Cambridge, USA: MIT Press, pp. 3 – 32.

Brauch, Hans Günter (2005), *Environment and Human Security: Towards Freedom from Hazard Impacts*, Bonn, Germany: United Nations University Institute for Environment and Human Security.

Burgess, J. Peter, et al. (2007), *Promoting Human Security: Ethical, Normative and Educational Frameworks in Western Europe*, Paris, France: UNESCO.

Burton, J. W. (1990), *Conflict: Basic Human Needs*, New York, USA: St. Martin's Press.

64

Campbell, Kurt, et al. (2007), *The Age of Consequences: The Foreign Policy and National Security Implications of Global Climate Change*, Washington, DC, USA: Center for Strategic and International Studies/Center for a New American Security.

CHS(Commission on Human Security)(2003), *Human Security Now*, New York, USA: UN Secretary – General's Commission on Human Security.

CNA(Center for Naval Analysis)(2007), *National Security and the Threat of Climate Change*, Alexandria, USA: CNA Corporation.

COMEST(2010), *The Ethical Implications of Global Climate Change*, World Commission on the Ethics of Scientific Knowledge and Technology(COMEST), Paris, France: UNESCO.

Dalby, Simon(2009), *Security and Environmental Change*, Cambridge, UK: Polity.

Dreze, Jean, and Amartya Sen(1989), Hunger and Public Action, Oxford, UK: Clarendon.

Dreze, Jean, and Amartya Sen(eds)(1991), *The Political Economy of Hunger*(3 Vols.), Oxford, UK: Clarendon.

Dreze, Jean, and Amartya Sen(2002), *India: Development and Participation*, Oxford, UK: Oxford University Press.

Dyer, Gwynne(2010), *Climate Wars*, Oxford, UK: Oneworld Publications.

Earth Charter, The Earth Charter. Available at: http://www. earthcharterinaction. org/ content/pages/read – the – charter. html.

Edwards, Alice, and Carla Ferstman(eds)(2011), *Human Security and Non – Citizens: Law, Policy and International Affairs*, Cambridge, UK: Cambridge University Press.

Forester, John(1999), *The Deliberative Practitioner*, Cambridge, USA: MIT Press.

Forester, John(2009), *Dealing with Differences*, New York, USA: Oxford University Press.

Friedman, Thomas(2009), *Hot, Flat and Crowded – Release* 2. 0, New York, USA: Picador.

Fuerth, Leon(2007), 'Security implications of Climate Scenario 2', in Campbell et al., pp. 71 – 79.

Gasper, Des(2005), 'Securing humanity – Situating "human security" as concept and discourse', *J. of Human Development*, 6(2), 221 – 245.

Gasper, Des(2008), 'From "Hume's Law" to policy analysis for human development – Sen after Dewey, Myrdal, Streeten, Stretton and Haq', *Review of Political Economy*, 20(2), 233 – 256.

Gasper, Des(2009), 'Global ethics and human security', in G. Honor Fagan and Ronaldo

Munck(eds) , *Globalization and Security: An Encyclopedia,* Vol. 1, Westport, USA: Greenwood, pp. 155 – 171.

Gasper, Des (2010) , ' The idea of human security' , in K. O'Brien, A. L. St. Clair and B. Kristoffersen(eds) , *Climate Change, Ethics and Human Security,* Cambridge, UK: Cambridge University Press, pp. 23 – 46.

Gasper, Des(2011) , ' Denis Goulet' , in D. Chatterjee(ed.) , *Encyclopedia of Global Justice,* Volume 1, Dordrecht, Netherlands: Springer, pp. 457 – 459.

Gasper, Des(2012) , ' Climate change – the need for a human rights agenda within a framework of shared human security' , *Social Research: An International Quarterly of the Social Sciences,* 79(4) , 983 – 1014.

Gasper, Des(2013a) , ' Climate change and the language of human security' , *Ethics, Policy and Environment,* 16(1) , 56 – 78.

Gasper, Des(2013b) , ' From definitions to investigating a discourse' , in M. Martin and T. Owen(eds) , *The Routledge Handbook of Human Security,* Abingdon, UK: Routledge, 28 – 42.

Gasper, Des, Ana Victoria Portocarrero, and Asuncion St. Clair(2013a) , ' The framing of climate change and development: a comparative analysis of the Human Development Report 2007/8 and the World Development Report 2010' , *Global Environmental Change,* 23, 28 – 39.

Gasper, Des, Ana Victoria Portocarrero, and Asuncion St. Clair(2013b) , ' An analysis of the Human Development Report 2011 "Sustainability and Equity: A Better Future for All"' , *S. African J. on Human Rights,* 29(1) , 91 – 124.

Giddens, Anthony(2009) , *The Politics of Climate Change,* Cambridge, UK: Polity.

Gomez, Oscar A. , Des Gasper, and Yoichi Mine(2013) , *Good Practices in Addressing Human Security through National Human Development Reports,* Report to Human Development Report Office, New York, USA: UNDP.

Goulet, Denis(1971) , *The Cruel Choice,* New York, USA: Atheneum.

Goulet, Denis(1975) , ' The high price of social change – on Peter Berger's "Pyramids of Sacrifice"' , *Christianity and Crisis,* 35(16) , 231 – 237.

Gulledge, Jay(2007) , ' Three plausible scenarios of future climate change' , in Campbell et al. , pp. 35 – 53.

Harris, Paul(2010) , *World Ethics and Climate Change,* Edinburgh, UK: Edinburgh University Press.

65

IIHR, n. d. 'What is human security?' San Jose, Costa Rica: Inter – American Institute of Human Rights. Available at: http://www. iidh. ed. cr/multic/default _ 12. aspx? contenido id5ea75e2b1 – 9265 – 4296 – 9d8c – 3391de83fb42&Portal5IIDHSeguridadEN.

IPCC (2007), *Fourth Assessment Report*, Intergovernmental Panel on Climate Change. Cambridge, UK: Cambridge University Press.

IPCC(2012), *Managing The Risks Of Extreme Events And Disasters To Advance Climate Change Adaptation: Summary For Policymakers*, Cambridge, UK: Cambridge University Press.

Lama, Mahendra(2010), *Human Security in India*, Dhaka: The University Press Ltd.

Leaning, Jennifer(2008), 'Human security', in M. Green(ed.), *Risking Human Security: Attachment and Public Life*, London: Karnac Books pp. 25 – 50.

Leaning J. , S. Arie and E. Stites(2004), 'Human security in crisis and transition' , Praxis: *The Fletcher Journal of International Development*, 19, 5 – 30.

Leichenko, Robin, and Karen O'Brien(2008), *Environmental Change and Globalization: Double Exposures*, New York, USA: Oxford University Press.

MacFarlane, Neil and Yuen Foong Khong(2006), *Human Security and the UN – A Critical History*, Bloomington, USA: University of Indiana Press.

McNeill, J. R. (2007), 'Can history help us with global warming?', in Campbell et al. , pp. 23 – 33.

Moran, Daniel(ed.)(2011), *Climate Change and National Security: A Country – level Analysis*, Washington, DC, USA: Georgetown University Press.

O'Brien, Karin, and Robin Leichenko(2007), *Human Security, Vulnerability and Sustainable Adaptation*, Occasional Paper 2007/9, New York, USA: Human Development Report Office, UNDP.

Penz, Peter(2010), 'International ethical responsibilities to "climate change refugees"', in J. McAdam(ed.), *Climate Change and Displacement – Multidisciplinary Perspectives*, Oxford, UK: Hart Publishing, pp. 151 – 174.

Podesta, J. , and P. Ogden(2007), 'Security implications of Climate Scenario 1', in Campbell et al. , pp. 55 – 69.

Raskin, Paul, Banuri, T. , Gallopín, G. , Gutman, P. , Hammond, A. , Kates, R. , and Swart, R. (2002), *Great Transition – The Promise and Lure of the Times Ahead*, Boston, USA: Stockholm Environment Institute. http://www. gtinitiative. org/documents/Great_Transitions. pdf

Roe, P. (2010), 'Societal security', in A. Collins(ed.), *Contemporary Security Studies*, Oxford, UK: Oxford University Press, pp. 202 – 217.

Rothschild, Emma(1995), 'What is security?', *Daedalus*, 124(3), 53 – 98.

Saferworld(2008), *Human Security in Bangladesh*, London, UK: Saferworld.

Schaffer, Kay, and Sidonie Smith(2004), *Human Rights and Narrated Lives: The Ethics of Recognition*, New York, USA: Palgrave.

Sen, Amartya(1981), *Poverty and Famines*, Oxford, UK: Clarendon.

Stern, Nicholas(2007), *The Economics of Climate Change – The Stern Review*, Cambridge, UK: Cambridge University Press.

Taleb, Nassim(2010), *The Black Swan – The Impact of the Highly Improbable*, revised edition, London, UK: Penguin.

Thomashow, Mitchell(2002), *Bringing the Biosphere Home*, Cambridge, USA: MIT Press.

Truong, Thanh – Dam, and Des Gasper(eds) (2011), *Transnational Migration and Human Security*, Heidelberg, Germany: Springer.

UNDP(1998), *Chile National Human Development Report: Paradoxes of Modernity – Human Security*.

UNDP(2003), *Latvia Human Development Report: 2002 – 2003: Human Security*. Riga, Latvia: United Nations Development Program.

UNDP(2005), *Overcoming Fear: Citizen(In) security and Human Development in Costa Rica*. San Jose, Costa Rica: United Nations Development Program.

UNDP(2007), 2007/2008 *Human Development Report: Fighting Climate Change: Human Solidarity in a Divided World*, New York, USA: United Nations Development Program.

UNDP(2009), *Abrir espacios para la seguridad ciudadana y el desarrollo humano*, Central American Human Development Report 2009/10.

UNDP(2011), *Human Development Report2011 – Sustainability and Equity: A Better Future for All*, New York, USA: United Nations Development Program.

UNDP(2012) *Human Development and the Shift to Better Citizen Security*, Caribbean Human Development Report 2012, New York, USA: United Nations Development Program.

Urry, John(2011), *Climate Change and Society*, Cambridge, UK: Polity.

Woolsey, R. J. (2007), 'Security implications of Climate Scenario 3', in Campbell et al., pp. 81 – 91.

66

World Bank (2010), *World Development Report2010: Development and Climate Change*, Washington DC, USA: World Bank.

World Bank (2011), *World Development Report2011: Conflict, Security and Development*, Washington DC, USA: World Bank.

Ziervogel, G. , Taylor, A. , Thomalla, F. , Takama, T. , and C. Quinn (2006), *Adapting to Climate, Water and Health Stresses: Insights from Sekhukhune, South Africa*, Stockholm: Stockholm Environment Institute.

第三章

IPCC、人类安全、气候变化与冲突之间的关系*

朗希尔德·诺达斯，尼尔斯·彼得·格莱迪奇

一 气候变化争论中的安全问题

在过去的十年里，气候变化越来越成为媒体和公众讨论的主要安全问题之一。2007 年，联合国安理会就气候变化对安全的影响进行了讨论，并将诺贝尔和平奖授予政府间气候变化专门委员会（IPCC）和阿尔·戈尔（Al Gore），安全研究发展势头强劲。

挪威诺贝尔委员会诺贝尔和平奖授予戈尔和 IPCC 之际，时任挪威诺贝尔委员会主席发表讲话，与"那些怀疑环境和气候与战争和冲突之间有联系的人"展开论战，并告诉大家全球变暖不仅在很大程度上对"人类安全"产生了负面影响，而且"会助长国家内部和国家之间的暴力和冲突"。他举了两个例子：第一个，"北极地区的融化使北方一系列新的主权要求变得更加尖锐"；第二个，"在达尔富尔和萨赫勒地带的大片地区……我们已经有了第一次'气候战争'"，"牧民和农民、阿拉伯人和非洲人、基督徒和穆斯林"由于沙漠化不断地发生冲突（Mjøs，2007）。IPCC 主席作为代表领奖时承认"不断变化的气候对安定和人类安全天然具有威胁"，

---

* 我们的研究得到了挪威研究理事会（The Research Council of Norway）的支持。本研究部分借鉴了诺达斯和格莱迪奇（Nordås and Gleditsch，2007b）以及比海于格、格莱迪奇和泰森（Buhaug, Gleditsch and Theisen，2010）的研究成果。除特别标注外，所有互联网资料的最后访问日期为 2012 年 11 月 12 日。

并列举了来自"大规模的人口迁移、冲突、争夺水源和其他资源的战争以及国家之间实力变化"的威胁。此外，还可能会引发"富国与穷国之间的紧张局势加剧，特别是缺水造成的健康问题、农作物歉收以及核扩散引起的担忧"。最后，他认为诸如冲突等非气候压力会增加气候变化的脆弱性，降低适应气候变化的能力（Pachauri，2007）。①

68　　专家、记者和媒体评论员都在宣扬气候变化与冲突的联系，时任联合国秘书长潘基文等有影响力的世界领导人也在反复强调这一点。2009 年 1 月 26 日，奥巴马总统首次提出他的能源和环境政策时说："气候变化的长期威胁加剧了我们国家和经济安全所面临的威胁的紧迫性，如果不加以控制可能会导致暴力冲突……"②

另外，迄今为止对气候变化－冲突关系的系统研究还未发现两者有任何显著相关（Bernauer et al.，2012；Gleditsch，2012；Gleditsch et al.，2007；Nordås and Gleditsch，2007a，b；Scheffran et al.，2012）。为什么会出现这种情况呢？通常人们会从 IPCC 评估报告寻求权威指引。由于种种原因（即将在下文中论述），这样做并不能解决问题。在本章，我们回顾了 2001 年和 2007 年的 IPCC 评估报告如何分析气候变化－冲突关系，③ 及其对建构气候－冲突关系的影响，并评估这些结论的依据。

下一节将介绍 IPCC 及其撰写气候变化报告过程的指导原则。然后我们概述了本章中使用的方法以及一些主要发现，包括同行评议文献中的知识背景与 2001 年和 2007 年 IPCC 评估报告中的资料来源和证据之间的差异。接下来，我们概述了为什么通过扎实的实证研究以专业知识为基准确

---

① 帕乔里（Pachauri）还列举了许多历史上环境退化导致国家崩溃的例子，以及在过去一千年里中国东部地区气温波动与战争之间的历史联系。张等人（Zhang et al.，2007a：403，2007b）确实发现了战争与农业衰退之间的联系，但战争的高峰发生在降温阶段。诺贝尔和平奖的共同得主阿尔·戈尔（Gore，2007）在演讲中通常回避战争与和平问题，不过他顺便提到，"气候难民已经迁移到不同文化、宗教和传统的居住地区，这增加了冲突的可能性"。

② 参见《奥巴马宣布新能源、环境政策》，《华盛顿邮报》2009 年 1 月 26 日，http：//www.washingtonpost.com/wp - dyn/content/article/2009/01/26/ AR2009012601157.html。

③ 我们交替使用"气候－冲突关系"、"气候－冲突"和"气候变化－武装冲突关系"这三个术语。在这三个术语中，我们都提到人类引起的气候变化将（直接或通过可追溯的因果链）导致国家内部或国家之间有组织的武装暴力冲突。

立气候变化引发冲突潜在可能性是至关重要的。基于道听途说和无任何依据的主张所产生的"传统观点"具有显而易见的影响力，但有时会埋下隐患。因此我们提出了填补一些知识空白的研究方法，并得出结论，即当前IPCC将与更多冲突与和平研究团体合作的信号，预示着IPCC向基于专业知识的气候变化冲突情景评估迈出可喜的一步。

二　议程制定者 IPCC

IPCC 是气候变化辩论的主要议程制定者。该小组的成立是因为政策制定者需要一个客观的信息来源，不仅关于气候变化本身，而且关于社会经济影响以及适应和缓解措施的选择。IPCC 认为自己的报告是：（1）对已知及未知的气候系统和相关因素的最新描述；（2）基于国家专家群体的共识；（3）基于公开和有同行评议的专业撰写流程；（4）基于科学出版物，其结论对决策者有借鉴意义（IPCC，2001：22）。不过它还补充道，虽然评估信息与政策有关，但该小组并不制定或倡导公共政策。

根据 IPCC 的主要指导原则，审查是其流程的重要组成部分。[①] 作为政府间机构，IPCC 会将其文件提交给专家和各国政府审查。[②] IPCC 的评审过程不同于学术期刊的同行评议。然而，IPCC 报告中所引述的资料来源是经过同行评议的，这符合学术界的规范。

IPCC 的审查流程一般分为三个阶段：（1）专家审查；（2）政府/专家审查；（3）政府对决策者的摘要、概述章节/或综合报告的审查。这个流程的第一步是选择章节和章节的主要作者。[③] 这些作者准备报告初稿并送交专家审查。尽管 IPCC 的目标首先是根据同行评议的资料来源撰写报

[①]　有关 IPCC 的主要指导原则参见 www. ipcc. ch/pdf/ipcc – principles/ ipcc – principles. pdf。
[②]　专业评审员可由政府、国家和国际组织、工作组/专题小组、主要作者和投稿作者提名。
[③]　协调主要作者和由相关工作组/专题小组选定的主要作者，参见 www. ipcc. ch/pdf/ipcc – principles/ipcc – principlesappendix – a. pdf。

告，① 但这可以包括各种不同的资料来源。一项指导原则是："资料的来源渠道主要尽可能地由同行评议及国际上现有的文献资料支撑。"评审组的成员由相关工作组/专题小组提供，专家名单由各国政府和参与组织提供。评审的流程应包括所审查报告涉及领域中具有专门知识或公开发表过有影响力出版物的专家。

审查过程有三个原则。② 首先，"应该尽量包括最好的科学和技术建议，这样 IPCC 报告才能尽可能全面地代表最新的科学、技术和社会经济发现"。其次，同行评议本身旨在"创建一个广泛的传播过程，确保来自尽可能多国家的独立专家代表（即不参与编写特定章节的专家）参与其中"，包括发展中国家的专家。最后，评议过程应该"客观、公开和透明"。IPCC 为了确保这一点，部分是通过使用未发表或未经同行评议文献中的信息（例如，行业期刊、内部组织出版物、非同行评议的报告或研究机构的工作论文、研讨会的会议记录等）来实现的。③ 然而，另一方面审查过程的开放性（在上述解释中）与双盲审原则冲突，双盲审原则在社会科学中经常使用，但在自然科学中较少（Gleditsch，2002）。

IPCC 在评估与气候变化有关的科学证据方面学术标准很高，其数据收集的包容性也让它引以为荣。然而，气候变化－冲突之间的关系既没有得到很好的发展，也没有被文献充分证明。这跟与气候变化相关的物理过程的科学知识形成鲜明对比，IPCC 在收集、评估和传播这些知识方面发挥了重要作用。事实上，与构成气候变化相关的物理过程评估基础的证据相反，用于支持气候－冲突之间联系的证据和来源的质量更不确定。国际科学院委员会（InterAcademy Council）对 IPCC 全方位检视（IAC，2010：18）后认为：一些国家政府并不总是提名最佳专家，尤其是在发展中国家，撰写人员选择过程缺乏透明度，而且地区章节的作者并不全是来自该地区以外的专家。它还引用了一项研究，该研究发现 IPCC 基于自然科学

---

① 参见 www. ipcc. ch/pdf/ipcc－principles/ipcc－principles－appendix－a. pdf。

② 审查过程说明参见 www. ipcc. ch/pdf/ipcc－principles/ipccprinciples－appendix－a. pdf。

③ IPCC 规定可以选择这种方法，例如从私营部门获取案例研究材料，以评估适应和缓解选项。

的第一工作组的研究中有84% 的资料来自同行评议，但这一数据在第二工作组的社会经济和自然系统对气候变化脆弱性的研究中仅为59%（IAC，2010：16）。

三　研究方法

为了评估 IPCC 对气候变化与（暴力/武装）冲突的相关程度以及评估其主张的依据，我们将在下文中对 IPCC 最近两份报告（JPCC，2001，2007）作详细研究。之前，德特拉和贝兹尔（Detraz and Betsill，2009）在分析气候变化的"历史文献"（包括 IPCC2007 年报告）时，辨析了环境与安全的三个术语，即环境冲突（特指军事化冲突）、环境安全（包括一系列因环境退化对人类造成的影响）和生态安全（研究人类活动如何威胁环境）。他们发现，迄今为止这些术语还没有向更狭义的概念方向转变，但同时警告未来会出现这种转变。他们在这些文献中只找到了十几个关于"冲突"的提法。然而，在 IPCC 的报告中，他们似乎只搜索了呈送给政策制定者的摘要。正如下文所述，这勾勒出了这些报告的简图。

为了研究气候变化 – 冲突之间的关系，我们在 IPCC 报告的所有有实质性内容的章节中搜索了以下术语：

"武装""冲突""暴力""战争"

我们搜索了任何一种出现这些关键词的情况，例如，在搜索"冲突"（conflict）时我们同时还搜索了"多冲突"（conflicts）、"冲突四起"（conflict – ridden）、"冲突中"（conflicting），搜索"战争"（war）时，同时还搜索了"多战争"（wars）和"好战"（warlike）等词。使用更广泛的搜索词包括"暴动"（riot）、"起义"（uprising）、"暴乱"（insurrection）、"革命"（revolution）、"种族屠杀"（genocide）、"大屠杀"（massacre）进行限定搜索，没有带来更多的搜索结果，从报告的各个部分来看，我们没有发现任何迹象表明更细致的搜索会发现更多的内容。在我们的搜索过

71

程中，没有出现任何纯"干扰因素"。①

搜索关键词的结果分为不相关、低相关（冲突指的是没有暴力的利益冲突；或提到了冲突的后果）、次要相关（气候变化被认为会增加冲突的持续时间或严重程度）②、高度相关（认为暴力冲突是由过去的资源匮乏或其他环境问题造成的，或可能由未来的类似问题造成，而资源匮乏的程度可能因气候变化而加剧）和非常高度相关（气候变化直接导致暴力冲突）。

在我们评估 IPCC2001 年和 2007 年的报告如何描述气候 - 冲突的联系时，重点评估高度相关或非常高度相关的资料质量。这是通过研究这些资料以及这些资料是否通过同行评议来评估研究质量。此外，我们还追踪了引用资料来源。有时，引证链会继续再现传统观点和传闻，最终以循环模式结束。我们通常将搜索限制在最初的两层来源，除非我们想指出循环引用和复制未经证实的情况。

四 《第三次评估报告》（TAR）

在 IPCC 的《第三次评估报告》（IPCC，2001）中，"冲突"一词以各种形式出现了一百多次，而"战争"（war）出现了七次（不包括参考文献中的文章、论文或书籍的标题）。"武装"（armed）只出现一次，而且是在次要相关背景中。"暴力"在任何地方都没有出现。许多"冲突"事件显然与气候 - 冲突关系无关或低相关，抑或是次要相关。我们将注意力集中在与气候 - 冲突关系（高度和非常高度）相关的参考文献上。

TAR 分为三个部分。我们在此着重讨论第二部分"影响、适应和脆弱性"以及第三部分"缓解"。在第二部分，术语"冲突"或"战争"出现多次，"冲突"的一些例子指的是"利益冲突"或"证据冲突"，而不是暴力冲突。在讨论相关问题时，一些观点理所当然地认为气候变化会导致

---

① 这包括搜索"武装"（armed）选中 farmed，harmed，warmed 几个词，搜索"战争"（war）时会选中 warm，warming，warning 等。

② 我们没有对次要相关案例进行同样详细的研究，因为（像大多数冲突文献一样）我们关注冲突的开端。然而，对这些案例的粗略分析揭示了许多与高度相关案例相同的问题。

武装冲突，其他观点也是在没有实证研究和文献支撑的基础上得出来的。然而，相关参考文献最明显的是论述气候变化意味着（a）潜在的"水资源战争"，（b）气候变化导致的人口迁移可能会引发冲突（例如海平面上升与环境压力），以及（c）我们可能会在气候变化之后看到资源战争。接下来我们逐一讨论。

1. 水资源战争

IPCC（2001：84）引用肯尼迪等（Kennedy et al.，1998）的一份报告指出，"角逐可用水资源的消极趋势有可能引发各方之间的冲突"。该报告指出，"水资源战争"已经"相对罕见"，没有提供此类战争的例子，也没有提供证据表明未来发生水资源战争的可能性会增加（Kennedy et al.，1998：30 – 31）。

后来出现了一个类似的提法"可用水资源的变化可能引发各方之间的冲突"（IPCC，2001：225）。在这里，IPCC 引用了比斯瓦斯（Biswas，1994）和德拉彭纳（Dellapenna，1999）的文章，它们比肯尼迪等的报告相关度更高。在比斯瓦斯（Bisuas1994）主编的书中，由阿龙·沃尔夫（Aaron Wolf）撰写的一章指出幼发拉底河、底格里河和尼罗河沿岸居民之间持续或即将发生的关于水资源数量或水质的冲突（Wolf，1994：5）。这些冲突可能会升级到警告的程度，但在大多数情况下不涉及直接的暴力袭击。沃尔夫还提到，在 20 世纪 60 年代和 70 年代以色列官员曾发出与水资源问题有关的警告（Wolf，1994：5；Gleditsch and Nordås，2009）。然而，暴力威胁从未实施。沃尔夫还指出，"在约旦，由此产生的紧张局势导致了冲突的循环，而冲突又因其他争端加剧，最终导致了 1967 年的战争"（Wolf，1994：24）。然而，暴力无法"赢得"水资源这一观点盛行。沃尔夫还强调，水资源是中东各国合作的隐性工具，因为水资源问题使各国聚在一起和平谈判（Wolf，1994：37）。换句话说，关于水资源的谈判可能促使在其他更有争议的问题上进行对话。

沃尔夫（Wolf，1994）提出的一些观点在几年后又被他自己在一些新的出版物中反驳。例如，沃尔夫明确指出，"从来没有发生过关于水资源的战争"（Wolf，1998：251），在 20 世纪只有 7 次与水资源有关的危

73

机，其中 3 次没有开枪。沃尔夫指出，国家之间的水资源冲突案例研究的缺陷，导致水资源与战争之间的联系被高估，并且往往"完全缺乏证据"（Wolf, 1998：254）证明水资源是暴力发生的原因。IPCC 2001 年报告中关于水的章节没有引用这些资料。

第二个资料来源，德拉彭纳（Dellapenna, 1999）指出，"相当多的证据表明，**合作**解决缺水问题比长期冲突更可行"（第 1312 页）。他说："广泛频繁的水资源争端通常表现出一个相当显著的特点：它们不会导致战争。"（Dellapenna, 1999：1312）因为水是一种至关重要的资源，争夺水资源的战争风险太大，这有助于阻止各方诉诸暴力。德拉彭纳提到了巴基斯坦和印度的水资源合作关系。尽管自 1948 年以来印度和巴基斯坦发生了多次冲突，但它们已经谈判并实施了一项关于共享印度河流域水资源的复杂条约，而且"在敌对时期，他们没有针对供水设施，也没有干预合作的水资源管理安排"（Dellapenna, 1999：1312）。

在水资源方面，IPCC（2001：225）还引用格莱克（Gleick）的话，"如果存在争端，气候变化的威胁可能会加剧而不是缓解，因为它会引起未来资源数量的不确定性"。格莱克列出四个可能影响水资源成为军事行动目标的条件：水资源短缺、各群体之间共享水资源供应的程度、这些群体的相对实力以及获得其他水源的便利程度。在 1967 年的中东战争和相关的边境争端中，他认为水资源是"一个重要因素"（Gleick, 1998：109）。第二个相关案例是 1992 年印度国内的水资源分配冲突，当时一家法院决定将源自卡纳塔克邦（Karnataka）的水更多地分配给下游的泰米尔纳德邦（Tamil Nadu）。超过 50 人在随后的暴乱中丧生（Gleick, 1993）。其余案例没有涉及人员伤亡。

格莱克（Gleick, 1998：113）还认为，"在大多数情况下，不平等将导致贫穷、寿命缩短和苦难，但可能**不会**直接导致冲突"。但他补充说，在某些情况下它们将加剧现有的争端（地方、区域或国际争端）、产生难民并降低国家和社会抵抗军事侵略的能力。IPCC 反复强调这一观点，但没有提供任何进一步的证据和明确的案例，也没有评估这类问题升级的可能性。

　　TAR 关于非洲的章节（第 10 章）指出："日益严重的水资源短缺、不断增长的人口、共享淡水生态系统的退化以及对不断减少的自然资源的竞争需要……可能会造成双边或多边冲突"（IPCC，2001：495）。因此，该章节的作者认为，如果不能建立健全法律框架以确保共享河流国家之间供水和水质管理的公平获取和问责，则"可能导致水资源的相关冲突"（IPCC，2001：499 - 500）。这一说法没有任何引用来源。关于非洲干旱地区干旱气候的论述也是如此。在非洲，随着气候变化，"制约因素将是如何在不影响下游社区且不导致冲突的情况下限制取水"（IPCC，2001：521）。然而这些冲突的性质没有具体论述，TAR 也没有讨论其适应机制。

　　IPCC 还根据卡波内拉（Caponera，1996）的建议，共享河流流域的区域合作协议应将不利影响和潜在冲突降到最低。在卡波内拉（Caponera，1996：105）看来，国际河流和湖泊盆地"天然具有……挑起争端的潜质"，因此 IPCC（2001：516）建议非洲国家之间水资源共享的法律法规必须尽早制定，以避免出现"像中东和北非那样与水资源有关的政治紧张局势"。

　　IPCC（2001：566）还表示，为了"确保可持续发展和避免潜在的部门间和国际水资源冲突"，"亚洲需要在水资源管理战略上进行根本变革和大量投资"。TAR 没有说明是否存在暴力冲突风险，也没有提供任何资料来源。

　　讽刺的是，IPCC 未作学术上的实证研究就认为在国际河流中共享水源可能与冲突风险的加剧有关（Toset et al. , 2000）。[1]

　　2. 资源战争

　　根据 IPCC（2001：580），气候变化可能导致世界上主要资源的合作使用或争夺。这一观点没有得到任何参考文献的支持，也没有对这两种情况发生的可能性或概率进行评估。TAR 参考了格莱克（Gleick，1992：498）一份关于水资源和冲突的报告，该报告认为，"对不断减少的自然资源的

75

---

[1]　虽然最近使用新数据的研究质疑是否能够区分共享河流流域变量的影响与地理位置相邻的影响（Brochmann and Gleditsch，2013），但是这一发现得到了弗朗等（Furlong et al. ，2006）和格莱迪奇等（Gleditsch et al. ，2006）的支持。

竞争……可能产生双边和多边冲突。"

IPCC 列举了可能由气候原因引发的大规模异常（事件）的例子，案例之一是："在多重的气候变化影响下，环境难民破坏了国际秩序稳定，并出现了冲突"。该因果过程源于"气候变化——单独或与其他环境压力相结合——可能加剧发展中国家资源短缺"的发展轨迹。这可能会产生严重的社会影响，并"可能导致几种类型的冲突，包括国家之间的稀缺资源争端、民族冲突、内乱和暴动，每种冲突都可能对发达国家的安全利益产生严重影响"。这一假设认为，暴力冲突有可能是由气候变化导致资源稀缺的结果，这一假设基于五个来源：荷马－狄克逊（Homer－Dixon，1991），迈尔斯（Myers，1993），舍尔胡贝尔和斯普瑞兹（Schellnhuber and Sprinz，1995），比尔曼等（Biermann et al.，1998），以及荷马－狄克逊和布利特（Homer－Dixon and Blitt，1998）。我们将依次讨论。

荷马－狄克逊在一篇发表在国际权威同行评议期刊上的论文中，将（急性）冲突定义为"转化成暴力的可能性很大"（Homer－Dixon，1991：77）。这篇论文没有对环境（或气候）变化后发生冲突的可能性或普遍程度做实证评估，但它提出了可能的联系，为未来关于环境变化和严重冲突的研究提出了一项研究议程。荷马－狄克逊和布利特（1998）在实证研究上走得更远。具体而言，环境稀缺的作用可以在五个冲突的背景下进行探索——恰帕斯、加沙、南非、巴基斯坦和卢旺达。然而，他们在资源稀缺和战争之间并没有建立起明确的关联。事实上，这本书开篇写道，研究表明"这个问题的答案介于环境非常重要和不重要之间"。此外，该研究表明，全球变暖和臭氧消耗"不太可能是暴力的直接原因"（Homer－Dixon and Blitt，1998：2）。一些研究批评了荷马－狄克逊（Homer－Dixon，1991，1994；Homer－Dixon and Blitt，1998），并质疑其结论的可靠性，特别是来自案例的因变量选择问题（Levy，1995；Gleditsch，1998）。IPCC 在 2001 年没有引用对荷马－狄克逊的批判研究。

迈尔斯（Myers，1993：199f）讨论了资源短缺，特别是以缺水和粮食产量下降的形式出现的资源短缺，并将其与大规模人口迁移带来的潜在冲突联系起来。气候变化导致粮食产量减少，环境难民将因此逃离饥荒，当移民试

图在一个新的地区重新定居时可能导致冲突（Myers，1993：200f）。迈尔
斯（Myers，1993）没有提到战争是一种可能的结果，但指出一些国家由于
应对大规模移民涌入的经济和体制能力有限而发生社会冲突。

含尔胡贝尔和斯普瑞兹（Schellnhuber and Sprinz，1994）的文献是一
份关于环境安全的综合调查，没有报告任何新研究。然而，比尔曼等人
（Biermann et al.，1998）的报告中，显示了在河流沿岸的不同国家间因共
同使用一条河流而产生冲突的相互关系。并发现严重缺水的国家往往有更
多的内部冲突。但是，他们的分析是有问题的，原因主要是他们的分析结
果没有包括任何控制变量。

IPCC 得出结论认为，暴力可能是气候变化导致的资源短缺和被迫环境
移民的结果。但通过研究 IPCC 的参考资料发现，该结论对气候与冲突之
间的联系有些言过其实了。此外，IPCC 没有充分认识到结论的重大不确
定性。

气候变化通常被认为代价高昂（*Stern Review*，2006），随后的资源竞
争是一个关键的风险因素。以国际渔业为例，TAR 引用了麦凯利（McK-
elvey，1997）的报告，他认为合作捕捞协议经常"恶化为相互破坏性的鱼
类战争"（IPCC，2001：760）。然而，在这种"捕捞战争"中并没有使用
致命的暴力。在评论将成本与气候变化联系起来时 IPCC（2001：125f）强
调，特别是在社会影响方面，各种举措往往没有充分认识到非市场成本。
其中一项成本被假定为争夺稀缺资源的冲突。IPCC 引用施奈德等人
（Schneider et al.，2000）的观点，该观点先验或间接地假设气候变化对解
决环境依赖性资源的冲突是有"成本"的；但是，没有为这种假设关系提
供任何证据。斯蒂芬·施奈德（Stephen Schneider）是 IPCC 撰写小组的核
心成员，也是 2000 年《IPCC 第三次评估报告中的不确定性：建议主要作
者进行更一致的评估和报告》的合作作者，同时还是跨学科期刊《气候变
化》的创始人和编辑。因此，如果他认为气候 - 冲突联系是理所当然的，
那么这可能是 IPCC 内部的一个普遍假设。

3. 气候移民与战争

IPCC 认为气候和冲突之间的另一个联系与难民有关。IPCC 在概述部

分（第 1 章）指出，"受极端事件或资源分布平均变化影响的人口迁移可能增加政治不稳定和冲突的风险"（IPCC，2001：85）。这种说法基于三个引用信息来源：迈尔斯（Mayers，1993），肯尼迪等（Kennedy et al.，1998）和拉赫曼（Rahman，1999）。这些资料来源都没有提供任何令人信服的证据证明气候变化和武装冲突之间的关系，TAR 也没有给出人口迁移因子的概率和相对权重。

迈尔斯（Myers，1993）用相当大的篇幅讨论"环境难民"。他估计因全球变暖而造成的（潜在）环境难民数量在 1 亿（Myers，1993：10）到 1.5 亿~2 亿（Myers，1993：191）。这本书致力于评估气候变化造成的环境难民数量范围，而不是评估冲突的影响。他在谈到"经济和社会混乱"与"文化和种族问题"（Myers，1993：201）时指出，这"将被证明是国际关系中一个极不稳定的因素"，可能"破坏安全"（Myers，1993：202f）。他举了许多地方的例子，说明由于海平面上升人们可能不得不迁移，但很少有环境难民造成不稳定的例子。肯尼迪等（Kennedy et al.，1998）的研究成果相当丰富且表述谨慎，反映了对环境变化的社会影响的初步认识。拉赫曼（Rahman，1999）在一本书中撰写了标题为"气候变化和暴力冲突"的章节，但是这些章节的内容与气候变化和暴力冲突都不相关。

最后，IPCC（2001：719）引用帕茨（Patz，1998）的观点，在关于拉丁美洲的第 14 章中讨论了气候变化与健康问题。帕茨认为"环境难民能够把气候变化最严重的健康后果呈现出来。过度拥挤带来的风险包括几乎没有卫生设施，缺乏住所、食物和安全用水，以及加剧紧张局势——这些可能会导致社会冲突"。帕茨（Patz，1998：51）最初的措辞甚至提到了被迫的环境移民"可能导致战争"。然而，这只是引用了迈尔斯和肯特（Myers and Kent，1995）文章中的一句旁白。该文其余部分没有提到冲突。迈尔斯和肯特（Myers and Kent，1995）更详细地阐述了环境移民的可能性，只是顺便提到了冲突的可能性，用艾尔斯和沃尔特（Ayres and Walter，1991）的观点来说，难民营和棚户区可能成为内乱"甚至各种暴力"的滋生地；克莱因（Cline，1992）在一本关于气候变化的经济学著作中认为，

"人们通过战争避免被迫离开家园"（Cline，1992：119），但该书没有提供案例或引用文献。然而，作者认为在冲突的间接影响中，"与其他因素相比，冲突对'温室效应'的贡献可能相对较小"（Cline，1992：119）。

4. 减缓报告：未来情境

TAR 报告的第三个主要部分，即减缓报告中有一些基于未来研究围绕"冲突"的相关热点词语。鉴于 IPCC 对基于证据的报告的关注，这项研究的焦点或许非常令人吃惊。具体来说，未来研究的重点是温室气体排放与暴力冲突之间可能存在联系的情景。在关于减缓的第 2 章中，IPCC 报告了未来情景设想，这些情景范围从和平到"多次战争"甚至"世界大战"（IPCC，2001，ch.2：138）。然而，最常见的情景（根据 IPCC 对 76 种情境分析）是冲突将会加剧。在 76 种情景中，有 36 种为碳排放量上升，26 种为下降，14 种情景设想与目前的情况相比，碳排放上升不会带来任何变化。

所引用的对未来的研究基于对未来情景的思考实验，几乎没有对分析方法的论述资料，也缺乏对这些观点的实证支持，只是关于理论上可能性的讨论。许多观点是高度规范性的而非预测性的，这与 IPCC 自诩专注学术的卓越、开放和负责的态度形成了鲜明对比。

一个可能的例外是兰法尔（Ramphal，1992）提到的关于水资源的国际冲突，但他只是重复了水资源战争文献中众所周知的观点。他提到幼发拉底河和底格里斯河流域的水资源分配经常引起叙利亚、伊拉克和土耳其之间的摩擦，该地区的领导人已经警告要提防水资源战争[①]。尽管水资源争端往往是地方性的或区域性的，他仍担心（没有提供明确的理由）悬而未决的水资源问题可能会对全球安全构成威胁。IPCC 还引用了麦克雷（McRae，1994）和默瑟（Mercer，1998）关于未来主义的观点，但"气候变化"并未出现在任何一本书的索引中；全球变暖和冲突几乎未被提及。总的来说，报告中有一长串关于未来可能会发生什么的想法，但气候变化

---

① 例如萨达特（Sadat）总统评论说，水是唯一可以使埃及再次发动战争的问题（1979 年提出）。据报道，约旦国王侯赛因在 1990 年提及水资源争端可能导致约旦和以色列之间的战争（Ramphal，1992：47）。

和冲突之间的联系不在其中。

事实上，IPCC 引用的许多资料来源似乎并没有专门研究气候变化和安全问题，其中一些资料来源几乎不可能获得（即使通过世界领先的图书馆系统），而且 IPCC 一些表述的立足点通常也不明确。这就使得对这些主张的有效性进行全面评估变得很麻烦，有时几乎是不可能的。总之，我们没有在所引用的关于未来情景研究的文献中发现令人信服的证据证明气候变化与暴力冲突之间的联系，也没有文献强调这种联系。因此，该报告给予这些文献相对大的篇幅令人怀疑。

79

五　第四次评估报告（AR4）

《第四次评估报告》（IPCC，2007）也包含几篇与气候 – 冲突联系相关的文献，但与 2001 年的报告相比更温和。在"综合报告"中，搜索关键词之后显示只有两篇参考文献相关，一篇属于"低相关"，另一篇属于"次要相关"。没有任何参考文献与冲突的相关度达到"高度相关"或"非常高度相关"。只有在第二工作组报告的索引中有与"冲突和战争"相关的参考文献，以上这些都在关于非洲的章节中。因此给人的印象是，报告中提到冲突的参考文献很少，而且它们大多属于"次要相关"类别。

1. 常规章节

在第二工作组的报告《冲击、适应与脆弱性》中，几个章节中有 45 处提及与"冲突"相关的内容（其中一篇提到"武装冲突"），但只有 3 处与"暴力/暴力的"相关（都属于次要相关性），没有提及与"战争"相关的内容。除了我们单独保留的非洲章节（第 9 章），这些章节包括 1 ~ 8 章和 10 ~ 20 章。在这 19 个章节中，5 章搜索结果为次要相关，4 章搜索结果为非常高度相关，其余的章节涉及的引证都属于低相关或不相关。

搜索结果为非常高度相关内容的章节中，第一处提到的相关内容（第 5 章，第 299 页）为"单边应对与气候变化相关水资源短缺的适应措施可能导致对水资源的竞争，并导致潜在的冲突和对发展的激烈反对"。考虑到使用了"潜在的"（而不是"可能的"）这个词，我们可能会把它完全排除在外。然而，即使我们接受它，也不会错得太离谱。参考文献中，多尔比（Dalby，2004）的文章是一份未经同行评议的通讯概览，简短概括了应对环境安全的不同方法。然而，这项调查实际上并不是关于水资源冲突的，接下来对洪都拉斯及其两个邻国的引证显示，IPCC 的作者意在引述通讯概览中的另一篇文章，即洛佩斯（Lopez，2004）的文章。这实际上是一篇两页的文章，解释了为什么这三个国家（萨尔瓦多、洪都拉斯和危地马拉）尽管有可能发生冲突，却实现了跨国界合作。

第二处非常高度相关的内容（IPCC，2007，ch. 7：365）认为，"也可以提出这样一种观点，即不断加剧的种族冲突可能与因气候变化而日益稀缺的自然资源的竞争有关"，但也需要考虑许多其他干预和导致冲突的原因。这表明在预测气候变化导致的这类冲突时要谨慎。这里的参考文献是费尔黑德（Fairhead，2004）书中的一章，该章节重点关注非洲发展的可持续性，而不是冲突。总之，AR4 中关于冲突的引用似乎只是来自关于冲突来源的间接或擦边性的参考文献——不是由专门从事冲突研究的研究人员提出。

第三处非常高度相关的内容（IPCC，2007，ch. 10：488）引自巴尼特（Barnett，2003）的文章，即气候变化可能对"人类生计和生活"产生巨大的冲击，这反过来又"可能导致不稳定和冲突"。巴尼特对气候变化导致冲突的可能因果路径进行了详细评估，但他研究的是发生冲突的可能性而不是概率。

最后，第四处非常高度相关的内容见第 17 章（IPCC，2007：733）。在这里引用了施奈德等（Schneider et al.，2000）的观点，认为"强制迁移、资源冲突、文化多样性和文化遗产的丧失"可能是气候变化的非市场成本。该文没有对冲突做进一步讨论。这篇文章引用了诺德豪斯（Nordhaus，1994），拉夫加登和施奈德（Roughgarden and Schneider，1999）的文章。诺德豪斯采访了 22 位自然和社会科学家，了解他们对气候变化后果的看法。自然科学家预测倾向于更大的损失，但这些属于非市场型损失，无法非常精确地测算其价值。拉夫加登和施奈德（Roughgarden and Scheider，1999）没有讨论冲突的代价。简而言之，这些参考文献很少或根本不支持气候变化会引发武装冲突。

2. 非洲章节

非洲这章有 11 处提及冲突，比其他任何一章都多。[①] 这些相关内容大多被归类为次要相关，但有三处达到"非常高度相关"。

第一处（IPCC，2007：443）指出，非洲最近发生了许多武装冲突，"气候变化可能成为未来冲突的一个促成因素，特别是那些与资源短缺有关的冲突，比如水资源短缺"（Ashton，2002；Fiki and Lee，2004）。这些资料来源仅为气候－冲突关系提供了有条件的支持。阿什顿（Ashton）详述了非洲潜在水资源冲突，他认为这是"不可避免的"，"除非我们能共同采取预防措施"（Ashtem，2002：240）。他还承认，"领土主权问题实际上已经涉及几乎每一个关于水资源或及其周边问题的纠纷或冲突"，"在大多数情况下，这些争端与领土边界的精准位置分歧有关"，"但如果有冲突的话，'真正的'水资源战争很少发生，尽管这与许多预测相悖"（Ashton，2002：239）。气候变化只被提到过一次，而且是一带而过："尽管尚未得到证实，但也有令人信服的证据表明预期会发生全球气候变化的趋势将使这种情况恶化"（Ashton，2002：236）。菲基和李（Fiki and Lee，2004）讨论了尼日利亚东北部两个易干旱地区的牧民和农民之间的局部冲突，其中一些冲突导致暴力。这些冲突大多发生在资源丰富而不是贫乏的环境中，且大多发生在所有权问题上。这篇文章讨论了传统冲突解决模式如何减轻这一冲突，未讨论气候变化的影响。

第二处（IPCC，2007：451）描述非洲"与气候变异和气候变化有关的当前和未来可能的冲击和脆弱性"，包括一些"冲突地区"，但都是当前冲突的地区，因此可能更适合被归类为次要相关。

在第三处（IPCC，2007：454），气候变化被认为可能导致农民向边缘地区迁移，这反过来可能引发冲突，但是没有提供关于冲突的参考资料。

六　作者

IPCC 2001 年和 2007 年的报告中列举了大量的作者，但是这些作者在

---

① 《第四次评估报告》的参考文献总数达到 56 篇，仍少于 2001 年评估报告中参考文献总数的一半。

武装冲突研究领域的影响力有限。首先，我们从 2006 年 11 月 ISI 的《基本科学指标》[①] 中选取了排名前 20 位的 "武装冲突" 研究作者。在 2001 年或 2007 年的报告中，他们都没有被列为作者，他们的研究文献也没有被引用。我们还从同一类研究[②]中搜索了前 20 个 "武装冲突" 期刊的参考文献。与搜索关键词相关的文章只有一篇被引用：该文章发表在《冲突解决》期刊（Ron，2005）。这篇文章讨论的是自然资源冲突，但与气候变化无关。这与环境研究领域形成了鲜明的对比，后者引用了许多著名的期刊。

当我们看到在涉及气候 – 冲突联系的重要章节的作者时，会有同样的印象。虽然作者一般都符合条件，持有各种自然科学的博士学位，但在大多数情况下这些作者不具备社会科学研究能力。例如，在 2007 年报告关于非洲的章节中，该章节的主要作者中有四位拥有自然地理学背景；三位作者拥有植物科学博士学位——农学、植物遗传学、林业和蔬菜作物；一位在地质部门工作；另一位拥有医学昆虫学博士学位。显然，作者们的专业知识范围非常有限，这些作者作为一个团队不适合对冲突风险进行有效评估。

IPCC 2001 年报告（第四章）中有关水与水文的一章给人同样的印象。作者通常拥有高学历，但不是在社会科学或政治科学领域。作者大多数来自工程专业，其他也有来自经济学、气象科学和水文地质学领域。即使在本章中讨论了水与冲突的关系，这些作者中既没有来自冲突研究领域的权威学者，也没有任何正式的研究背景使他们能够很好地总结关于这个特定问题的文献。

七　最新进展与未来展望

AR4 以来，关于潜在气候变化 – 冲突关系的文献已经取得了相当大的进展。然而，一些问题仍然没有得到充分探讨。跨国比较和统计研究以及特定关注领域的案例研究均已在关注冲突的同行评议期刊上发表（Benjaminsen et al.，2012；Bernauer and Siegfried，2012；Gleditsch，2012；Slette-

[①]　参见 http：//esi – topics. com/armed – conflict/authors/b1a. html。

[②]　参见 http：//esi – topics. com/armed – conflict/journals/e1a. html。

bak，2012；Theisen et al.，2013）。这项工作还包括一系列更广泛的暴力冲突，以及对关键利益变量的仔细分析，以对拟议的关系进行更具体的研究（Hendrix and Salehyan，2012；Theisen，2012）。因此，文献正朝着揭示气候变化如何影响人类安全的方向发展，例如着眼于内战、种族灭绝和人口颠沛流离等相互关联的威胁的复杂性（Human Security Report，2005），但文献是把冲突的定义限定在人类安全的狭义理解上，集中在保护个人免受暴力。将人类安全的广义理解作为研究对象（包括饥饿、疾病和自然灾害等因素），人类安全就可能成为介于气候变化和暴力冲突之间的一种中介因素。

最近的一些工作也促进了气候变化模型和冲突模型的紧密结合。亨德里克斯和格拉泽（Hendrix and Glaser，2007）、罗利和于达尔（Raleigh and Urdal，2007）以及比海于格（Buhaug，2010）的研究都是这方面的先驱。当然，将自然科学和社会科学结合起来的交叉学科研究前景广阔。

83　考虑到关于气候变化 – 冲突关系的实证研究刚起步，IPCC 应该能够对相关研究提供更全面可靠的审查。在 2007 年，IPCC 本可以决定完全不考虑对安全的影响，而把这个问题留给更有资格的观察员。事实上，帕乔里（Pachauri）在诺贝尔演讲结束语中的一句话可以解释这种影响，不过将其理解为呼吁大家进行更深入的研究更合适：气候变化如何影响和平由其他人来决断，我们所要做的就是对冲突的形成基础进行科学评估（Pachauri，2007）。尽管如此，IPCC 已经决定在 2013～2014 年发表的《第五次评估报告》（AR5）中更直接地处理安全问题。IPCC 第二工作组的报告将有一章关于人类安全，其中有一节是关于冲突的。本章作者名单表明，该小组在广义上的人类安全研究能力要比在冲突方面强得多。事实上，该团队中没有一位研究冲突的学者。然而，有些优秀的学者被邀请评论人类安全这一章的草案。他们会对最终结果产生多大的影响还有待观察。一个隐患是，"人类安全"的定义可能过于宽泛。① 在这种情况下，即使是适应气候变化的成功措施，如城市化或工业化，也可以被解释为对人类安全

---

① 关于对人类安全的广义和狭义解释的讨论，参见《人类安全报告》（Human Security Report，2005：viii）。

的威胁，因为它们意味着可能颠覆传统生活方式的社会变革。

八　结论

全球气候变化将对数亿人的生活质量产生深远影响。人们已经就气候变化可能对自然环境造成的后果达成了高度一致的看法。IPCC 在收集和传播有关这些自然过程的知识方面发挥了重要作用，这建立在数百项（主要是）同行评议的研究文献基础上。特别是在讨论气候变化将如何影响安全和（潜在的）暴力冲突问题时，关于气候变化社会后果的专业知识依据相当薄弱。

关于气候变化与冲突之间因果关系的说法，似乎总是或多或少地从一个资料来源到另一个资料来源不加批判地被引用，而没有充分剔除二流和三流的资料来源，也没有任何真正的知识积累。因此，IPCC 在 2001 年和 2007 年的报告给人的总体印象是，气候变化和冲突之间的关系含糊不清，而且其所陈述的关系证据也不足。将于 2013～2014 年发布的 AR5 为 IPCC 刷新在这一领域的纪录提供了契机。

参考文献

Ashton, Peter J. (2002), ' Avoiding conflicts over Africa's water resources', *Ambio*, 31(3), 236 - 242.

Ayres, Robert U. and Jorg Walter (1991), ' The greenhouse effect: damages, cost, and abatement', *Environmental and Resource Economics*, 1(3), 237 - 270.

Barnett, Jon(2003), ' Security and climate change', *Global Environmental Change*, 13(1), 7 - 17.

Benjaminsen, Tor A., Koffi Alinon, Halvard Buhaug and Jill Tove Buseth(2012), ' Does climate change drive land - use conflicts in the Sahel?', *Journal of Peace Research*, 49(1), 97 - 111.

Bernauer, Thomas and Tobias Siegfried(2012), ' Climate change and international water conflict in central Asia', *Journal of Peace Research*, 49(1), 227 - 239.

Bernauer, Thomas, Tobias Böhmelt and Vally Koubi(2012), ' Environmental changes and violent conflict', *Environmental Research Letters*, 7(1), 1 – 8.

Biermann, Frank, Gerhard Petschel – Held and Christoph Rohloff (1998), ' Umweltzerstörung als Konfliktursache? Theoretische Kozeptualisierung und empirische Analyse des Zusammenhangen von "Umwelt" und "Sicherheit"' [Environmental Degradation as a Cause of Conflict? Theoretical Conceptualization and Empirical Analysis of the Relationship between ' Environment' and ' Security'], *Zeitschrift für Internationale Beziehungen*, 5(2), 273 – 308.

Biswas, Asit K. (ed.) (1994), *International Waters of the Middle East: From Euphrates – Tigris to Nile*, Oxford, UK: Oxford University Press.

Brochmann, Marit and Nils Petter Gleditsch(2013), ' Shared rivers and conflict – a reconsideration', *Political Geography*, 31(8), 519 – 527.

Buhaug, Halvard, Nils Petter Gleditsch and Ole Magnus Theisen(2010), ' Implications of climate change for armed conflict', ch. 3 in Robin Mearns and Andy Norton(eds), *Social Dimensions of Climate Change*: Equity and Vulnerability in a Warming World. New Frontiers of Social Policy, Washington, DC, USA: World Bank, pp. 75 – 101.

Buhaug, Halvard(2010), ' Climate not to blame for African civil wars', *PNAS*, 107(38), 16477 – 16482.

Buhaug, Halvard, Nils Petter Gleditsch and Ole Magnus Theisen(2010), ' Implications of climate change for armed conflict', ch. 3 in Robin Mearns and Andy Norton(eds), *Social Dimensions of Climate Change: Equity and Vulnerability in a Warming World*, New Frontiers of Social Policy, Washington, DC, USA: World Bank, pp. 75 – 101.

Caponera, Dante A. (1996), ' Conflicts over international river basins in Africa, the Middle East, and Asia', *Review of European Community and International Environmental Law*, 5(2), 97 – 106.

Cline, William R. (1992), *The Economics of Global Warming*, Washington, DC, USA: Institute of International Economics.

Dalby, Simon(2004), ' Conflict, cooperation and global environment change: advancing the agenda', *Update*, 4(3), 1 – 3.

Dellapenna, Joseph W. (1999), ' Adapting the law of water management to global climate change and other hydropolitical stresses', *Journal of the American Water Resources Association*, 35(6), 1301 – 1326.

Detraz, Nicole and Michele Betsill(2009), ' Climate change and environmental security: for whom the discourse shifts', *International Studies Perspectives*, 10(3), 303 – 320.

Fairhead, James(2004), 'Achieving sustainability in Africa', in Richard Black and Howard(86) White(eds), *Targeting Development: Critical Perspectives on the Millennium Goals*, London, UK: Routledge, pp. 292 – 306.

Fiki, Charles and Bill Lee(2004), 'Conflict generation, conflict management and self – organizing capabilities in drought – prone rural communities in north eastern Nigeria: a case study', *Journal of Social Development in Africa*, 19(2), 25 – 48.

Furlong, Kathryn, Nils Petter Gleditsch and Håvard Hegre(2006), 'Geographic opportunity and neomalthusian willingness: boundaries, shared rivers, and conflict', *International Interactions*, 32(1), 79 – 108.

Gleditsch, Nils Petter(1998), 'Armed conflict and the environment: a critique of the literature', *Journal of Peace Research*, 35(3), 381 – 400.

Gleditsch, Nils Petter(2002), 'Double – blind but more transparent', *Journal of Peace Research*, 39(3), 259 – 262.

Gleditsch, Nils Petter(2012), 'Whither the weather? Climate change and conflict', *Journal of Peace Research*, 49(1), 3 – 9.

Gleditsch, Nils Petter and Ragnhild Nordås(2009), 'Climate change and conflict: a critical overview', *Die Friedens – Warte*, 84(2), 11 – 28.

Gleditsch, Nils Petter, Kathryn Furlong, Håvard Hegre, Bethany Lacina and Taylor Owen (2006), 'Conflicts over shared rivers: resource scarcity or fuzzy boundaries?', *Political Geography*, 25(4), 361 – 382.

Gleditsch, Nils Petter, Ragnhild Nordås and Idean Salehyan(2007), *Climate Change, Migration, and Conflict*, Coping with Crisis Working Paper Series, New York, USA: International Peace Academy.

Gleick, Peter H. (1992), *Water and Conflict*, Occasional Papers Series on the Project on Environmental Change and Acute Conflict, Toronto, Canada: Security Studies Programme, American Academy of Arts and Sciences, University of Toronto.

Gleick, Peter H. (1993), 'Water and conflict: fresh water resources and international security', *International Security*, 18(1), 79 – 112.

Gleick, Peter H. (1998), *The World's Water: The Biennial Report on Freshwater Resources*, Washington, DC, USA: Island Press.

Gore, Al(2007), 'Nobel Lecture', acceptance speech delivered at the Nobel Peace Prize a-ward ceremony, Oslo, 10 December, http://nobelpeaceprize. org/en_GB/laureates/ laureates - 2007/gore - lecture/.

Hendrix, Cullen and Sarah M. Glaser(2007), 'Trends and triggers: climate, climate change and civil conflict in Sub - Saharan Africa', *Political Geography*, 26(6), 695 -715.

Hendrix, Cullen S. and Idean Salehyan(2012), 'Climate change, rainfall, and social con-flict in Africa', *Journal of Peace Research*, 49(1), 35 - 50.

Homer - Dixon, Thomas(1991), 'On the threshold: environmental changes as causes of a-cute conflict', *International Security*, 16(2), 76 - 116.

Homer - Dixon, Thomas(1994), 'Environmental scarcities and violent conflict: evidence from cases', *International Security*, 19(1), 5 - 40.

Homer - Dixon, Thomas and Jessica Blitt(1998), *Ecoviolence: Links Among Environment, Population and Security*, Lanham, USA: Rowman and Littlefield.

Human Security Report(2005), *Human Security Report2005. War and Peace in the 21st Century*, New York, USA: Oxford University Press for the Human Security Centre.

IAC(2010), *Climate Change Assessments, Review of the Processes and Procedures of the IPCC*, Amsterdam, The Netherlands: InterAcademy Council, http://reviewipcc. interacademy-council. net/.

IPCC(2001), *Third Assessment Report. Climate Change2001*, Geneva, Switzerland: Intergov-ernmental Panel on Climate Change and Cambridge, UK: Cambridge University Press.

IPCC(2007), *Fourth Assessment Report. Climate Change2007*, Geneva, Switzerland: Interg-overnmental Panel on Climate Change and Cambridge, UK: Cambridge University Press.

Kennedy, Donald D. , with David Holloway, Erika Weinthal, Walter Falcon, Paul Ehrlich, Roz Naylor, Michael May, Steven Schneider, Stephen Fetter and Jor - San Choi(1998), *Environ-mental Quality and Regional Conflict*, Washington, DC, USA: Carnegie Commission on Preven-ting Deadly Conflict.

Levy, Marc A. (1995), 'Is the environment a national security issue?', *International Secur-ity*, 20(2), 35 - 62.

Lopez, Alexander(2004), 'The Lempa River Basin: transborder cooperation in an interna-tional river basin with high potential for conflict', *Update*, 4(3), 10 - 11.

McKelvey, Robert(1997), 'Game theoretic insights into the international management of

87

fisheries', *Natural Resource Modeling*, 10(2), 129 – 171.

McRae, Hamish(1994), *The World in2020: Power, Culture and Prosperity*, London, UK: HarperCollins.

Mercer, David(1998), *Future Revolutions: A Comprehensive Guide to the Third Millennium*, London, UK: Orion Business.

Mjøs, Ole Danbolt(2007), 'Speech given by the Chair of the Norwegian Nobel Committee', Oslo, 10 December. URL: http://www. nobelprize. org/nobel _ prizes/peace/laureates/2007/ presentation – speech. html.

Myers, Norman(1993), *Ultimate Security: The Environmental Basis of Political Stability*, New York, USA: Norton.

Myers, Norman, with Jennifer Kent(1995), *Environmental Exodus: An Emergent Crisis in the Global Arena*, Washington, DC, USA: Climate Institute.

Nordhaus, William(1994), 'Expert opinion on climatic change', *American Scientist*, 82 (1), 45 – 52.

Nordås, Ragnhild and Nils Petter Gleditsch, guest editors(2007a), 'Climate Change and Conflict', Special Issue, *Political Geography*, 26(6), August.

Nordås, Ragnhild and Nils Petter Gleditsch(2007b), 'Climate change and conflict', *Political Geography*, 26(6), 627 – 638.

Pachauri, Rajendra K. (2007), 'Nobel Lecture', on the occasion of the Nobel Peace Prize awarded to the Intergovernmental Panel on Climate Change, Oslo, 10 December. URL: http://www. nobelprize. org/nobel_prizes/peace/laureates/2007/ipcc – lecture_en. html.

Patz, Jonathan A. (1998), 'Climate change and health: new research challenges', Health and*Environment Digest*, 12(7), 49 – 53.

Rahman, A. Atiq(1999), 'Climate change and violent conflicts', in Mohamed Suliman (ed.), *Ecology, Politics, and Violent Conflicts*, London, UK: Zed, pp. 181 – 210.

Raleigh, Clionadh and Henrik Urdal(2007), 'Climate change, environmental degradation and armed conflict', *Political Geography*, 26(6), 674 – 694.

Ramphal, Shridath(1992), *Our Country, The Planet: Forging a Partnership for Survival*, Washington, DC, USA: Island Press.

Ron, James(2005), 'Paradigm in distress? Primary commodities and civil war', *Journal of Conflict Resolution*, 49(4), 443 – 450.

Roughgarden, Tim and Stephen H. Schneider(1999) , ' Climate change policy: quantifying uncertainties for damages and optimal carbon taxes' , *Energy Policy*, 27(2) , 415 – 429.

Scheffran, Jürgen, Michael Brzoska, Jasmin Kominek, P. Micheal Link and Janpeter Schilling(2012) , ' Climate change and violent conflict' , *Science*, 336(6083) , 869 – 871.

Schellnhuber, Hans – Joachim and Detlef F. Sprinz(1994) , ' Umweltkrisen und Internationale Sicherheit' [Environmental Crises and International Security] , in Karl Kaiser and Hanns W. Maull(eds) , *Herausforderungen. Deutschlands neue Aussenpolitik,* II, Bonn, Germany: Forschungsinstitut der Deutschen Gesellschaft für Auswärtige Politik, pp. 239 – 260.

Schneider, Stephen H. , Kristin Kuntz – Duriseti and Christian Azar (2000) , ' Costing non – linearities, surprises, and irreversible events' , *Pacific and Asian Journal of Energy*, 10 (1) , 81 – 106.

Slettebak, Rune T. (2012) , ' Don' t blame the weather! Climate – related natural disasters and civil conflict' , *Journal of Peace Research*, 49(1) , 163 – 176.

Stern Review(*2006*) , Nicholas Stern et al. , *The Economics of Climate Change*, London: HM Treasury and Cambridge, UK: Cambridge University Press.

Theisen, Ole Magnus(2012) , ' Climate clashes? Weather variability, land pressure, and organized violence in Kenya, 1989 – 2004' , *Journal of Peace Research*, 49(1) , 81 – 96.

Theisen, Ole Magnus, Nils Petter Gleditsch and Halvard Buhaug (2013) , ' Is climate change a driver of armed conflict?' , *Climatic Change*, 117(3) , 613 – 625.

Toset, Hans Petter Wollebæk, Nils Petter Gleditsch and Håvard Hegre(2000) , ' Shared rivers and interstate conflict' , *Political Geography*, 19(8) , 971 – 996.

Wolf, Aaron T. (1994) , ' A hydropolitical history of the Nile, Jordan and Euphrates river basins' , in Asit K. Biswas(ed.) , *International Waters of the Middle East: From Euphrates – Tigris to Nile*, Oxford, UK: Oxford University Press, pp. 5 – 43.

Wolf, Aaron T. (1998) , ' Conflict and cooperation along international waterways' , *Water Policy*, 1(2) , 251 – 265.

Zhang, David D. , Peter Brecke, Harry F. Lee, et al. (2007a) , ' Global climate change, war, and population decline in recent human history' , *PNAS*, 104(49) , 19214 – 19219.

Zhang, David D. , Jane Zhang, Harry F. Lee and Yuan – Qing He (2007b) , ' Climate change and war frequency in Eastern China over the last millennium' , *Human Ecology*, 35 (4) , 403 – 414.

88

第四章

气候变化中人类安全的空间、时间和范围

理查德·马修

> 对我而言，我总是写都柏林，因为如果我能触及都柏林的心脏，我就能触及世界上任何一个城市的心脏。特殊性中包含着普遍性。——《詹姆斯·乔伊斯传》（Ellmann，1983：505）

一 引言①

不幸的是，气候变化研究人员通常试图通过普遍性来证明特殊性，而不是反过来。

"普遍性"是指基于科学的全球气候变化故事；相比之下，这里的"特殊性"指的是在局部或至少小于全球范围内观察或经历的气候变化的方法将人类低效行为引起的全球气候变化描述为一个以实证为基础的故事。从政治哲学和行为心理学等领域的角度（我将在本章稍后介绍这两个领域）看，有许多原因可以解释为什么普遍主义研究方法难以催生有效的回应。

这并不是对普遍性故事本身的批判，只是暗示这样的叙事方式无法最终实现叙事的有效性、启发性和实用性。事实上，普遍叙事往往非常有说服力，体现了围绕正义、人权与和平等重要价值观的共识，也体现了在面

---

① 本章把 universal 统一译为"普遍"或"普遍性"。—译者注

对流行病、极端贫困和气候变化等影响深远的挑战时人们命运与共。然而，与此同时，正义与和平的复杂性、极端贫困挑战的复杂性都不可避免地要在非常特殊的情景下应对，以回应特定的需求和言论，产生针对当地价值、实践和制度的非常特别的创新或调整。

从历史角度来看，普遍性故事通常来自特殊性故事。例如，基督教最初是一个非常小的宗教团体，对正义有着非常独特的描述，在充满敌意、不平等和暴力的罗马帝国文化中证实自己并试图生存，它经过几个世纪的极具本土化的实践才得以发展并巩固为一个具有变革意义的普遍性故事（Brown，2000；Matthew，2002）。《世界人权宣言》是建立在几个世纪以来特定事件和实验的基础之上，如《大宪章》以及法国、美国革命中产生的人权话语。世界人权的概念在第二次世界大战和大屠杀后变得非常强大，毫无疑问，在权利概念薄弱或缺乏的特定背景下，有些个人和社区能够利用这个故事来改变行为。但这种影响力来自普遍信条的扩展，是由一些非常引人注目且成功的次全球事件总结归纳而来。

相反的情况会发生吗？也就是说，比如全球气候变化，这样一件引人关注的普遍叙事会通过特殊的场景，引发有效的行为反应吗？全球气候变化是不能也不可能从特殊的描述中抽象出来的。有些时候，在出现地雷或种族灭绝这样散布广泛而急迫的问题关头，才会在许多特殊环境中催化不公平感，围绕着这一强大的普遍叙事，从而创造或引发多层级的行为反应。这确实利用并建立在正义的特定描述基础之上，但这种情况很少见。当一些事情主要在全球层面上解决时，比如如何管理网络空间或生物多样性损失，其结果很可能是抽象的、模糊的和没有约束力的。就气候变化而言，我将论证有充分的理由怀疑全球层面上的出发点对当地产生变革性冲击的可能性，尽管最终我希望保持这种可能性的完整性和重要性。

本章的核心论点是，关于气候变化的普遍叙事非常引人注目，有时令人恐惧，有许多原因导致未能促成其支持者所认为的严肃而协调的应对措施，这些应对措施无疑对人类的福祉甚至生存是至关重要的。气候科学家们已经发现了全球变化的模式，他们认为这些模式正朝着最坏的情况发展，他们看到了技术和行为的回应可能会改变这一令人担忧的情况，但他们无法理解为什么取得的成就如此之少，为什么市场、政府和公民对科学信息如此无动于衷（Sachs，2005；Pachauri，2007；Gleick，2012；Gleick and Heberger，2012）。例如，德国观察每年都会报道各国应对气候变化的措施，2012 年的报告中写道："与往年一样，我们仍然不能奖励任何排名前 3 的国家，因为没有一个国家在预防气候变化风险方面做得充分。"（Germanwatch，2011：4）同样地，记者弗雷德·皮尔斯（Fred Pearce）写道："气候变化让我感到害怕，就像我曾采访过的许多科学家感到的恐惧一样——这些清醒的科学家不仅要捍卫自己的事业和声誉，还要对自己和子女的未来抱有希望，同时也担心我们是某种稳定气候条件下的最后一代。"（Germanwatch，2007：xxx）

这或许有助于解释，为什么一些气候科学家期望随着数据的积累、超级计算机和更复杂建模技术的结合，能够讲述更具体的故事、预测更具体的未来，这将产生有效的全球应对措施。这种情绪的典型表现是：

> 位于科罗拉多州博尔德的国家大气研究中心的气候科学家琳达·默恩斯（Linda Mearns）说："这是一件大事。黄石公园将帮助研究人员以区域而非大陆范围计算气候变化。通过更好地了解气候变暖对当地水资源、濒危物种和极端大风的影响，地方和州政府将能够更有效地制订计划。"（Nash，2012）

科学家们的地区模型与当地情况的吻合程度仍有争议。麦克尔罗伊和贝克最近的报告声称，"区域预测仍然具有挑战性，需要集中精力维持和加强地球观测，特别是对海洋的观测"（McElroy and Baker，2012：5；Lemos and Morehouse，2005；White et al.，2010）。

无论如何，我认为遗憾的是这些叙述很可能有一处重要的败笔，即揭示并巩固分歧和不可调和的立场，而不是促进协调一致的全球应对措施。**简而言之，无论气候变化的故事是自上而下，还是自下而上，有效的、协调的应对措施都将非常难以被动员起来。**

我把人类安全作为参照提出这一基本论点，即气候变化情形严峻且已经使全球各地的社区处于危险之中。人们通常认为，人类安全是指免于可避免的暴力恐惧的自由和免于可解决的商品和服务匮乏的自由。气候变化的冲击通常被描述为对人类安全的直接挑战，可能造成暴力和资源短缺。

本章先讨论普遍叙事与特殊叙事，讨论气候变化和人类安全的叙事，然后探讨气候变化和人类安全在各个层面上的关联，并总结为什么这些令人信服的、以实践为基础的、广泛相关的叙事无法产生有效的全球应对。

92

二 贯穿厚与薄[①]

1994 年，迈克尔·沃尔泽（Michael Walzer）写了《厚与薄：国内外的道德争论》一书。他没有提到气候变化，虽然这在当时已经是全球议程的一个重要议题；也没有提到人类安全，尽管这一议题在同一年得到了强有力的阐述和支持。相反，他写的是真理、宗教、种族灭绝、自主和正义，这些主题涵盖了他的多部著作。尽管如此，他的基本观点对讨论气候变化和人类安全还是很有借鉴意义的。

沃尔泽在这本著作中主要关注理解道德争论的来源和动力。他描述了关于道德辩论的共识："无论在哪，男人和女人都是以某一种或某一套较为普遍的理念及原则方式开始自身的思考，而接下来又以不同的行事方式互动。"（Walzer，1994：4）这正是传递气候变化话语的观点。气候科学提供了基本观察，即全球层面正在发生什么、正在哪里发生，为了应对这些事件全世界的社区需要制订并实施具体的气候行动计划。

当代气候科学家似乎有点像摩西。摩西直接从上帝那里得到一套规

---

① 关于厚（thick）与薄（thin）。迈克尔·沃尔泽在这本著作中，提到两种道德语言：一种为简单（simplicity），作者称之为 thin，另外一种为复杂（complexity），作者称之为厚（thick）。厚的道德语言，根植于本土的或民族文化条件和情境。而薄的道德语言具有通用性，可以适用于每一个人，并不为某一个人专享。厚的道德语言是探究我周边的历史、语言及文化与我之间的关系。而薄的道德语言是探究我应该如何与那些非我同类的人进行关联和相处。厚与薄都是有界限的，厚一般限定在国内，而薄则可延展于国际。（例如你用不着跟一个荷兰人说怎么提供护理，但是当他们提出关于真理和自由这样的话题时，我们是可以做出响应的。）在本文中，thin 指普遍性，而 thick 则是特殊性。——译者注

则，并着手把这些规则引入一个特定群体，这个群体认为这些规则很大程度上是外来的、无关紧要的。他的任务是说服他们接受这些规则。气候科学家们所观察到的范例，其他特定的群体却都难以察觉。他们希望将自己的理解以有意义的方式引入特定环境，从而促进行动。沃尔泽指出，我们倾向于认为这是变化发生的方式：普遍性在特定环境中实现，并因此改变。但他认为事实并非如此。至少就道德争论而言，沃尔泽不同意常规的观点："我们的直觉在这里是错误的，道德在其形成之初就是厚的（即特殊化、本土化），与文化相融、琴瑟和鸣，在道德语言指向特定目的的特殊场合下，道德才展示出其'薄'的特性"（Walzer，1994：4）。

　　沃尔泽的哲学观点得到了社会和行为心理学领域发展起来的解释水平理论（Construal Level Theory）的支持。在这里基本思想是空间或时间上的距离很重要。气候科学（或其他任何事物）描述的事件和趋势可能被特定的社区感知为空间上的远近（Fujita et al.，2005）或时间上的远近（Liberman and Trope，1998；Liberman et al.，2002；Trope and Liberman，2000，2003），或发生概率的高低（Todorov et al.，2007；Wakslak et al.，2006），或亲身经历还是第三方经历的事情（Eyal et al.，2008）。根据这些参数，那些更直接面临的环境事件和趋势更有可能被视为具体和可操作的。换句话说，在这个故事里气候变化影响我们所有人，我们可能目睹它一开始时发生在几千英里以外，但可能在十年或更长时间后会发生在我们身上，这的确很严重，人类的生存能力可能在发挥作用——这是一个充满了限制条件的故事，难以产生应对措施。人们很容易找到另一个需要立即关注的更具体的优先事项。

　　后来沃尔泽写道："在道德话语中，薄（即普遍性）和强烈是并存的，而厚则伴随着限制、妥协、复杂和分歧。"（Walzer，1994：6）那么，关于某一给定数值 X，薄的、强烈的、普遍性的故事必须找到 X 厚的特殊实现的切入点。它们之所以强烈是有原因的——在沃尔泽的案例中，"薄"所描绘的道德侵犯（种族灭绝、酷刑及剥削儿童），即使是在未曾有此经历的特定社区，也是耸人听闻的。对这些描述的关注度很高，需要每一个人的关心和参与。

现在，乍一看，这似乎也是描述气候话语的一种合理替代方式。在整个地球上，在对当地的气候条件有深入了解之后，复杂的社会体系在全球范围内逐步成熟。一个典型的例子是：在南亚，庞大的农业系统雇用了数亿人，而且往往与同一地点的捕鱼季节相适应，这在很大程度上源自当地对季风的了解。当地各种各样的应对方法已经形成了对季风水资源、土地灌溉的管控方式，可以从土地中获取自然资源。气候科学阐述了关于全球水文变化的一个普遍性故事，故事简洁、醒目，与围绕季风形成的具体理解和实践明显相关。普遍性故事的含义是直接和明确的——当地惯例需要根据现代气候科学重新考虑和修正（Singh et al.，2011；Matthew，2012；National Research Council，2012）。

但事实并非如此，问题的部分原因在于致力于科学求实的全球气候变化的普遍性故事本身带有很多"限定、折中、复杂和分歧"（Walzer，1994：6）。因此，沃尔泽非常明确地表示此处有一个错配。如果我们将气候变化科学描述为试图把一个厚的普遍性故事强加给人类，那么成功是非常困难的——厚意味着复杂和有争议。另外，围绕气候变化进行薄的、剧烈的、动员性的普遍叙事的可能性正在被削弱，因为很明显过去二十年来一些简单明了的言论具有误导性——事实上，围绕着普遍性故事还有很多不确定性和复杂性。它没有一个适用于所有特定问题的简单公式。因此，普遍的气候变化叙事不能作为一种厚的叙述，也不能轻易地被作为一种薄的、强烈、共享的工具来评估和重构厚的、地方性的实践。

简言之，**厚**（体现为"限定、妥协、复杂和分歧"）和**普遍性**（实际上需要足够单一才能有影响）的结合让气候变化成为最不可能成功的叙事形式。这能否改变？

三　气候变化科学的普遍性故事

1896 年瑞典科学家斯万特·阿雷纽斯（Svante Arrhenius）首次提出，

二氧化碳排放可能通过温室气体效应导致全球变暖。一个多世纪后，IPCC确认，人类活动，尤其是那些产生二氧化碳的活动，几乎肯定在推动全球气候变化。

其基本思想是，地球大气组成的变化（即二氧化碳和其他温室气体的净增加）为地球表面和对流层（地球大气层最低层）保留更多的太阳能创造了条件，这比过去至少几千年的情况还严重。被保留的太阳能使地球表面变暖，破坏了地球的水文循环。这个过程在一些地方表现为严重干旱，在另一些地方表现为严重洪涝，还有一些地方表现为严重风暴。气候变化科学通过随时间和空间变化累积的天气统计特征的转变来表示这种变化对大气成分的影响。

科学家们很清楚，自地球大约 45 亿年前由太空碎片形成以来，气候变化一直在发生。事实上，在地质时期人类世前发生过更大规模的气候转变。尽管与过去相比今天的气候变化（如大气氧化）的规模可能不大，但其独特性在于它是由人类活动引起的，例如人们日常消费廉价而充足的化石燃料，把森林开垦成农田，为了获得木柴或建筑材料滥伐森林。这些活动增加了大气中二氧化碳和其他温室气体的浓度，减少了地球表面的碳存储量。从统计结果看，自 19 世纪中叶以来地球表面温度平均上升了 1 摄氏度（Solomon，2007）。

这一结果建立在大量研究的基础上，并获得了高度的科学共识（Weart，2008）。这项研究始自冰芯和树木年轮的数据以及自 17 世纪以来收集的天气数据。成立于 1873 年的国际气象组织制定了收集气象数据的标准，从而为纵向分析创造了基础。50 年后，科学家开始积累温度的时间序列数据，比如 G. S. 卡伦德（G. S. Callendar）。此外，还有查尔斯·大卫·基林（Charles David Keeling）于 1958 年发起大气二氧化碳浓度的高精度测量，**该测量**建立了记录大气成分变化的主时间序列（Le Treut et al.，2007：98）。

从这项研究中浮现出来的普遍叙事，一直到今天在全世界都很流行。当代的全球变暖是由人类行为所致。无论我们采取何种措施，这种行为将持续几十年甚至几百年，因为大气和土地覆盖的组成变化已经触发了全

95

球变暖的发展进程，该进程尚未结束去建立新平衡。然而，今天采取的措施可能会大大缓解该进程。最好的模型表明，气候变化的恶劣影响加剧了干旱、洪水和极端天气的发生。换句话说，干旱地区的降水会更少，而沿海地区和洪泛平原的降水会更多，风暴会更严重。强度和频率的大小可能取决于我们继续向大气中排放多少温室气体。因此，我们现在所做的非常重要。

生态系统和全球生物多样性将受到多方面的影响。然而，这些影响模式在地球上不一致且变化多端。有些变化根本无法预见：部分是因为气候变化受到一些现象的影响，这些现象被证明不可模型化，至少到目前为止是不可能的，比如云层的变化，以及来自自然和人类系统不可预测的反馈；部分原因是复杂的自适应系统，如森林，表现出非线性行为并产生新的属性。简而言之，尽管人们认为对气候变化已经了解很多，并在预测未来气候变化的广泛模式，但仍存在一些重要的不确定领域。

96　　从讨论中我们进一步发现，普遍叙事的另外两个让人产生疑问的特征。第一，人为气候变化是由几代人的行为造成的。它是一种所有现代和当代人类社会意想不到的外部性。那么，为什么所有其他人不需要改变什么，而某个特定的社区就应该转变呢？这是一个典型的无政府状态下的合作问题。肯·奥耶（Ken Oye, 1986）定义了三个对合作至关重要的变量：参与者的数量、他们之间未来互动的可能性、回报结构。在这种情况下会有大量的参与者，其中有些参与者不太可能有太多与他人或未来的互动，互动的回报是不明确的，特别是缺乏专注度非常高的参与者。事实上，有一种观点认为少数人的行动无关紧要。因此，合作的基础很薄弱。第二，不确定性很大。这使像比约恩·隆伯格（Bjorn Lomborg, 2001）一样的观察家质疑，是应该相信科学家的建议还是应该把注意力集中在教育、公共卫生和基础设施等能使我们更有恢复能力、更强大的领域。一场非常浩大的运动已经在挑战气候科学家们的建议。

这些复杂性和不确定性仅仅是普遍叙事难以推动人们认识转变的部分

原因。① 在这方面，对自然变化的概念理解也不够。自然变化意味着在没有人为因素的情况下，一个特定区域的天气变化范围可能非常大，一些极端罕见天气，足以归类为百年或五百年一遇的事件。这意味着，任何严重风暴、长期干旱或猛烈的洪水实际上都可能是自然变化范围内百年或五百年一遇的事件。因此，极端天气事件与气候变化的预期是一致的，并且可以被想象为无论如何都可能发生的事情，因为它们处于自然变化的极端范围内。也就是说，科学界所熟知的气候变化模式是有条件的，即这可能是一个自然事件，也可能是气候变化所导致的事件。就结果而言，科学家们可能认为是无差别的。洪水对人类、其他物种和财产的冲击都是毁灭性的。我们需要应对的不是洪水的源头而是洪水发生的概率。但是，条件限制可能会破坏紧迫感，为要求进一步调查或采取观望态度奠定基础。考虑到影响的可变性，通常会有一部分人满足于现状，并不相信气候变化会对他们自己造成什么影响。

复杂性、不确定性和自然变化性与气候的许多特定理解是世界各地社会叙事基石的一部分，这一事实有助于解释为什么普遍叙事会迅速瓦解，至今未能催生有效的全球应对措施（Hulme，2009）。

四　人类安全的普遍叙事

人类安全在结构上与气候变化相反。在这方面，全球模式是沉默的和不确定的，问题在于如何准确定义一个事件为内战、种族灭绝、性侵犯或贫困，怎样判断世界在这些问题上的发展趋势（Suhrke，1999；Tehranian，1999；Thomas and Wilkins，1999；Yuen，2001）。在现实生活中，这些经历要更加具体和生动；全球模式及趋势很大程度上是外在的，甚至在某种程度上无法从个人亲身经历的暴力和剥夺推导出。在冲突地区，遭受强奸的妇女需要帮助，她们可能不关心在过去十年里全球强奸案减少了多少个百分点还

---

① 在这里，"复杂性"和"不确定性"指的是上一段中所论述的"普遍叙事的两个特征"。——译者注

是增加了多少个百分点。也许帮助妇女的人道主义组织也不关心全球模式；他们被吸引到迫切需要帮助的地方。这就是他们的现实。

讽刺的是，那些将气候变化视为必须解决的现实问题的国际精英们，在人类安全是否需要立即关注的现实问题上分歧更大。这意味着气候变化在地方层面的落地推进方式本身就是不安全的。造成这种情况的部分原因是人类安全这一概念进入国际社会后就迅速解读为其他的含义了。

一般认为人类安全的概念是马赫布卜·蔚·哈克（Mahbub ul Haq）博士提出的，他是一位经济学家，从卡拉奇大学（University of Karachi）到世界银行（World Bank）工作，再回到巴基斯坦政府任职，然后又到联合国开发计划署工作。蔚·哈克与知名发展经济学家阿马蒂亚·森等合作，专注于人类发展的挑战，是 1994 年联合国开发计划署《人类发展报告》中人类安全部分的重点核心人物。该报告将人类安全的概念分为两部分。首先，安全意味着免受饥饿、疾病和压迫等长期威胁。其次，安全意味着要保护日常生活方式不受突然和有害的干扰"（UNDP，1994：23）。UNDP 的报告构建了这一概念的重要内容，它确定了全球关注的七个领域：经济、粮食、卫生、环境、个人、社区和政治。

98   UNDP 报告引发了两种截然不同的外交政策。其中一项与加拿大有关，它将人类安全与"免于恐惧的自由"这一特定概念联系起来，并重点关注制定战略保护人们免受地雷、种族灭绝、奴役和内战等恶劣暴力。其战略包括人道主义援助、和平建设、冲突预防与调解，其标志性运动集中于通过禁止使用地雷和儿童兵来改善人类安全。

第二项政策由日本政府制定，它确立了一种更具有包容性的方法，强调"免于匮乏的自由"，并由此确立了更为复杂和详尽的规划和投资愿景，使弱势群体过上安全、可持续、幸福和有尊严的生活。以这一观点为依据的战略和项目往往侧重于发展援助，其标志性运动是千年发展目标（The Millennium Development Goals，MDGs）。

人类安全的概念也许因为沿着两种截然不同的轨迹发展而被批评为太过模糊和包罗万象而无法进行有用的分析。尽管如此，还是吸引了来自发展中国家和欧洲的学者、政策制定者和活动家的大量关注（Nauman，

1996；Suhrke，1999；Tehranian，1999；Thomas and Wilkins，1999；Yuen，2001）。回顾人类安全文献，罗兰·帕里斯（Roland Paris）总结道：虽然高度的包容性会"阻碍人类安全概念作为一种有用的分析工具"，"但是定义的扩展性和模糊性是人类安全的强大属性……人类安全可以为一大类广泛的研究提供便利的标签……这也可能有助于将这一研究标榜为安全研究领域的核心组成部分"（Paris，2001：102）。

在 UNDP 的报告发表后不久，塔里克·巴努里（Tariq Banuri）为捍卫人类安全提出了一个更尖锐的论点：

> 安全指的是使人们免于匮乏、剥夺和暴力而得到安全感的条件；或者没有造成不安全感的条件，即被剥夺或暴力的威胁。这给传统的内涵（这里称为政治安全）增加了两个因素，即人类安全和环境安全。（Banuri，1996：163-164）

在这个概念中，与世界经济的市场化和金融化有关的结构性不安全感和多种形式的暴力，以及通过殖民实践精心设计或强化的碎片化和剥削模式长期存在，再加上与全球环境变化有关的新的暴力和不安全模式，共同导致人类的大部分地区（主要是南方，但并不仅包括南方）难以（甚至从来没有）摆脱危险和匮乏。

一些社区更容易受到对人类安全的威胁，在此意义上，人类安全成为一个普遍关切的问题，在上述提及的人类安全威胁的层面，任何人可能都是不安全的。因此，评估气候变化对人类安全的威胁凸显了脆弱地区面临的问题，同时每个人都对此有微弱的共鸣，这在全球环境政治领域中已经得到了很好的阐述（Adger，1999；Floyd and Matthew，2012；Khagram et al.，2003；Lonergan，1999；Matthew et al.，2009；Naumann，1996）。

与气候变化形成鲜明对比的是，人类安全问题就像新瓶装旧酒。它把我们都熟悉的威胁聚集在一起，表明随着冷战的结束和全球相互联系的加强，我们有机会（也许还有一些道德和审慎的理由）在减少这些威胁方面取得更多进展。因此，各国可以从人类安全议程中进行选择，除了与气候变化相关的人类安全威胁，实际的进展通常不需要广泛参与。

五　建立气候变化与人类安全之间的联系

气候变化是非常漫长的第三世。① 我们只是刚刚进入这个时代的头几十年，但仍不清楚未来会有什么样的解决方案。显然，气候变化正在以显著的方式影响着当今世界上许多地区的人类安全，未来几年的趋势是产生更深刻和更广泛的影响（Matthew et al.，2009）。

气候变化与人类安全之间的联系往往是通过对不同信息来源的分层构建的。第一层侧重于气候变化本身的表现形式——严重的洪水、干旱和暴风雨将会在哪里发生？第二层侧重于衡量社会对这类事件的敏感性——通常用经济、政治和人口变量来确定社会的脆弱性。第三层强调的是那些已经容易受到气候变化冲击的地区可能会产生的问题，如暴力冲突、人口颠沛流离、疾病暴发和发展受挫等问题。在这一层中涉及的地点和故事的受关注程度取决于信息的质量和不同层面相互关联性描述分析的科学性。正如气候科学多年来已经发展成熟一样，这类分析也已经成熟，研究者试图通过中介变量（比如贫困和治理）将气候变化与暴力冲突、人口迁移和健康联系起来。

100　　最近的一系列分析是由 IPCC 2007 年报告中对气候变化的概述引起的。事实上，这些报告本身向世界提供了一些关于这种联系的初步分析。例如，报告强调南亚、中东和撒哈拉以南非洲部分地区对气候变化冲击的高度敏感性（IPCC，2007）。其基本思想是，由于地理位置（暴露程度）和脆弱的社会制度（敏感性），地球上有些地区比其他地区更容易受到气候变化的影响。根据定义，脆弱社区和国家在预防、适应和应对方面的投资能力极其有限。在这些地方，危险变成灾难的速度更快。因此，那里的居民将比其他地方遭遇更多的干旱、洪水、风暴和热浪。不完善的公共卫生体系、人口快速增长和高城市化率、长期极端贫困、新近的暴力冲突与农业经济相互作用，增加了这些地区的脆弱性。随着气候损害演变为气候

---

① 或第三幕。第一世（幕）为全新世，第二世（幕）为人类世，气候变化在此可理解为对地球有长期变化影响的第三世（幕）。——译者注

灾害，这些地区可能面临大规模人口流离失所、生计和发展受挫、公共卫生挑战、粮食不安全、治理失败和暴力冲突的风险。

南亚是 IPCC 报告中受到特别关注的地区之一，描述这一案例可能使论点更加具体。IPCC 的报告指出，气候模型预测南亚在未来几十年将经历显著变暖。干旱地区会变得更干旱；潮湿的地区会变得更加潮湿；冰川湖暴发洪水（GLOFs）将对尼泊尔和不丹等山地国家造成大规模的破坏；季风将在时间、地点和强度上发生变化；恶劣天气事件将会增加。这些变化要么是该地区特有的，要么比地球上其他地区更为突出。例如，本世纪该地区平均气温预计上升 3.3 摄氏度，高于全球平均预测气温的上升幅度。更让人担忧的是，南亚国家普遍贫穷，许多国家近年来都经历过非常激烈的冲突（过去十年中有阿富汗、印度、尼泊尔、巴基斯坦和斯里兰卡）。这些国家可能没有能力采取有效措施应对气候变化的影响，从而为人类面临巨大的安全问题敞开了大门。

这一悲观预测在 IPCC 框架之外也得到了重申。例如，著名的尼古拉斯·斯特恩爵士（Sir Nicholas Stern）曾提出，气候变化科学预测海平面上升、大规模洪水和长期干旱，这可能导致数以亿计的人永久颠沛流离，引发一系列安全问题（Stern，2007）。海尔斯（Halsnæs）和韦尔哈根（Verhagen）认为：

> 气候变化影响与千年发展目标之间存在许多联系，首先是气候变化对生计资产和经济增长的影响，其次是一系列严重的健康影响，包括与高温有关的死亡率、媒介传染病以及水和营养等相关问题。具体的性别和教育问题也被认定为间接受到影响的领域。（Halsnaes and Verhagen，2007：665）

CNA 一份被广泛传阅的报道《国家安全与气候变化威胁》中更有力地表达了这一观点，该报道称，"在世界上一些最不稳定的地区，气候变化成为威胁倍增器"，可能会加剧"世界稳定地区的紧张局势"（CNA，2007：6 - 7）。第二年，德国全球变化咨询委员会（German Advisory Council on Global Change）出版了《变迁中的世界：作为安全威胁的气候变化》

101

（*World in Transition*：*Climate Change as a Security Risk*），认为气候变化是一种安全风险，"在未来几十年内气候变化将耗尽很多社会的适应能力"（German Advisory Counail on Gloal Change，2008：1）。同样，国际警戒（International Alert）组织的丹·史密斯（Dan Smith）和让娜·维韦卡南达（Janna Vivekananda）指出在"46 个国家（27 亿人口的家园）气候变化与经济、社会和政治问题相互作用，这将提升暴力冲突风险"（Smith and Vivekananda，2007：3）。

这些论点很快就进入了官方场合和文件。例如，德国表示，在其担任联合国安理会（UNSC）成员国期间，它将努力使气候变化"从最广泛的意义上"被承认为安全问题（UNGA，2009）。美国《2010 年国家安全战略》将气候变化描述为重要的安全问题。这一立场在美国国防部 2010 年发布的《四年防务评估报告》中得到了呼应，该报告向国会解释了当前的安全形势（以及预算拨款的理由）。在哈佛大学最近的一份报告中，麦克尔罗伊（McElroy）和贝克（Baker）对过去的研究进行了仔细评估，这份报告由中央情报局（Central Intelligence Agency）资助，题为《极端气候：影响国家安全的近期趋势》（*Climate Extreme*：*Recent Trends with Implications for National Security*）。他们得出的结论是：

> 全球年均温度的小幅升高变化正在导致当地极端天气状况的增加。在接下来的几年里，由于自然变化、温室气体影响导致的气候变暖以及整个世界更加脆弱等因素的共同作用，与天气和气候相关的极端事件造成重大社会破坏的风险预计将会增加。这些压力将影响水和食物的供应、能源决策、关键基础设施的设计、海洋和北极地区等全球公共资源的使用以及关键的生态系统资源的开发。它们将迫使贫穷国家和发达国家在经济和人类安全方面都付出巨大代价。（McElroy and Baker，2012：4）

维韦卡南达试图阐明气候变化冲击可能导致人类安全问题的过程。

> 气候变化的影响将在不同程度上挑战并降低，人们和社区的抵御

102

能力（resilience）。在某些情况下，它将导致极端混乱人们根本无法应对，因为它使人们不堪重负，使人们的家园和生计难以维持。如果作为人类安全保护伞的社区治理结构无法抵御这些挑战，气候变化将削弱人们对社会秩序及其机构的信心，破坏维系社会凝力的黏合剂。在某些情况下，这可能增加不稳定或暴力风险。这是在容易发生冲突或易受冲突影响的环境中出现的特殊问题，即无论气候变化如何，治理结构往往是脆弱的。（Vivekananda，2011：8）

并不是所有的学者都同意上述观点。最近一期《和平研究期刊》的撰稿人对这种分析提出了各种批评。鲁内·斯莱特巴克（Rune Slettebak）认为：

> 气候变化、经济和政治变量尽管重要，但这些并非冲突唯一或最重要的预测因素。我认为与其过度强调气候变化导致冲突，还不如仍旧把重点放在社会发展上，这包括建立抵御气候变化不利影响的能力。这样不仅会缓解气候变化的危险，还能加强社会在面对自然灾害和内战时的应对能力。（Slettebak，2012：175）

然而，在同一问题上托尔·本杰明森等人（Tor Benjaminsen et al.，2012）认为：

> 我们观察到两种截然不同的情景。首先，在20世纪70年代和80年代，萨赫勒地区的干旱导致水稻种植移至下游河床，侵占了旱季的布尔古牧场（Burgu Pastures）。从这个意义上说，干旱可能引起农民和牧民之间的对抗，加剧社区之间的紧张关系，并很可能使潜在冲突升级为使用暴力。相反……降雨充沛、洪水泛滥的年份也可能引发更多的冲突，因为潜在的争议区域会扩大到所有权和控制权规则不完善的地区。（Benjaminsen et al.，2012：109）

显然文献中存在很多分歧，但可以得出三个一般性结论。第一，根据数十年来全球观测结果所定义的模式，气候变化在全球范围内仅对科学家可见。虽然气候变化不容易识别，但是迄今为止只在局部地区是严重的。
103 第二，尽管气候变化可能影响到任何地方的人类安全，在人类安全威胁显著的地区，尤其是南亚、中东和撒哈拉以南非洲地区得到了关注。第三，在当今这些脆弱地区，气候变化对人类安全的冲击十分重大，而且在未来几年它将产生更大的影响。

气候科学的普遍叙事似乎已经有效地融合当地环境，传递紧迫感并创造有利于协调应对的条件。也许因为气候变化是变化的一种真实物质形式，其在特定环境中的重要性必然会呈现出来。从这个意义上说，它不同于人权或奴隶制等无形制度的终结。或许，正确表述普遍性故事并没有我所建议得那么重要。我也希望这是现实，希望出现行之有效的应对方法。然而，在结论部分我将论证这可能根本不会发生。

六　一个世界，两种孤独

在过去的20年里，尽管有很多自我安慰及恭维的论调，但在全球层面上应对气候变化的主要平台《联合国气候变化框架公约》还是提供了强有力的、数据丰富的输入，只是缺乏政策产出。其标志性成果是1997年谈判达成的《京都议定书》，该协议于2005年生效，于2012年到期。《京都议定书》的目标是在1990年的水平上减少5%的主要温室气体排放；然而，协议到期时（后来又延长了8年），这些主要排放增加了58%（2012年巴黎会议）。这些数字并没有让许多观察人士感到意外：重要的发展中国家没有被要求加入《京都议定书》，而美国和澳大利亚也未加入。签署国自己也没有达到自己的目标：例如，加拿大不得不使用2005年作为基准（而不是1990年）才能显得有所进展。

《联合国气候变化框架公约》的影响力正在削弱，《京都议定书》仅是问题的冰山一角。20年来世界各地举办多次会议，几乎没有哪个国家宣称受到气候变化的影响，也未能提出任何严谨的方法来对排放量的减少予以衡量、报告或验证——这是实现目标非常重要的一步，没有它几乎无法成功。与有效的全球应对同样重要的是在全球范围内的参与——但《联合国

气候变化框架公约》在这方面也失败了。相反，它满足于在第 17 次缔约方 104
会议上制定了所谓的"德班平台"，并把自己的任务设定为到 2015 年把发展
中国家纳入《联合国气候变化框架公约》进程。"共同但有区别的责任和各
自的能力"（CBDR-RC）是《联合国气候变化框架公约》的核心原则，事实
证明这一原则很难作为任何行动的基础。当然，像所有的国际努力一样，在
筹资问题上也有相当大的困难。目前，发达国家已承诺提供 1000 亿美元，以
支持从 2020 年开始的缓解和适应工作，而在未来几年可能是城市空间、土地
改造和能源需求大幅增长的关键时期，这期间依然缺乏资金支持。

如果《联合国气候变化框架公约》吸引了成千上万有技术、有影响力
的人士，他们普遍认为气候变化是一个严重的甚至可能是对人类生存的威
胁，那么为什么它没有从根本上取得任何有成效的进展？部分原因已在文
中提出。普遍叙事被不确定性、复杂性，尤其是时空距离所困扰，这些特
征往往不会促成强有力的应对措施。这就是为什么科学家们经常认为发展
令人信服的地方叙事是克服这种惯性的关键。气候变化在各地的表现形式
各异，对人类安全的冲击也各不相同，关键是普遍叙事不能把这种情况非
常有效地表达出来。尽管气候变化在地方环境中的影响可能会引发行动，
但这些差异不利于协调。一个难以忽视的事实是，有些地方可能会从全球
变暖中获益——比如俄罗斯和加拿大这样的北极国家。

我曾经详细地讨论了这样一种理念，即气候变化的叙事兼具"厚"的
特殊性与"薄"的一般性。这种组合不适合带动变革。我认为"气候殖民
主义"和"气候相对主义"是两个相关的问题。我所说的气候殖民主义是
指普遍叙事被分裂成两种方式。第一，它把气候风险与国家脆弱性概念中
的所有弱点联系起来加剧了南北分歧。由于社会和地理因素，国家是脆弱
的。换句话说，在脆弱国家指数上排名靠前的国家，比如海地和苏丹，实
际上承受着双重负担。埃尔斯沃思·亨廷顿（Ellsworth Huntington, 1915）
的不走运论调加上种族和气候，在这个概念的背景下尴尬地浮现出来。第
二，叙事同时包含了对西方文明强有力的批判——其极度低效的生产流
程、糟糕的废物管理实践、单维的物质文化、道德匮乏以及将生活方式的

105 很多成本跨空间转移或投射到未来的意愿，造成人类生存危险，而西方坚决拒绝承担足够的责任。指责的机会无穷无尽。南方必须认识到自己地理上的弱势，北方必须认识到自己历史上的暴力。

我所讲的气候相对主义是指气候变化影响分配不均。尽管全世界的发达国家和精英阶层（迄今为止也是排放和土地覆盖变化的最主要负责人）已受到风暴、干旱和洪水的影响，但其受灾程度与世界上最弱势的人们大不相同，如孟加拉国、尼泊尔、巴基斯坦、埃塞俄比亚、肯尼亚和苏丹等地的人们。哈拉尔德·韦尔策（Harald Welzer）研究了"气候变化对全球不平等和生活条件的影响"。他的结论是："无论21世纪的战争是直接还是间接源自气候变化，未来暴力将肆虐成灾"（Welzer，2012：6）。气候变化挑战着某些群体的生存能力（更不用说繁荣了），韦尔策认为，解决暴力问题的任何方法都不会被搁置，包括暴力。"这是一种现代主义的迷信，它使我们不断回避这样一种想法：当人们将他人视为问题时，将其杀死也被认为是一种可行的解决方案。"（Welzer，2012：23）科学家和气候变化谈判者希望明确气候变化的影响将带来合作，韦尔策看来这毫无希望。他认为学术界低估了暴力发生的可能性，因为"即使关注暴力的学术界承认暴力的存在，也只是将其视为经验世界非常有限的一部分。因此，很少有致力于人类行为这一核心领域的具体研究，甚至这一领域也充斥着道德主义和幻想"（Welzer，2012：89）。

普遍气候变化叙事的厚重内容难以调动起协调一致的全球应对措施。更复杂的是，这些厚重内容包括我说的气候殖民主义和气候相对主义，这些内容很容易被整合到对气候变化的特定描述中，也会削弱全球应对措施的有效性和协调性。谁应该为南方不幸的地理环境或北方毁坏性的历史买单？为什么要通过气候变化制造者赔偿气候变化受害者来减轻这一过程的影响？这些问题非常明确，但南北地区的差异已经是明显的，它们可能会在未来几年更加明显。这两个独立地区靠现实与虚拟的桥梁连接，很大程度上会按各自的轨迹经历气候变化的冲击。

因此，气候变化的始作俑者是发达地区，这些地方的气候冲击可能会
106 继续变化多端，但强度不大（部分原因是它们通过在脆弱地区建立恢复能

力，应对这些压力，当气候影响出现时及时止损）。他们可能会发现，以（或多或少的）共享条件为前提时，合作和创新是最容易的。

那些极度贫困的地区受气候变化的影响日益增加（这正在迅速摧毁它们作为无辜受害者的道德立场），这些地方可能会发现更高的围墙，将它们与世界上更稳定、更繁荣的地区隔离开来，围墙内弥漫着不断增长的危机、暴力和绝望（Collier，2000，2008；Diamond，1994；Homer-Dixon，1999；Kaplan，1994；Sachs，2005）。

在《气候战争》一书的结尾，韦尔策主张发展"对任何限制他人生存条件的批判"（Welzer，2012：163）。对《联合国气候变化框架公约》而言，这将是一个有价值的目标，建立全球道德准则来指导对气候变化的思考，特别是气候变化的应对措施。如果没有这一点，在接下来的几十年中，我所阐述的两个独立地区①可能会在很大程度上沿着各自独立的轨迹发展，巩固一个气候变化制造者和气候变化受害者同时存在的世界，这一分裂最终可能会增加气候变化对全人类构成的风险。

参考文献

Adger, W. N. (1999), 'Social vulnerability to climate change and extremes in coastal Vietnam', *World Development(February)*, 27(2), 249 – 269.

Banuri, T. (1996), 'Human security', in Naqvi Nauman(ed.), *Rethinking Security, Rethinking Development*, Islamabad: Sustainable Development Policy Institute, 163 – 164.

Benjaminsen, T. A., Alinon, K., Buhaug, H. and Buseth, J. T. (2012), 'Does climate change drive land – use conflicts in the Sahel?', *Journal of Peace Research*, 49, 97 – 111. doi: 10. 1177/0022343311427343

Brown, P. (2000), *Augustine of Hippo: A Biography*, Berkeley and Los Angeles: University of California Press.

CNA(2007), *National Security and the Threat of Climate Change*, http://securityandcli-

---

① 在这里"两个独立地区"是指本文倒数第 4 段所论述过的"北方"（气候变化的制造者）和"南方"（气候变化的受害者）。——译者注

mate. cna. org/(accessed 6 March 2013).

Collier, P. (2000), *Economic Causes of Civil Conflict and Their Implications for Policy*, Washington DC, USA: World Bank.

Collier, Paul(2008), *The Bottom Billion: Why the Poorest Countries Are Failing and What Can Be Done About It*, Oxford, New York: Oxford University Press.

Diamond, J. (1994), ' Ecological collapse of past civilizations', *Proceedings of the American Philosophical Society*, 138, 363 – 370.

Ellmann, R. (1983), *James Joyce*, Oxford: Oxford University Press. Eyal, T. , Liberman, L. , and Trope, Y. (2008), ' Judging near and distant virtue and vice', *Journal of Experimental Social Psychology*, 44, 1204 – 1209.

Floyd, R. and R. Matthew(eds) (2012), *Environmental Security: Frameworks for Analysis*, Oxford, UK: Routledge.

Fujita, K. , Henderson, M. , Eng, J. , Trope, Y. , and Liberman, N. (2005), ' Spatial distance and mental construal of social events', *Psychological Science*, 17, 278 – 282.

German Advisory Council on Global Change(2008), *World in Transition: Climate Change as a Security Risk*, London: Earthscan.

Germanwatch(2011) *The Climate Change Performance Index: Results 2012* , http: // germanwatch. org/klima/ccpi. pdf(accessed 30 April 2012).

Gleick, P. H. (2012), ' Climate change, exponential curves, water resources, and unprecedented threats to humanity', *Climatic Change*, 100, 125 – 129.

Gleick, P. H. and Heberger, M. (2012), ' The coming mega drought', *Scientific American*, 306, 1 – 14.

Halsnæs, K. and Verhagen, J. (2007), ' Development based climate change adaptation and mitigation—conceptual issues and lessons learned in studies in developing countries', *Mitigation and Adaptation Strategies for Global Change*, 12(5), 665 – 684.

Homer – Dixon, T. (1999), *Environment, Scarcity and Violence*, Princeton: Princeton University Press.

Hulme, M. (2009), *Why We Disagree about Climate Change: Understanding, Controversy, Inaction and Opportunity*, Cambridge, UK: Cambridge University Press.

Huntington, Ellsworth(1915), *Civilization and Climate*, New Haven, USA: Yale University Press.

Intergovernmental Panel on Climate Change(IPCC) (2007) , *Working Group II Report: Climate Change Impacts, Adaptation, and Vulnerability*, Cambridge, UK: Cambridge University Press.

Kaplan, Robert(1994) , ' The coming anarchy: how scarcity, crime, overpopulation, tribalism, and disease are rapidly destroying the social fabric of our planet' , *The Atlantic Monthly*.

Khagram, S. , W. C. Clark and D. F. Raad(2003) , ' From the environment and human security to sustainable security and development' , *Journal of Human Development*, 4 (2) (July) , 289 – 313.

Le Treut, H. , R. Somerville, U. Cubasch, Y. Ding, C. Mauritzen, A. Mokssit, T. Peterson and M. Prather(2007) , ' Historical overview of climate change' , in Solomon, S. , D. Qin, M. Manning, Z. Chen, M. Marquis, K. B. Averyt, M. Tignor and H. L. Miller(eds) , *Climate Change 2007: The Physical Science Basis. Contribution of Working Group I to the Fourth Assessment Report of the Intergovernmental Panel on Climate Change*, Cambridge, UK: Cambridge University Press.

Lemos, M. C. and Morehouse, B. (2005) , ' The coproduction of science and policy in integrated climate assessments' , *Global Environmental Change and Human Policy Dimensions*, 15 (1) , 57 – 68.

Liberman, N. and Trope, Y. (1998) , ' The role of feasibility and desirability considerations in near and distant future decisions: a test of temporal construal theory' , *Journal of Personality and Social Psychology*, 75, 5 – 18.

Liberman, N. , Sagristano, M. and Trope, Y. (2002) , ' The effect of temporal distance on level of construal' , *Journal of Experimental Psychology*, 38, 523 – 535.

Lomborg, B. (2001) , *The Skeptical Environmentalist: Measuring the Real State of the World*, Cambridge, UK: Cambridge University Press.

Lonergan, S. (1999) , *Global Environmental Change and Human Security Science Plan*, IHDP Report 11, Bonn: IHDP.

Matthew, R. (2002) , *Dichotomy of Power: Nation versus State in World Politics*, New York, USA: Lexington Press.

Matthew, R. (2012) , ' Environmental change, human security and regional governance: the case of the Hindu Kush – Himalaya Region' , *Global Environmental Politics*, 12(3) , 100 – 118.

Matthew, R. , Barnett, J. , McDonald, B. and O'Brien, K. (eds) (2009) , *Global Environmen-*

tal Change and Human Security, Cambridge, USA: MIT Press.

McElroy, M. and D. J. Baker(2012), 'Climate extremes: recent trends with implications for national security', http://environment. harvard. edu/sites/default/files/climate _ extremes _ report_2012 – 12 – 04. pdf(accessed 15 February 2013).

Nash, S. (2012), 'Supercomputer will help researchers map climate change down to the local level', *The Washington Post*, May 28, http://articles. washingtonpost. com/2012 – 05 – 28/ national/35457102_1_climate – projections – climate – change – yellowstone(accessed 10 January 2013).

National Research Council(2012), *Himalayan Glaciers: Climate Change, Water Resources, and Water Security*, Washington DC, USA: The National Academies Press.

Nauman, Naqvi(ed.) (1996), *Rethinking Security, Rethinking Development*, Islamabad, Pakistan: Sustainable Development Policy Institute.

Oye, K. (1986), *Cooperation Under Anarchy*, Princeton, USA: Princeton University Press. Pachauri, R. K. (2007), Nobel Lecture. Oslo, December 10. Accessed at http:// www. nobel prize. org/nobel_prizes/peace/laureates/2007/ipcc – lecture_en. html.

Paris, Roland(2001), 'Human security: paradigm shift or hot air?', *International Security*, 26, 87 – 102.

Paris, M. (2012) 'Kyoto climate treaty sputters to a sorry end', CBC News, http:// www. cbc. ca/news/politics/story/2012/12/20/pol – kyoto – protocol – part – one – ends. html (accessed 20 January 2013).

Pearce, F. (2007), *With Speed and Violence: Why Scientists Fear Tipping Points in Climate Change*, Boston: Beacon Press.

Sachs, J. (2005), 'Climate change and war', http://www. tompaine. com/print/climate_ change_and_war. php(accessed 6 March 2013).

Singh, S. P. , Bassignana – Khadka, I. , Karky, B. S. , and Sharma, E. (2011), *Climate Change in the Hindu Kush – Himalayas: The State of Current Knowledge*, International Center for Integrated Mountain Development, http://www. icimod. org/publications/index. php/ search/ publication/773(accessed 6 March 2013).

Slettebak, R. T. (2012), 'Don' t blame the weather! Climate – related natural disasters and civil conflict', *Journal of Peace Research*, 49, 163 – 176.

Smith, D. and Vivekananda, J. (2007), *A Climate of Conflict: The Links between Climate*

Change, Peace and War, London, UK: International Alert. http://www. international – alert. org/pdf/A_Climate_Of_Conflict. pdf(accessed 6 March 2013).

Solomon, S. et al. (eds) (2007), T*he Physical Science Basis: Contribution of Working Group I to the Fourth Assessment Report of the Intergovernmental Panel on Climate Change*, Cambridge, UK: Cambridge University Press.

Stern, N. (2007), *The Economics of Climate Change*, Cambridge, UK: Cambridge University Press.

Suhrke, A. (1999), ' Human security and the interests of states', *Security Dialogue*, 30, 265 – 276.

Tehranian, Majid(ed.) (1999), *Worlds Apart: Human Security and Global Governance*, London, UK: I. B. Tauris.

Thomas, Caroline and Peter Wilkins(eds) (1999), *Globalization, Human Security and the African Experience*, Boulder, USA: Lynne Reinner.

Todorov, A. , Goren, A. and Trope, Y. (2007), ' Probability as a psychological distance: construal and preferences', *Journal of Experimental Social Psychology*, 43, 473 – 482.

Trope, Y. and Liberman, N. (2000), ' Time – dependent changes in preferences', *Journal of Personal and Social Psychology*, 79, 876 – 889.

Trope, Y. and Liberman, N. (2003), ' Temporal construal', *Psychology Review*, 110, 403 – 421.

UNDP(1994), *Human Development Report* 1994, Oxford, UK: Oxford University Press.

United Nations General Assembly(UNGA) (2009), ' Climate change and its possible security implications: report of the Secretary – General', 11 September, A/64/350.

Vivekananda, J. (2011), ' Practice Note: Conflict – sensitive responses to climate change in South Asia', International Alert, http://www. international – alert. org/sites/default/files/publications/201110IfPEWResponsesClimChangeSAsia. pdf(accessed 6 March 2013).

Wakslak, C. J. , Trope, Y. , Liberman, N. and Alony, R. (2006), ' Seeing the forest when entry is unlikely: probability and the mental representation of events', *Journal of Experimental Psychology: General*, 135, 641 – 653.

Walzer, M. (1994), *Thick and Thin: Moral Argument at Home and Abroad*, Notre Dame: University of Notre Dame Press, 2006.

Weart, S. (2008), *The Discovery of Global Warming*, Revised and Expanded Edition, Cambridge, USA: Harvard University Press.

Welzer, Harald(2012) , *Climate Wars: Why People Will Be Killed in the 21 st Century*, Cambridge, UK: Polity Press.

White, I. , R. Kingston and A. Barber(2010) , ' Participatory geographic information sysems and public engagement within flood risk management' , *Journal of Flood Risk Management*, 3 (4) , 337 – 346.

Yuen, F. K. (2001) , ' Human security: a shotgun approach to alleviating human misery?' , *Global Governance*, 7, 231 – 236.

第二部分

气候变化背景下人类安全的决定因素

第五章

气候变化背景下人类安全的环境决定因素

戴维·西蒙

一 引言

只有当个人和社区能够选择终止、减轻或适应对其人权、环境和社会权利的威胁时，人类安全才能实现，人类才能够自由行使这些选择权，并积极参与其实现。（Lonergan et al.，1999：18）

人类安全是保护所有人类生命的"重要核心"（vital core），使其免受严重且普遍存在的威胁，而不妨碍长期的人类自我实现。（Bohle，2007：14）

尽管人类安全各种定义的侧重点不同，但它们都把关注点放在满足短期需要和权利的能力，以及满足长期需要和自我实现的能力上。换句话说，人的安全是要实现——并有能力实现——作为个人和作为更广泛社区的一部分的潜力。这需要在广泛的社会和环境范围内发挥人的能动性，以克制脆弱性，促进人类安全的可持续性（其中适当的基本恢复能力是一个方面）。为了与本手册的目标保持一致，本章将重点放在环境维度，这对与日益严峻的环境变化相关的广义人类安全语境非常重要。

为此，广义的环境变化（Environmental Change，EC）实际上比仅强调气候变化（Climate Change，CC）的概念更适合本章。广义的环境变化不仅包括环境温度和降水模式等具体的气候变量，还包括更广泛的重要环境条件变化，例如温室气体排放增加导致的海平面上升，以及人与环境之间的双向互动（即反馈循环，通常称为人与环境的关系）。运用广义的环境变化概念对理解和应对这些环境变化至关重要。随着全球大气和海洋的循环，这些变化会影响整个世界，但是人们感受到的变化往往与变化发生的源头（气候科学称为远程并置对比或远程耦合）相距甚远。全球环境变化（Global Environmental Change，GEC）一词经常被使用，以在一定程度上将其与一般情况下人们所认为的"正常"的环境变化区分开来。为简化起见，本章使用的环境变化（EC）一词不专指任何特定方面的气候变化。

环境因素在许多情况下对人类安全构成重要的直接和间接影响。虽然这日常被认为是外在的，或者是上帝的行为（或多神论世界观中神的意志），其能量或变化过程超出人类的控制能力，但它们对人类的作用或影响往往不是完全随机、无法解释的。虽然有些人只是不可避免地"在错误的时间、错误的地点"遇到突发的极端事件，如遭遇海啸或地震，但正是人们在面临突发的极端事件时通常的暴露模式、脆弱性和抵御环境危害的能力反映了人类社会的组织方式。换句话说，特定群体在哪里生活和工作与地形地貌、实际或可感知的舒适区（无论如何界定和价值几何）以及麻烦或危险有关，他们如何在这些区域之间流动，他们所从事的工作以及他们为实现这些目标而掌握的资源反映了社会关系。

历史上有过许多组织社会和生产关系的制度和法则，资本主义社会的生产关系和社会再生产纵然不是唯一支配性的制度，但在如今遍及各地，已然成为许多国家的制度基础。因此，在收入、其他资产及可控资本方面（无论是否明确划分为不同的阶级），社会群体日渐分化，各个群体在社会和城市区域占据不同的经济、政治和环境优势。一般而言，在舒适度高风险低的区域富人占据的面积相对较大，比如在大片土地上建造低密度、质量好和经久耐用的住房。其他群体形成一个梯度（地形上和经济上），最贫穷的群体住所最小、最脆弱，一般建在密度高、价值低的土地上，往往面临洪水、山体滑坡、侵蚀、下沉或重大工业事故等最大的风险。因此，获得资源和资助最少的群体却面临最大的风险，每天暴露在相对或绝对不健康和危险的环境中，面对各种极端事件（自然的和人为的）。正如佩林等（Pelling et al.，2012）在特定情境下所证明的那样，环境变化的起源和严重程度越来越被定性为人为原因，这极有可能加剧这些不平等的暴露和危害方式（经历）。

由于环境管理"硬"和"软"干预的程度和可靠性，在高收入、工业社会后期或后工业社会比贫穷国家更容易忽略或低估环境问题对人类安全的潜在影响。前者（"硬"）表现在工程和基础设施方面，涉及建造或改造设施的物理结构，如海堤、堤坝、水库、引水渠和能够处理甚至回收有害物质的复杂废物处理厂。相比之下，后者（"软"）指的是制度化和基于社区的治理能力及管理能力，以及保险等可行的金融工具，这些金融工具能够调节风险和脆弱性，同时还能增强应对极端事件和其他冲击的恢复能力和韧性。

由于保险和再保险行业的运营基于复杂的精算风险评估，诸如环境变化这样的现象改变了"常规"的风险状况，极有可能对该行业带来挑战。由此，这些行业总是能先于其他大多数人捕捉到环境变化的潜在影响，这绝对不是一个巧合。慕尼黑再保险和瑞士再保险等公司一直处于研究的最前沿，试图了解最可信的变化参数及其对当前和未来的影响。它们的（再）保险组合体现了预期的风险敞口（Canada Institute of the Woodrow et al.，2009；Munich Re，2012；Swiss Re，2012）

高收入国家的保险覆盖范围很广（虽然肯定不是全覆盖，特别是在穷人中），但在中低收入国家，有能力支付保险费的主要是大型商业部门、精英和中产阶级；因此，除了大型农场、种植园、旅游设施和矿山外，保险覆盖面也主要集中在城市。因此，一般情况下，那些被排除在保险市场之外的人绝大多数是资源最匮乏（包括"解决问题"的政治关系）、面对冲击最脆弱的。资源禀赋和脆弱性的双重劣势使这些人在极端事件或其他危险和灾难中受到的伤害最大。他们可能会陷入贫困，每一波连续的冲击都可能进一步削弱他们（已经）拥有的任何恢复能力和韧性，从而强化他们的脆弱性，使他们只能依赖于可获得的政府或捐助者资助的紧急援助和恢复计划（Wisner et al.，2004）。

在城市中，主要的环境变化挑战包括在全球环境变化的压力下确保包括住房、基础设施、生产能力和经济资产、娱乐设施、生计、废物处理设施（特别是有害物质处理）以及治理机构和体系的完整性。在低收入和中低收入国家，绝大部分绝对贫困和相对贫困的城市家庭面临多种生存途径，可能比农村地区家庭的谋生手段要多。但是，近几十年许多农村居民利用各种机会，参与多地区、多类型的生存策略。这往往涉及不同的家庭成员在两个或两个以上的农村宅基地和相关土地、农村就业机会（如大型农场和种植园）、农村服务中心、中等城镇和大城市在不同时期（通勤、季节性工作）和不同目的（访问健康或教育服务、临时或长期工作就业）之间的切换，从而分散和降低风险，最大限度增加生计产出、工资收入和其他需求。

人们越来越意识到那些高度活跃的城郊地区或城郊交界处，其重要性和特征使得传统意义上的城乡差别变得十分模糊，正因如此，生计时空上的多样化让家庭的类别归属变得十分困难。造成这种生计趋势的原因是复杂和偶发的。最初认为是农村土地压力增加（包括土地转让）和贫困以及20世纪80年代和90年代初的结构调整计划的后果（Holm，1995；Mbonile，1995），现在这种复杂的变化模式在某些地区部分源自环境变化。

这种现象首先出现在人迹罕至的环境中，如干旱和半干旱地区（比如萨赫勒地区和非洲之角），气候变化、气温上升和降水量下降破坏了基于传统农业劳作的农村生活。在易受洪水影响的低洼地区，如恒河和雅鲁藏布江三角洲，会受到喜马拉雅山融雪导致的河流暴涨以及孟加拉湾洋流和降水模式改变等因素的共同影响（CARE Bangladesh，2003；Guèye et al. 2007；IPCC，2007a；McGranahan et al.，2008；ODI，2009；Hartmann et al.，2010；Simon，2012）。在接下来的章节中，将根据不同的环境、规模和时期探讨在气候/环境变化背景下人类安全面临的环境挑战。

117

二 环境变化与人类安全：联系

1. 规模效应

环境变化对人类安全的影响并不是规模中性的，因此从不同层面上考察会产生不连续性和离散性。当然，在当今世界无论是将粮食安全视为人类安全最重要的前提条件，还是将环境挑战与城市主义相结合，这些都是密切相关的（Lobell et al.，2008；Ingram et al.，2010；Marcotullio and McGranahan，2007）。国际和国家的话语和政策倾向于强调相对抽象的全球或国家利益，这些概念通常转化成"共同利益"，以进行自上而下的部门干预。对整体利益的关注势必掩盖特定群体或较小空间单位之间的差异。对于以区域或地方定义的机构或社会团体来说，这种差异可以产生深远的影响，并成为人们关注的焦点，即使是在更小规模层面也总是存在变化。即使在个人和家庭这个最基本的层面上，权力关系源于个人特征（见下文），其他差异可以理解为与环境和其他资源相关的不同的脆弱性、恢复能力与韧性的来源，但这些往往是"无形的"，在自上而下的干预中被忽视。相反，即使整体大于各组成部分之和，提升组织层次并不意味着集体可以通过群体行动就能获得安全。

2. 环境风险类型与人类不安全

引发人类不安全的环境危险等级可能或确实可以用不同的方法分类，由于各种环境危险边界重叠或不连续，没有一种分类方法是泾渭分明或离散的。如同沿海和内陆、高地和低地、城市和农村地区存在的区别一样，虽然它们有一些区别，但有些风险在城市和农村地区都会发生，例如滑坡、洪水和干旱。无论从理论还是政策的视角，这种简单的二分法是有问题的。例如，在过去 15～20 年里，对城市周边地区的研究和政策关注兴起，这表明在农村和城市的核心区域之间建立连续性概念更适用于理解变化和功能的联系（Simon et al.，2004；Simon，2008）。

在过去 25 年左右包括 20 世纪 90 年代联合国减少自然灾害十年期间，在减少灾害风险（Disaster Risk Reduction，DRR）的框架下产生了大量与其相关的经验（Wisner et al.，2004；Pelling and Wisner，2009）。尽管气候/环境变化确实与"自然灾害"有重叠，但气候/环境变化有其本身的特殊性，它包含两个显著的特征。第一是极端天气事件日益严重——根据 IPCC 的报告（IPCC，2007a，2007b，2012），这似乎越来越有可能——或者是极端事件可能变得越来越频繁，这些极端事件已经非常接近灾害，文献表明这二者是高度相关的。第二是主要环境参数和条件会缓慢发生半永久或永久的变化，如海平面上升、平均大气温度和海洋温度上升。

因此，从概念上讲环境变化的这两个大类或维度可能为描绘不安全的环境驱动因素提供恰当的表述。然而，由于它们是重叠的，而且在它们重叠的地方个体的影响会叠加在一起（例如，由于海平面上升和涨潮造成的风暴潮的损害更为严重），在实践中这种分类变得毫无帮助。

因此，修正灾害风险（Disaster Risk，DR）广义定义的一个更有效的方法是将其定义为"灾害×脆弱性"的产物，或将其扩展为 DR = H × [（V / C）- M]，其中 H 代表灾害（hazard），V 代表脆弱性（vulnerability），C 代表自我保护能力（capacity），M 代表通过在其他规模上的集体行动减轻（mitigation）风险（Wisner et al.，2004；Wisner et al.，2012：23 - 24）。这种方法的另一种形式是在等式左边添加"暴露"作为方程附加项。灾害风险指数（Disaster Risk Index）是在全球范围内扩大暴露和脆弱性的一种尝试（Peduzzi et al.，2009）。

当然，这样的方程式充其量是对复杂现实的粗略估算，以便突出主要变量及其相互联系。从概念上讲，尝试设置每个变量参数似乎很有吸引力，但实践中能否确定每个参数令人怀疑。此外，特定情况下的实际结果还取决于当地可能的权力关系和其他"看不见的"因素，这些因素很难被包括在内，除非作为概念上的（但可能无法量化）附加参数。

本着这一精神，我介绍这些方程式的目的不是主张进行更多量化或研究支撑，而是强调灾害风险和环境变化之间的差异，进而指出在环境变化背景下各种环境变化的持续时间不同且影响各异，有必要修改灾害风险方程式。因此，考虑到灾害的强度（严重程度）、脆弱性程度（其本身是上述参数的函数）、暴露程度及其持续时间以及缓解能力，得出以下公式：

$$CR = H \times [I \times E] / D [(V/C) - M]$$

这里 CR 代表气候风险（Climate Risk），H 是灾害，I 表示灾害强度（intensity），D 是灾害持续时间（duration），E 是资产/生计暴露程度（exposure），V 是脆弱性，C 是自我保护能力，M 是通过其他规模集体行动减轻风险。

在群体水平上（无论如何界定群体）[①]，还必须了解暴露的人数和他们各自受影响的持续时间，以及他们的资产/活动暴露程度，以便了解他们目前的资产基础和活动受到的影响。

3. 暴露在环境风险和不确定性中的情况

地理位置是影响可能的暴露程度的一个重要变量，上文概述的术语将在下文详细阐述。换句话说，就潜在或实际的环境风险和不安全而言，地理位置很重要。然而，在实践中，任何个人、家庭或群体在某一时刻的暴露程度取决于一系列因素或变量在空间上实际组合的相互作用。

其他一些关键变量是个人特征，如年龄、性别、在家庭和社区组织中的地位、正规教育和生活情况以及其他技能、就业状况、健康状况、营养状况、获得和控制财务和其他非物质资源的机会以及政治背景。在文化和社会多样化的背景下，这些变量可能会基于种族、种姓、职业类别、阶级、宗教和文化差异等社会分歧而交叉。这些也许可以最好地概括为人们获得权力的级别，弗里德曼（Friedman，1992）将其称为进入社会权力积累的基础。

广义上讲，个人、家庭和社区（无论如何定义）对环境、自然资源和生态系统服务的依赖程度越高，越容易受到环境变化的影响，因此其人类安全越容易受到威胁。尽管如此，重要的是要认识到，与环境变化有关的人类安全问题几乎完全是在全球、区域、国家和部门的层面上考虑的。令人意外的是，尽管许多贫困、被剥夺权利的城市居民也面临着严重的人类不安全，尤其是一些特殊的城市环境风险正因环境变化而加剧，但迄今为止对"城市化"这一议程只是初步尝试（Dalby，2009；Simon and Leck，2010，2013）。这些影响的范围从城市热岛效应导致的气温上升，到城市食

120

————

① 在使用 CR 的公式时，"群体"的概念是已界定好的外生变量。——译者注

品供应安全可能存在的不确定性；城市需求增加、降水量减少而引发的水资源短缺；电力需求高峰时可能出现的电力供应故障（见下文）；在关键时刻爆发的局部暴力加剧了对境况的不满；如果发生范围更大、更持久的起义，甚至会导致更大范围的法律和秩序崩溃；还有与生活环境直接相关的城市人类不安全感的日常形式。接下来将对这些问题进行更详细的研究。

三　环境变化对城市人类安全的影响

环境变化会对世界上的城市产生影响，其对受影响城市的作用范围可能非常大，这取决于精准的环境变化情景中众多相互作用的变量。即使在相同的农业气候区，在预期和缓解特殊环境变化影响以及适应环境变化方面，一个具有优质基础设施和制度能力的"成熟"稳定的城镇或城市，与一个基础设施不足、制度能力低下的快速成长起来的城镇或城市相比，其前景大相径庭。另一个重要因素是，某一城市区域在多大程度上是地区性的、区域性的和/或全球化的，这取决于其经济结构和发展过程、环境资源需求和废物处置状况。这是因为，随着平均收入的增加和经济生产技术水平的提高，不同城市环境之间的负担平衡往往会在层面（scale）上发生转移，从主要是当地性的转向区域性的和全球化的负担平衡（McGranahan，2007）。

其结果将视具体情况而定。例如，如果区域和国际生产和分销系统易受环境变化的影响，在高度自治和自给自足的城市中，人类安全性将会很高；然而，如果一个城市所在的特定地区受到与环境变化有关的一系列极端事件的严重影响，那么随着当地食物、水和能源供应的破坏，自给自足的方式将迅速成为严重脆弱性的来源，并有可能损害所在的城市。因此，接下来主要概括介绍几个众所周知的城市环境变化影响的主要类型，这些类型可能在不同地区的多个城市区域或其部分区域产生影响。这并不意味着每个城市和城镇都经历相同的环境变化。相反，在暴露程度、脆弱性、应对能力和适应性方面存在大量的城市内部差异，这些差异反映了建筑环境的产生和重建过程，以及居住在不同区域的人群类别。

1. 加剧的热岛效应

长时间暴露在较高的温度中或短时间的异常酷热（热浪）会增加热应激和相关的发病率，在极端情况下甚至会死亡。与所有极端情况一样，儿童、患有慢性疾病（特别是影响呼吸道和循环系统的疾病）的人以及老年人最容易受到伤害。然而，当这种生物物理脆弱性与上面列出的其他个人或社区特征叠加，风险会增加，例如贫穷（因此导致电力和电器的负担能力下降）和独居生活。又如，2003 年欧洲夏季热浪期间，许多家庭成员都在 8 月去度假，这导致独居者或独居老人的死亡率异常高（IPCC，2007b：108）。这种效应也受空间影响，大量的贫困老年人单独居住在市中心的公寓楼中，这种地方往往便利设施不足，热岛效应特别强烈。多伦多地图非常直观地显示出独居低收入老人的地理位置与夏季平均温度峰值地区大量重叠（Gower，2011）。这些制图工作非常有利于评估极端天气的风险并据此制定紧急应对措施，例如在加拿大多个城市试行的高温警报和响应系统（Heat Alert and Response Systems，HARS）或更持久的干预措施，以减轻影响并提升适应能力（Berry，2011）。

年平均气温和极端夏季气温的持续升高不仅影响发病率和死亡率——在温带地区发病率和死亡率似乎呈现双峰状态，脆弱群体的死亡率不仅在夏季出现高峰，在冬季也会出现高峰——还正在改变能量消耗的性质和时间。例如，在欧洲许多地区、北美和日本，过去十年越来越炎热的夏天导致普遍使用电风扇和空调，结果在夏季高峰用电需求赶超需要消耗能源取暖的寒冷冬季。

环境变化可能会在许多热带和亚热带地区产生类似的影响，这些地区正在经历着气候变化和更极端的温度。一个戏剧性的例子是，2012 年 7 月 30～31 日由于部分地区的国家电网不能满足炎热天气的电力需求，印度 28 个州中 20 个州的 6 亿多人经历了 48 小时大停电（BBC，2012）。快速工业增长伴随着人口增长和收入上升的综合冲击，致使电力供应一直紧张。现在

122

越来越多的人住在西式公寓和别墅里，使用着空调和其他电器。① 如果这种趋势持续下去（从 IPCC 和 21 世纪其他气候变化预测来看，这似乎很有可能），将对国家和地区的能源政策和规划产生深远的影响。这还会增加改造现有建筑的紧迫性，因为通过提高能源效率和保温效能应对当地的预期变化，还要确保所有新建筑都使用低碳技术和产品。

2. 城市粮食安全

在农村农业生产（以及可能存在的城市种植）受到环境变化不利影响的地区，或在由受影响地区供应的城市，粮食供应可能变得不那么可靠和安全（从而可能危及营养和健康状况）。在这方面，对环境变化影响建模相对较为简单。因为，由于短缺和饥荒造成的粮食不安全后果可以从减少疾病风险（DDR）的长期实践以及饥荒早期预警的部署中获得深入了解。这些通常使用提高市场价格、降低实际可用性作为预期的变量，促使救援动员和援助机构紧急物资定位尽可能接近受影响的地区，以便在必要时不会失去救助生命的宝贵时间。然而，短缺的程度和强度以及谁受短缺影响通常反映了不断变化的供应，与支付能力有关的现行社会结构，以及通过讨价还价、使用社会资本（包括互惠关系）行使权利的其他方式之间的相互作用。

123　　除非有合适的替代品（如甜木薯，一种几乎在包括城市的任何地方都能生长良好的热带碳水化合物），否则粮食不足会影响营养状况，很快会转化成抗病能力下降、生产率甚至工作能力下降，从而导致收入下降。如果这种情况持续下去而没有救助措施干预，可能会陷入恶性循环。

---

① 与许多国家一样，印度推动现代化的努力很大程度上得到了大型水坝建设方案的支持，其中一些项目，特别是内尔马达河（Narmada River）上的一系列水坝，由于导致当地人口大规模流离失所、生计损失和补偿不足以及严重的环境影响，长期以来一直备受争议（Roy，1999；McCulley，2001）。这说明了通过日益全球化的城市化和与本章主题直接相关的经济发展进程（Seto et al.，2012），将遥远的城市和农村联系起来的一种特殊形式的远程并置对比或远程耦合（功能一体化和相互依存）。在这种情况下，受大坝影响的社区人口颠沛流离和被迫重新安置，绝大多数社区比以往情况更糟糕，这对他们的人身安全构成了极端的威胁。这种威胁不是直接源于他们对自然资源和环境的高度依赖，而是源于推动修建大坝的更强大的城市利益剥夺了他们对这些资源的获取和使用权利，但是又没有适当的补偿安排。在生计和能力途径方面，他们遭受了环境权利、自然资本和生计资产的灾难性损失，从而威胁了他们的人身安全。

传统的干旱或饥荒很少持续几个季节以上，但在环境变化的情况下，"正常"状况本身可能会发生变化，需要强大的适应能力来应对。此外，城市粮食短缺在政治上比农村地区更严重，因为城市的人口密集，居民文化和技能水平更高，能够直接向议会权力机关和总统府大声疾呼抗议，即所谓的"面包暴动"。

3. 城市骚乱

这种骚乱是有迹可循的，通常是由于短缺引起的食物价格突然上涨，或者更常见的是，由于价格控制和补贴的大幅削减甚至取消。这种情况，在 20 世纪 80 年代，许多国家实施结构调整方案的最初几年时有发生。这些方案的初衷旨在减少债务危机期间政府开支，最近则是作为市场自由化措施的一部分（Harris and Fabricius，1996；Riddell，1997；Simon，1995，1997）。这些考虑可能有助于提高应对环境变化及其对城市冲击的政治优先性。

其他形式的城市骚乱，最常见的诱因包括：对不平等、歧视、贫困、失业、日常小规模环境破坏事件（如上文所述）、极端事件产生的诸多潜在不满，而这些不满事件的导火索是某些不受欢迎的行动计划，比如，警察暴力执法事件，尤其是对某个种族或宗教团体执法时，其中的成员感受到了歧视。所谓"另类"（即外国人、移民/"陌生人"或仅仅是"不是来自本地"）的说法通常与统治集团的看法和态度有关。这种情绪可能会被用于政治目的。近年来，尼日利亚北部许多城市社区周期性的暴力就是一个很好的例子，美国、英国或法国的城市或郊区时有发生的骚乱也是如此（Dikeç，2007），这类事件通常发生在炎热的夏季，沮丧恼怒的情绪到处弥漫。有些事件会被迅速化解或平息，这包括抢劫或焚烧商店、办公室、居民住房及交通工具。大公司和公共机构一般都有保险，但小店主和家庭企业可能没有保险或保额不足从而失去生计，特别是在贫困国家。

4. 不友好的城市环境

即使在不那么极端的情况下，城市贫困的居民和一些少数民族的日常生活也往往缺乏安全感。他们生活在缺乏活力的高楼大厦、不符合标准的正式或临时住房、社会福利和便利设施条件差以及面临大量失业的环境

124

中，这样的生活环境非常不友好。在这里，帮派和（或）毒品文化往往根深蒂固，充斥着高度恐吓和暴力或威胁。许多成年人和老人生活在恐惧中，即使在室内也是如此。敌对帮派经常发生暴力行动，青少年和年轻人往往最容易受到威胁。在这种情况下，人类不安全并不是因为像农村那样依赖环境资源，而是因为恶劣的居住环境，再加上缺少用于休闲、审美提升甚至基本生计策略的环境资源。

长期的经验表明，如果没有居民的充分参与和共同管理，改善居民人身安全的官方升级方案可能很难实现其目标。此外，要消除造成这种情况的不平等、改善人类安全感、依靠或加强与居民之间的政治联系，需要以居民为主导的举措重新定义居民之间和居民与当地政府之间的联系，比如采用窝棚/贫民窟居民国际（Shack/Slum Dwellers International）开创的方法。当然，更富有和更有能力的人能够离开这种环境，或通过各种方式保护他们的家园、生计和自己的安全。

四 超越城市边缘：资源依赖与人类安全

就上文提及的暴露方式的广度和强度，有必要建立一个脆弱性连续变量，其取值范围衡量环境变化的影响。许多生产方式和社会经济形式在传统上被认为不同，实际上具有两种或两种以上要素的复杂的多种活动谋生手段并不罕见，如狩猎采集和放牧。这种精准组合是根据当时的环境条件和其他情况动态决定的。

1. 高度边缘化的弱势群体与其生计

应对环境变化最脆弱的人群和社区是那些完全依赖自然环境和资源的小规模狩猎－采集部落，如澳大利亚土著、北极因纽特人、卡拉哈里布须曼人（Kalahari Bushmen）和非洲赤道雨林的巴雅卡/班本加"俾格米人"（baYaka/Bambenga pygmies），以及亚马逊的许多群体。任何状况发生变化，例如卡拉哈里（Kalahari）沙漠或澳大利亚"红色中心"变得更干燥，或他们赖以生存的森林生物多样性的关键因素丧失，都可能使这些群体颠沛流离，或终结其社会经济和生存前景。过去十年北极冰盖的迅速缩小也预示着更广泛的环境变化威胁到因纽特人生活的世界。

事实上，这些原住民中很少有人仍然保留着完全传统的生活方式，大多数人在某种程度上已经自愿或非自愿地被西化或定居。非自愿情况包括以保护或农村发展的名义进行的强制重新安置，例如强制把博茨瓦纳中部卡拉哈里野生动物保护区（Botswana's Central Kalahari Game Reserve）的居民迁出（Solway，1998；Hitchcock，2002）。还有更多的例子表明，将土地划分为单独的围栏农场，剥夺了社区获得包括水在内的季节性可用资源的机会。这包括影响他们跟随野生动物迁徙路线和水源的季节性放牧，以及森林砍伐和频繁非法采矿活动造成的水污染破坏了他们的资源基础。其结果往往是使他们的生活像务农的牧民远离人群并更贫穷（Sylvain，2001），或做家庭佣人等其他能找到的低廉工作。与此相伴而生的，还有农村定居点或小城镇的边缘地区会出现不同程度的酗酒或性交易。目前，在喀麦隆和刚果的一些热带雨林深处，各"侏儒"群体正在进行大规模的手工金矿开采，虽然这涉及一些技能，但环境变化对该地区的经济、社会和自治的未来后果仍然未知，特别是对森林资源基础完整性的影响。现在许多北美因纽特人一年中只有部分时间过传统的生活，他们在城市过冬，使用雪地摩托和其他设备，至少一段时间上正规的学校、使用城市卫生设施。当原有的生活方式因环境和其他变化而变得不可持续时，除非得到有关部门的适当协助，否则他们将仅剩下生活在陆地上的这些人。

与狩猎－采集生活方式及其传统生活范围重叠的是那些游牧或半游牧 126
生活方式，这取决于他们季节性放牧的能力，其中大多数还受到定居化（规划的定居或默许的定居）、土地设置围栏情况及牲畜疾病控制措施的严重影响。应该指出的是，在现有条件多变的地区，狩猎、采集和放牧在过去和现在更多地由特定群体同时或依次结合，组成多种谋生手段（Wilmsen，1989；Gordon，1992；Smith et al.，2000）。

例如，萨赫勒（Sahel）、东非和非洲之角（Horn of Africa）的环境变化预测表明，气温和降水总体上呈上升趋势，它们各自的影响大部分相互抵消。抵消后的净影响可能会让近来的发展趋势进一步恶化，会给大部分地区的水资源保护和放牧带来压力，降低了当地承载牲畜数量的能力，几乎是确定无疑地激化了当前土地私有者、定居社区以及国家公园内部的资源获取冲突。这个问题很普遍，肯尼亚南部和坦桑尼亚北部的马赛族人（Maasai）是最典型的例子。东非大裂谷北部邻近的（半）游牧部落，特别是肯尼亚西部和乌干达东部的图尔卡纳人（Turkana）、波科特人（Pokot）、马拉奎特人（Marakwet）、桑布鲁人（Samburu）和卡拉莫琼人（Karamo-jong）之间不断加剧的劫掠牲畜冲突，据说部分原因是人口增长和环境变化的共同压力。随着牲畜死亡和牧区生活越来越不稳定，更多的人将被迫到城市和城郊地区过半定居的生活，就像埃塞俄比亚的亚亚贝洛（Ethiopia）（Abera，2006）那样，除非有适当的政策能促进在边缘农业用地区域形成气候变化条件下高度适应的谋生手段和生产方式。这些措施应包括改革治理，以加强土地权利安全、增加牧民的代表性和参与度，改善市场准入和有关措施，以及教育和技能的提升（ODI，2009；Hartmann et al.，2010）。

北极和亚北极苔原地带的变暖已经对萨米（Sami）驯鹿牧民带来了影响，随着冰层的消退，该地区新的石油和天然气勘探热潮也日益威胁着他们的活动范围（Tozer，2011；UNESCO，2011）。和因纽特人一样，他们的生活方式近几十年发生了巨大的变化，逐步变得季节性定居化并使用多种形式的现代科技。乌克兰切尔诺贝利核事故是一个典型案例，展示了极端事件（这种情况是人为因素）如何破坏人们的生计。该事件在拉普兰（Lappland）部分地区造成的放射性尘埃导致受影响地区的牛群不能食用，人们不得不宰杀那些牛（Stephens，2010）。25 年之后，一些受到污染的地区仍然被隔离，禁止放牧或耕种。

2. 定居农业、渔业和林业

根据前面讨论的农民、土地和环境变量的精准组合，在决策和业务自主权以及进入商业市场程度和性质的影响下，以自给、小农或更大规模商业为基础的定居农业和畜牧业的脆弱性各不相同。自给自足之余还能销售少量剩余农产品的农民可能会保留较高的自主权，能够灵活应对一般的季节性变化，而不被局限在常年的销售种植或合作销售协议中。他们不用被要求种植特定的作物，可以通过多样和间作种植，在一年的不同季节优化粮食和经济作物供应。这样，在使饮食多样化的同时还能尽量降低作物歉收风险。然而，如果与环境变化相关的条件发生变动、破坏了可持续性，自给自足的模式无法获得信贷、咨询建议、技术援助或其他形式的支持，这就形成了其脆弱性的来源。相反，销售种植或供给合同的差异很大，有的更具约束和剥削性而非支持性。小农户商业农场的生产率、耕作强度和环境可持续性往往高于自给型或大型商业农场。然而，一般情况下现代资本密集型农业资本投资往往形成强大的规模经济，例如小麦、玉米、水稻或大豆的绿色革命技术，这使得小农处于相对或绝对的不利地位。环境变化对普通农户和社区人类安全当前和未来的影响过于多样化，而不进行单独分析。

　　林业、捕捞渔业和水产养殖对当地和区域经济具有重要意义，不管是自给自足还是商业层面，都对环境很敏感。但在河流流量减少（影响水体的化学性质和水质）或洪水频发地区，淡水渔业很可能严重受环境变化的影响。这两种情况都可能受平均温度影响，而许多鱼类和甲壳类物种，作为捕捞和水产养殖业基础对水温高度敏感。海水温度和盐度的变化总体上较为温和，但在河口、河口湾、环礁湖、庇护海湾和峡湾等主要产卵地、高物种多样性和水产养殖围栏以及笼子集中的近海地区可能更显著。海平面上升和日益严重甚至频繁的风暴将对渔业设施和近海渔业构成特别大的危害（FAO，2008）。

　　在林业方面，个别树种的温度、降雨量和其他耐受范围各不相同，在IPCC《第四次评估报告》里中位数至上位数预测中的平均温度变化肯定会超过个别树种的耐受范围。害虫侵害和病害的脆弱性增加，落叶树种和常绿树种的落叶导致野火风险急剧增加，最终可能导致树木死亡。例如，在加利福尼亚、希腊大陆、南非、肯尼亚和南澳大利亚部分地区炎热干燥的主要林业区域，或在东南亚、亚马逊地区的季节性热带雨林过度砍伐期间，有时会遇到大规模、频繁的野火，这对人类安全的风险是相当大的。这些火灾事故往往造成死亡，一旦失控会摧毁房屋和基础设施。处理此类火灾中汲取的经验教训对应对未来的情况很有帮助。

　　大面积的森林死亡和野火会造成不利的环境和生态后果，可能会导致更多的水土流失、当地森林和林地物种多样性的丧失，以及森林产出的损失。如果有更耐寒、耐受性更强的物种，物种替代就成为必要（可能会带来外来物种应用的增加）。否则将不得不改变土地用途。森林减少还会通过碳封存功能的丧失间接影响人类安全。碳封存功能在当地、区域或全球都非常重要。减少毁林和森林退化所致排放（REDD 和 REDD ＋）① 等国际倡议旨在解决贫穷国家的森林流失问题，因为森林的生态系统服务功能在碳封存、生物多样性和水资源保护方面具有"绿色肺"的作用。这些计划中有些规定对当地森林依赖（forest-using）社区有一些争议性影响，除此之外，它们对提高森林应对环境变化的实际恢复能力也是有限的。

129

3. 专业化的外向型商业农业

不考虑实际规模，那些高度单一而非多元化的生产形式，属于特别容易受到环境变化影响的其他商业农业生产形式，即俗话所说的"把所有鸡蛋都放在一个篮子里"。那些更富裕、更老练的农民，种植单一高价值的作物（如啤酒花），通过适当投资实体基础设施和生态系统服务（如防护屏障、改良排水或灌溉、节水技术、绿色围栏、遮阴和果树生产）、保险、储蓄以及必要时获得商业信贷等更多渠道来保护自己免受危害。

啤酒花的例子十分典型，因为它具有非常特殊的生长要求，对极端天气很敏感，在环境变化的情况下可能变得越来越难以种植。啤酒花种植往往集中在特别适宜的生态位区域（可能是特定地区的一个或两个山谷），如果环境变化超过啤酒花有限的耐受范围，就必须转向其他作物种植。啤酒花的生长需要特殊的高棚架或网，如果转而种植其他作物将给农民带来相当大的损失，除非它们已经到了使用年限或计划投资回报期。这是一种与环境变化有关的新型保险索赔案例，该类案例不是针对个别极端事件而是与长期的环境条件变化有关。毫无疑问，这样的保险索赔很可能会诉讼到法院，由法庭检视其合理性。从这个意义上说，啤酒花代表了许多其他特殊形式的农业和种植业生产，这些生产涉及大量的设施投资，如温室、蔬菜大棚、喷淋装置或其他灌溉系统，以及调节温度和湿度的微气候控制系统，这些设施的使用受到当前持续环境变化下作物耐受极限的限制。

---

① REDD 全称 Reducing Emissions from Deforestation and Degradation，其核心理念是为减少因毁林和森林退化发生地的温室气体排放提供补偿金，即准确量化和核算因毁林产生的排放量增加，并通过资金补偿等经济形式鼓励减排。——译者注

虽然开发其中一些系统是为了提高产品质量并延长本地和区域市场的销售季,特别是在地中海和温带气候区。但另一些系统是专门为国际市场开发,因为生产多样化推动了非传统出口,这与20世纪80年代和90年代在拉丁美洲、非洲和其他地方实施的债务减免和经济自由化方案相关。事实上,这是哥伦比亚、厄瓜多尔、秘鲁、肯尼亚和赞比亚向北美和中欧/北欧出口鲜花、糖荚豌豆、雪豌豆、绿豆、草莓等资本密集型大规模产业的起源(尽管有些在生产国消费)。这些出口地的大部分业态在区域上较集中,而且现在成为当地的主要经济活动(之一)。它们通常位于可快速抵达国际机场的区域内,农产品可以通过航空洲际冷链运输出口,能够在36~48小时内从农场到达餐桌。

这些农产品在欧美属于高端消费,如果其供应受到环境变化影响,在全球化资本主义和农业企业的背景下,最后可能的结果是将该产品的生产转移到其他适合这些作物的地区。一些将生产"转回"消费国的举措已经发生——有些讽刺意味的是——部分原因是欧洲和北美地区为减少化石燃料消耗而导致"食物里程"缩减。当然主要原因很可能是相对生产成本的变化,其中燃料是重要组成部分。这种生产迁移并不能确定是否真的减少了环境破坏和温室气体排放。一些研究表明,荷兰或英国生产的每束鲜花、每公斤餐桌食物所产生的温室气体排放量高于在热带环境生产这些商品然后经国际运输而产生的总排放量(MacGregor and Vorley, 2006; Barclay, 2012)。

任何大规模搬迁都将对当前生产区域的经济和人类安全造成严重的影响,特别是在短期和中期。要想消除这些影响,除非能够找到新的地方和区域市场,或转向生产当地需求并在中长期能够耐受环境条件变化的其他作物。然而,还有一些与环境安全有关的重要备选方案,即如果这种出口导向型生产正在取代当地需要的粮食生产、利用有限的供水(即转移当地水资源或降低地下水位)破坏环境和/或正在通过化肥与农药中的化学残留物污染环境,那么无论是环境变化还是其他因素造成的,都要减少生产规模或强度,转向当地价值较高的作物种植。这样可以通过改善当地的环境提高人类安全,产生净环境效益。

考虑到水的抽取对当地环境和人产生的不利影响,虚拟水的概念非常

131　重要。这是指用于生产出口农作物（或工业商品）而被调出的水。这些产品的价值不仅包括其在目的地市场价格中的直接消费价值，还包括其生产过程中所使用的水的价值。因此，生产国实际上是出口了生产过程中使用的水（即虚拟水），而消费国实际上是进口了这些水（Allan，2002，2011）。在环境变化背景下，这些考虑作为一个主要的人类安全问题变得越来越重要，特别是在预计将经历更热、更干燥的环境时，这威胁到日益增长的城市人口的水和食物供应（Ingram et al.，2010）。事实上，这样的担忧可能最终成为人类安全挑战，导致已经缺水的中东国家以及包括其他国家在拉丁美洲、非洲和东南亚的部分地区，通过备受争议的"抢地"交易获得大片土地，生产粮食和/或生物燃料（通常取代粮食作物）满足本国市场需求。这经常会导致当地社区居民离开家园。（Schiavone，2009；Houtart，2010；Rosillo – Calle and Johnson，2010；Pearce，2012）。

　　由于国际监管及合规性的要求，尽管全球市场的生产线都可能在改善劳工的工作条件，但是这些要求并不一定会实现，比如服装业会周期性地爆出劳工压榨。然而，如果存在失业且几乎没有其他选择，或者全球生产线所在的部门条件比其他部门好，这些职位就会被填补。这些行业的兴起源于多边机构和援助国政府作为持续增加发展援助的交换而强加的经济条件。并且北部消费者是其主要的市场目标，因此这样的案例在生产地引发了与人类、经济和环境安全息息相关的国际公平与正义的道德伦理问题（即后殖民发展话语中的"对遥远陌生人的道德责任"，Corbridge，1998）。这表明所涉及问题的复杂性，以及朴素的环境保护运动（尽管本意是好的）和潜在的长期环境变化可能带来的严重意外后果。

五　结语

　　虽然高收入国家用复杂的"硬"和"软"手段来减轻环境因素带来的影响，但是环境因素继续以各种方式影响人类的活动和安全。并不是每个地方或每个人都面临这样的危险，或以同样方式经历这些危险，因为他们的暴露方式和在面对冲击时的脆弱性或恢复能力反映了社会及其建筑环境是如何安排的——如今越来越多地部分或全部建立在资本主义原则之上。

　　环境变化两个明显不同但又重叠的组成正在或将会通过现有社会、制度、经济和城市物质结构被经历。对于最贫穷、资源匮乏的社会阶层（无论其定义如何），尽管他们的生态足迹最少、对造成环境变化的温室气体排放增长的贡献最小，但他们将面临对人类安全最极端、最持久的威胁。

　　本章通过关注极端事件和环境条件缓慢变化的范围、严重程度和持续时间，提出了一种简单却稳健的方法来理解环境变化风险的本质，将其与传统灾害风险区分。同样，从动态和相互关联的视角理解人类对环境变化的适应，避免了对社会组织和生产进行城市与农村、半游牧和游牧与定居形式的简单二分法。鉴于此，本章调查了不同环境变化背景下人类安全脆弱性的主要表现，从不同农业气候区域的沿海和内陆城市环境，狩猎采集群体和牧民社区、淡水和海洋渔业赖以生存的生产环境基础逐步侵蚀，再到专业化、全球一体化、资本密集型、出口导向型的商业农业企业的特殊复杂性。

　　特定的环境背景和生产关系相互融合，这对恢复能力和适应能力可达到的强度产生强烈的影响，而且对超越能力的极限所可能产生的结果同样有强烈的影响。在环境变化及其影响程度预测方面，不可避免地仍存在许多不确定性，而准确的预测结果将是局部性的。然而，仔细研究生产系统的复杂性，了解人们目前如何生活在不同的环境中、如何应对条件的变化和极端事件，可以为广泛预测可能的脆弱性和适应性提供基础。

132

133

参考文献

Aberra, E. (2006), 'Alternative strategies in alternative spaces: livelihoods of pastoralists in the peri – urban interface of Yabello, southern Ethiopia', in D. McGregor, D. Simon and D. Thompson(eds), *The Peri – Urban Interface: Approaches to Sustainable Natural and Human Resource Use*, London, UK: Earthscan, pp. 116 – 133.

Allan, J. A. (2002), 'Water resources in semi – arid regions: real deficits and economically invisible and politically silent solutions', in A. Turton and R. Henwood(eds), *Hydro – Politics in the Developing World, A Southern African Perspective*, Pretoria, South Africa: AWIRU at Pretoria University, pp. 23 – 36.

Allan, J. A. (2011), *Virtual Water: Tackling the Threat to Our Planet's Most Precious Resource*, London, UK: IB Tauris.

Barclay, C. (2012), 'Food miles', *Standard Note SN/SC/4984*, London: House of Commons Library, http://www. parliament. uk/briefing – papers/SN04984. pdf, accessed 7 March 2013. BBC(2012), 'Power restored after huge Indian power cut', http://www. bbc. co. uk/news/ world – asia – india – 19071383, accessed 7 March 2013.

Berry, P. (2011), 'Box 7. 7 pilot projects to protect Canadians from extreme heat events', in C. Rosenzweig, W. D. Solecki, S. A. Hammer and S. Mehrota(eds), *Climate Change and Cities: First Assessment Report of the Urban Climate Change Research Network*, Cambridge, UK: Cambridge University Press, p. 207.

Bohle, H. (2007), *Living with Vulnerability: Livelihoods and Human Security in Risky Environments*, Bonn, Germany: United Nations University Institute for Environment and Human Security, Intersections Publication Series, No 6/2007.

Canada Institute of the Woodrow, V. Haufler and M. L. Walser(2009), 'Insurance and reinsurance in a changing climate', in C. J. Cleveland(ed.), *Encyclopedia of Earth*, Washington, D. C. , USA: Environmental Information Coalition, National Council for Science and the Environment. First published in the Encyclopedia of Earth, 24 July 2009; last revised date 30 July 2012, http://www. eoearth. org/article/Insurance_and_reinsurance_in_a_changing_climate, accessed 7 March 2013.

CARE Bangladesh(2003), 'Report of a community level vulnerability assessment conducted in Southwest Bangladesh', A report prepared by the Reducing Vulnerability to Climate Change(RVCC) Project, Dhaka, Bangladesh: CARE Bangladesh.

Corbridge, S. (1998), 'Development ethics: distance, difference, plausibility', *Ethics, Place and Environment*, 1(1), 35 – 53.

Dalby, S. (2009), *Security and Environmental Change*, Cambridge, UK: Polity Press.

Dikeç, M. (2007), *Badlands of the Republic; Space, Politics and Urban Policy*, Oxford, UK: Wiley – Blackwell.

FAO(2008), *Climate Change for Fisheries and Aquaculture: Technical Background Document from the Expert Consultation held on 7 to 9) April* 2008, *FAO, Rome*, Report HLC/08/BAK/6, Rome: Food and Agriculture Organization of the United Nations, ftp: //ftp. fao. org/docrep/fao/meeting/013/ai787e. pdf, accessed 7 March 2013.

Friedmann, J. (1992), *Empowerment*, Oxford, UK: Blackwell.

Gordon, R. J. (1992), *The Bushman Myth; The Making of a Namibian Underclass*, Boulder, USA: Westview Press.

Gower, S. (2011), ' Box 7. 6 Toronto, Canada: maps help to target hot weather response where it is needed most', in C. Rosenzweig, W. D. Solecki, S. A. Hammer and S. Mehrota(eds), *Climate Change and Cities: First Assessment Report of the Urban Climate Change Research Network*, Cambridge, UK: Cambridge University Press, pp. 205 – 206.

Guèye, C. , A. S. Fall and S. M. Tall(2007), ' Climatic perturbation and urbanization in Senegal', *Geographical Journal*, 173(1), 88 – 92.

Harris, N. and I. Fabricius(1996) (eds), *Cities and Structural Adjustment, London*, UK: UCL Press.

Hartmann, I. , A. J. Sugulle and A. I. Awalle(2010), *The Impact of Climate Change on Pastoralism in Salahley and Bali – gubadle Districts, Somaliland*, Nairobi and Bonn: Heinrich Böll Stiftung, Candlelight for Health, Education and Environment, and Jaamacadda Camaad Amoud University, http: //www. ke. boell. org/web/index – 394. html, accessed 7 March 2013.

Hitchcock, R. J. (2002), ' "We are the First People": land, natural resources and identity in the Central Kalahari, Botswana', *Journal of Southern African Studies*, 28(4), 797 – 824.

Holm, M. (1995), ' The impact of structural adjustment on intermediate towns and urban migrants: an example from Tanzania', Chapter 6 in D. Simon, W. van Spengen, A. Närman and C. Dixon(eds), *Structurally Adjusted Africa: Poverty, Debt and Basic Needs*, London, UK: Pluto, pp. 91 – 106.

Houtart, F. (2010), *Agrofuels: Big Profits, Ruined Lives and Ecological Destruction*, London, UK: Pluto.

Ingram, J. , P. Ericksen and D. Liverman(eds) (2010), *Food Security and Global Environmental Change*, London, UK: Earthscan.

Intergovernmental Panel on Climate Change(IPCC) (2007a), *Climate Change2007: The Physical Science Basis; Contribution of Working Group I to the Fourth Assessment Report of the*

Intergovernmental Panel on Climate Change, Cambridge, UK: Cambridge University Press.

Intergovernmental Panel on Climate Change(IPCC) (2007b) , *Climate Change2007: Impacts, Adaptation and Vulnerability; Working Group II Contribution to the Fourth Assessment Report of the Intergovernmental Panel on Climate Change*, Cambridge, UK: Cambridge University Press.

Intergovernmental Panel on Climate Change(IPCC) (2012) , *Managing the Risks of Extreme Events and Disasters to Advance Climate Change Adaptation*, Special Report of the Intergovernmental Panel on Climate Change, Cambridge, UK: Cambridge University Press.

Lobell, D. , M. Burke, C. Tebaldi, M. Mastrandrea, W. Falcon and R. Naylor(2008) , ' Prioritizing climate change adaptation needs for food security in 2030' , *Science*, 319, 607 – 610.

Lonergan, S. C. , M. Brklacich, C. Cocklin, N. Petter Gleditsch, E. Gutierrez – Espeleta, F. Langeweg, R. Matthew, S. Narain and N. Soroos (1999) , *Global Environmental Change and Human Security: GECHS Science Plan*, Bonn, Germany: International Human Dimensions Programme on GEC(IHDP) Report No. 11.

MacGregor, J. and B. Vorley(2006) , ' Fair miles? The concept of "food miles" through a sustainable development lens' , *Sustainable Development Opinion*, London, UK: International Institute for Environment and Development.

Marcotullio, P. J. and G. McGranahan(eds) (2007) , *Scaling Urban Environmental Challenges; From Local to Global and Back*, London, UK: Earthscan.

Mbonile, M. (1995) , ' Structural adjustment and rural development in Tanzania: the case of Makete District' , Chapter 8 in D. Simon, W. van Spengen, A. Närman and C. Dixon(eds) , *Structurally Adjusted Africa: Poverty, Debt and Basic Needs*, London, UK: Pluto, pp. 136 – 158.

McCulley, P. (2001) , *Silenced Rivers; The Ecology and Politics of Large Dams*, 2nd edition, London, UK: Zed.

McGranahan, G. (2007) , ' Urban transitions and spatial displacements of environmental burdens' , in P. Marcotullio and G. McGranahan(eds) , *Scaling Urban Environmental Challenges: From Local to Global and Back*, London, UK: Earthscan, 18 – 44.

McGranahan, G. , D. Balk and B. Anderson(2008) , ' Risks of climate change for urban settlements in low elevation coastal zones' , in G. Martine, G. McGranahan, M. Montgomery and R. Fernández – Castilla(eds) , *The New Global Frontier: Urbanization, Poverty and Environment in the21st century*, London, UK: Earthscan, 165 – 181.

Mitlin, D. (2012) , ' Lessons from the urban poor: collective action and the rethinking of development' , in M. Pelling, D. Manuel – Navarrete and M. Redclift(eds) , *Climate Change and the Crisis of Capitalism: A Chance to Reclaim Self, Society and Nature*, London and New York: Routledge, pp. 84 – 98.

Munich Re(2012) , *Climate Change*, http: //www. munichre. com/en/group/focus/climate _change/default. aspx, accessed 7 March 2013.

ODI(2009) , ' Pastoralism and climate change: enabling adaptive capacity' , Humanitarian Policy Group Synthesis Paper, April, London: Overseas Development Institute, http: // www. odi. org. uk/resources/details. asp? id53304&title5pastoralism – climate – change – adapt ation – horn – africa, accessed 7 March 2013.

Pearce, F. (2012) , *The Land Grabbers: The New Fight Over Who Owns the Earth*, London, UK: Bantam.

Peduzzi, P. , H. Dao, C. Herold and F. Mouton(2009) , ' Assessing global exposure and vulnerability towards natural hazards: the Disaster Risk Index' , *Natural Hazards and Earth System Sciences*, 9, 1149 – 1159.

Pelling, M. and B. Wisner(2009) , *Disaster Risk Reduction: Cases from Urban Africa*, London UK: Earthscan.

Pelling, M. , D. Manuel – Navarrete and M. Redclift(eds) (2012) , *Climate Change and the Crisis of Capitalism: A Chance to Reclaim Self, Society and Nature*, London and New York: Routledge.

Riddell, J. B. (1997) , ' Structural adjustment programmes and the city in tropical Africa' , *Urban Studies*, 34(8) , 1297 – 1307.

Rosillo – Calle, F. and F. X. Johnson(2010) , *Food Versus Fuel: An Informed Introduction to Biofuels*, London and New York: Zed Books.

Roy, A. (1999) , *The Cost of Living*, London, UK: Flamingo.

Schiavone, C. (2009) , ' The global struggle for food sovereignty: from Nyéléni to New York' , *Journal of Peasant Studies*, 36(3) , 682 – 689.

Seto, K. , A. Reenberg, C. G. Boone, M. Fragkias, D. Haase, T. Langanke, P. Marcotullio, D. K. Munroe, B. Olah and D. Simon(2012) , ' Urban land teleconnections and sustainability' , *Proceedings of the National Academy of Sciences*, 109(20) , 7687 – 7692.

Simon, D. (1995) , ' Debt, democracy & development: Sub – Saharan Africa in the 1990s' , in D. Simon, W. van Spengen, C. Dixon and A. Närman(eds) , *Structurally Adjusted Africa: Poverty, Debt & Basic Needs*, London, UK: Pluto, pp. 17 – 44.

Simon, D. (1997) , ' Urbanisation, globalisation and economic crisis in Africa ' , in C. Rakodi(ed.) , *The Urban Challenge in Africa: Growth and Management of its Large Cities*, Tokyo, Japan: United Nations University Press, pp. 74 – 108.

Simon, D. (2008) , ' Urban environments: issues on the peri – urban fringe' , *Annual Review of Environment and Resources*, 33, 167 – 185.

Simon, D. (2012) , ' Hazards, risks and global climate change' , in B. Wisner, I. Kelman and J. – G. Gaillard(eds) , *The Routledge Handbook of Hazards and Disaster Risk Reduction*, London and New York: Routledge, pp. 207 – 219.

Simon, D. and H. Leck(2010) , ' Urbanizing the global environmental change and human security agendas' , *Climate and Development*, 2(3) , 263 – 275.

Simon, D. and H. Leck(2013) , ' Cities, human security and global environmental change' , in L. Sygna, K. O'Brien and J. Wolf(eds) , *A Changing Environment for Human Security: Transformative Approaches to Research, Policy and Action*, London and New York: Earthscan from Routledge(pp. 170 – 180) .

Simon, D. , D. McGregor and K. Nsiah – Gyabaah(2004) , ' The changing urban – rural interface of African cities: definitional issues and an application to Kumasi, Ghana' , *Environment and Urbanization*, 16(2) , 235 – 247.

Smith, A. , C. Malherbe, M. Guenther and P. Berens(2000) , *The Bushmen of Southern Africa: A Foraging Society in Transition*, Cape Town and Athens, OH: David Philip and Ohio University Press.

Solway, J. (1998) , ' Taking stock in the Kalahari: accumulation and resistance on the Southern African periphery' , *Journal of Southern African Studies*, 24(2) , 425 – 441.

Stephens, S. (2010) , ' Chernobyl fallout: a hard rain for the Sami' , *Cultural Survival* website, 19 February, http://www. culturalsurvival. org/ourpublications/csq/article/chernobyl – fall out – a – hard – rain – sami, accessed 7 March 2013.

Swiss Re (2012) , ' Road to Rio120: building a sustainable world ' , http://www. swissre. com/ rethinking/climate/, accessed 7 March 2013.

Sylvain, R. (2001) , ' Bushmen, boers and baasskap: patriarchy and paternalism on Afrikaner farms in the Omaheke Region, Namibia' , *Journal of Southern African Studies*, 27(4) , 717 –

136

737.

Tozer, J. (2011), 'Arctic special: Sami reindeer herders struggle against Arctic oil and gas expansion', http://www. theecologist. org/investigations/climate_change/1097154/sami_rein deer_herders_struggle_against_arctic_oil_and_gas_expansion. html, accessed 7 March 2013.

UNESCO(2011) 'On the frontlines of climate change: Sami reindeer herders', UNESCO Media Services 19 December, http://www. unesco. org/new/en/media – services/single – view/ news/on _ the _ frontlines _ of _ climate _ change _ sami _ reindeer _ herders/, accessed 6 August 2012.

Wilmsen, E. (1989), *Land Filled with Flies*, Chicago, USA: Chicago University Press.

Wisner, B. , P. Blaikie, T. Cannon and I. Davis(2004), *At Risk, Natural Hazards, People's Vulnerability and Disasters*(Second Edition), London and New York: Routledge.

Wisner, B. , J. – G. Gaillard and I. Kelman(2012), 'Framing disaster: theories and stories seeking to understand hazards, vulnerability and risk', in B. Wisner, I. Kelman and J. – G. Gaillard(eds) , *The Routledge Handbook of Hazards and Disaster Risk Reduction*, London and New York: Routledge, pp. 18 – 33.

第六章

气候变化背景下人类安全的社会维度[*]

于尔根·谢弗兰，埃利塞·雷姆林

一　引言

人为的气候变化是一个复杂的跨领域问题，可能影响人类生活的各个方面。与气候有关的现象对世界许多地区的人们造成多重压力，如极端天气事件和自然灾害或环境条件的逐渐变化。这很可能会加剧对人类福祉和安全至关重要的很多问题，比如人口增长或对自然资源的竞争等。因此，全球变暖可能会破坏人类发展，影响满足人类需求的社会系统的稳定，这包括水、粮食、保健和能源服务、农业、土地使用和城市基础设施。尽管气候变化是一个全球现象，但其对人们生活的影响因区域而异。对人类安全的影响取决于个人、社区和国家的脆弱性，它们的适应能力和实际反应由每个区域的具体经济、社会和政治情况决定。

本章重点分析人类安全的社会维度、条件和决定因素，以及相关的理论概念。尽管未来气候变化的情况尚不确定，但人们一致认为气候变化对社会系统的影响是重大且多样的。本章重点关注环境变化对人们生计的影响，以及他们如何应对挑战以保护人类安全。本章的主要目标是：（1）确定和研究气候变化对人类安全和社会稳定的影响；（2）了解生计资源的供应和不足，以及人们对变化的应对和适应能力；（3）检验政策和制度在适

---

　　* 本研究得到德国科学基金会（DFG）通过 CLiSAP 卓越集群（EXC177）的资助。

应和恢复能力建设方面发挥的作用。该分析扩展了社会脆弱性、能力和生计的概念，特别强调资源获得、地方策略和制度。我们希望借此了解人们在应对和适应变化方面缺乏的能力。最后检验需要采取哪种类型的政策措施以确保适应能力。

二　人类安全架构

137

1. 人类安全概念

随着冷战结束和日益全球化，安全的含义发生了重大变化，其中许多因素以复杂的方式塑造了安全话语（Scheffran，2008a，2011）。综合安全概念考虑了经济、政治、社会、技术和生态等维度（Brauch，2009）。虽然消极的安全概念基于防范危险、威胁和怀疑的能力，但积极的安全概念则旨在发展、维护和扩大核心价值的机遇。两者相结合，安全可以看作是收益与损失、机会与风险的区别，发展核心价值的同时避免有害的干扰。要使人类安全的概念付诸实施，必须确定受关注的安全主体、受影响的价值、风险产生的原因、易受的损失以及抵御它们的能力。

人类安全的重点从民族国家转移到世界人民，从国家主权转向人类福祉与生存，将"他人"视为威胁转向将"我们自己"视为造成人类不安全的主要因素和受害者。学术界的人类安全话语（Ulbert and Werthes，2008）由1994年《人类发展报告》（UNDP，1994：24）发起，该报告将广义的人类安全定义为"免于恐惧的自由和免于匮乏的自由"。联合国人类安全委员会（CHS，2003：4）将人类安全的目标定义为"以增进人类自由和人类自我实现的方式保护所有人生命的重要核心……这意味着要利用建立在人们的实力和愿望之上的体系，即创造政治、社会、环境、经济、军事和文化体系，共同成为支撑人们生存、生计和尊严的基石"。联合国秘书长在2010年3月8日关于人类安全的报告（A/64/701）中指出，"广义的人类安全包括免于恐惧的自由、免于匮乏的自由和有尊严的生活自由"（LINSG，2010：2）。

如上所述，结合积极和消极的安全概念，实现人类安全的一种方法是基于"保护人们免受严重的威胁并赋予人们掌控自己生活的权利"（CHS，

2003：iv）。在这个定义中，"保护"的任务旨在保护人类及其核心价值观免受风险，而"授权"的任务旨在提高人们在满足人类基本需求方面的应对能力。重要的是保护人类生命的重要核心（包括基本需求和权利），维护人们有尊严地生活和为追求自身利益作出知情选择的自由和能力（Barnett，2010；Gasper，2007）。根据人类安全网络（Human Security Network），"人类安全与人类发展是一枚硬币的两面，相辅相成并形成有利于彼此的环境"（HSN，1999：1）。

狭义的人类安全概念侧重于对人们生命安全的直接威胁，广义的概念从各个角度考虑对人类核心价值的潜在风险和威胁。这些问题包括疾病、贫穷、人身安全、经济危机、日益增长以及间接的社会和环境问题（King and Murray，2002；Owen，2004；Human Security Report Project，2010）。奥布赖恩和莱钦科（O'Brien and Leichenko，2007：3）认为人类安全"不仅与避免人身暴力的安全有关，还与粮食安全、生计安全、环境安全、健康安全和能源安全有关"。因此，人类安全可能通过多种途径、通过价值和损失的多个方面受到影响，从受影响者的角度看，每个方面都有其可能性和可接受性。综上所述，人类安全基于三大支柱（Brauch and Scheffran，2012）：

①解决冲突、暴力和人道主义法律议程的"免于恐惧的自由"；

②在人类发展议程背景下的"免于匮乏的自由"；

③"有尊严地生活的自由"，即人权、法治和善政。

由于人类安全的多元化特征，人类安全概念把环境、和平和人类发展共同结合在一起，作为……"在人道主义救济、发展援助、人权倡导和冲突解决等领域之间概念的桥梁"（Owen，2004：377）。然而，由于人类安全问题涉及范围广，它被一些人批评是一个模糊的概念（Paris，2001）。在国际关系中，人类安全概念仍然存在争议（*Security Dialogue*，2004）。这种分歧破坏了与政策制定者们的沟通，也打消了他们从宣言转向具体政策倡议和行动的努力（Brauch and Scheffran，2012）。为了解决狭义和广义人类安全概念支持者之间的争论，欧文（Owen，2004：381）建议使用一种基于阈值的方法，"通过威胁的严重程度而不是原因来界定威胁"。

人们日益认识到环境变化对人类安全构成了新的挑战（Barnett，2001；Brauch，2005），从而提出了第四个支柱"免受灾害影响的自由"（Fuentes Julio and Brauch，2009：997）。巴尼特和阿杰（Barnett and Adger，2007）讨论了气候变化如何影响甚至破坏人类安全，以及人类不安全如何增加暴力冲突的风险，并呼吁各国在人类安全与和平建设中发挥作用。另一个新问题是，在人类行动和相互作用的社会背景下，理解人类安全要超越个人层面走向集体层面。未来的研究挑战是了解气候变化、脆弱性、适应性和人类安全之间的联系，以及人类安全的社会维度，这将在下面的章节中讨论。

2. 气候脆弱性、适应性与人类安全之间的联系

气候变化以多种方式影响人类安全的各个方面。一些由气候引起的压力可能直接威胁人类的健康和生命，如洪水、暴风雨、干旱和热浪；另一些压力则在长期逐步损害人们的福利，包括粮食和水资源短缺、疾病、经济系统衰弱和生态系统退化。一旦超过临界值，气候变化的风险可能转变为对人类安全的威胁，其程度取决于受影响者的脆弱性。

（1）脆弱性

脆弱性是一个应用广泛的术语，已被各个学科和学术团体采用（Adger et al.，2009；Mearns and Norton，2009；Scheffran，2011）。在早期的尝试中，布莱基等（Blaikie et al.，1994：275）将脆弱性定义为"一个人或群体在预测、应对、抵抗和从自然灾害影响中恢复的能力"。因此，脆弱性取决于社会单位、事件类型和针对危害采取的行动。加洛平（Gallopín，2006：294）指出，"根据研究领域的不同，脆弱性专门应用于社会子系统、生态子系统、自然子系统或生物物理子系统或耦合的社会 - 生态系统（SES），也被称为目标系统、暴露单元或参考系统"。虽然自然科学家研究了传统的自然灾害，但最近的研究越来越多地从社会学的角度出发，研究社会经济方面的脆弱性（Bohle and Glade，2008；Füssel，2007，2009）。与人类安全概念类似，定义脆弱性的理论多样性导致在一个共同的概念架构（framework）中缺乏凝聚力。正如富塞尔（Füssel，2007：156）所指出的，'脆弱性'只能在特定的脆弱情况下使用

才有意义"。因此，脆弱性与其存在的特定系统的地点、自然和社会环境密切相关。

（2）适应与适应能力

IPCC（2007：27）提到脆弱性的频率最高，它将脆弱性定义为"一个系统所暴露的气候变化和变异的特征、幅度和速率、其敏感性和适应能力"的函数。因此，脆弱性概念涉及适应和应对"实际或预期的气候刺激或其影响力，以降低损害或利用有利机会"的能力。成功的适应可以减少损失或建立积极的价值观，这与人类安全的积极和消极方面相匹配。适应性能力（或适应性）与系统对气候变化相关的影响或转变作出反应、降低潜在损害、利用机会或应对后果的潜力或应对能力有关。概括地讲，它描述了"一个系统为了适应环境危害、政策变化或扩大应对能力范围的进化能力"（Adger，2006：270）。对于现实世界的系统来说，适应能力受到许多因素的影响，如贫困、国家支持、经济机会、决策的有效性、社会凝聚力和其他社会条件。这表明，适应性产生在经济、社会和政治环境中，这些环境可以促进或限制适应能力（Adger and Vincent，2005）。

一旦脆弱性超过临界值，人类安全就会因无法抵抗的风险而受到威胁。关键的问题是：适应的成本什么时候会超过收益或可避免的潜在损失？人类系统应对气候变化能力有一定的范围——在我们的气候条件下——这与特定的压力源有关（Carter et al.，2007）。应对范围内产生有益的结果，而超出这个范围将产生无法忍受的后果（见图 6-1）。尽管条件不断变化，如果应对能力保持不变（备选方案 1），脆弱性将增加到极端水平。[①] 适应性可以通过扩大应对范围来减轻不利影响（备选方案 2）。简言之，适应的目的是确保建立一个适当的应对范围，保持一个系统能够耐受、适应和从"正常"情况的某些偏差中恢复的损害临界值。它在不同系统和地区之间有所不同，不一定保持静态（Smit and Pilifosova，

---

① 这种情况在下述示例中尤为真实，比如当一个牧民群体高度适应其周围的环境，换句话说，他们应对周边气候变化能力范围广。然而，这样一个社区可能没有什么内部能力来适应新的、变化了的环境条件、压力和冲击（Robinson and Berkes，2011）。

2001；Smit and Wandel，2006）。在给定的适应能力范围内，人类对环境　142
压力可以自由选择可能的反应。这意味着，一件导致脆弱性增加的事件，
可以通过采取应对措施，从一开始就防范或避免。

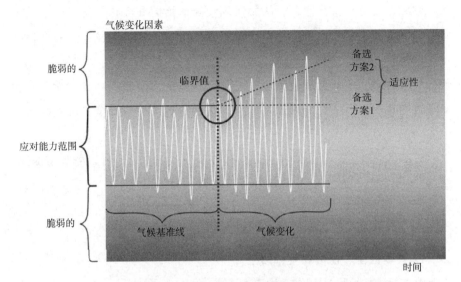

图 6 - 1　气候变化因素超出临界值后的理想应对范围以及如何
构建新的应对范围以减少对气候变化的脆弱性

资料来源：Remlin，2011。

以上讨论表明，脆弱性是一个动态的概念，随着时间的推移会根据刺
激及其影响、相应系统的敏感性和反应而变化（Smit and Wandel，2006）。
阿杰（Adger，2006：274）恰当地将脆弱性描述为"一种动态现象，往往
处于不断变化的状态，生物物理和社会过程塑造的当地情况和应对能力本
身也是动态的"。

社会互动的形式决定适应的效率，也可能抑制或扩大每个个体的适
应能力。对个人或群体存在的威胁可能会增加转向非法和暴力行为的诱
惑，但也可能迫使人们通过集体行动共同努力提高生存的机会。有些应
对措施有助于降低风险，另一些则可能导致更多的问题。这种对气候变化
不恰当的反应，有时也被称为适应不良（例如，因为对未来气候变化的不
确定或对当地情况考虑不周）。适应不良不能降低脆弱性，在长期来看还
可能无意间导致脆弱性增加（Jones et al.，2010；Agrawal，2008）。例如，　143

人口迁移不仅是对贫困和社会剥夺的适应性反应，还是对环境困难的反应。

如果气候变化的影响引起社会大部分地区的反应，其后果可能成为国家、国际甚至全球安全问题，从而促成气候话语的安全化，比如引发言论行为，并为应对威胁而采取特别措施（根据哥本哈根学派发展的安全化理论，Buzan et al.，1998）。一些影响可能会导致各国政府和军方采取行动，例如灾害管理、应对大规模流动难民或因环境压力引起的冲突。脆弱性和对环境变化的不适应可能导致人类的不安全，而这种不安全又可能威胁国家安全。

下一节将介绍一些有助于理解气候变化下人类安全的社会背景概念。

三　人类安全的社会条件和背景

1. 人类欲望、能力和可持续生计

（1）人的欲望（wants）和需要（needs）

气候变化对人类价值观的影响从根本上影响脆弱性和人类安全。价值观代表了人类对行动的某些路径或结果的偏好，往往会影响态度和行为。虽然理性的行动者会选择改善甚至优化其价值观的行动，但也有一些环境会限制选择的自由和理性，包括对既定行动路径的依赖，或塑造个人行动影响社会环境。区分人类价值观中的欲望和需要很重要：欲望可以是无限和永不满足的，而需要是很少的、有限的并可分类的；缺乏基本需要可能会造成严重后果，如功能障碍或死亡。人类基本需要包括生存、保护、情感、理解、参与、休闲、创造、认同和自由（Max-Neef et al.，1991）。

在面对气候变化时，区分人类的欲望和需要是很重要的。虽然对欲望的限制对个人来说是一种损失、令人不快，但对基本需要的影响威胁到人们的生存，从而会引发更激烈的反应，直接影响人类安全，包括颠沛流离或暴力（Scheffran et al.，2012b）。预期的气候变化将影响满足人类需要的系统和过程，包括水、粮食和能源供应、农业和土地使用、健康和城市生

活。当人类的健康和福祉受到严重影响时，也可能破坏社会系统的运作或稳定，例如破坏经济、基础设施或制度。

（2）能力（capability）

气候变化对人类安全的影响取决于个人和集体对价值损失的反应，这需要一定的行动能力。能力通常被理解为"做事情以达到特定的效果或公开目标与目的的才能或潜能"（Wikipedia，2012）。如果行动是针对生产有价值的东西，能力往往是与用于生产商品和服务的"资本"相关联（Bohle，2009）。在经济理论中，资本最常见的维度是自然资本（生态系统的可用资源）、物质资本（人类为生产而制造的资产）和金融资本（货币财富）。资本越来越多地将人力生产因素包括在内，如人力资本（工人的才能和技能）、社会资本（社会网络中的集体行动）、政治资本（政治决策中的工具和机构）和文化资本（知识、技能、教育状况和个人优势）（Scheffran et al.，2012b）。

在人类发展和福利经济学的背景下，阿马蒂亚·森（Amartya Sen，1985）于20世纪80年代提出了能力方法，并作为人类发展指数（HDI）的基础。与其他关注效用、收入、商品或资源获取的经济方法不同，真正的发展要求每个人都能获得"人们必须实现优先结果的自由"（Gasper，2006：3）。森一方面区分了职能，即一个人一生中可能值得做或正在做的事情，如健康或积极地实践某种宗教；另一方面又区分了能力，即"个人"能力可实现的活动组合（Sen，1999：75）。一个人的能力是这个人所拥有的真实机会或可实现的生活选择（Gasper，2006）。换句话说，能力是每个人找到自己想要追求的文化和生活形式的自由。这包括长寿、参与经济交易或政治活动的能力。因此，重要的是一个人拥有可以自由支配的能力，这是正常生活所必需的。① 那么，一个人实现何种职能取决于她自己的意愿，但只有当相关机能的能力存在时，人类的尊严才能得到保证。

145

---

① 作为一个例子，森认为一个人 a 选择禁食，在饮食习惯方面即使选择禁食也是自由支配能力的体现，但被迫挨饿的人 b 缺乏 a 的能力，没有选择的自由。"禁食和被迫挨饿是不一样的"（Sen，1999：76），前者是在有食物的时候选择不吃。

森（Sen，1999）提到了五个"工具性自由"：政治自由、经济设施、社会机会、透明度保障和保护性安全，以及各种经济和社会权利。努斯鲍姆（Nussbaum，2003）明确指出森的方法十分宽泛，努斯鲍姆提供了十种核心能力，即"行动和选择的能力或机会"（Nussbaum，2003：25）和"最起码的社会正义理念或人类有尊严的生活中固有的基本权利"（Nussbaum，2011：24ff）。这些能力应该经历一个持久的验证过程，而且要在社群（例如一个国家）实践以便能够把地域和文化差异考虑进来。这意味着政治参与是核心，它本身既是一种权利，也是从理论转移到实践的工具。

（3）可持续的生计

自 20 世纪 90 年代末以来，该方法架构（approach framework）受到发展和贫困研究人员的欢迎（Bohle，2009）。与人类安全类似，生计代表了一种自下而上的发展视角，这种视角以人为本并促进参与性原则。这样做可以推动社区层面采取行动，以解决贫困和预防未来的脆弱性，而不是专注于政府层面（Bohle，2009；Jones et al.，2010）。生计扩大了能力方法应对社会环境的个人视角，为一系列可用能力提供了基础，与此同时能力驱动生计获益。生计方法涉及人们所拥有的机会以及他们如何利用自己的资源（例如金钱、劳动力、土地、庄稼、牲畜、知识和社会关系）。

根据钱伯斯和康韦（Chambers and Conway，1991：5）提出的定义，"一种生计最简单的意思为谋生手段"。在他们看来更具体地说，"一种生计包括能力、资产……和某种生活方式所需要的活动：生计是可持续的，可以从压力和冲击中恢复，维持或增强其能力和资产"（Chambers and Conway，1991：6），而不是破坏后代的自然资源基础。可持续性是"如何利用、维护和提高资产和能力以维持生计的功能"（Bohle，2009：525）。这也意味着可持续的生计更有能力适应冲击和气候变化。

促进"可持续生计安全与人类安全的概念密切相关，以人为本，以公平、人权、能力和可持续性为规范性依据"（Bohle，2009：528；Bohle and O'Brien，2007）。生计策略是人们为实现生计目标而进行的一系列活动和选择的组合。典型的例子是农业、畜牧或雇佣劳动（Jones et al.，2010）；

146

然而，在实践中它们通常由"全部能力"（Chambers and Conway，1991：7）或活动"混合"组成。就其本质而言，生计策略是动态的，随着时间的推移而变化，随着知识和信息的更新而调整，并受到资源获取的制约。民生选择是在治理环境（政策、制度和变化过程）以及人们资产基础的影响下做出的。这些资产是人们可以用来实现其生计目标的资源，超出了物质类别，没有它们将妨碍生计。根据博勒（Bohle，2009：527）的说法，"生计方法的主要优势之一是它不将穷人和弱势群体视为被动的受害者，而是强调在风险、压力、冲击的不确定背景下为确保其生活安全而发挥的积极主动作用"，这标志着以行为者为导向的观点的转变，通常以家庭和社区为单位。即使人们拥有很少的资产，他们也拥有能动性，并能在响应和实施变化方面发挥积极作用。

　　能力和生计方法有助于理解气候变化下的脆弱性和人类安全。它们强调个人和社会在应对威胁、管理风险以及应对诸如气候变化对生计安全产生外部威胁等方面的能力重要性。生计的丧失可能成为对人类安全的威胁，因为它限制了人们行动的机会。如果生计是安全且可持续的，人们就不会那么脆弱（Ribot，2010；本手册第七章）。由于个人和社区面临着变化迅速且日益增加的不确定性，人们的生计和福祉受到严重影响，正如上文所讨论的，这也可能对人类安全产生重大影响。博勒（Bohle，2009：525）强调"除非以个人安全为基础并与之保持一致，否则国家安全将是不稳定的（和空洞的）"，从而在生计安全与国家稳定之间建立了联系。提高适应能力与促进公平和可持续发展的要求相似（Smit and Pilifosova，2001）。在生计视角下采取联合办法可以弥合社区需要与政策进程之间的脱节。通过一种综合架构维持或提高能力和资产，以保障生计安全，提高应对气候相关冲击的能力。

　　2. **社会资本、网络与恢复能力**

147

　　（1）社会资本与网络

　　正如我们在前几节所讲到的，气候变化对人类的影响必须在更宽泛的社会环境中考虑。这也包括人类参与的社会互动和网络，以及制度和治理结构。社会需要组织起来才能实现合作的好处，维持和执行公认的规则，建立有效和可预测的社会互动。这些社会契约基于绝大多数公民同意遵守维持社会秩序的规则、法规和制度，这些是保持社会团结的纽带。社会稳定是指"政治制度的持久性和稳定的社会结构"，而不稳定"可以理解为（逐渐）导致原本稳定的政治和社会局势崩溃的过程"（WBGU，2008：236）。失去公民信任和支持的社会结构变得脆弱、凝聚力降低，对社会和政治不稳定更敏感。

社会联系和网络是弱势群体社会资本的重要组成部分。回顾波特（Porter，1998）和格拉诺维特（Granovetter，1973）的研究，社会资本和社会网络在社会科学文献中已经演变成多样化的复杂概念（Sanginga et al.，2007）。社会资本代表社会组织的特征（如社会网络、互动、规范、信任和互惠），促进协调和合作能够使人们为共同的利益而共同行动（Put-nam，1993）。基于协作、透明和社区参与的、有凝聚力的社会资本有助于人类发展、有效的集体行动和共同财产管理。当社区遇到困难时，建立社会资本机制不仅可以鼓励自救和自力更生，还可以鼓励社区赋权、参与以及尊重当地的价值观、习俗和传统（Sanginga et al.，2007）。它们还有助于加强政治和行政结构，成为可持续发展和解决冲突的重要先决条件。

社会网络是社会资本的重要组成部分，它包括作为网络节点的参与者（如个人、组织）以及代表它们之间相互联络和联结的联系（Wasserman and Faust，1995）。社会网络分析是一种从家庭到国家的跨层面研究技术。研究社会网络的拓扑结构，对理解广泛的社会现象十分重要，包括：①许多对社会网络连接有影响的参与者的影响力；②消除节点和连接的危险和受到攻击时网络的脆弱性和稳健性；③属性的传播和扩散，如创新、实践、疾病和冲突。社会网络的结构也决定了其应对气候变化挑战的效率，特别是个人和集体对灾害的反应，以及价值、资源和能力在网络主体之间的分配。挑战在于设计能够让受影响的社区在气候风险下更好地生存和生活的社会网络。

（2）社会韧性（Social Resilience）

与之相关的是社会韧性的概念，旨在保护社会资本并加强社会网络在创造性和集体努力中处理与气候变化有关问题的能力（Adger，2003）。韧性概念最初是针对生态系统（Holling，1973）提出的，现在越来越多地应用于社会经济系统，特别是气候变化方面（Folke，2006；Campana，2010）。韧性指的是一个系统能够吸收干扰并仍然保持其原有的结构和功能。从生态和自然科学的角度来看，韧性与脆弱性和适应能力密切相关。相应地，社会韧性是"一个社区能够承受外部冲击和压力而不发生动荡的能力"（Adger et al.，2002：358），这意味着社区"可能吸收这些冲击，甚至积极地应对它们"。在一个有韧性的社会环境中，行为者能够以一种动态、灵活的方式应对和抵御环境变化所造成的干扰，从而维持、重建或改变他们的生计。如果稳定机制失败，社会就容易出现内部失败，对所有人都产生负面影响。有韧性的社区不仅能够吸收外部的冲击和意外并能存活下来，还能作为积极的参与者设计他们的环境、预测和抵御未来的冲击与压力，重造和重塑自我，以保持自己的身份，这些取决于内部动机和能力。

韧性研究是对一个系统所经历的干扰，以及该系统对与自身适应能力相关影响的反应的研究。由于韧性和适应性经常在类似的情境下被使用，科学界对这两个概念的异同存在混淆（Adger，2006；Gallopín，2006；Renaud et al.，2010）。在适应性和社会韧性方面，重要的是社区应对巨大环境冲击的能力。为了克服困难和增强韧性，许多家庭使其生计多样化，采取其他谋生手段（McDowell and de Haan，1997）。应对气候变化的创新战略包括技术创新，对实物、人力和社会资本的投资，以及缓和冲突和促进合作的体制机制。在这里，所要面对的挑战来自制定适当的体制架构以克服障碍，为协调一致的集体行动创造有利条件，利用协同机制来整合能力、努力和行动，并调整多元行动者的价值、目标和规则。

接下来，我们将借鉴本节介绍的概念，阐述如何更好地理解气候变化对人类安全的影响。

四　气候变化对人类安全和社会稳定的影响

在世界许多地区，由于贫困、饥饿、腐败、战争、难以获得保健服务、教育或参与政治决策的机会等种种压力，人们的生活条件十分恶劣。

这些因素结合起来削弱了人和社区的能力。气候变化尤其加重了某些人的负担，这些人身陷其他问题的压力，缺乏采取行动减少脆弱性保护人类安全的基本能力和自由。由于缺少社会资本和韧性，他们很容易被气候变化的多维影响所湮没，从而进一步破坏他们的能力和社会稳定。这些问题将在下文中讨论。

1. 人类安全能力的剥夺

（1）贫困和边缘化

贫穷是对人的能力的一种严重剥夺，可能是由于诸如失业和低收入、政府压迫和不稳定等因素造成。森认为能力"不是一种可以**解释**贫困、不平等或福祉的理论；相反，它提供了有助于**定义并评估**这些现象的概念和架构"（Robeyns，2006：353）。贫穷是气候对人类安全造成影响的关键社会因素：人们普遍认为，最严重的气候引致风险和冲突预计发生在贫困社区。这些社区更脆弱而且更依赖对气候敏感的资源，在适应方面投入的资金更少，无法采取所需的应对措施。因此，"无论是在发达国家还是在发展中国家，已经被边缘化的群体都承担着过大的气候影响负担"（Adger，2006：273）。气候变化的加剧将进一步增加国家和脆弱社区的脆弱性，降低它们的适应能力。孟加拉国和非洲的萨赫勒等一些地区由于其地理和社会经济条件缺乏适应能力而特别脆弱。但是贫穷也会增加发达国家的脆弱性，比如美国在2005年卡特里娜飓风（Hurricane Katrina）中的表现。另一方面，那些拥有丰富资源的人"将更有能力保护自己免受环境退化的影响，而那些生活在生存边缘的人将被进一步推向生存的极限"（Nordås and Gleditsch，2005：20）。因此，气候变化会增加发展障碍，并加剧贫困，这将进一步增加气候的脆弱性。

（2）饥饿、粮食不足和健康问题

缺乏食物是一些发展中地区需要面对的主要问题。虽然许多农业地区被过度开发，但仍有超过8.5亿人营养不良（FAO，2011）。气候变化可能会降低许多饥饿易发地区的作物产量和粮食安全，从而加剧营养不良和健康问题，这在区域间差异很大（IPCC，2007；WBGU，2008）。至于气候变化对自然环境的冲击，由于农业社会严重依赖自然资源和生态系统服务，其受到的影响比工业社会更大。然而，在最近的粮食危机中，气候变化的作用有限。食品价格上涨更多地受到石油价格、与食品相关的投机、地方市场不发达以及社会保障和分配机制失灵等因素的影响。无法获得粮食可能会继续引发区域粮食危机，从而破坏脆弱且不稳定国家的经济表现和人类安全。

（3）不平等与不公正

与气候变化相关的潜在风险、成本和收益在世界人口中分配不均，这将在南北、贫富、当前和未来几代人之间引发社会正义问题。每个社会主体的资源、能力、利益和风险都由配给和分配机制、市场过程和权力结构决定。虽然温室气体排放主要来自工业国家，但气候变化可能对发展中国家的影响更严重。由于多种原因，脆弱性和适应能力在国家和地区之间的差异很大（Mertz et al.，2009）：①大部分发展中国家所在地区的气温上升加剧了本有的高温和雨量损失；②发展中国家的收入、生计和就业高度依赖农业部门；③在大部分人处于贫困状态的地区，气候变化的影响更大，更容易受到伤害；④由于经济和技术能力有限，适应能力减弱。不均衡与脆弱性的三个维度（暴露性、敏感和适应能力）高度相关。边缘化社区往往生活在更容易遭受气候变化影响的地区（如河流和沿海地区的洪水和风暴带或干旱和野火地区），一些地区因其地理条件更容易受到气候变化的影响（如孟加拉国、中东和非洲萨赫勒地区）。高度依赖农业和生态系统的社区对灾害更加敏感。即使在一个社区内，个体的脆弱性也存在很大的差异。"穷人和富人、女人和男人、年轻人和老年人、不同社会身份或政治阶层的人在面对相同气候事件时面临着不同的风险"（Ribot，2010；也可参见本手册第七章）。加洛平（Gallopín，2006：289）提供了一个关于社区洪水的例子：

> 最不稳固的房屋受到洪水的冲击比坚固的房屋更严重（敏感）。通常，最贫穷的家庭位于（暴露在）最易受洪水影响的地方。拥有最多资源的家庭掌握更多修复水破坏的办法（反应能力）。最终影响的大小还取决于洪水的强度、大小和持续时间（扰动的属性）。

151

气候变化对弱小、贫穷和脆弱社区的影响程度更大，并进一步削弱它们本来就有限的能力，从而加剧许多社会的分化和不平等。富裕社区将更有能力在其应对范围内保护自己免受环境退化的影响。

2. 不同层面的社会不稳定与冲突错综复杂地相互作用

环境状况为社会系统发展提供了约束和机会，而社会系统又反过来开发、污染和管理自然系统。正如我们在前几节所看到的，气候变化会显著改变这些状况，对社会系统造成压力，影响人类的生活和生计。气候变化导致生物物理系统的大规模转变，从而影响全球的自然资源和生态系统服务。这不仅会直接影响人类安全，还可能影响社会稳定，间接破坏人类安全所需的条件。生态系统服务对个人和整个社会都很重要（Leemans，2009；IPCC，2007），由全球变暖引起的环境变化可能会产生更大的社会影响。例如，通过破坏生计资产和社会基础设施，或通过影响破坏人类应对措施和社会系统的互动模式。在全球决策层面上，主要的参与者是国家或国家集团。在地方层面上，公民个人是受气候变化影响的关键当事人。地方和全球决策之间的多层级过程是通过数个层级的聚合而相互联系的，每一层都有其特有的决策过程（Scheffran，2008b）。

在微观层面，资产决定了人们如何应对变化和调整他们的生计。通过影响生态系统及其提供的服务，气候变化可能对家庭的资产基础造成越来越大的压力，特别是对那些高度依赖自然资源的家庭。气候变化破坏了人们在正常时期谋生的方式从而干扰生计。当气候变化超出人们应对的能力范围时，就会影响生计安全。那些遭受个人损失（生命、收入、财产、工作、健康、家庭和朋友）并发现其人身和人类安全受到威胁的个体可能更容易违反规则，选择包括暴力在内的非法行为，特别是这些行为能带来低风险收益时。

在中、宏观层面，全球变暖超出国家和社会的适应能力，这可能导致国家和国际的安全风险与社会不稳定。关键问题是社会能够适应的气候变化程度，以及它们制定的应对环境条件变化战略的有效性和创造性如何。如果这种变化超出了现有的行动能力，行动者就不足以预防或完全补偿气候变化的风险。这表明，对于重大的环境变化，低能力的行动者无法适应不断变化的环境条件和相关价值损失。如果环境变化的幅度或速度超过了他们的应对能力，那么实力强大的行动者也可能无法适应。如果环境变化不仅影响财富，而且降低能力本身进而影响应对能力，那么环境变化的影响将变得更加显著和持久。最近的一个例子是新奥尔良（New Oeans）的公共汽车和医院因卡特里娜飓风被洪水淹没，这削弱了整个社会向受灾民众提供充分帮助的能力。

环境压力增加和资源短缺可能导致结构变化，使国家容易受到破坏性气候事件的影响，这些事件破坏甚至摧毁重要资产和社会基础设施，如供水、粮食、木材、人类健康、住房、能源、运输和金融服务系统。相关的冲击可能会破坏社区的运作、机构的有效运作以及政府满足和保护公民需要的能力。破坏性的气候变化可能会超出各国政府有限地应对挑战的能力。这可能导致各国内部不同团体之间逐渐感到沮丧和紧张，并导致政治激进化，连同其他因素可能破坏各国的稳定。在"政府失败"的情形下，无法保证政府的核心职能，如法律和公共秩序、福利、参与和基本公共服务（如基础设施、卫生和教育）以及垄断武力使用（Starr，2008）。这些核心功能是安全与稳定的支柱，如果其中任何一项缺失，则更可能发生气候变化下的政府失败。

一个政府是否失败取决于长期的结构性因素，包括自然资源禀赋、经济基础设施、权力布局、人口发展和民族多样性。处于失败边缘的政府容易受到突然变化的影响，这些变化可能引发腐败、犯罪和暴力的螺旋式上升。政府结构的侵蚀和崩溃留下了权力真空地带，填补这个真空地带的往往是私人保安公司、恐怖组织或军阀等非国家行为体。一个突出的例子是索马里，这是一个由几大家族控制的国家。在撒哈拉沙漠以南的非洲，许多国家被认为面临着政府失败的风险。

一些作者认为，气候变化日益加剧社会的不稳定，这可能会破坏国家或人民的安全并导致暴力冲突（Scheffran and Battaglini，2011）。然而，检验气候变量（温度、降水）和冲突相关变量（武装冲突数量或伤亡人数）之间关系的实证研究并不支持二者之间存在明确的因果关系（Gleditsch，2012；Scheffran et al.，2012a）。虽然历史案例研究发现了显著的统计相关性（如在小冰川期），但最近的数据研究结果好坏参半。自冷战结束以来，尽管气温有所上升，但武装冲突的数量大大减少。冲突是复杂的，取决于各种各样的因素和连接两种现象的因果途径。文中特别提到了一些冲突（WBGU，2008），包括淡水资源的退化、粮食产量的下降、风暴和洪水灾害的增加以及环境引起的人口迁移。当气候变化减少了提供人类安全所必需的重要资源和基础设施时，就可能带来社会不稳定和冲突，进而威胁人类安全。武装冲突造成基础设施和生产性资产的破坏、人口流离失所、农村生计丧失，人们更容易受到自然灾害的影响。虽然发达国家可能更有能力避免这种恶性循环，但随着气温的不断上升，它们的基础设施、能源和水供应网络、运输和通信、生产和贸易也可能会遭到破坏。此外，他们还可能被卷入其他地方的暴力冲突和难民运动。社会的不稳定最终也会影响富裕人群，虽然富裕人群的个人生存能力更强，但如果周围的一切都崩溃了，他们同样会受到威胁。

最坏的情况下，气候变化可能引发环境恶化、经济衰退、社会动荡和政治不稳定的恶性循环，这些循环累积起来可能成为加剧安全威胁和冲突的因素，导致一连串事件。例如，气候变化和冲突导致的被迫人口迁移增加可能会在世界各地传播移民热，成为社会动荡的根源（WBGU，2008）。气候系统中的触发因素可能会引发一系列的不稳定，而这些不稳定又会引发社会系统中的其他触发因素，导致看似"小"的事件可能会引发重大的质变。一个自我强化的"连锁反应"可能会增加社会系统中连锁反应的潜在风险，使整个系统处于危险之中。

五 人类安全的社会回应、策略和协同效应

为了减少气候变化对人类安全和生计的威胁，社区需要有能力作出反应并采取行动，通过建立积极的价值观来减少伤害或进行补偿。这符合上述 IPCC 对适应的定义，即"缓和伤害或利用有利机会"（IPCC，2007：869）。社会是否能够应对气候变化的冲击，取决于其应对范围内的个人和集体反应。适应性决策根植于构成人们生活的既定社会、经济、体制和政治结构中。如前所述，相关因素包括人们拥有的资产，机构的责任和效

率，以及获得"教育、医疗、农业服务、司法系统和冲突解决机制"的途
径（Joneset al.，2010：3）。或者正如阿杰和文森特（Adger and Vincent，　155
2005：401）所言，"适应能力实际上给出了适应空间的设想，在这个适应
空间里适应决策是可行的"。

　　重要的是，人们在自己的社区里能够自由决定必要的适应方式适应气候
变化。农民和牧民开发了各种适应机制来应对气候变化（Amekawa et al.，
2010；Freier et al.，2012；Schilling et al.，2012）。为应对干旱等不利气候
条件，他们可能转向其他经济活动。另一种适应方式是季节性迁徙。不幸
的是，居住地点的某些状况（如重要资产的损失）会造成被迫的永久迁
居。什么权利是可能的和充分的，取决于社区的韧性、创新和自助能力、
适应能力和社会组织（Scheffran et al.，2012c）。

　　社交网络中的联盟可以通过结合多个参与者的能力，共同减少受影响
者的价值损失。为了保护社区中最脆弱和最弱小的成员，需要集体行动以
及团结和正义的原则。加强适应进程需要组织、结构性协同和体制机制，
包括规则和条例。

　　凯利和阿杰（Kelly and Adger，2000）探讨了人们在能力结构框架内
所拥有的"权利"，这决定了他们回应和应对气候压力源的能力。权利的
概念与努斯鲍姆（Nussbaum，2003）的能力途径扩展是相通的，该途径也
考虑了社区能力和功能。通过能力架构检验气候变化的脆弱性拓宽了研究
视野，吸引了对阻碍人们应对能力核心问题的关注，并强调制度、人们的
福祉、阶级、社会地位和性别关键变量的作用。例如，关于性别问题，罗
伊和维尼玛（Roy and Venema，2002）提出，通过将森和努斯鲍姆的方法
借鉴到脆弱性评估中，可以改善农村妇女的状况，降低她们面对气候变化
风险的脆弱性，同时使她们获得必要的行动能力作为自身变革动力。

　　正如本章前几节所述，一个群体的脆弱性和适应能力并不完全或不主
要是由气候变化决定，而是由该系统固有的一系列社会、经济和政治因素
决定。社会环境既可以为加强行动者之间的合作提供支持以减轻损害，也
可以在行动者的损失被人利用时加重压力。对于易受气候变化影响、缺乏
核心能力的社区，可以采取各种措施加强和保护其能力和生计。

156

1. 社会和经济发展

认识到富裕地区更不容易受到气候变化的影响，经济发展是减少安全风险和稳定社会的重要策略。发达国家在应对气候变化和解决相关冲突方面拥有更先进的技术能力、金融资产和制度机制。人均财富的增长可以提高应对气候变化的适应能力和敏感性。例如，面对频繁的干旱，富裕的农民将比贫穷和受教育程度较低的农民更有能力投资灌溉技术或使作物多样化。然而，经济上的限制制约了适应措施的负担能力。《斯特恩报告》得出结论，对于发达国家来说，气候变化的成本"随着高温导致极端天气事件和大规模变化的急剧增加，可能会达到 GDP 的几个百分点"（Stern，2007：157）。经济增长加剧了这一问题，因为气候变化是不可持续的经济发展造成的，它不仅威胁着自然资源基础、人类的福祉和社会恢复能力，还威胁着导致气候变化的经济增长本身。这表明了一个复杂的反馈循环：人类安全需要经济增长和发展，但这（除非碳中和）会导致进一步的气候变化，破坏了有助于人们减少人类安全风险的发展条件。挑战在于以可持续的方式规划社会和经济发展，避免气候变化及其严重后果。可持续发展是"既满足当代人的需要，又不损害后代人满足其需要的能力的发展"（WCED，1987：43）。因此，当前和未来人类需求和能力必须在自然资源的限制范围内得到满足才能使社会更能抵抗气候变化。要实现向低碳社会的转型，可在商品和服务的整个生命周期（如资源勘探、开发、运输、改造、使用和回收利用）采取各种措施。这些需要行为转变和社会变革，经济、金融和技术手段，监管计划以及南北双方的公私合作（Santarius et al.，2012）。总之，这些措施可以增强适应能力，改善生存条件，增强人类安全，建立解决问题的能力。

157

2. 治理与体制机制

包括政府和治理机制在内的政治机构在气候变化背景下为人类安全提供政治架构是必要的。在最脆弱的地方，需要国际社会特别关注，以协助各国减轻由于国家机构负担过重和基本服务提供不足时所产生的社会压力。在联合国秘书长的报告中，人类安全基于：

> 各国政府在确保其公民的生存、生计和尊严方面仍发挥首要

作用，这是基本的认识。……这有助于各国政府和国际社会更好地利用其资源并制订策略，如加强在地方、国家、区域和国际各级确保人类安全和促进和平与稳定所需的保护与赋权架构。（UN-SG，2010：1）

关键是让受影响的利益相关者参与决策并赋予他们权力。阿杰（Adger，2006：276）强调了这样一个事实："弱势人群和地方往往被排除在决策之外，也无法获得权力和资源。"因此，降低脆弱性的政策干预需要应对社会和政治环境，并将边缘化作为社会脆弱性的根源予以纠正，这对"设计善政促进韧性以减少排斥"提出挑战。适应策略的选择必须基于对本地冲击情况的了解，包括为气候科学提供本地知识的重要补充。为了平衡不同的利益，冲突的解决对于提高制度和集体行动的效率至关重要。近几十年来，加强了预防和管理冲突的国际努力，大大减少了武装冲突和战斗死亡人数。然而，冲突管理机构往往缺乏同时处理地方冲突和多重危机的能力。有效的体制架构、治理机制和民主化往往被视为和平处理冲突的重要先决条件。在过去的半个世纪里，民主国家的数量呈波浪式增长，武装冲突有所减少。但在过去几十年里，低水平的暴力和制度薄弱的脆弱政府的数量却在增长（Stewart and Brown，2010；Marshall and Cole，2011）。2008 年全球金融危机后，社会保障体系、人道主义援助和发展援助的压力增加。因此，慈善机构面临着可能被气候变化相关危机压垮的风险（WB-GU，2008）。

为了解决人们对气候不公正的担忧，那些造成这一问题作用最大的人也应该为解决这一问题贡献最大的力量，而受影响更大的人应该得到更多的免受风险保护。这需要工业化国家和发展中国家之间公平地交换资源、技术、专有技术和投资。在气候正义的全球架构内公平而有效地分担负担将平衡各国和社区之间的责任和冲击。全球外交有助于遏制气候导致的分配冲突、加强合作，为气候变化受害者建立补偿机制。联合国会员国和发展援助机构商定的千年发展目标为人类安全的国际治理确定了一个有益的框架。它包括八个目标，从消除极端贫困到减少艾滋病毒/艾滋病的传播，以及提供普及的初等教育。

3. 法律框架与人权

人为的气候变化有可能在许多方面侵犯人权，特别是那些最弱势的人往往生活在已经极端侵犯人权的地区。因此，保护人权免受风险、威胁和挑战的国家和国际法律框架是人类安全的关键因素。卡尔多（Kaldor，2011）认为，人类安全方法应该基于法治和有效执法，这意味着扩大国际组织的国际影响、新的人类安全力量，以及一个新的法律框架。人权与能力方法有内在的联系。努斯鲍姆认为权利（基本人权）与民族国家责任之间存在"概念上的联系"。在她看来，国家的核心职责是依法执行和保护公民的核心权力。一个社会如果不具备运转的能力，就是不公正的。基于宪法名义上的权力，如不能将其在公民能力的意义上行使，是毫无价值的（Nussbaum，2011）。然而，除了国家的责任之外，还有"集体义务"（Nussbaum，2011：26），即核心能力也必须由人民自己来保障。联合国秘书长潘基文的《人类安全报告》提出了"一系列对人类生活至关重要的自由，因此不区分公民权利、政治权利、经济权利、社会权利和文化权利，从而多维、全面地应对安全威胁"（UNSG，2010：7）。一些研究考察了与气候变化有关的人权法律问题（Posner，2007；Humphreys，2010），并探讨在实践中检验这些权利的案例，特别是原住民的案例。例如，卡内（Caney，2008）认为，除了发展权和居住权外，生命权、健康权和最低生活水平的物质福利权也受到气候变化的威胁。其他学者探讨了气候政策中的人权方法（Depledge and Carlane，2007）。

总之，在气候变化下，为了更好地了解受气候变化影响的国家和社区实际和潜在的适应需求，人类安全政策从区域到全球层面应该有一个长期的规划视界和综合框架。适应能力为制定创新战略提供了机会，这些战略不仅可以加强社区的适应能力，还可以使社区获得新的能力并恢复其生计。这不仅包括促进气候变化下自然资源可持续管理的技术创新，还包括组织和协调社区行动以利用适应"有利机会"的社会和体制创新，这些创新取决于受影响区域的社会条件。

参考文献

Adger, W. N. (2003), 'Social capital, collective action, and adaptation to climate change', *Economic Geography*, 79(4), 387 – 404.

Adger, W. N. (2006), 'Vulnerability', *Global Environmental Change*, 16, 268 – 281.

Adger, W. N. and K. Vincent(2005), 'Uncertainty in adaptive capacity', *C. R. Geoscience*, 337, 399 – 410.

Adger, W. N, P. M. Kelly, A. Winkels, L. Q. Huy and C. Locke(2002), 'Migration, remittances, livelihood trajectories, and social resilience', *Journal of the Human Environment*, 31(4), 358 – 366.

Adger, W. N. , I. Lorenzoni and K. O'Brien(2009), 'Adaptation now', in N. Adger, I. Lorenzoni and K. O'Brien (eds), *Adapting to Climate Change. Thresholds, Values, Governance.* Cambridge, UK: Cambridge University Press, pp. 1 – 22.

Agrawal, A. (2008), *The Role of Local Institutions in Adaptation to Climate Change*, Paper prepared for Social Dimensions of Climate Change meeting, Social Development Department, World Bank, Washington, 5 – 6 March.

Amekawa, Y. , H. Sseguya, S. Onzere, I. Carranza(2010), 'Delineating the multifunctional role of agroecological practices: toward sustainable livelihoods for smallholder farmers in developing countries', *Journal of Sustainable Agriculture*, 34(2), 202 – 228.

Barnett, J. (2001), *The Meaning of Environmental Security: Ecological Politics and Policy in the New Security Era*, London: Zed Books.

Barnett, J. (2010), 'Adapting to climate change: three key challenges for research and policy – an editorial essay', *Wiley Interdisciplinary Reviews: Climate Change*, 1, 314 – 317.

Barnett, J. and W. N. Adger(2007), 'Climate change, human security and violent conflict', *Political Geography*, 26, 639 – 655.

Blaikie, P. , T. Cannon, I. Davis and B. Wisner(1994), *At Risk: Natural Hazards, Peoples' Vulnerability and Disasters*, London: Routledge.

Bohle, H. – G. (2009), 'Sustainable livelihood security. Evolution and application', in H. G. Brauch et al. (eds), *Facing Global Environmental Change: Environmental, Human, Energy, Food, Health and Water Security Concepts.* Berlin, Germany: Springer – Verlag, pp. 522 –

528.

Bohle, H. – G. and T. Glade(2008), 'Vulnerabilitätskonzepte in Sozial – und Naturwissen-schaften', in C. Felgrentreff and T. Glade (eds), *Naturrisiken und Sozialkatastrophen*. Berlin, Germany: Springer – Verlag, pp. 99 – 119.

Bohle, H. – G. and K. O'Brien(2007), 'The discourse on human security: implications and relevance for climate change research: a review article', *Climate Change and Human Security*, Special issue of Die Erde, 137(3), 155 – 163.

Brauch, H. G. (2005), 'Environment and human security. Freedom from hazard impact, In-terSecTions', 2/2005 (Bonn: UNU – EHS) accessed 20 September 2012; at:, http://www. ehs. unu. edu/file. php? id564. .

Brauch, H. G. (2009), 'Human security concepts in policy and science', in H. G. Brauch et al. (eds), *Facing Global Environmental Change*. Berlin, Germany: Springer, pp. 965 – 989.

Brauch, H. G. and Scheffran, J. (2012), 'Introduction: climate change, human security, and violent conflict in the Anthropocene', in J. Scheffran, M. Brzoska, H. G. Brauch, P. M. Link and J. Schilling(eds), *Climate Change, Human Security and Violent Conflict*, Berlin: Springer Verlag, Hexagon Series, 8, pp. 3 – 40.

Buzan, B., O. Wæver and J. de Wilde(1998), *Security. A New Framework for Analysis*, Boulder/London: Lynne Rienner.

Campana, S. (2010), 'Climate change and the Mediterranean: reframing the security threat posed by environmental migration', Master's Thesis, Universiteit Amsterdam, available at: clisec. zmaw. de.

Caney, S. (2008), 'Human rights, climate change, and discounting', *Environmental Poli-tics*, 17(4), 536 – 555.

Carter, T. R., R. N. Jones, X. Lu, S. Bhadwal, C. Conde, L. O. Mearns, B. C. O'Neill, M. D. A. Rounsevell and M. B. Zurek(2007), 'New assessment methods and the characterisation of future conditions', in IPCC(2007), pp. 133 – 171.

Chambers, R. and G. Conway(1991), *Sustainable Rural Livelihoods: Practical Concepts for the 21st Century*. Brighton, UK: Institute of Development Studies.

CHS(Commission on Human Security), (2003, 2005), *Human Security Now, Protecting and Empowering People*, New York: Commission on Human Security, accessed 20 September 2012; at: < http://www. unocha. org/humansecurity/chs/finalreport/English/FinalReport. pdf >.

Depledge, M. and C. Carlane(2007) , ' Sick of the weather: climate change, human health　161
and international law' , *Environmental Law Review*, 9(4) , 231 – 240.

FAO(2011) , *The State of Food Insecurity in the World* 2011. Rome, Italy: Food and Agri-
culture Organization of the United Nations.

Folke, C. (2006) , ' Resilience: the emergence of a perspective for social – ecological sys-
tems analyses' , *Global Environmental Change*, 16, 253 – 267.

Freier, K. P. , Brüggemann, R. , Scheffran, J. , Finckh, M. and Schneider, U. A. (2012) , ' An
eco – sociological model concerning future livelihood strategies – climate change and traditional
transhumance in semi – arid Morocco' , *Technological Forecasting and Social Change*, 79, 371 – 382.

Fuentes Julio, C. F. , and H. G. Brauch(2009) , ' The human security network: a global
north – south coalition' , in H. G. Brauch et al. (eds) , *Facing Global Environmental Change: En-
vironmental, Human, Energy, Food, Health and Water Security Concepts*. Berlin, Heidelberg, New
York: Springer – Verlag, pp. 991 – 1002.

Füssel, H. – M. (2007) , ' Vulnerability: a generally applicable conceptual framework for
climate change research' , *Global Environmental Change*, 17, 155 – 167.

Füssel, H. M. (2009) , ' Development and climate change' , *Background note to the World
Development Report 2010. Review and Quantitative Analysis of Indices of Climate Change Expo-
sure Adaptive Capacity, Sensitivity and Impacts*. Potsdam, Germany: Potsdam Institute for Climate
Impact Research.

Gallopín, G. C. (2006) , ' Linkages between vulnerability, resilience, and adaptive capaci-
ty' , *Global Environmental Change*, 16, 293 – 303.

Gasper, D. (2006) , ' What is the capabilities approach? Its core, rationale, partners and
dangers' , The Hague: Institute of Social Studies.

Gasper, D. (2007) , ' What is the capability approach? Its core, rationale, partners and dan-
gers' , *Journal of Socioeconomics*, 36(3) , 335 – 359.

Gleditsch, N. P. (2012) , ' Whither the weather? Climate change and conflict' , *Journal of
Peace Research*, 49, 3 – 9.

Granovetter, M. S. (1973) , ' The strength of weak ties' , *American Journal of Sociology*, 78
(6) , 1360 – 1380.

Holling, C. S. (1973) , ' Resilience and stability of ecological systems' , *Annual Review of
Ecology and Systematics*, 4, 1 – 23.

HSN(1999), ' A perspective on human security' , Chairman's Summary, 1st Ministerial Meeting of the Human Security Network, Lysøen, Norway, 20 May 1999.

Human Security Report Project(2010), Human Security Report 2009/2010: *The Causes of Peace and the Shrinking Costs of War*. Vancouver, Canada: Oxford University Press.

Humphreys, S. (ed.) (2010) *Climate Change and Human Rights*. Cambridge, UK: Cambridge University Press, p. 348.

IPCC(2007), *Climate Change2007: Impacts, Adaptation and Vulnerability. Contribution of Working Group II to the Fourth Assessment Report of the Intergovernmental Panel on Climate Change. Cambridge*, UK: Cambridge University Press, pp. 869 – 883.

Jones, L. , S. Jaspars, S. Pavanello, E. Ludi, R. Slater, A. Arnall, N. Grist and S. Mtisi (2010), ' Responding to a changing climate. Exploring how disaster risk reduction, social protection and livelihoods approaches promote features of adaptive capacity' , Working Paper 319, London, UK: Overseas Development Institute.

Kaldor, M. (2011), ' Human security in complex operations' , *PRISM*, 2(2), 3 – 14.

Kelly, P. M. and W. N. Adger(2000), ' Theory and practice in assessing vulnerability to climate change and facilitating adaptation' , *Climatic Change*, 47, 325 – 352.

King, G. and C. J. L. Murray(2002), ' Rethinking human security' , *Political Science Quarterly*, 116(4), 585 – 610.

Leemans, R. (2009), ' The Millennium Ecosystem Assessment: securing interactions between ecosystems, ecosystem services and human well – being' , in H. G. Brauch et al. (eds), *Facing Global Environmental Change: Environmental, Human, Energy, Food, Health and Water Security Concepts*. Berlin, Heidelberg, New York: Springer – Verlag, pp. 53 – 62.

Marshall, M. G. , and B. R. Cole (2011), *Global Report2011 – Conflict, Governance, and State Fragility*. Vienna, USA: Center for Systemic Peace.

Max – Neef, M. , A. A. Elizalde, and M. Hopenhayn (1991), *Human Scale Development: Conception, Application and Further Reflections*. New York, USA: Apex.

Mearns, R. , and A. Norton(eds) (2009), *Social Dimensions of Climate Change: Equity and Vulnerability in a Warming World*. Washington, DC, USA: World Bank.

McDowell, C. and A. de Haan(1997), *Migration and Sustainable Livelihoods: A Critical Review of the Literature*. Sussex, UK: IDS.

Mertz, O. , K. Halsnaes, J. E. Olesen and K. Rasmussen (2009), ' Adaptation to climate

162

change in developing countries', *Environmental Management*, 43, 743 – 752.

Nordås R. and N. P. Gleditsch(2005), ' Climate conflict: common sense or nonsense?', Paper presented at the international workshop Human Security and Environmental Change, Oslo, Norway 21 – 23 June.

Nussbaum, M. C. (2003), ' Capabilities as fundamental entitlements: Sen and social justice', *Feminist Economics*, 9, 33 – 59.

Nussbaum, M. C. (2011), ' Capabilities, entitlements, rights: supplementation and critique', *Journal of Human Development and Capabilities*, 12, 23 – 37.

O'Brien, K. L. and R. M. Leichenko(2007), ' Human security, vulnerability, and sustainable adaptation', Background Paper commissioned for the *Human Development Report 2007/2008: Fighting Climate Change: Human Solidarity in a Divided World*. New York, USA: United Nations Development Programme.

Owen, T. (2004), ' Human security: conflict, critique and consensus: colloquium remarks and a proposal for a threshold – based definition', Special Section: What is Human Security?, *Security Dialogue*, 35(3), 345 – 387.

Paris, R. (2001), ' Human security: paradigm shift or hot air', *International Security*, 26 (2), 87 – 102. Porter, A. (1998), ' Social capital: its origins and applications in modern sociology', *Annual Review of Sociology*, 24, 1 – 24.

Posner, E. (2007), ' Climate change and international human rights litigation: a critical appraisal', *University of Pennsylvania Law Review*, 155, 1925 – 1945.

Putnam, R. D. (1993), *Making Democracy Work: Civic Traditions in Modern Italy US*, Princeton, USA: Princeton University Press.

Renaud, F. G. , J. Birkmann, M. Damm and G. C. Gallopín(2010), ' Understanding multiple thresholds of coupled social – ecological systems exposed to natural hazards as external shocks', *Natural Hazards*, 55, 749 – 763.

Robeyns, I. (2006), ' The capability approach in practice', *The Journal of Political Philosophy*, 14, 351 – 376.

Robinson, L. W. and F. Berkes(2011), ' Multi – level participation for building adaptive capacity: formal agency – community interactions in northern Kenya', *Global Environmental Change*, 21, 1185 – 1194.

Roy, M. and H. D. Venema(2002), ' Reducing risk and vulnerability to climate change in

India: the capabilities approach', *Gender & Development*, 10, 78 – 83.

Sanginga, C. P. , R. N. Kamugisha and A. M. Martin(2007), 'The dynamics of social capital and conflict management in multiple resource regimes: a case study of the southwestern highlands of Uganda', *Ecology and Society*, 12(1).

Santarius, T. , J. Scheffran and A. Tricarico(2012), *North South Transitions to Green Economies – Making Export Support, Technology Transfer, and Foreign Direct Investments Work for Climate Protection.* Heinrich Böll Foundation, accessed 20 September 2012 at: http://www. santarius. de/wp – content/uploads/2012/08/North – South – Transitions – to – Green – Economies – 2012. pdf.

Scheffran, J. (2008a), 'The complexity of security', *Complexity*, 14(1), 13 – 21.

Scheffran, J. (2008b), *Preventing Dangerous Climate Change*, in V. I. Grover(ed.), Global Warming and Climate Change, Science Publishers, 2, 449 – 482.

Scheffran, J. (2011), 'The security risks of climate change: vulnerabilities, threats, conflicts and strategies', in H. Brauch et al. (eds), *Coping with Global Environmental Change, Disasters and Security.* Berlin, Germany: Springer, pp. 735 – 756.

Scheffran, J. and A. Battaglini(2011), 'Climate and conflicts: the security risks of global warming', *Regional Environmental Change*, 11, 27 – 39.

Scheffran, J. , M. Brzoska, J. Kominek, M. Link, and J. Schilling(2012a), 'Climate change and violent conflict', *Science*, 336, 869 – 871.

Scheffran, J. , P. M. Link and J. Schilling(2012b), 'Theories and models of climate – security interaction: framework and application to a climate hot spot in North Africa', in J. Scheffran et al. (eds), *Climate Change, Human Security and Violent Conflict*, Berlin, Germany: Springer, pp. 91 – 132.

Scheffran, J. , E. Marmer and P. Sow(2012c), 'Migration as a contribution to resilience and innovation in climate adaptation: social networks and co – development in Northwest Africa', *Applied Geography*, 33, 119 – 127.

Schilling, J. , K. P. Freier, E. Hertig and J. Scheffran(2012), 'Climate change, vulnerability and adaptation in North Africa with focus on Morocco', *Agriculture, Ecosystems and Environment*, 156, 12 – 26.

Security Dialogue(2004), 'Special Section: What is Human Security?', 35(3).

Sen, A. (1985), *Commodities and Capabilities.* Amsterdam, Netherlands: North – Holland.

163

Sen, A. (1999) , *Development as Freedom.* Oxford, UK: Oxford University Press.

Smit, B. and O. Pilifosova(2001) , ' Adaptation to climate change in the context of sustain-able development and equity' , in J. J. McCarthy, O. F. Canziani, N. A. Leary, D. J. Dokken and K. S. White(eds) , *Climate Change* 2001: *Impacts, Adaptation, and Vulnerability – Contribution of Working Group II to the Third Assessment Report of the Intergovernmental Panel on Climate Change.* Cambridge, UK: Cambridge University Press, pp. 877 – 912.

Smit, B. and J. Wandel(2006) , ' Adaptation, adaptive capacity and vulnerability' , Glob-al*Environmental Change,* 16, 282 – 292.

Starr, H. (ed.) (2008) , ' Failed States, Special Issue' , *Conflict Management and Peace Science,* 25(4) .

Stern N. (2007) , *The Economics of Climate Change.* The Stern Review, New York: Cam-bridge University Press.

Stewart, F. and G. Brown(2010) , ' Fragile states: CRISE Overview 3' , Centre for Research on Inequality, Human Security and Ethnicity(CRISE) , Oxford.

Ulbert, C. and S. Werthes (eds) (2008a) , ' Menschliche Sicherheit. Globale Herausforde-rungen und regionale Perspektiven' , Baden – Baden: Nomos.

UNDP(1994) , *Human Development Report* 1994. *New Dimensions of Human Security,* New York/Oxford/New Delhi: Oxford University Press, accessed 20 September 2012; at: < http: // hdr. undp. org/reports/global/1994/en/pdf/hdr_1994_ch2. pdf > .

UNSG(2010) , *Human Security,* Report of the UN Secretary General Ban Ki – moon, (A/ 64/701) , 8 May. New York, USA: United Nations, accessed 20 September 2012 at: < http: // responsibilitytoprotect. org/human% 20security% 20report% 20april% 206% 202010. pdf > .

Wasserman, S. and K. Faust (1995) , *Social Network Analysis: Methods and Applications.* Cambridge, UK: Cambridge University Press.

WBGU(2008) , *World in Transition – Climate Change as a Security Risk,* Wissenschaftli-cher Beirat der Bundesregierung Globale Umweltveränderungen(German Advisory Council on Global Change) . London, UK: Earthscan.

WCED(1987) , *Our Common Future,* Report of the World Commission on Environment and Development.

Wikipedia(2012) , ' Capability management' , accessed 20 September 2012 at: < http: // en. wikipedia. org/wiki/Capability_management > .

第七章

脆弱性并非从天而降：迈向多层面的利于穷人的气候政策[*]

杰西·里沃特

作者序言

人类世的原因和责任——脆弱性不仅仅是从天而降^{**}

上帝死了。上帝已死。我们亲手杀了他。我们这些凶手中的凶手，该如何安慰自己？世界上最神圣、最强大的上帝在我们的刀下流血而死：谁来擦去我们身上的血迹？我们用什么水可以洗清自己？我们要发明什么赎罪的庆典、什么神圣的游戏？这伟绩对于我们是否过于伟大？难道我们自己不必变成神来配得他吗？

——尼采，《快乐的科学》，第 125 节（Nietzsche, *The Gay Science*, Section 125）

……"风险"已成为赋予环境规制意义和方向的组织性概念。

——贾桑诺夫（Jasanoff, 1999：135）

---

* 非常感谢阿伦·阿格拉沃尔（Arun Agrawal）、汤姆·巴西特（Tom Bassett）、阿什维尼·查特尔（Ashwini Chhatre）、弗洛里安·克莱门特（Floriane Clement）、罗杰·卡斯佩松（Roger Kasperson）、希瑟·麦克格雷（Heather McGray）、罗宾·默恩斯（Robin Mearns）、安德鲁·诺顿（Andrew Norton）、本·威斯纳（Ben Wisner）和几位匿名审稿人在草稿和讨论中提出的富有挑战性的建设性意见。感谢蒂姆·福赛思（Tim Forsythe）、海伦·爱泼斯坦（Helen Epstein）、茹铙·吉勒（Isuzsa Gille）和马利尼·兰加纳坦（Malini Ranganathan）对本文再版时就序言部分给出的精辟评论。

** 非常感谢蒂姆·福赛思，海伦·爱泼斯坦，茹铙·吉勒和马利尼·兰加纳坦对这篇序言的深刻评论。

21 世纪以来，纽约的海平面已经上升了 20 厘米。2012 年 10 月，桑迪（Sandy）袭击了美国东海岸，虽然人们预料到这会造成破坏，但其破坏的程度令人意想不到。桑迪展示了在气候变化下，富人可能只是失去他们的房子，穷人却可能会失去他们的生活和生计。桑迪将全球气候变化呈现在人们面前，这让否定气候变化的人显得愚蠢至极，让相信气候变化的人踌躇满志。它让该州着手修复城市设施——沙丘和海堤建设、隧道防洪闸，并申请援助以促进恢复。很少有人会问上帝为什么要这样做。虽然奥巴马总统在 2010 年海地地震时宣称"要不是上帝的恩典，我们也会遭殃"（Wood，New York Times，23 January 2010），但美国并未坐等上帝的恩典。桑迪不仅仅是一个自然现象。人们把桑迪视为一场人为的超级风暴（Kaplan，*New York Times*，3 December 2012）。人们在问"谁在什么时候做了什么"和"为什么会发生这种情况"，人们寻求理解风险的原因、监管漏洞，然后追责（Lipton and Moss，*New York Times*，10 December 2012；Preston，Fink and Powell，*New York Times*，3 December 2012）。因果政治正成为美国气候政治新常态的核心。

最近的气候事件也在重塑地缘政治。在 2012 年 12 月的多哈气候谈判中，代表最贫穷国家集团的穆罕默德·乔杜里（Mohammed Chowdhury）看到奥巴马总统向美国国会提出的对桑迪飓风援助，指出"……我们不会得到那种规模和数量的支持"（John Broder，*New York Times*，9 December 2012）。气候变化和灾难目前在全球范围内都有联系。排放者的行为给气候变化的受害者带来痛苦。两者的联系是通过降低、适应和应对不平等的道德建立起来的。气候变化和灾难的因果链从灾难上溯到各国政府的准备工作及其事后反应，再到自由市场社会中空前不平等的放纵和道德缺失。痛苦和苦难激发了人们对因果关系更全面的分析，寻找责任以及过错原因——支持来自直接因果关系的责任和人与人之间道德义务的主张。随着人为气候变化造成的气候变化问题社会化，灾害的社会性更加明显。灾难是社会的产物——从地面到空中。我们只能怪自己。我们现在必须把目光投向社会——在所有层面上——寻求原因、责任、过错和解决办法。

《脆弱性并非从天而降》（Ribot，2010）探讨了脆弱性的因果结构以及脆弱性与气候变化的关系。许多对脆弱性的分析回避了对因果关系的历史政治－经济分析。相反，他们专注于识别谁是脆弱的，而不是为什么会变得脆弱。这并不奇怪。因果关系具有威胁性，这意味着责任、过错和负担。关于气候变化的讨论已经转向将适应作为应对气候相关脆弱性的手段，但这是通过对如何实现适应的前瞻性分析，而不是对产生风险的结构进行历史性分析。然而，造成脆弱性的原因对纠正脆弱性很重要。了解不安全的原因对于维护安全很重要。本章着重分析的脆弱性并未使用"人类安全"的话语视角，但它们是密切相关的。脆弱和不安全由社会产生并由社会纠正，不会从天而降。我们将充分了解它们的原因，以便提出变革方案解决问题。我们还应该发展一种新的风险社会学，帮助我们理解风险对社会的影响，以及如何、何时、为何对原因和过错进行分析、呈现并采取行动。

166　　启蒙运动用自然取代上帝，用科学家取代牧师，用风险研究取代神学。始终不变的是社会需要解释痛苦和苦难——识别风险并归咎责任。所有人类文化都面临着解释世界上过度苦难的问题；所有的人在任何时候都在为减少痛苦和理解人类经验而奋斗（Wilkinson，2010）。韦伯（Weber）认为这种理性化是文化或社会变革的基础——调和信仰和经历的需求导致文化的转型。道格拉斯（Douglas）认为，对痛苦的解释或风险的识别，划定了善与恶、我们与他们的界限，提供了可自我保护的组织基础，有助于界定并强化社群。①

　　罗斯（Rose）利用福柯的治理思想，把风险管理看作是通过行为进行

---

① 对玛丽·道格拉斯来说，继涂尔干（Durkheim）和韦伯之后，人们所担心的风险并不是社会学关注的焦点。她只探讨风险的社会功能。她认为，当将人们团结在一起的社会纽带薄弱时，人们通常会对灾难感到困扰（这可能意味着薄弱的纽带是我们自身现代化的条件）。这种对灾难的关注对社会有积极的作用。通过找到一个共同的威胁，社群聚集在一起，围绕共同的社会目标组织起来。他们保护他们的群体免受伤害。与此同时，作为群体生存的一部分，人们开始寻找解释和指责——通过定义内部人士和外部人士来帮助进一步巩固群体。它确定了哪些人属于这个社群，并创建定义这个社群的边界。它还定义了"另一个"。像韦伯一样，道格拉斯认为"风险"话语已经取代了神性话语。"风险"话语取代了"罪性"话语，两者都是责备性话语。过去人们谈论的是"罪恶"，现在他们谈论的是"危险"：罪恶求助祭司的权威；风险诉诸科学和现代理性的权威（Douglas，1985）。关于"危险"题材的论述也参见罗斯（Rose，1999）。

的一种社会控制手段。政府通过引导"处于风险中的"人口和社会将自己视为风险的原因，从而产生风险主体，使个体承担起调整计划——将责任从国家、更大的社会和政治经济中转移出来（Rose，1999）。我们也经常看到政客们以风险和安全为借口来保住权力——愤怒的人们会通过投票进行抗议。许多社会理论家认为风险、原因和相关指责是政治组织、社会组织和社会变革的核心（Bourdieu，1977；Douglas，1985，1992；Beck，1986；Rose，1999；Jasanoff，1999；Adam et al.，2000；Wilkinson，2010）。

与气候相关的风险对社会有什么影响？对风险成因的分析和解释如何塑造社会生活？风险分析如何产生解决方案并改变社会组织？森（Sen，1981）所提出的"权利贫困"因果模型解释了与干旱相关的饥荒的脆弱性，这是获得食物的合法市场手段失败的结果。他指出，在干旱期间，尽管有足够的食物来供给每个人，运转良好的市场还是会把食物从饥饿者手中分配出去。这是因为家庭无法利用其资产通过合法经济手段获得充足食物。这表明需要能力支持、市场监管和社会保护以使得家庭保有资产并防止其权利崩溃。为了解释该体系中的资产和权利，沃茨和博勒（Watts and Bohle，1993）研究了生成性政治经济学和普遍的社会不平等，资产、法律和由此产生的权利形成。他们的分析表明了政治动员或"授权"——在我看来，这包括政治代表——在塑造增强家庭安全所需的保护方面的作用。这些解释在社会范围内瞄准了原因和与气候相关的风险，归因于社会责任并要求社会回应。

通过追踪弗雷泽（Fraser，2008：28）所谓的"生成框架"的因果关系，这些分析指出了变革性干预的潜力——这种干预可以重构脆弱性产生的过程。这样的变革性解决方案需要权利关系有所改变，权利关系会改变政治经济，而政治经济又会改变权利。① 这对现状提出了深刻挑战。虽然理

167

---

① 针对不公，弗雷泽（Fraser，2008：28）概述了两种补救途径——肯定性补救和变革性补救。她认为，"我所说的对不公正的肯定性补救，是指旨在纠正社会安排的不公平结果，而不扰乱产生这些结果的基本框架的补救办法"。我将在这个阵营中放置许多适应方法。她继续说道："相比之下，所谓变革性补救措施，我指的是旨在通过重组潜在的生成框架来精准纠正不公平结果的补救措施。"

解因果关系是作出回应的必要组成，但是对因果关系的解释会立刻引发争议——即来自理论、方法、历史、诠释等方面的争议。更重要的是，这些争议点集中在这些解释的可能后果和利益上。因果关系本身就是一个有争议的思维范畴。把对社会组织的危害与人类动机联系起来，意味着过错与负担。对危机案例因果关系的追踪会威胁到那些制造痛苦的参与者（无论是出于无知、疏忽、某种目的、贪婪或欲念而参与其中）。这也威胁到那些从未被识别的日常生产、交换、消费关系中获益的人，不管他们是主动的还是被动的。

那些受到指责的人往往会避免或否认生成性分析。这也难怪即使是善意的人也不愿陷入对原因争议的纠结中。与其回顾以地点为基础的历史和脆弱性的原因，那些希望在面对气候变化时减少脆弱性的人更愿意期待"适应"——想象未来是一个没有社会原因和过错的自然中性的空间（Ribot，2011）。① 展望现况，他们悄然将过错归咎于灾害，同时也接受了当下的格局，形成了"社会的死亡"——拒不承认差异化生成过程，而这一过程会产生保护及机会的不平等（Rose，1999）。似乎任何不归咎于上帝、自然或受害者（如参照富科和罗斯的归责于风险主体）——或远方的气候变化推动者——的解释都是可疑的，并被决策者、执行者和众多活动家们所怀疑和回避。继续将责任归咎于气候具有双重作用：既掩盖了局部因果关系，又继续将责任转移到灾害上——如天灾、自然灾害或今天的人为气候变化。②

当然，在人为气候变化下，通过追踪温室气体排放者和使他们排放温室气体的政治经济体系，气候灾害的原因确实指向社会责任。那么，这是否意味着风险存在于危险之中，还是脆弱性现在从天而降？谁应该为气候

---

① 人们行动的可能性总是由他人建构的——他们的行为正在被执行。我认为，引导行为是"适应能力"等概念的功能。将风险视为结构选择限制的产物，指出个人和群体的目标是通过改变政治经济和权力关系来重构他们的环境，扩大他们采取行动的可能性。把风险看作是由适应能力决定，是指个人在自身内在或固有能力范围内适应，使其无形中产生行动的可能性——使他们自然化并生发行动的主体性，即个体责任。

② 在这里，人为气候变化有可能成为一种将注意力转移到远方原因的手段，而代价是继续分析本地脆弱性的生成。所以，它也可以像上帝和自然一样服务于人，让人推卸责任。

事件以及相关的饥饿、饥荒、混乱和经济损失负责？我们是否需要重新思考因果结构，包括通过天气的因果关系？就像森（Sen，1981）与沃茨和博勒（Watts and Bohle，1989）对饥荒的解释一样，将气候事件转化为灾难的根本条件仍然是社会性的并且仍然存在。因此，气候事件不能被指责。危险——无论如何产生——不能解释人们的资产或权利。他们没有解释为什么在飓风桑迪之后，以白人为主的封闭式社区希望政府资金来重建他们的豪华住宅，而获得资金支持的黑人和西班牙裔只能要求能够恢复他们最初的贫困生活水平（Berger，2012）。对灾害的分析也不能解释为什么同样严重的干旱或风暴在某个地方和时间是致命的，而在另一个地方和时间只是一个麻烦。

　　然而，当气候灾害成为人为的时，社会性质的因果关系发生了变化。为什么我们现在不能把因果关系和责任主要归咎于天气事件？人为气候变化造成什么，应该归咎于什么？社会责任是真实存在的，可以通过天气事件来传达信息。但它显然不是天气事件的产物。在面对生物物理事件时，破坏的风险仍然来自当地的社会和政治经济历史，这些历史将人们置于灾难的边缘。气候事件——无论是人为的还是自然的——仍然会在当地找到脆弱的人群。并不是气候事件把脆弱人群安排在这里。然而，由于生物物理事件是人为的，对风险的因果解释必须考虑压力源背后的人类意向和利益。随着地质工程学的兴起，这一问题变得更加尖锐（Klein，2012）。即使灾难从来都不是上帝或自然所为，本来被视为人类社会之外的气候事件现在也具备了与人相关的文化和特征。气候事件已经可以溯源到社会系统和行动者的行为（Jones and Edwards，2009；Arthur，2012）。因此，责任在于地上而不是天上。脆弱性的因果结构仍然存在于社会内部。天气只是媒介。我们不会因为车撞了人而责怪车。[①] 我们自己难辞其咎。新的因果责任政

168

---

① 一名评论者认为，这一说法太接近美国枪支游说团体的说法，即"枪支不会杀人，是人杀人"。事实上，他们是对的。我们不会因为枪杀了人而责怪枪支——我们会责怪立法者，他们让枪支在许多其他的社会因素中随处可见。

治是当今的时代特征，欢迎来到人类世。①

人类世的起因以及由此产生的指责目前是有分歧的。当然，不管有无人为气候变化，社会永远都不会对脆弱性袖手旁观，这是国家之间、一国之内民众之间政治－经济和社会关系的世界体系分化的结果。地面上的脆弱性是（而且一直是）远方力量的产物，就像我们现在从天空中看到的变化一样。风险通过气候事件表现是由于现实生活中人的防卫行动通过差别化的规则、结构和差异化的主观能动形成包容和排斥模式，使他们欲望和利益的成本外化到远方的其他人身上，而无需按照规则承担直接责任。脆弱性的构成仍然纯粹是社会性的。脆弱性的原因——尤其是一个特定地方的各种不同原因——仍然可以通过生产、交换、支配、从属、治理和主观的社会关系来追溯。需要从实时实地发生的危机案例出发，进行分析和理解脆弱性的原因。但是，公认的人类起源学为确定社会因果关系提供了一条新的途径，即明确责任和义务并要求赔偿和补偿（Jones and Edwards, 2009；Hyvarinen, 2012）。②和脆弱性一样，新的气候压力的原因也不是从天而降。

人类一直未停歇进化的脚步，并深刻地改变了气候事件的意义。现在能够证明人类负有责任——不仅要为地面上的脆弱性负责，也要为天气承载的压力源负责。指责上天——以及它的神性或本性——不再能够减少、转移或掩盖责任。事实上，气候事件为全球的连通性增添了一个新的维度，这在历史学家、社会和政治经济理论家来说早已显而易见（Wolf, 1981）。地区脆弱性的社会原因与天气压力源的社会原因——原因和过错的

---

① 参见视频"欢迎来到人类世"，http://sociology. leeds. ac. uk/sites/environment/2012/03/27/welcome - to - the - Anthroposcene /。

② 将生物地球物理事件归咎于人类并不是什么新鲜事。它定义了社群，定义了分歧，确定了责任，并明确了痛苦的根源。这值得我们认真对待。它就像自然灾害或天灾的概念一样合理。所有这些解释都"有效"——它们产生意义、改变行动、避免或追究责任等。它们讲述的是人们试图理解非凡的苦难，就像在这个序言结尾的海地出租车司机的例子。当然，（由出租车司机、保险公司、帕特·罗伯逊和巴拉克·奥巴马唤起的）幻想、自然和上帝都是将责任从使海地处于危险中的附属历史中转移出来的手段（Ribot, 2010）。此外，在许多文化中，魔法是一种将人类因果关系归因于事件的手段，而这些事件的源头既可能是人类，也可能不是。

两条线索——是相互关联的。导致气候变化的温室气体的生产权利不平等在某种程度上造成了贫困和边缘化，使一些人处于安全之中，另一些人处于危险之中。那些消费能力远远超过基本生存水平的人比那些不能达到这个水平的人更少受到伤害（Watts，1983；Agarwal and Narain，1991）。不受限制地获取资源和商品——通过差异化的全球政治经济规则和社会关系来保护一部分行动者和另一部分从属行动者——使过度消费成为可能，这种消费正在改变气候，并增加遭受风险者的压力。当地脆弱性的社会分层和不平等加剧了气候变化带来的压力。①

历史因果分析很重要，虽然这并不是制定减少脆弱性和增加人类安全有效策略的唯一途径。本序言有助于对人为干扰自然时代脆弱性和不安全的根源进行分析，该内容是对本文的一个更新。早在 1994 年，UNDP 就提出以人为本的人类安全概念，其中"安全……意味着不受饥饿、疾病、犯罪和镇压的持续威胁"以及"保护人们的日常生活方式不受突然和有害的干扰"（UNDP，1994）。在进一步发展这一概念时，冈田和森（Ogata and Sen，2003：2）呼吁"以人为本，而不是以国家为中心的安全"。这种对安全的重新定义使个人、家庭和社区成为焦点，精准的脆弱性分析必须从这些方面开始。因此，要减少脆弱性并构建安全机制，就需要深入了解所经历的危机及其根源。为了实现人类安全，"人类生命的重要核心是通过各种方式促进人类自由全面发展"（Ogata and Sen，2003），需要理解这些生命面临灾难的临界点是怎样的。与气候相关的安全措施需要以人为本，而不是以天气为中心。与其寻求因果分析，更容易的是将责任归咎、转移到上帝身上，抑或在人类世将其通过云层转移到远方的人身上。最后一个是对因果关系富有成效的社会分析。然而，地区脆弱性的原因有本土的根源也有远距离的根源，这些也都需要呈现并作出应对处理。

170

---

① 这种痛苦的产生在于获得快乐和富足的机会不平等——社会分层。人们常说在汉字文化里"危机"是由"危"加"机"组成的，但这种说法是错误的。对这一误解的普遍解释是，改变是痛苦的，也是有希望的——危机对个人成长来说应该是一个受欢迎的机会（这是指责受害者的另一种逻辑）。这些一厢情愿的思考者没有认识到的是，危险和机会可能是相关的，但更有可能跨越不同的社会阶层。一些人面临危险，而另一些人则获得相关的机会。对某些人来说的危险对另一些人来说就是机会——社会是分层的。

对痛苦的理性化——理解其原因并追责——塑造了社会内部和社会之间的关系。在人类文明中，我们面临着很多貌似合理的新型破坏路径及归责路径，这有可能重塑地缘政治。基地组织（Al Qaeda）把他们遭受的一些苦难归咎于西方，因为他们透过自己的理论滤镜，感知到他们在全球政治和经济上被边缘化。

现在，世界各地的社会都有理由将风暴和干旱归咎于工业世界。什么滤镜会弱化或强化他们的理解？他们将如何应对？全球范围归责的新渠道正在人类学界兴起。当然，远距离的因果关系并不是什么新鲜事。长久以来，人们将其归因于分析和想象。一位在纽瓦克（Newark）的海地出租车司机告诉我，2010 年的海地地震是由一条从迈阿密到太子港的秘密隧道的施工引起的。他知道在美国的行动和海地的痛苦之间存在因果关系。他没有错。使海地变得脆弱的历史与法国的奴隶制和随后花旗银行收取的赔款、贸易封锁、美国的占领、外部支持的独裁者和其他海外势力有关，这些力量使海地处于危险之中。他知道了，于是对此充满了想象。在人类世，全球气候变化争论又多了一种新的归因方式，该方式获得了"科学士"的支持。上帝死了，自然被人文化，我们不需要想象力就能看到人类能动性的代价如何依旧由人类自己承担。

参考文献

172

Adam, Barbara, Ulrich Beck and Joost Van Loon (2000), *The Risk Society and Beyond: Critical Issues for Social Theory*. London, UK: Sage.

Agarwal, Anil and Sunita Narain (1991), *Global Warming in an Unequal World*. New Delhi, India: Centre for Science and Environment.

Arthur, Charles (2012), 'Revealed: how the smoke stacks of America have brought the world's worst drought to Africa', Editorial in *The Independent*, 12 June. http://www.freerepublic.com/focus/news/699049/posts.

Beck, Ulrich (1986), *Risk Society: Towards a New Modernity*. Los Angeles, USA: Sage.

Berger, Joseph (2012), 'Enclaves, long gated, seek to let in storm aid', *New York Times*, 26 November.

Bordieu, Pierre(1977), *Outline of a Theory of Practice*. Cambridge, UK: Cambridge University Press.

Douglas, Mary(1985), *Risk Acceptability According to the Social Sciences*. New York, USA: Russell Sage Foundation.

Douglas, Mary(1992), *Risk and Blame: Essays in Cultural Theory*. London, UK: Routledge.

Fraser, Nancy (2008), ' From redistribution to recognition? Dilemmas of justice in a "post‐socialist" age', in K. Olsen(ed.), *Adding Insult to Injury Nancy Fraser Debates Her Critics*. London, UK: Verso.

Hyvarinen, Joy(2012), ' Loss and damage caused by climate change: legal strategies for vulnerable countries', October 2012 report of the Foundation for International Environmental Law and Development(FIELD), London, UK. http://www. field. org. uk/ files/field _ loss _ _ damage_legal_strategies_oct_12. pdf.

Jasanoff, Sheila A. (1999), 'The songlines of risk', *Environmental Values*, 8, 135 – 152.

Jones, Tim and Sarah Edwards(2009), ' The climate debt crisis: why paying our dues is essential for tackling climate change', Report of the World Development Movement and Jubilee Debt Campaign. http://wdm. org. uk/sites/default/files/climatedebtcrisis06112009_0. pdf.

Kaplan, Thomas(2012), ' Most New Yorkers think climate change caused hurricane, poll finds', *New York Times*, 3 December.

Klein, Naomi (2012), ' Geoengineering: testing the waters', *New York Times*, 27 October, p. SR4.

Lipton, Eric and Michael Moss(2012), ' Housing agency's flaws revealed by storm', *New York Times*, 10 December.

Nietzsche, Friedrich(1974), *The Gay Science*. New York, USA: Vintage Books.

Ogata, Sadako and Amartya Sen(2003), *Human Security Now*, Report of the UN Commission on Human Security. http://ochaonline. un. org/humansecurity/CHS/ finalrep ort/index. html.

Preston, Jennifer, Sheri Fink and Michael Powell(2012), ' Behind a call that kept nursing home patients in storm's path', *New York Times*, 3 December, p. 1.

Ribot, Jesse(2011)' Vulnerability before adaptation: toward transformative climate action', *Global Environmental Change*, 21, 4.

Rose, Nicholas(1999), *Powers of Freedom: Reframing Political Thought*. Cambridge, UK:

Cambridge University Press.

Sen, Amartya(1981), *Poverty and Famines: An Essay on Entitlement and Deprivation*. Oxford, UK: Oxford University Press.

UNDP(1994), *Human Development Report*. New York, USA: Oxford University Press.

Watts, Michael J. (1983), *Silent Violence*. Berkeley, USA: University of California Press.

Watts, Michael J. and Hans Bohle(1993), ' The space of vulnerability: the causal structure of hunger and famine', *Progress in Human Geography*, 17(1), 43 – 68.

Wilkinson, Iain(2010), *Risk, Vulnerability and Everyday Life*. London, UK: Routledge.

Wolf, Eric(1981), *Europe and the People without History*. Los Angeles, USA: University of California Press.

Wood, James(2010), ' Between God and a hard place', *New York Times*, 23 January.

论文

173　　**脆弱性并非从天而降：迈向多层面的利于穷人的气候政策**＊

一个社会最终是由它如何对待其最弱小和最弱势的成员来评判。

——休伯特·汉弗莱（Hubert Humphrey）

如果一个自由社会不能帮助多数穷人，那么它也无法拯救少数富人。

——约翰·肯尼迪（John F. Kennedy）

一　引言

如果自恋品德和原始的自我利益的结合不能帮助降低脆弱性，那么一些好的分析和政治参与或许可以。

＊　感谢罗宾·默恩斯（Robin Mearns）允许转载这篇文章，这篇文章最初发表在罗宾·默恩斯和安德鲁·诺尔东（Andrew Nordon）的《气候变化的社会维度：变暖世界里的公平和脆弱性》中，题目是《脆弱性并非从天而降：迈向多层面的利于穷人的气候政策》。此次出版做了修订，特别是关于所谓的 "社会建构主义" 脆弱性方面的概念。

　　脆弱性分析有助于回答社会在哪些方面以及怎样可以最好地投资以降低脆弱性。分析可能不会引起所有决策者重视，但可以为专业开发人员、活动人士和受影响人口提供参考，促进或要求获得权利与保护，使每个人都过上更好的生活。气候变化对个人和整个社会都构成危害。与风暴、干旱和缓慢的气候变化相关的损害是由当地的社会、政治和经济脆弱性决定的。通过采取从减弱气候变化到降低个人和群体脆弱性的各种措施来降低气候变化影响（McGray et al.，2008：35）。本章将评估在某种程度上被忽视的导致脆弱性的社会和政治经济因素。其目的是使人们能够思考各种减少脆弱性的政策措施。本文关注的是减少贫困和边缘化群体在气候变化和气候事件面前的日常生活中的脆弱性。

　　面对气候变化，世界上的穷人更脆弱，尤其容易遭受生计和资产的损失、颠沛流离、饥饿和饥荒（Cannon et al.，n.d.：5；Anderson et al.，2010；Heltberg et al.，2010）。贫困和边缘化群体生活在多重风险中，必须关注自然、社会、政治和经济风险重叠的成本和收益（Moser and Satterthwaite，2010）。他们的风险最小化策略可能会在冲突到来之前就减少他们的收入，而冲击则可以通过中断教育、阻碍儿童身体发育、破坏资产、迫使出售生产性资本、减慢贫困家庭恢复步伐导致社会分化加剧（Heltberg et al.，2010）。穷人还可能经历由发展或气候行动本身带来的威胁和机会，例如努力减少家庭能源、土地和森林管理等部门的温室气体排放（Turner et al.，2003：8076；O'Brien et al.，2007：84；ICHRP，2008：1-2；White et al.，2010）。[1]

　　好消息是政策可以大幅减少与气候相关的脆弱性。虽然最全面的全球数据显示面对自然灾害[2]人类苦难和经济损失正在恶化，但受影响人口的比例正在下降（Kasperson et al.，2005：151-152）。高收入国家的脆弱性

---

[1]　例如，如果适应或减缓的尝试（如减少毁林和森林退化所致排放，REDD），加剧了地区内部/之间或社会群体内部/之间的不平等（O'Brien et al.，2007：84）。

[2]　即使不把2004年的海啸算在内，这种趋势依然存在。20世纪90年代受到气候事件不利影响的人数是80年代的两倍。在过去40年里，重大灾难增加了四倍，而经济损失增加了十倍（Kasperson et al.，2005：151-152）。

降低最明显，在这些国家更高的福利水平加上更好的基础设施、政策和规划成功缓和了气候趋势或事件的影响。有效的气候行动可以大大缓解气候压力源带来的风险。

1970 年当气旋波拉（Cyclone Bhola）以 6 米高的潮汐浪袭击孟加拉国时，大约有 50 万人死亡（Frank and Husain, 1971）。1991 年与波拉相似的高尔基气旋（Cyclone Gorky）袭击了孟加拉国，造成 14 万人死亡。然而，2007 年当比波拉和高尔基更强的气旋锡德（Cyclone Sidr）带着 10 米高的潮汐浪冲击孟加拉国时，死亡人数降至 3406 人。在此期间，虽然该地区的人口密度有所增加，但死亡人数却大幅减少（Government of Bangladesh, 2008）。损失减少的原因是孟加拉国将工作重点从救灾和恢复转向危险识别、社区防范和综合应对工作（CEDMHA, 2007）。最重要的是先进的早期预警和疏散系统（Ministry of Food and Disaster Management of Bangladesh, 2008; Bern et al. , 1993; Batha, 2008），使锡德的致死率比波拉小 150 倍。[①] 这是一个有效的气候行动案例。

尽管政策取得了显著的成功，但贫困、边缘化和边缘文化人群仍然普遍脆弱。在孟加拉国这样的国家，妇女、穷人和其他边缘群体大部分处于难以忍受的弱势地位（Mushtaque et al. , 1993）。当阿根廷东北部面临干旱时，依赖工业的烟草种植者比独立的农田生态农民更脆弱，后者的农场更多样化、技术装备更多、较少受外部市场影响，并拥有更大的政治谈判权力（Kasperson et al. , 2005: 158 – 159）。在肯尼亚，牧场私有化改善了一些人的安全状况，同时也使更贫穷和没有土地的人更加脆弱（Smucker and Wisner, 2008）。在巴西东北部，穷人依赖雨水灌溉农田，难以获得气候中立的就业机会，这个群体仍然很脆弱（Duarte et al. , 2007: 25）。由于权力和代表权的不平等，较贫困人口被排除在获得服务、社会网络和土地之外，这加剧了与气候相关的脆弱性和损失。这类问题也是气候行动的目标。

---

① 卡特里娜飓风（Hurricne Katrina）跟孟加拉国的飓风都是 3 级风暴。卡特里娜飓风的巨浪高达 4 米。当然，比起肆虐新奥尔良的卡特里娜飓风，应对锡德飓风要做的事情应该更多。但其因臭名昭著的布什政府管理不善，卡特里娜飓风造成 1300 人死亡（白宫 2006 年）。

相似的气候压力源在同一地点的不同时段、不同地点或不同的社会阶层所造成的危害差异巨大。这反映了气候事件与其影响之间复杂的非线性关系。与气候事件有关的损害更多地来自地面条件，而不是气候变化本身。气候事件或趋势通过社会结构转化为不同的影响。穷人和富人，女人和男人，年轻人和老年人，以及具有不同社会身份或政治阶层的人在面对相同的气候事件时会经历不同的风险（Wisner，1976；Sen，1981；Watts，1987；Swift，1989；Hart，1992；Agarwal，1993；Blaikie et al.，1994：9；Demetriades and Esplen，2010；Moser and Satterthwaite，2010）。这些不同的结局来自各地方的社会和政治经济环境。无法承受的压力并非凭空而来，它是由当地的社会不平等、资源获取不平等、贫困、基础设施不足、代表权缺乏、社会保障不足、早期预警和规划系统不完善等因素造成的。这些因素将气候变化转化为痛苦和损失。

贫困是形成气候相关脆弱性的最显著因素（Prowse，2003：3；Cannon et al.，n. d.：5；Anderson et al.，2010；Heltberg et al.，2010）。穷人最不能减缓压力，也最不能从压力中恢复。他们往往生活在不安全的、易受洪水和干旱影响的城市或农村环境中，缺乏帮助他们从损失中恢复的保险，在要求政府提供保护性基础设施、临时救济或重建支持时几乎没有影响力（ICHRP，2008：8）。事实上，即使在没有气候压力的情况下，他们的日常生活条件也非常艰难。气候压力将这些人推到了一个超低的临界值，陷入基本人权受到侵犯的不安全和贫困中（ICHRP，2008：6；Moser and Norton，2001）。

气候行动的适应性旨在降低人类的脆弱性，它不能局限于处理气候变化的增量影响，以维持或使人们回到变化前的被剥夺状态（Heltberg et al. 2010）。[①] 如布莱基等（Blaikie et al.，1994：3）指出，"尽管地震、流行病和饥荒致命，但世界上更多的人因意外事件、疾病和饥饿而被缩短寿命，疾病和饥饿通常在世界许多地方都存在……"（Kasperson et al.，

---

① "适应"这个词虽然在气候讨论中很常见，但存在很大的问题。它使弱势群体自然化，这意味着，像植物一样，它们应该适应刺激。这个术语含蓄地把变革的负担放在了受影响的单位——而不是那些造成脆弱性的人，或者有责任帮助应对和促进幸福的部门（如政府）。"适应"也意味着"适者生存"，这不是一个可取的社会伦理。

2005：150；Bohle，2001）。如果要将气候变化的威胁从致命降为纯粹的危害，有效的气候行动必须致力于消除这种"正常"状态。

在简要回顾脆弱性理论之后，本章构建了一种方法来分析脆弱性的各种因果结构，以确定可能降低贫困和边缘人口脆弱性的政策应对措施。本章认为，理解特定脆弱性的多层面因果结构——如错位风险或经济损失——以及人们用来管理这些脆弱性的做法，有助于制定解决方案和潜在的政策应对。对脆弱性原因的分析可用于确定解决方案的多层面性，还可以确定每个层面上负责产生和能够减少气候相关风险的组织。

文献很少关注影响降低脆弱性干预措施、政策和方案的需求和潜在的社会因素。[①] 本章概述了不同环境和政治经济背景下多重脆弱性的因果结构政策研究议程，以便将因果变量聚集起来帮助制定更高层次的减少脆弱性政策和策略。对因果关系的关注基于现有项目的成功经验，如社会基金、社会安全网或社区主导型发展（Heltberg et al.，2010），以及基于应对和风险分担实践的成功适应支持（Agrawal，2010；Anderson et al.，2010）。对因果结构的关注增加了在多个层面上对根本原因的系统关注。这确定了对风险的直接反应（一般通过项目和人们自己的应对安排），同时也关注到造成脆弱性的更深远的社会、政治和经济根源。

脆弱性分析和政策制定只是多步骤迭代治理过程的第一步。本章最后讨论了治理问题，认为要使决策倾向穷人，就需要穷人和边缘人群在气候决策过程中有发言权。

177

二　把气候与社会联系起来：脆弱性理论

人们普遍注意到，环境变化的脆弱性并非孤立于资源使用这一更宽泛的政治经济存在。脆弱性是由不经意或蓄意的人类行动驱使，这

---

① 美国国家研究委员会（2007 年）、IPCC（2007 年）和《斯特恩报告》（2006 年）都承认需要更多的社会科学分析。

除了与自然和生态系统相互作用外，还强化了自身利益和权力分配（Adger，2006：270）。

脆弱性分析通常被极化为所谓的风险－危害和社会建构主义架构（Füssel and Klein，2006：305；Adger，2006；O'Brien et al.，2007：76）。风险－危害属于实证主义（或现实主义）学派，而权利和生计方法属于建构主义。然而，我把后一类称为权利或生计方法，因为这两种方法都不是建立在社会建构主义观点之上。

在这里用"社会建构主义"表述并不恰当。对于实证主义者来说，"风险……是实际发生的自然和社会变化过程中有形的副产品。它可以由知名专家绘制和测量，并在一定范围内加以控制"（Jasanoff，1999：137）。在社会建构主义观点中，"风险并不直接反映自然现实，而是通过历史、政治和文化塑造折射在每个社会中"（Jasanoff，1999：139）。它错误地将实证主义或"现实主义"的观点与社会建构主义的观点作对比，实证主义或"现实主义"被这些作者归类为自然科学，而社会建构主义被这些作者归类为社会科学。

对任何社会科学家来说，风险－危害、权利和生计方法都是实证主义的概念，正如亚桑诺夫（Jasanoff）在上文所述。这两种分析也可以服从或整合社会建构主义观点，这有助于我们对风险及其评估的理解。如果将作为指代事物本质的本体论的建构主义与作为方法论立场的建构主义区分开来，那么建构主义的分析并不一定意味着脆弱性的条件和原因不是"真实的"（Leach，2008：7）。事实上，建构主义方法论没有理由不尊重脆弱现象学。坚定的实证主义者断言，社会建构的意义产生于塑造因果关系的不同地位的行动者（Rebotier，2012）。① 简而言之，我们需要摒弃这种错误

---

① 例如，利奇（Leach）指出，"方法论的建构主义方法可以用来理解科学家、公民和其他利益相关者围绕问题的不同观点，并为他们在决策中指定不同的角色"（Leach，2008：7）。当然，建构主义不能局限于对不同观点的分析，必须扩展到理解立场是如何影响世界被理解并被转化为有意义的方式。

的二分法，这会使社会分析不可信。①

　　两个学派之间的具体区别是，风险－危害模型倾向于评估单一气候事件的多重结果（或"影响"）（见图7－1），而权利和生计方法则描述了单一结果的多重原因（见图7－2）（Ribot，1995；Adger，2006）——二者都可以用实证主义的方式或从建构主义视角研究。风险－危害可追溯到环境危害本身的线性因果关系，而权利和生计方法则往往追溯多种社会和政治－经济因素的根源。权利和生计方法将因果关系定位于能动性，因此倾向于认为事件发生时是自然现象起作用，而不是"造成"损害的风险。第三类综合分析框架，主要从权利和生计方法发展而来，但将环境视为一个因果因素。

178

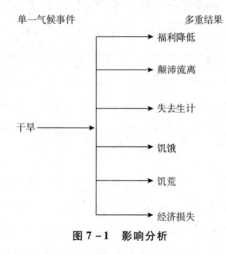

图7－1　影响分析

179 　　这两种典型的方法提出了不同的问题。风险－危害方法将脆弱性定义为"系统的外源性危害及其不利影响之间的程度－回应关系"（Füssel and Klein，2006：305），这涉及预测某一特定气候事件或压力的后果或"影

---

① 没有实证主义的推理会阻碍解释和立场分析作为因果分析的一部分——因为对意义和解释的差异及争论是因果关系的一部分。此外，话语并不比一棵树或风暴系统更"真实"。形成安全与损害决策的原因是对统治、权威、决策权以及最终为政策和实践而进行的话语斗争的结果。立场塑造了人们的行为，因此是因果关系的物质政治经济分析的一部分。这些都不是关于分类的细致观察。将社会科学分析纳入"社会建构主义"和非"现实主义"范畴，正是使这些观点失去合法性的手段，仿佛社会的、话语的、建构主义因素不是脆弱性的因果结构的一部分。事实上，它们是其核心。当然，任何"现实主义者"如果不理解这种解释是多面的和有意义归属的，就会忽略这样一点：这些观察并不否认他们"科学"的重要性。

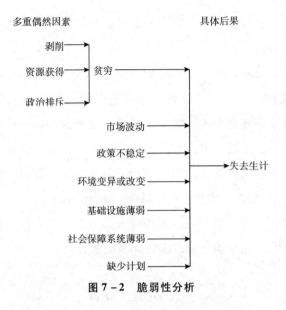

图 7 - 2 脆弱性分析

响"，并估计由"正常"气候条件到气候变化情景下，预期条件的强化所造成的损害上升。他们认为人们在危险面前是脆弱的——在危险中定位风险。一般认为这种方法未充分考虑社会风险维度（Adger，2006：270；Cannon，2000）。

权利和生计方法关注的是造成脆弱性的原因，认为人们很容易受到不良后果的影响——失去有价值的资产。他们还关心气候事件或趋势可能带来的后果，把气候事件和趋势视为外部现象，把灾害和苦难的风险视为社会现象，把对脆弱性的解释放在社会系统中。权利和生计学派在社会中定位风险，被描述为将脆弱性呈现为"权利的缺失"，或在面临气候事件导致的风险时缺乏足够的手段自我保护或维持生存，这些风险是由社会对食物、生产性资产的供应情况和社会保护安排决定的（Adger，2006：270）。权利和生计方法通常被认为忽视了生物物理因素。

综合分析框架将这两种观点联系起来。这些框架往往借用权利和生计模型，而不是纯粹基于风险 - 危害。综合分析框架认为脆弱性取决于生物物理和人为因素。一种观点认为，脆弱性具有"外部维度，即系统对气候变化的'暴露'，以及内部维度，即系统对这些压力源的'敏感性'和'适应能力'"（Füssel and Klein，2006：306）。IPCC 将内部和外部方面视为脆弱性的两个独立维度。然而，脆弱性的外部和内部的划分完全取决于系统边界的划分。

特纳等（Turner et al.，2003；Blaikie，1985；Watts and Bohle，1993）采用了一种规避边界问题的方法，通过追踪特定风险案例的脆弱性原因——解释为什么特定的个人、家庭、群体、国家或地区面临特定损害的风险（见图 7-2）。通过追踪每个风险单位的因果关系，他们的模型将整个系统视为一个完整的整体。脆弱性分析必须考虑所有因素——生物物理和社会因素——对关注单位的压力影响（Kasperson et al.，2005：159-161）。这种基于因果关系的脆弱性综合方法为下一节介绍可行的综合分析方法提供了信息。这是脆弱性的多层面多因素分析。

三 脆弱性分析

任何气候行动脆弱性分析都有两个目标，即确定哪些人易受影响以及如何帮助他们。分析人士不禁要问：我们应该把用于适应气候变化的公共资金花在哪里？这些地方应该投资什么样的项目？关于第一个问题如何确定支出目标，需要确定在哪些地区（哪里）、哪些社会群体（谁）和哪些有价值的事物（什么）是脆弱的。我们需要在哪些方面进行投资的问题，需要了解这些地方、人和事物的脆弱性特征和原因（为什么），这样我们就可以评估降低脆弱性的所有方法。"哪里，谁，什么和为什么"是完全不同的问题。知道"在哪里、知道谁和是什么"告诉我们如何确定支出目标。知道了"为什么"，我们就知道在这些目标地区和社区需要修正或改进什么。"为什么"还表明了与气候调整和变化相关的脆弱性的短期和长期解决方案的成本和复杂性。

尽管风险-危害类型的影响评估可以表明在给定的不变的当地环境（给定的暴露水平和响应能力）下，一个地方可能会受到预测的气候变化的影响，但它很少告诉我们为什么这些地方、人或生态系统是敏感或缺乏韧性的。了解可能的"影响"可以帮助我们将资金投向特定的地方或特定的社会群体或生态系统。然而，这不能告诉我们，一旦我们将资金投入这些特定的地方、特定的社会群体或生态系统，具体怎样去花这些钱。分析原因可以帮助引导将资金投入减少脆弱性的项目和政策。气候行动应该以这两种分析方法为指导，关注影响评估、指标和目标定位。[①] 接下来我们将着重分析脆弱性的因果结构。

1 脆弱性的因果结构

分析脆弱性原因的两种最常见的方法都使用权利或生计[②]的概念。[③] 这些方法分析了个体、家庭或生计系统的敏感性和韧性，还分析了相互关联的人类–生物物理系统。它们往往会引起人们对最弱势人口——穷人、妇女和其他边缘群体——的关注。这些方法为分析气候相关脆弱性的原因提供了一个出发点。

2. 权利和生计方法：将脆弱性归位

森（Sen，1981，1984；Drèze and Sen，1989）为分析饥饿和饥荒脆弱性的原因奠定了基础。森的分析从他所谓的家庭层面的"权利"开始。权利是一个家庭可以支配或"有权"获得不同种类商品的一整套权利和机会。例如，一户家庭的食物权利包括家庭可以通过生产、交换或法律以外正当合理的惯例控制或获得的食物，如互惠关系或亲属义务（Drèze and Sen，1989）。一个家庭可能有一项禀赋或一套资产，包括：对生产性资产的投资、粮食或现金的储存，以及向其他家庭、赞助人、酋长、政府或国际社会的索取（Swift，1989：11；Drèze and Sen，1989；Bebbington，1999）。资产使人们免受食物短缺之苦，它们可能是食物储备或人们可以用来制造或获得食物的东西。[④] 反过来，资产取决于家庭产生盈余的能力，这些盈余可以储存、投资于生产能力和市场，并用于维持社会关系（Scott，1976；Berry，1993；Ribot and Peluso，2003）。

在权利架构中，脆弱性是指家庭的替代性商品组合无法降低他们的饥

[①] 关于画图和定位，参见 Downing，1991；Deressa，Hassan and Ringler，2008；Adger et al.，2004；Kasperson et al.，2005：150。

[②] 本文中权利方法和生计方法是两个分析脆弱性的方法，但前文把这两个方法归为一类，叫"权利和生计方法"。——译者注

[③] 关于脆弱性方法的评论，参见 Kasperson et al.，2005：148 – 150；Füssel and Klein，2006；Adger，2006。

[④] "资产在生产、交换和消费之间起到缓冲作用。"（Swift，1989：11）

饿、饥荒、颠沛流离或其他损失的风险。这是家庭出现危机时一个相对的衡量标准（Downing, 1991; Downing, 1992; Watts and Bohle, 1993: 46; Chambers, 1989: 1）。这个架构通过识别能让家庭维持食物消费的几个要素（即生产、投资、储存和索取），使我们能够分析粮食危机的原因。① 理解饥饿的原因可以为减少脆弱性提供政策借鉴（Blaikie, 1985; Turner et al., 2003）。通过分析家庭危机产生的因素链，揭示了家庭危机产生的一系列原因。这种关于气候事件如何转化为粮食危机的社会模型取代了自然灾害和环境变化的生态中心模型（Watts, 1983）。通过显示一系列因素，环境压力被设定为影响家庭福利的其他物质和社会条件之一。例如，由于私有化政策限制了牧民的流动，牧民依赖不稳定的雨养农业，在干旱期间可能会出现饥饿（Smucker and Wisner, 2008）。

182　　　　把环境（包括气候）纳入社会架构，设定为影响生产、再生产和发展的众多因素之一，其实是把环境因素边缘化了（Brooks, 2003: 8）。但是，这并不会降低环境可变性和调整的重要性。事实上，通过阐明自然资源质量对社会福祉在程度和方式上的重要性强化了环境论点。这些基于家庭的社会模型也表明，资产匹配对能够应付、调整（如减缓）环境起伏和变化非常重要，这样能够使陆地上的生产活动不受制于它们所依赖的自然资源的破坏，同时也不破坏它们所依赖的自然资源。② 利奇等（Leach et al., 1999）后来将这些家庭生计的环境投入称为"环境权利"（Leach et al., 1997; Leach and Mearns, 1991）。

　　"环境权利是指从环境产品和服务中衍生出来的替代性效用集合，社会行为者对其拥有合法有效的控制，该权利有助于实现福利"（Leach et al., 1999: 233）。在这一定义中，作者有四个创新。第一，他们将森的权利概念从个人或家庭基础扩展到任何规模的社会行动者——个人或群体。这使

---

① 权利框架非常有用，但非常不完整——只涵盖了有限的一组原因。关于对其局限性的分析参见加斯珀（Gasper, 1993）。

② 家庭模式往往受到限制，因其未考虑家庭内部的生产和再生产动态，但并不一定要如此。参见 Guyer, 1981; Guyer and Peters, 1987; Carney, 1988; Hart, 1992; Agarwal, 1993; Schroeder, 1992。

分析可以扩展到任何相关的社会单位（或气候相关分析中的暴露单位），如个人、家庭、妇女、民族、组织、社区、国家或地区。第二，他们引入了子项权利（sub‐component entitlement）的概念，即来自特定资源或部门的福利的效用集合——例如环境。①

利奇等（Leach et al.，1999：233）的第三项创新也借鉴了森的观点，即"环境权利使人们能够或可以利用这些权利，这增强了人们的能力"。最后，他们扩展了权利的概念，比如某项事物可以被"要求合法权利"，而不仅仅是合法地"拥有"。在这个框架中，要求合法权利可能会受到质疑——这是森未能注意到的。例如，当南非姆坎巴蒂（Mkambati）自然保护区附近的猎人被国家法律禁止进入保护区时，他们继续根据他们认为合法的习俗权利进行狩猎。他们坚持自己的权利，并质疑政府的主张（Leach et al.，1997：9）。因此，一个家庭在传统意义上并不能拥有像自然资源这样的资源禀赋，但是可以通过社会关系占有。除了国家法律，这些社会关系可能还会通过合法组织引入合作、竞争或冲突调节。在此基础上，他们引入了另一个概念，即森认为单一和静态的权利，也可能是多样的（á la von Benda‐Beckman，1981；Griffiths，1986）且基于多重的、潜在冲突的社会和政治‐经济关系（á la Blaikie 1985；Ribot and Peluso，2003）。

沃茨和博勒（Watts and Bohle，1993）也将德雷兹和森（Drèze and Sen，1989）对家庭权利的分析引入多层面政治经济学中。他们认为，脆弱性由权利、赋权和政治经济三者共同构成。在这里，赋权是塑造更高层面政治经济的能力，而后者反过来又会塑造权利。例如，民主或人权框架可以使人们有权在提供基本必需品和社会保障方面向政府问责（Moser and Norton，2001：xi）。德雷兹和森（Drèze and Sen，1989：263）观察到某些类型的政治选举权在减少脆弱性方面的作用，特别是媒体在民主国家中制造合法性危机的作用。沃茨和博勒远远超越了基于媒体的政治，他们证明

183

---

① 第二项创新可能会让人感到困惑，因为森（Sen，1981）的经典权利框架中的环境主张可以被视为人们"权利和机会"的一部分，而这些可成为替代效用集合并将成为人们可以掌握的替代性商品组合的一部分。然而，把环境看作是对人们禀赋和替代性商品组合的贡献是有益的。

通过赋予公民权利，可以制衡政治经济过程中产生的不平等。虽然他们的模型中没有提到这些，但他们的方法表明直接代表、抗议和抵抗、社会运动、联盟和民权社会压力都可以影响政策和政治进程或影响塑造家庭权利的更广义的政治经济（Ribot，1995）。莫泽和诺尔东（Moser and Norton，2001：x）认为动员穷人争取基本权利是塑造更广义政治经济学的重要手段。

多重机制将微观和宏观的政治经济联系起来形成家庭资产。迪尔和德杨弗利（Deere and deJanvry，1984）发现了大的经济体蓄意从农户抽走收入和资产的机制，包括现金税、实物和人工税、劳动剥削和不平等的贸易条件。在社会、经济和环境政策的支持下，这些过程使人们变得脆弱，因为他们从土地和劳动中创造的财富被吸走了。例如，塞内加尔的林业法律及其实施阻止了农村人口从利润丰厚的木炭贸易中获得利润（Larson and Ribot，2007）；印度尼西亚的林业工作者蓄意从农民那里榨取劳动，并阻止他们买卖林业产品贸易，但允许富有的商人获利（Peluso，1992）。斯科特（Scott，1976）也展示了农户如何被剥削以换取安全。农民们为了换取困难时期主顾给他们的支持，愿意让其产品或收入的大部分被主顾拿走。

每个家庭都受到多重力量的影响，这些力量决定其资产和福利。南部非洲的农户要应对气候变化、艾滋病、冲突、治理不善、资源获取扭曲以及应对能力的侵蚀。虽然粮食生产支持是典型的粮食安全干预措施，但基于家庭的研究表明通过汇款和赠款支持的粮食购买是家庭获得粮食的重要来源。该地区的捐助者支持气候早期预警系统，但人们发现如果不与其他措施结合起来，这些系统在减少脆弱性方面收效甚微。例如，农民要求就给定的预测和预警信息给予具体的指导。许多农民缺乏将气候信息或具体指导转变为行动所需的能力或资源，如信贷、剩余土地、市场渠道或决策权——这些成为脆弱性的直接致因（Kasperson et al.，2005：159-161）。沃茨和博勒（Watts and Bohle，1993）、迪尔和德杨弗利（Deere and deJanvry，1984），以及斯科特（Scott，1976）的分析框架，对家庭所嵌入的权力和授权等级的分析（Moser and Norton，2001：7），使我们深入了解更广义的政治经济学，从而解释为什么信贷稀缺、为什么市场准入和代表权如此有限。

与权利分析一样，生计方法（Blaikie et al.，1994；Bebbington 1999；Turneret al.，2003；Cannon et al.，n. d.：5）评估塑造了人们资产的多层面因素。生计方法建立在权利方法的基础上，但将分析的焦点从家庭转移并嵌入更大的生态和政治－经济环境中的多链生计策略。生计方法还将关注的焦点从饥饿的脆弱性转向多种脆弱性，如饥饿风险、混乱和经济损失——一系列与更宽泛的贫困状况密切相关的因素。在这些方法中，脆弱性变量与人们的生计联系在一起，其中生计是"个人、家庭或其他社会团体对收入和/或资源的支配，这些收入和/或资源可以使用或交换以满足其需求。这可能涉及信息、文化知识、社会网络、法律权利以及工具、土地或其他物质资源"（Blaikie et al.，1994：9）。当生计"充足并可持续"时，该模型得出的脆弱性较低（Cannon et al.，n. d：5）。生计模型明确地将脆弱性与生物物理危害联系起来，承认危害改变了一个家庭可利用的资源，进而加剧一部分人的脆弱性（Blaikie et al.，1994：21－22）。

简而言之，权利和生计方法为脆弱性分析打下扎实的基础。它们关注和分析单位主体（主体暴露）的层面差异，认为影响该风险主体的因素种类范围有所不同——生计方法研究范围更广。总的来说，这为脆弱性分析提供了强大的分析工具：（1）从风险单位主体开始；（2）关注其面临的可避免损伤；（3）以单位主体资产状况为其安全性和脆弱性的基础；（4）在当地生产和交换以及在更宽泛的物质、社会和政治经济环境中分析脆弱性的原因。这种脆弱性分析与以气候事件为起点在社会静态环境中描绘其后果的风险－危害方法有很大不同。权利和生计脆弱性研究方法将脆弱性置于实际情况中，使我们能够解释为什么特定的脆弱性会在特定时间特定地点发生。

四　走向扶贫气候行动

饥饿、饥荒和颠沛流离的脆弱性与贫困相关（Prowse，2003：3；Cannon et al.，n. d.：5；Anderson et al.，2010；Heltberg et al.，2010）。妇女、少数民族和其他边缘化群体多数处于弱势，与贫困人群一样非常脆弱

（Demetriades and Esplen，2010）。对于贫困和边缘化的弱势群体来说，降低脆弱性意味着减贫和基本的发展（Cannon et al.，n. d：4；Prowse，2003：3）。

社会中的弱势群体往往不受当权者重视。城市贫民窟或远离权力中心的半干旱或森林地带边缘群体中的经济弱势群体对那些政界人士或大企业来说无关紧要。即使在政府的防灾规划上，他们的优先等级也较低（Blaikie et al.，1994：24；ICHRP，2008）。例如，贫民窟居民受极端天气影响的程度与定居地点和基础设施及服务水平和质量相关，如给水、卫生和排水。这些人群的贫乏降低了他们适应不断变化条件的能力，也削弱了他们针对降低风险投资提出政治要求的能力（Moser and Satterthwaite，2010）。

为了消除对穷人和边缘化人群的偏见，脆弱性分析和政策必须有针对性地支持穷人。本节概述了有利于穷人的脆弱性分析方法和确定减少脆弱性政策的研究议程。

1. 有利于穷人的脆弱性分析

权利和生计方法评估贫困的原因和消极后果，以确定应对问题根源的方法（Downing，1991；Ribot，1995；Watts and Bohle 1993；Turner et al.，2003：8075）。风险人群大部分是穷人和边缘化人群，对负面结果的关注有利这些群体。当然，这种向穷人的倾斜也可以通过分析研究得到强化，这些分析选择研究穷人最关心的后果（如饥饿、颠沛流离或经济损失），这些后果将人们推到贫困或极度匮乏的边缘。对因果关系的关注可以帮助我们获得解决方案。

应对①和适应研究得出贫困和边缘化人口使用的减少脆弱性策略以及支持这些策略的手段。例如，阿格拉沃尔（Agrawal，2010）从家庭和社区风险集中策略入手，确定了支持这些策略的主体——公民、私人和公共组织。他的分析为机构（他指的是"组织"）的角色提供了见解，

---

① 应对是困难时期的临时调整，而适应是活动的永久性转变以适应永久性的变化（Davies，1993；Yohe and Tol，2005）。

因此也为应对和适应提供了潜在的组织渠道。虽然这种方法不能解释为什么人们会变得脆弱，但它为降低和管理地方层面的脆弱性提供了深刻的见解。

虽然应对和适应性策略分析也可以提供脆弱性的原因，但是权力和生计方法通过分析脆弱性的因果结构，能识别出更广泛的应对和适应机会（Watts，1983；Mortimore and Adams，2000；Yohe and Tol，2005；Anderson et al.，2010）。应对方法以及许多基于项目的干预措施侧重于适应的手段、适应的原因和适应的能力。脆弱性方法寻求确定脆弱性的原因，即人们需要适应的风险致因。①

追踪负面结果的原因使研究者和专业开发人员通过对因果关系面的测算完善应对和适应方法，这可以针对脆弱性在各个层面上的根源确定可行的政策选择——不仅是对危害和压力的应对或适应，更是对问题根源的反映。例如，在塞内加尔，尽管有法律将森林管理移交给选举产生的农村委员会，但森林管理员还是迫使委员会将利润丰厚的木材燃料生产机会提供给大的城市商人，这使农村人口陷入贫困（Larson and Ribot，2007）。森林村民只能继续依靠低收入的雨养农业获得微薄的收入。找到使森林村民陷入贫困并被边缘化的原因，研究人员会建议优化政策执行，而不是像许多项目所做的那样，鼓励村民销售其他次等森林产品。

对政策制定者来说，最有用的脆弱性分析要从我们希望避免的结果开始然后逐步推向因果因素（Turner et al.，2003：8075；Blaikie，1985；Downing，1991；Füssel，2007）。除了有利于穷人，关注后果及其原因还有其他优势：（1）能使政策与我们要保护的系统的重要属性达到最佳匹配；（2）使决策者能够将危害作为影响这些属性的众多变量之一；（3）关注影响价值属性的多个层面上的许多变量，引导研究人员采取各种可行的办法减少消极结果的概率或增强积极结果的概率；（4）对产生负面结果的各种因素比较分析，帮助政策制定者把注意力

187

---

① 约埃和托利卡（Yohe and Tol，2005）试图确定因果结构——但他们关注适应能力的决定因素——而不是脆弱性本身的原因。

集中在最重要、最容易改变、变革成本最低的因素上——给决策者最大的回报。通过分析"因果链"（Blaikie，1985）显示结果是如何由更直接因素造成，这些直接因素又源自遥远的事件和过程。这些可以告诉我们什么样的干预措施可能阻止什么脆弱性产生，应该由谁支付降低脆弱性的成本。

当然，降低脆弱性的措施不仅来自对根源的认识。的确，有些根源可能是（或看起来）不变的，而另一些根源则不再是活跃的，是短暂的或偶然的。纠正直接因素可能并不总是最有效的解决方案（Drèze and Sen，1989：34）。脆弱性分析的目标是确定脆弱性产生的活跃过程，然后确定哪些可以纠正。这样做还可以确定其他干预措施，其目的是消除脆弱性的条件或症状，而不考虑其原因（如支持应对战略或有针对性的减贫救灾）。应利用一切形式的现有分析来确定最公平和最有效降低脆弱性的手段。

2. 从多层面减少脆弱性的政策识别

应对策略的研究和发展干预措施的成功经验为减少脆弱性提供了宝贵的指导。然而，造成大范围脆弱性的原因，如不平等的发展实践，在减贫、降低脆弱性或适应性方案中难以受到关注。通过相应层面的社会、环境和政治－行政组织的响应机构确定和匹配解决方案或与气候有关的机会，为开展有利于穷人的多层面气候行动提供了切入点。这种行动需要系统地了解使人们面临压力或灾难临界点的或近或远的动态。本章的研究主题是识别导致世界各地风险人群脆弱性的因素，并将这些因素映射到负责和响应机构的解决方案上。

188　我们希望避免的各种后果——例如失去资产、生计或生命——各有不同的相关因果结构，对不同的小群体来说都是风险（Drèze and Sen，1989；Watts and Bohle，1993；Ribot，1995；Roberts and Parks，2007）。不同的部门面对不同的压力和风险，采用不同的应对选择（IPCC，2007：747）。然而对于种种状况，穷人几乎没有资源来保护自己，也没有资源使自己能从气候事件和压力中恢复。他们的脆弱性不同于富人，富人有能力前往安全的地方，也有能力获得保险帮助他们重建。通过对脆弱性因果结构差异的理解可以制定地方、国家和国际政策。解释差异需要对各种值得重视的脆弱性多重因素进行分析（见图 7－3）。

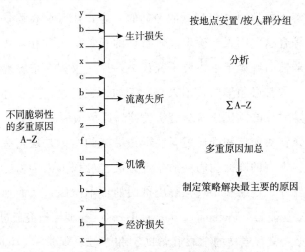

图 7－3　识别造成脆弱性的最主要原因

然后对这些因果数据进行汇总以评估降低特定脆弱性和总体脆弱性的最佳着眼点（point of leverage）并进行总结（见图 7－4）。

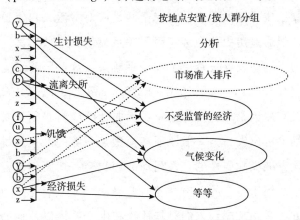

图 7－4　识别并汇总造成脆弱性的多重原因

这样的分析应该揭示不同致因的频率和重要性，使策略瞄准应对最突出和可处理的因素。

识别脆弱性的因果结构和可能的政策回应可以作为制定降低脆弱性策略的基础。它涉及在特定群体、特定领域对特定结果脆弱性的多案例因果

189 　结构的综合。这种综合必须按部门、生态区或危险地区加以分类使综合工作易于管理。案例研究也可以作为地方政策建议的依据。多案例研究可以帮助我们了解不同致因（包括近的和远的）在产生和降低脆弱性时的相对重要性。要综合这些因素，确定气候行动的相关层级和相应组织。这些步骤为降低脆弱性研究确定了主要研究议程。这一议程要消除对贫困人口的偏见，所有步骤都必须偏向贫困人口。例如，在健康、生计和生命等基本人权面临危险时，必须优先考虑分析纯粹的经济损失。

　　目前用来针对减贫和降低脆弱性干预措施的指标是确定有关研究人群的良好起点。现有的降低脆弱性的生计方法已经以穷人为目标受众，加强他们的基本营养、健康和士气，解决贫困的根本原因，从而加强他们应对压力源和恢复的能力（Cannon et al.，n.d：6）。脆弱性研究通过指出更高层次的改革机会来完善成功的"自我帮助"和"社会保护"（Heltberg et al.，2010）应对和适应支持。

　　深入的脆弱性分析表明，需要更大的政治经济体制、政策、社会等级制度改革，以及塑造福祉、自我保护能力和扩展权利的改革。例如，虽然社会基金、社区主导型发展和社会安全网是应对贫困人口紧迫压力和需要的最佳手段，但通过历史研究考察因果关系显示，这些方案应对的贫困来自更高层次的不均衡发展投资决策和治理政策，这些限制了受环境灾害影响者的选择（Heltberg et al.，2010；Raleigh and Jordan，2010）。

190 　　脆弱性及其原因是多种多样的。对脆弱性的应对必须从对特定地方具体问题的详细了解出发——一般原理和模型是不够的。案例研究让我们了解到在特定地方减少脆弱性的一系列动力和机会。从案例研究得出可行的解决方案——适用于特定的地方并推而广之。为确保案例研究的全面性，基于地点的方法必须考虑到人们对其社会和生产系统以及他们面临的风险的详细情况——社区主导型发展（Community Driven Development，CDD）的经验证明了这一点（Mansuri and Rao，2003）。为了分析结果的针对性和建议的可行性，对脆弱性的调查必须考虑到当地人的需要和愿望以及他们对政治、经济和社会背景的了解。在这个背景下，任何政策都必须纳入法律并付诸实践。因此，虽然研究提供了社区可能没有的视角，但制定降低脆弱性政策策略的步骤必须向当地公民及其代表开放。

任何脆弱性案例研究都应包括对当前降低脆弱性以及大范围的部门和监管政策的评估（Burton et al.，2002：154 - 157）。任何处于危险中的特定人群都深受现有政策的影响。在现有的政策中，一部分政策是帮助这些特定人群的，而另一些则有助于产生脆弱性。诸如机构或组织之类的政策（à la Agrawal，2010）可以使应对成为可能。它们也可以被蓄意弱化（Larson and Ribot，2007）。政策条文或政策的不平等执行可以选择性地偏向某些行为者，同时使其他人更加脆弱。所有部门的政策都对分配产生深远影响。库杜埃尔和帕泰尔诺斯特罗（Coudouel and Paternostro，2005）以及世界银行的《贫困和社会影响分析》（TIPS）① 就政策的分配效应提出了贫困与社会影响分析方法，这也可以应用于评估政策和干预措施对脆弱性的影响。

在探究政策和实践对脆弱性有何影响时，或在分析潜在的降低脆弱性措施时，还要考虑到各种附加收益（Burton et al.，2002）。例如，在城市地区资产建设不仅减少了直接的脆弱性，而且使贫困和中等收入人群能够要求政府提供更好的服务和基础设施（Moser and Satterthwaite，2010）。大多数适应措施的影响将远远超出减少气候事件相关风险。因此，在确定用于发展或与气候相关的脆弱性的资金分配时，给定的减少脆弱性措施与获得的一系列收益也是高度相关的。

对问题的认识和政策指导可以影响群众动员和政策进程。然而，提出政策解决方案只是争取变革政治斗争的一小部分。变革的呼声必须得到政治上的声音和影响力的支持。通过组织或选举代表，让贫困和边缘群体参与决策，可以在不断变化的环境下加强他们对正义、公平和更安全的要求（Ribot，2004；Moser and Norton，2001）。

五 结论：从气候行动选择到制度与治理

虽然脆弱性一般是发生在某个地区，但其原因和解决办法出现在不同

---

① http：//web. worldbank. org/files/14520_PSIA_Users_Ugide_ - _Chapter_1_May_2003.

的社会、地点和时间范围。确定脆弱性的致因有助于得出脆弱性减少措施以及它们可以在什么层面上得到最好的实施。此外，还有助于向污染者追责，为补偿提供依据。[①] 减少脆弱性或补偿政策是通过组织制定、颁布和实施的。许多其他行业、经济和社会政策也是如此，它们通过对资源获取、市场准入、政治话语权、贫困和经济分配的影响，从而对脆弱性产生影响。组织也在支持人们的日常应对和生计方面发挥了许多作用（Agrawal，2010）。系统地识别脆弱性的成因、确定政策解决方案，并制定与层级相匹配、与脆弱性相适应的恰当的制度，这是降低脆弱性研究者和活动家必须经历的过程。

组织在福利和脆弱性方面发挥着很多重要作用。利奇等（Leach et al.，1999：236）认为组织通过影响获得资源（形成禀赋的一部分）、禀赋与应享权利（家庭可以支配不同商品组合的权利和机会）之间的关系来调节脆弱性以及权利和能力之间的关系（人们可以做什么或对什么拥有权利）。在这里，组织使人们能够获得、转化和交换他们的禀赋，将其转化为对福利的贡献。因此，组织支持多个子群体的需求，这些子群体在要求对资源的合法权利时可以进入竞争和冲突。

阿格拉沃尔（Agrawal，2010）强调了组织的作用，表明在面临气候灾害时，农村组织通过动员或制止个人及集体的行动，降低风险及敏感性。农村人口通过储存（时间上）、迁移（空间上）、共享资产（家庭之间）和多样化（资产间）等方式实现风险共担来保护自己。交易所（通过市场）可以替代这些风险分担措施。农村组织在促成每一种降低风险的实践方面发挥着作用。在阿格拉沃尔分析的 77 个案例中，所有这些实践都依赖于当地组织——公共、公民和私人组织的混合。

风险汇集和交换机制是形成脆弱性的过程。许多其他做法也产生或减少与气候有关的脆弱性。例如，德雷兹和森（Drèze and Sen，1989）探讨了媒体对政策的影响作用，这些政策涉及长期饥饿、饥荒的预防及应对。

192

---

① 约埃和托利卡（Yohe and Tol，2005）试图确定因果结构——但他们关注适应能力的决定因素——而不是脆弱性本身的原因。

利奇（Leach，1999）侧重于资源获取、禀赋形成和权利映射的作用——这类变化过程可能使参与者不需要风险共担。赫尔特贝尔等（Heltberg et al.，2010）提出社会保护干预措施。坎农等（Cannon et al.，n. d.）研究了网络的作用（类似于森在1981年提出的扩展权利）；贝宾顿（Bebbington，1999）强调社会资本；斯科特（Scott，1976）关注道德经济中的互惠关系；迪尔和德杨弗利（Deere and deJanvry，1984）概述了从农户中强制或榨取经济收益的机制；莫泽和诺顿（Moser and Norton，2001）强调了人权和索赔的作用。

每种方法是否可取取决于不同类型的不同组织——游戏规则和公共、私人或民间组织。为了将产生和减少脆弱性的做法映射到组织环节进行干预，阿格拉沃尔（Agrawal，2010）的风险分担（risk-pooling）分析方法可以有效地应用于产生和减少脆弱性的实践中。每种方法都可以研究其脆弱性因果结构中的作用。每种做法——无论是互惠还是社会保护——都取决于组织，这些组织一旦确定就可以作为改革或支持的目标。但是，尝试这种干预可能会造成社会和政治紧张局势。正如利奇等（Leach et al.，1999）所指出的，机构及其网络可能存在竞争或冲突——一些是为了促进政策和实践，另一些是为了阻止政策和实践。

有责任心并有能力应对脆弱性的组织是脆弱性治理的核心。治理（World Bank，1992：3，1994：xiv；Leftwich，1994）是一种具有权威性的政治化管理的经济和社会组织工作——拥有权利和责任。治理是关于如何行使权力以及代表谁的利益。随着全球气候变暖，从全球公约到地方政府、村长或非政府组织的决策，各级社会和政治化管理组织都将做出决策以减缓气候变化、利用其机会抑制相关的负面后果。多层面的多重决策影响着城乡贫困人口的生计。在这些决策制定环节上，应该有哪些原则来指导？决策机构代表谁？如何代表？什么样的决策权分配和什么样的问责将为积极的变化提供最大的影响，并保障和平衡城乡贫困人口基本福利和权利？这些问题仍然悬而未决。

治理气候行动的原则必须围绕塑造脆弱性的过程以及有权改变这些过程的决策者和组织来设计。第一步汇总基于案例的因果关系、应对和组织

193

的角色分析。资产和权利失败原因的分析过程可以向贫困边缘人口倾斜。将学习转化为行动将是一个长期的迭代过程，在这一过程中不断协商重塑政策和实践。所有的政策都会改变分配，因此会有支持者也会遇到阻力。对受影响人负责并做出相应的决策过程，至少可能使政策偏向数量庞大的最弱势群体。这意味着发展具有代表性的决策制定者能确保最需要帮助的人有一定的影响力。

　　对研究者而言，代表性可能意味着在他们了解谁面临风险、面临的问题和可能的解决办法时，吸纳了当地居民的诉求并与受影响的民众和决策者分享研究结果。对专业开发人员和决策者来说，这将意味着与代表组织合作，并坚持让这些组织在设计项目和政策时纳入当地的需要和愿望。在全球谈判中，这可能意味着要求谈判代表在本国进行公开讨论，或者由民间团队组织和监督本国谈判代表。在地方和国家层面上，这可能意味着帮助动员穷人和被边缘化人群提出要求和投票。这种治理实践可能有助于避免气候行动的负面结果，使气候行动更具合法性和可持续性。代表和回应最弱势群体的需求可能会促进发展，拉大气候与苦难之间的距离。通过建立资产、生计和选择，让人们远离贫困的边缘，这将降低他们的敏感性、增强他们的灵活性，使他们能够在繁荣时期蓬勃发展，经受压力并在受到冲击后重建。

194

参考文献

Adger, W. Neil(2006), 'Vulnerability', *Global Environmental Change*, 16, 268 – 281.

Adger, W. Neil, Nick Brooks, Graham Bentham, Maureen Agnew and Siri Eriksen(2004), 'New indicators of vulnerability and adaptive capacity', Tyndall Center for Climate Change Research Technical Paper no. 7, January.

Agarwal, Bina(1993), 'Social security and the family: coping with seasonality and calamity in rural India', *Agriculture and Human Values*, 156 – 165.

Agrawal, Arun(2010), 'Local institutions and adaptation to climate change', ch. 7, pp. 173 – 198 in Robin Mearns and Andrew Norton(eds.), *Social Dimensions of Climate Change: Equity and Vulnerability in a Warming World*. Washington, DC, USA: The World Bank.

Anderson, Simon, John Morton and Camilla Toulmin(2010), 'Climate change for agrarian societies in drylands: implications and futures pathways', ch. 9, pp. 199 – 230 in Robin Mearns and Andrew Norton(eds.), *Social Dimensions of Climate Change: Equity and Vulnerability in a Warming World*. Washington, DC, USA: The World Bank. Batha, Emma(2008), 'Cyclone Sidr would have killed 100, 000 not long ago', AlertNet, November 16, 2007, http://alertnet. org/db/blogs/19216/2007/10/16 – 165438 – 1. htm(accessed March 9, 2013).

Bebbington, A. (1999), 'Capitals and capabilities: a framework for analysing peasant viability, rural livelihoods and poverty', *World Development*, 27(12), 2021 – 2044.

Bern, C. et al. (1993), 'Risk factors for mortality in the Bangladesh cyclone of 1991', *Bulletin of World Health Organization*, 73, 72 – 78.

Berry, Sara(1993), *No Condition is Permanent: The Social Dynamics of Agrarian Change in Sub – Saharan Africa*. Madison, USA: The University of Wisconsin Press.

Blaikie, Piers(1985), *The Political Economy of Soil Erosion in Developing Countries*. London, UK: Longman Press.

Blaikie, Piers, T. Cannon, I. Davis and Ben Wisner (1994), *At Risk: Natural Hazards, People's Vulnerability and Disasters*. London, UK: Routledge.

Bohle, Hans – G. (2001), 'Vulnerability and criticality: perspectives from social geography', IHDP Update 2/01, 3 – 5.

Brooks, Nick(2003), 'Vulnerability, risk and adaptation: a conceptual framework', Working Paper 38, Tyndall Centre for Climate Change Research, Norwich UK.

Burton, I. S. Huq, B. Lim, O. Pilifosova, and E. L. Schipper(2002), 'From impact assessment to adaptation priorities: the shaping of adaptation policy', *Climate Policy*, 2, 145 – 149.

Cannon, Terry(2000), 'Vulnerability analysis and disasters', in D. J. Parker(eds), *Floods*, London, UK: Routledge.

Cannon, Terry, John Twigg and Jennifer Rowell(n. d.), 'Social vulnerability, sustainable livelihoods and disasters', Report to DFID, Conflict and Humanitarian Assistance Department and Sustainable Livelihoods Support Office.

Carney, Judith(1988), 'Struggles over land and crops in an irrigated rice scheme', in J. Davidson(ed.), *Agriculture, Women and Land: The African Experience*. Boulder, USA: Westview Press.

196

CEDMHA(Center for Excellence in Disaster Management and Humanitarian Assistance) (2007) , *Cyclone Sidr Update*, http: // www. coe. dmha. org/Bangladesh/Sidr11152007. htm.

Chambers, Robert(1989) , ' Vulnerability, coping and policy', in Robert Chambers(ed.) , ' Vulnerability: how the poor cope' , *IDS Bulletin*, 20, 2, 1 – 7.

Coudouel, Aline and Stefano Paternostro(2005) , *Analyzing the Distributional Impacts of Reforms: A Practitioner's Guide to Trade, Monetary and Exchange Rate Policy, Utility Provision, Agricultural Markets, Land Policy, and Education.* Washington DC, USA: The World Bank.

Gasper, Des (1993) , ' Entitlement analysis: concepts and context' , *Development and Change*, 24, 679 – 718.

Davies, S. (1993) , ' Are coping strategies a cop out?' , *IDS Bulletin*, 24, (4) , 60 – 72.

Deere, Carmine Diana and Alain deJanvry(1984) , ' A conceptual framework for the empirical analysis of peasants' , Giannini Foundation Paper No. 543, pp. 601 – 611.

Demetriades, Justina and Emily Esplen(2010) , ' The gender dimensions of poverty and climate change adaptation' , Chapter 5, pp. 133 – 144 in Robin Mearns and Andrew Norton(eds) , *Social Dimensions of Climate Change: Equity and Vulnerability in a Warming World.* Washington, DC, USA: The World Bank.

Deressa, Temesgen, Rashid M. Hassan and Claudia Ringler(2008) , ' Measuring Ethiopian farmers' vulnerability to climate change across regional states' , IFPRI Discussion Paper 00806, Environment and Production Technology Division October. Washington DC, USA: IFPRI.

Downing, Thomas(1991) , ' Assessing socioeconomic vulnerability to famine: frameworks, concepts, and applications' , Final Report to the U. S. Agency for International Development, Famine Early Warning System Project, January 30, 1991.

Downing, Thomas E(1992) , ' Vulnerability and global environmental change in the semi – arid tropics: modelling regional and household agricultural impacts and responses' , Presented at ICID, Fortaleza – Ceará, Brazil, January 27 to February 1.

Drèze, Jean and Amartya Sen(1989) , *Hunger and Public Action.* Oxford, UK: Clarendon Press.

Duarte, Mafalda, Rachel Nadelman, Andrew Peter Norton, Donald Nelson and Johanna Wolf (2007) , ' Adapting to climate change: understanding the social dimensions of vulnerability and resilience' , *Environment Matters*(June – July) , 24 – 27.

Frank, Neil L. and S. A. Husain(1971) , ' The deadliest tropical cyclone in history?' , *Bulle-*

tin of American Meteorological Society, 52(6).

Füssel, Hans – Martin(2007), ' Vulnerability: a generally applicable conceptual framework   197
for climate change research', *Global Environmental Change*, 17(2), 155 – 167.

Füssel, Hans – Martin and Richard J. T. Klein(2006), ' Climate change vulnerability assessments, an evolution of conceptual thinking', *Climate Change*, 75, 301 – 329.

Government of Bangladesh(2008), ' Cyclone Sidr in Bangladesh: damage, loss, and needs assessment for disaster recovery and reconstruction'.

Griffiths, J(1986), ' What is legal?', *Journal of Legal Pluralism*, 24, 1 – 55.

Guyer, Jane(1981), ' Household and community in African studies', *African Studies Review*, 24(2/3).

Guyer, Jane and Pauline Peters(1987), ' Introduction', to special issue on households of*Development and Change*, 18, 197 – 214.

Hart, Gillian(1992), ' Household production reconsidered: gender, labor conflict, and technological change in Malaysia's Muda Region', *World Development*, 20(6), 809 – 823.

Heltberg, Rasmus, Paul Bennett Siegel and Steen Lau Jorgensen(2010), ' Social policies for adaptation to climate change', ch. 10, pp. 259 – 276 in Robin Mearns and Andrew Norton (eds), *Social Dimensions of Climate Change: Equity and Vulnerability in a Warming World*. Washington, DC, USA: The World Bank.

ICHRP(International Council on Human Rights Policy)(2008), *Climate Change and Human Rights: A Rough Guide*, ed. Stephen Humphreys and Robert Archer. Geneva: ICHRP.

IPCC(Intergovernmental Panel on Climate Change)(2007), ' Summary for policy makers', *Climate Change2007: the Physical Science Basis. Contribution of Working Group I to the Fourth Assessment Report of the Intergovernmental Panel on Climate Change*, ed. S. Solomon, D. Qin, M. Manning, Z. Chen, M. Marquis, K. B. Averyt, M. Tignor and H. L. Miller. Cambridge, UK: Cambridge University Press.

Jasanoff, Sheila A. (1999), ' The songlines of risk', *Environmental Values*, 8, 135 – 152.

Kasperson, R. E. , K. Dow, E. Archer, D. Caceres, T. Downing, T. Elmqvist, S Eriksen, C. Folke, G. Han, K. Iyengar, C. Vogel, K. Wilson and G. Ziervogel(2005), ' Vulnerable peoples and places', pp. 143 – 164 in R. Hassan, R. Scholes and N. Ash(eds), *Ecosystems and Human Wellbeing: Current State and Trends*, Vol. 1. Washington, DC, USA: Island Press.

Larson, Anne and Jesse Ribot(2007), ' The poverty of forestry policy: double standards on an uneven playing field', *Journal of Sustainability Science*, 2(2).

Leach, Melissa(2008), 'Pathways to sustainability in the forest? Misunderstood dynamics and the negotiation of knowledge, power, and policy', *Environment and Planning A*, 40, 1783 – 1795.

Leach, M. and R. Mearns(1991), 'Poverty and environment in developing countries: an o-verview study', Report to UK ESRC (Society and Politics Group & Global Environmental Change Initiative Programme) and ODA. Brighton, UK: IDS, University of Sussex.

Leach, M. , R. Mearns and I. Scoones(eds) (1997), 'Community – based sustainable devel-opment: consensus or conflict?', *IDS Bulletin*, 28(4).

Leach, M. , R. Mearns and I. Scoones(1999), 'Environmental entitlements: dynamics and institutions in community – based natural resource management', *World Development*, 27(2), 225 – 247.

Leftwich, Adrian(1994), 'Governance, the state and the politics of development', *Develop-ment and Change*, 25, 363 – 386.

Mansuri, Ghazala and Vijayendra Rao(2003), 'Evaluating community driven development: a review of the evidence', First Draft Report, Development Research Group, The World Bank.

McGray, Heather, Anne Hammill, Rob Bradley, E. Lisa Schipper and Jo – Ellen Parry (2007), *Weathering the Storm: Options for Framing Adaptation and Development*. Washington DC, USA: World Resources Institute.

Ministry of Food and Disaster Management of Bangladesh(2008), 'Super Cyclone Sidr 2007: impacts and strategies for interventions'.

Mortimore, Michael and W. M. Adams(2000), 'Farmer adaptation, change and "crisis" in the Sahel', *Global Environmental Change*, 11, 49 – 57.

Moser, Caroline and Andy Norton(with Tim Conway, Clare Ferguson and Polly Vizard) (2001), *To Claim our Rights: Livelihood Security, Human Rights and Sustainable Development*. London, UK: Overseas Development Institute.

Moser, Caroline and David Satterthwaite(2010), 'Toward pro – poor adaptation to climate change in the urban centers of low – and middle – income countries', ch. 9, pp. 231 – 258 in Robin Mearns and Andrew Norton(eds), *Social Dimensions of Climate Change: Equity and Vul-nerability in a Warming World*. Washington, DC, USA: The World Bank.

Mushtaque, A. , R. Chowdhury, Abbas U. Bhuyia, A. Yusuf Choudhury and Rita Sen

198

(1993), 'The Bangladesh cyclone of 1991: why so many people died', *Disasters*, 17(4), 291 – 304.

O'Brien, K. , Eriksen, S. , Nygaard, L. P. and Schjolden, A. (2007), ' Why different interpretations of vulnerability matter in climate change discourses', *Climate Policy*, 7, 73 – 88.

Peluso, Nancy Lee(1992), *Rich Forests, Poor People: Resource Control and Resistance in Java*. Berkeley, USA: University of California Press.

Prowse, Martin(2003), ' Toward a clearer understanding of "vulnerability" in relation to chronic poverty', CPRC Working Paper No. 24, Chronic Poverty Research Centre, University of Manchester, Manchester, UK.

Raleigh, Clionadh and Lisa Jordan(2010), ' Climate change and migration: emerging patterns in the developing world', ch. 4, pp. 103 – 132 in Robin Mearns and Andrew Norton(eds), *Social Dimensions of Climate Change: Equity and Vulnerability in a Warming World*. Washington, DC, USA: The World Bank.

Rebotier, Julien(2012), ' Vulnerability conditions and risk representations in Latin – America: framing the territorializing of urban risk', *Global Environmental Change*, 22 (2), 391 – 398.

Ribot, Jesse(1995), ' The causal structure of vulnerability: its application to climate impact analysis', *GeoJournal*, 35, (2).

Ribot, Jesse(2004), *Waiting for Democracy: The Politics of Choice in Natural Resource Decentralization*. Washington DC, USA: World Resources Institute. Ribot, Jesse and Nancy Lee Peluso(2003), ' A theory of access: putting property and tenure in place', Rural Sociology, 68.

Roberts, Timmons and Bradley Parks (2007), *A Climate Of Injustice: Global Inequality, North – South Politics, and Climate Policy*. Cambridge: MIT Press.

Schroeder, Richard A. (1992), ' Shady practice: gendered tenure in the Gambia's garden/ orchards', paper prepared for the 88th Annual Meeting of the Association of American Geographers, San Diego, CA, April 18 – 20.

Scott, James(1976), *The Moral Economy of the Peasant*. New Haven, USA: Yale University Press.

Sen, Amartya(1981), *Poverty and Famines: An Essay on Entitlement and Deprivation*. Oxford, UK: Oxford University Press.

Sen, Amartya(1984), ' Rights and capabilities', in Amartya Sen (ed.), *Resources, Values and Development*. Oxford, UK: Basil Blackwell.

Smucker, Thomas A. and Ben Wisner(2008), 'Changing household responses to drought in Tharaka, Kenya: vulnerability persistence and challenge', Journal Compilation, Overseas Development Institute. Oxford, UK: Blackwell.

Swift, Jeremy(1989), 'Why are rural people vulnerable to famine?', *IDS Bulletin*, 20(2), 8 – 15.

Turner Ⅱ, B. L., Pamela A. Matson, James J. McCarthy, Robert W. Corell, Lindsey Christensen, Noelle Eckley, Grete K. Hovelsrud – Broda, Jeanne X. Kasperson, Amy Luers, Marybeth L. Martello, Svein Mathiesen, Rosamond Naylor, Colin Polsky, Alexander Pulsipher, Andrew Schiller, Henrik Selin and Nicholas Tyler(2003), 'Illustrating the coupled human – environment system for vulnerability analysis: three case studies', *Proceedings of the National Academy of Sciences US*, 100, 8080 – 8085.

von Benda – Beckmann, K. (1981), 'Forum shopping and shopping forums: dispute processing in a Minangkabau village in West Sumatra', *Journal of Legal Pluralism*, 19, 117 – 159.

Watts, Michael J. (1983), 'On the poverty of theory: natural hazards research in context', in Ken Hewitt(ed.), *Interpretations of Calamity*. London, UK: Allen Unwin.

Watts, Michael J. (1987), 'Drought, environment and food security: some reflections on peasants, pastoralists and commoditization in dryland West Africa', in Michael H. Glantz(ed.), *Drought and Hunger in Africa*. Cambridge, UK: Cambridge University Press.

Watts, Michael J. and Hans Bohle(1993), 'The space of vulnerability: the causal structure of hunger and famine', *Progress in Human Geography*, 17(1), 43 – 68.

White, Andy, Jeffrey Hatcher, Arvind Khare, Megan Liddle, Augusta Molnar and William D. Sunderlin(2010), 'Seeing people through the trees and the carbon: mitigating and adapting to climate change without undermining rights and livelihoods', ch. 11 in Robin Mearns and Andrew Norton(2010), *Social Dimensions of Climate Change: Equity and Vulnerability in a Warming World*, Washington DC: The World Bank, pp. 277 – 301.

White House(2006), 'The Federal response to Hurricane Katrina', February. Available at http://www. whitehouse. gov/reports/katrina – lessons – learned. pdf(accessed March 9, 2013).

Wisner, Ben(1976), 'Man – made famine in Eastern Kenya: the interrelationship of environment and development', Discussion Paper No. 96, Institute of Development Studies at the University of Sussex, Brighton, UK.

199

World Bank(1992), *Governance and Development.* Washington DC, USA: The World Bank.

World Bank (1994), *Governance: The World Bank's Experience*, Washington: The World Bank.

Yohe, Gary and Richard S. J. Tol(2002), 'Indicators for social and economic coping capacity – moving toward a working definition of adaptive capacity', *Global Environmental Change*, 12, 25 – 40.

第八章

灾难* 与人类安全：海地和多米尼加共和国的自然灾害和政治不稳定

克里斯蒂安·韦伯西克，克里斯蒂安·D. 克洛斯

一 引言

近年来，关于自然灾害对人类安全影响的研究取得了积极进展。IPCC的气候变化预测包括热带风暴强度的变化，世界人口的不断增长，沿海地区城市化发展使更多人面临的自然灾害，以及持续贫困。鉴于 IPCC 的上述预测，科学家和决策者们都越来越关注自然灾害冲击可能导致的政治后果。除了气象性的自然灾害，地震、火山爆发和海啸也被视为具有破坏性影响。但这些观点能否得到证实？

灾难发生后，媒体通常会迅速报道混乱和暴力行为。有人把这种混乱的爆发归因于社会秩序的崩溃；正如蒂莫西·加顿·阿什（Timothy Garton Ash）所言："有条不紊地文明生活的基本需要——食物、住所、饮用水、最低限度的人身安全—— 一旦被破坏，我们几个小时内就可能回到霍布斯式的自然状态，即一场所有人对所有人的战争。"（Ash, 2005）2010 年 1月，海地大地震后发生了抢劫事件。正如早前的研究所证实的，这是"偶

---

* 本章作者十分注重区分 hazard 和 disaster。从文中表述来看 hazard 比 disaster 的影响程度要低。当发生 natural hazard 时，如果没有提前预防和有效应对，将演变成 natural disaster。因此，本文翻译时，natural hazard 译为"自然灾害"，natural disaster 译为"自然灾难"，hazard 一般译为"灾害"，disaster 一般译为"灾难"。——译者注

然或碰巧发生的由单独的个人或两人的抢劫事件"（Quarantine，2008）。相比之下，2011 年 3 月日本发生了 9 级大地震，随后引发海啸，造成巨大的人员痛苦和物质损失，不过当时并没有暴力或政治动荡迹象。然而，对这场灾难的政治处理方式受到指责，并给日本的政治领导层带来了压力，最终导致当时的日本首相在 2011 年 8 月下野。

　　本章的目的是研究历史上自然灾害在空间和时间上对海地和多米尼加共和国政治稳定性的历史冲击。这两个国家共处一岛，即伊斯帕尼奥拉（Hispaniola）岛（其后的表述均以伊斯帕尼奥拉岛为名，不区分国家）。

二　自然灾害的政治影响

201

　　每年伊斯帕尼奥拉岛都会受到飓风和洪水的影响。此外，地震也会影响该地区。出于现实原因，我们的分析将限于突发灾害，因为这些灾害更容易展现出即时影响，该影响与引发突然政治变化的骚乱和政治暴力相关性较高。干旱和流行病导致人们的不满情绪累积，从而产生长期潜在的积聚效应。然而，这将使我们更难以区分基于不平等的长期不满与危害造成的长期不满。

　　尽管地震显然与气候无关，我们仍在研究中纳入了地震，目的是预测与地震相似的气候灾害对受灾人口的社会经济影响，这样做能够增加我们研究的样本量。

　　当自然灾害导致人们失去生命、财产受损或被毁坏时，灾难已经降临。① 除了经济损失、生命损失和疾病暴发之外，自然灾害的政治后果是什么？它们是把人们聚集在一起，帮助受伤人群从废墟中重建，还是引发了不满、动乱、政治不稳定，最终导致政权更迭？一些研究表明，灾害具有安抚效应（pacifying effect），而非引发冲突和不稳定（Slettebak and de Soysa，2010；Slettebak and Theisen，2011）。这些结论基于这样一个假设，

---

① 由灾难流行病学研究中心（CRED）发布的世界灾难数据库（EM - DAT）定义，如果至少满足以下标准之一，即发生灾难：报告死亡人数为 10 人或以上；报告受影响人数超过 100 人；宣布进入紧急状态；或要求国际援助。

即社会动荡倾向于促进社会融合（Durkheim，2002；Slettebak and de Soysa，2010）。斯莱特巴克和德·索伊萨（Slettebak and de Soysa，2010）发现灾害和冲突之间存在对立的关系，认为"在同一年或前一年经历过一次或多次灾难的国家，爆发国内冲突的可能性更小"。最近在印度尼西亚用同样的方法对低强度冲突进行的研究证实了这一发现（Slettebak and Theisen，2011）。赫施莱费尔（Hirshleifer）在他的联盟假说中解释了这种灾难之后的合作倾向，"有组织的社会延续是一种有益于社会大多数成员的集体利益"（DeAlessi，1975；Hirshleifer，1987）。灾难可以促进合作，使人们变得更加慷慨，并以低于预期的价格提供商品和服务。德·阿莱西（De Alessi，1975）将此归因于效用的相互依赖性，这是财富最大化的经济学论点。简而言之，个人从"他人福利的增加"中获得效用，从而解释了对灾难的受害者和痛苦做出回应的收益。对美国的进一步研究发现，灾难过后，"社会凝聚力增强，社区冲突罕见"（Quarantelli and Dynes，1976；Slettebak and de Soysa，2010）。

202 　　二战后，美国研究人员首次对这一问题进行全面研究。弗里茨（Fritz）在1961年进行的一项研究，其成果直到1996年才得以发表，研究的主题是对核进攻的社会反应以及这可能导致怎样的社会混乱（Fritz，1996）。斯莱特巴克谈到这项研究，并指出"最初的预期认为轰炸和自然灾害会引发大规模恐慌，以及法律、秩序和社会规范的崩溃，但研究结果却与之截然相反"（Slettebak，2012：165）。

　　社交网络在自然灾害之后的重要性，与埃莉诺·奥斯特罗姆（Elinor Ostrom）关于社会资本在灾害管理中重要性的研究是一致的。奥斯特罗姆认为，政府和公民之间的有效合作建立了社会恢复的能力。奥斯特罗姆称之为合作生产，即"不属于同一组织的个人将贡献投入于生产同一种商品或服务的过程"（Ostrom，1996）。这意味着，政府官员和当地居民的努力相辅相成才能最好地实现备灾、应对和恢复。因此，合作很可能发生在基于普遍互惠和信任的社会中。更具体地说，这表明参与式灾害管理实践是多么重要。可能是海地和多米尼加共和国的社会资本资产帮助它们避免了灾难后的冲突和政治不稳定。

另一条研究主线涉及灾难外交的相关文献。这项研究声称，与灾难相关的活动可以激发外交努力，甚至使美国和伊朗等处于对立状态的国家走到一起。事实上，美国和伊朗之间的关系已经紧张了几十年，并且在某种意义上是敌对的。尽管与伊朗的外交关系处于最低限度，美国仍然在1990年、2002年、2003年和2005年向遭受地震的伊朗地区提供了援助（Kelman，2012）。虽然美国的地震援助没有改善外交关系，但它打开了沟通和信任的新路径。也许，提供援助也是两国对人道主义工作表示支持的一个机会，他们声称人道主义援助比政治更重要（Kelman，2012）。在其他情况下，灾害救援支持并促进了外交进程，如2004年海啸后的亚齐和平协议；无论如何，这已经开始了。克尔曼（Kelman）认为，"与灾难相关的活动可以默化、支持、影响、推动或抑制外交进程，但这种情况并不总是发生"（Kelman，2012：14）。

相比之下，在斯莱特巴克和德·索伊萨看来，有些研究发现灾难和冲突之间存在正向关系（Drury and Olson，1998；Brancati，2007；Nel and Righarts，2008）。布兰卡蒂（Brancati，2007）、德鲁里和奥尔森（Drury and Olson，1998）、内尔和里格哈德（Nel and Righarts，2008）的研究都使用了定量方法，将灾难与政治不稳定和冲突联系起来。布兰卡蒂只研究了地震，其他两项研究涵盖了所有类型的灾难。到目前为止，这些研究仍然没有定论，需要进一步的研究。

三　灾害、脆弱性与人类安全

虽然气候变化极有可能引发极端天气事件，但其变化的速度和方向未有定论。

正如美国海军研究生院的罗素·L.埃尔斯贝里（Russell L. Elsberry）教授所指出的，[1] 似乎有新的证据表明未来热带风暴数量会减少，但其强度会增加（Webster et al.，2005a；Webster et al.，2005b；Giorgi et al.，

---

[1]　与作者个人的交流，2011年5月12日。

2001；Landsea et al.，2006）。近期的研究支持了这一论点，即气候变暖将导致灾害（热带风暴）的强度增加、频率降低（Knutson et al.，2010）。虽然研究尚未确定热带风暴的数量是否有所增加，但自 19 世纪以来袭击伊斯帕尼奥拉岛的 4 级和 5 级飓风的强度和严重程度一直在增加（Giorgi et al.，2001；Landsea et al.，2006）。

自然灾害是否会引发灾难取决于受灾人口的脆弱性。这一点很重要，因为"自然灾难"往往具有自然和人为因素。当人们对自然灾害没有准备时，自然灾害就变成了（自然）灾难，这里强调了灾难的社会性质。经济收入、地理位置、自然灾害风险和历史发展都影响了脆弱性。考虑到个体和群体之间的经济不平等和社会差异，灾难对人们的影响并不均等（Wisner et al.，2004）。社会上最弱势的群体往往受害最深。对卡特里娜飓风的研究表明，最贫困地区的重建和人口恢复最慢（Mutter，2010）。这些地区的特点通常是地势低洼、沼泽丛生，地处边缘地带，洪涝风险最大。

多年来，人们一直认为自然灾害造成的人类生命和生计的损失、社会和物理结构的破坏是因为人类脆弱性的增加，而不是灾害本身强度和频率的增加（Wisner et al.，2004）。或者用克尔曼的话来说，"'自然灾难'这个术语很糟糕，因为它的内涵是灾难由自然造成的，或者这些灾难是社会与环境相互作用时自然发生的"（Kelman，2012：11）。最有可能的是，灾难对人类安全的影响是这两种因素的结合。因此出现了一种范式转变，即从"将灾难视为自然力量造成的极端事件，转变为将其视为未解决发展问题的一种体现"（Yodmani，2001：vi）。因此，需要将长期发展规划与灾难管理更好地结合起来。因此，"自然"灾难的影响从来都不是由自然力量单独决定的，而是取决于社会、经济和人口因素。早在 1994 年，威斯纳等（Wisner et al.，2004：12）就提出采用脆弱性分析方法将焦点从"考虑自然事件作为灾难的决定性因素"上转移。

例如，诺伊迈尔和普莱默（Neumayer and Plümper，2007）发现，性别的不同解释了灾难死亡率的差异。因此，最好在"自然灾难"一词中省略"自然"。灾难尤其影响发展中国家的人类安全，阿伦斯和鲁道夫（Ahrens and Rudolph，2006：208）指出："根据经验证据，发展中国家的穷人尤其缺乏有效应对灾难的行政、组织、财政和政治能力，他们尤其脆弱：在遭受自然灾难的人口中只有11%生活在人类发展水平较低的国家，但他们却占有记录的死亡总人数的53%以上"。然而，贫穷并不是决定灾难脆弱性的唯一因素。一个贫穷的社区可能在经济上很贫穷，却可以拥有植根于社会、文化和政治能力的灾难应对策略（Yodmani，2001）。

脆弱性与人类安全概念密切相关，后者强调以人为中心的安全。概念的重点不是国家，而是受自然和社会力量影响的个人。1994年联合国《人类发展报告》将人类安全定义为"免于匮乏的自由"和"免于恐惧的自由"，这与传统的国家安全概念不同。自然灾害的潜在政治影响对象最有可能是当地民众，由于有地理边界，多数情况下也不太可能引发国家之间的冲突。因此，我们采取人类安全的视角研究自然灾害引发的潜在政治不稳定，因为冲突很可能不剧烈并且是局部的。

但是，在自然灾害研究的背景下，脆弱性是什么呢？汉斯－马丁·菲 205
塞尔（Hans-Martin Füssel）将脆弱性定义为易受灾难影响，这是一个很好的研究起点（Füssel，2007）。这个定义意味着脆弱的社会已经被削弱，对外部压力如热带风暴或地震事件（Webersik，2010）更敏感。威斯纳等（Wisner et al.，2004：11）将灾害脆弱性定义为"个体或群体及其环境的特征，这些特征决定了他们预测、应对、抵抗自然灾害的冲击以及从中恢复的能力"。这解释了为什么在一些国家，热带风暴和地震夺去了成千上万的生命，如缅甸和海地，而在其他国家对这些气候事件最大的担忧是工业和港口等设施的物理损害和破坏，如日本①和美国②（Esteban et al.，2010）。与其区分国家，不如着眼于国家内部的脆弱性，即用性别、收入、教育程度和住房条件等因素来解释受灾人数。然而，迪利和布德罗（Dilley and Boudreau，2001）认为，菲塞尔的定义仍然很宽泛，它也引出了一个问题："易受何种影响？"

---

① 自2011年3月日本遭受毁灭性海啸袭击并造成数千人死亡以来，日本的这种情况可能发生改变。

② 除了卡特里娜飓风，2005年的一场飓风造成大约1833人死亡。

  考虑到上述情况，自然灾害对海地和多米尼加共和国的冲击有很大不同。与多米尼加共和国相比，海地的自然灾害不仅会造成巨大的物质损失，在最坏的情况下还会造成生命损失。在多米尼加共和国，物质损失是最大的担忧，而不是生命损失。从人均受灾情况来看，海地比多米尼加共和国更容易受到自然灾害的严重影响。如果自然灾害可以导致"霍布斯自然状态，即一场所有人对所有人的战争"，海地应该因为其更高的脆弱性更容易表现出这种情况。通过比较海地和多米尼加共和国的最新人口指标，两国脆弱性的差异变得非常明显。尽管两国人口规模相近（均约为 800 万人），但海地过去几十年中因风暴而死亡的人数远高于多米尼加共和国。1979~2008 年，海地地震和风暴造成的死亡人数大约是多米尼加共和国的三倍（Université Catholique De Louvain，2011）。如果按人口总数进行标准化，情况仍然如此：海地的人均死亡人数仍然更高。

  除了政治、经济和历史上的差异外，还有一种解释，即部分来自人口地理分布上的差异。在海地，住在海岸附近的人口比例较大。在这个低海拔沿海地带，即海平面以下 10 米的沿海陆地，人们更容易受到热带风暴的不利影响，因为当风暴在陆地上移动时速度通常会降低（McGranahan et al.，2007）。海地的海平面以下陆地的比例要高于多米尼加共和国。[①] 尽管与多米尼加共和国相比，海地的风暴袭击率较低（见表 8-1），但将沿海人口密度作为灾害脆弱性的代理变量，首先忽略了人们住在海边的原因，忽略了人们相信这样做可以降低他们的脆弱性。其次，海地对热带风暴造成的内陆淡水泛滥表现出高度脆弱性。

  如上所述，脆弱性的一个重要因素是暴露程度；另一个是对自然灾害的敏感程度。影响敏感性和应对自然灾害能力的主要因素之一是收入。海地是西半球最贫穷的国家之一：超过一半的人口每天生活费不足一美元（UNDP，2009a）。由于缺乏熟练劳动力、就业机会很少，海地的失业率约为 70%。国内生产总值（GDP）的数据显示，20 世纪 80 年代以来在重大灾害之后海地的经济既没有恢复也没有增长（见图 8-1）。相比之下，尽

---

  ① 当然，除了海啸之外，这与地震事件无关。

管 1979 年、1988 年和 1998 年都经历了灾难，多米尼加共和国 GDP 仍呈现稳步上升的趋势（见图 8 - 2）。事实上，海地和多米尼加共和国的 GDP 在 1960 年几乎持平，但从那以后就开始分化（见图 8 - 3）。

表 8 - 1 伊斯帕尼奥拉岛自然灾害和社会经济数据时空分布 206

	海地	多米尼加共和国
面积（平方公里）	27750	48667
人口（1850 年）（千人）	543	137
人口（2009 年）（千人）	9036	10118
人口年增长率（1850 ~ 2009 年）（%）	0.02	0.03
人口增长率（1850 ~ 2009 年）（%）	16	73
人口密度（2009 年）（每平方公里人口数）	326	208
婴儿死亡率（2008 年）（每千名新生儿数）	72	33
人均 GDP（2009 年）（美元）	770	4525
袭击伊斯帕尼奥拉岛的风暴观测数量（1850 ~ 2009 年）	42	48
风暴袭击率（%）	23	30
最大风暴强度（公里/小时）	130	150
观测到的风暴灾害（公里/小时）	30	45
观测到的地震灾害（1970 ~ 2009 年）（地面加速峰值）	1.52	2.72

资料来源：Source Adapted from Klose and Webersik，2010。

然而，GDP 增长数据不足以完全/全面解释脆弱性。例如，古巴的人均 207 GDP 较低，但在 2005 年的卡特里娜飓风中，古巴的人员伤亡却远少于其他国家。GDP 增长只是众多指标之一，还需要考虑其他变量。但是对这两个国家进行深入的脆弱性分析超出了本章的范围。关于 GDP 的另一个警示是它没有反映出收入的不平等。2001 年海地的基尼系数为 60，这反映了巨大的收入不平等（World，2011）。[①] 其后果是最贫穷的人口居住在低洼、容易发生洪水的 208 地区，穷人的房屋建筑标准低下甚至没有建筑标准可言，脆弱性就隐藏在这样的一个社会中。除了收入之外，其他社会指标也体现了一个社会的脆弱

---

① 基尼系数衡量一个国家家庭收入分配不平等的程度。该指数是一个国家最富有和最贫穷家庭收入之比。如果收入分配完全平等，该指数为零；如果收入分配完全不平等，该指数为 100。

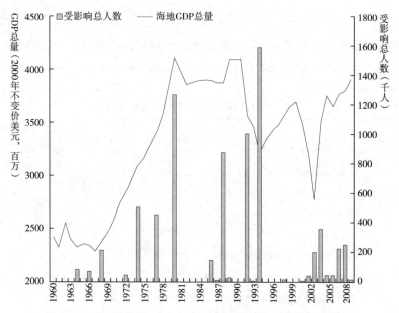

图 8-1　1960~2009 年海地受气象灾害影响时期的经济增长
和受影响总人数

资料来源：世界银行，《世界发展指标》，http://data.worldbank.org/indicator；OFDA/
CRED 世界灾难数据库，鲁汶大学，比利时，布鲁塞尔，www.emdat.be，最后访问日期：
2010 年 10 月 25 日。

性。海地的社会脆弱性体现在医疗、教育和收入指标上：2009 年在 UNDP 的
人类发展指数排名中，海地与苏丹、坦桑尼亚和加纳等撒哈拉以南非洲国家
相比排名垫底，182 个国家中排名第 149 位（UNDP，2009b）。作为强有力的
发展指标——婴儿死亡率，海地的排名也非常靠后。2008 年海地每 1 000 名
新生儿中有 72 人死亡，与多米尼加共和国的 33 人相比，这一数字仍然很高
（World Bank，2010）。

除了社会经济指标外，地理和环境因素也发挥作用。海地经历了大
规模的森林砍伐，到 2007 年这个国家的森林覆盖率只有 3.7%。相比之
下，多米尼加共和国在同一年保持了 28% 的森林覆盖率（World Bank，
2010）。森林砍伐仍然是一个重要问题：1990~2007 年，海地的森林覆
盖面积损失了 126 平方公里，而多米尼加共和国的森林覆盖面积保持稳
定（World Bank，2010）。此外，还有地势的不利，海地的多丘陵地形容
易引发洪灾。

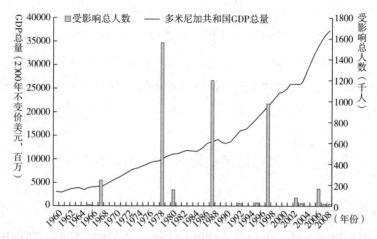

**图8-2 1960~2009年多米尼加共和国受气象灾害影响时期的经济增长
和受影响总人数**

资料来源：世界银行，《世界发展指标》，http：//data. worldbank. org/indicator；OFDA/
CRED 世界灾难数据库，鲁汶大学，比利时，布鲁塞尔，www. emdat. be，最后访问日期：
2010 年 10 月 25 日。

图8-3 1960~2009年海地和多米尼加共和国的经济增长

资料来源：世界银行，《世界发展指标》，http：//data. worldbank. org/indicator；OFDA/
CRED 世界灾难数据库，鲁汶大学，比利时，布鲁塞尔，www. emdat. be，最后访问日期：
2010 年 10 月 25 日。

最重要的是，海地和多米尼加共和国在造成脆弱性的资源管理方面的原因有着不同的历史轨迹。在海地，自 20 世纪 20 年代以来，由于人口增长和农村贫困加剧，环境退化（如森林砍伐）和自然资源开发（如森林、水）加速（Dolisca et al.，2006）。尽管人口增长和贫困导致环境退化的观点过于简单，也难以得到证实，但海地较高的人口密度确实使更多的人暴露于自然灾害的风险增加（Robbins，2004）。

210

四 发展轨迹——一个简史

如果忽略文化、社会、阶层结构、人口迁移以及发展轨迹的差异，对经济和社会脆弱性的讨论是不完整的，比较两个大相径庭的加勒比地区社会将变得非常困难。基于时间和空间上相似的自然灾害风险水平，我们尝试进行以下比较。必须指出，除了自然灾害之外，国内政治和殖民时期对塑造海地和多米尼加共和国的政治轨迹发挥了重要作用。

这两个国家的发展道路从 18 世纪开始分化，当时伊斯帕尼奥拉岛被划分为法国人和西班牙人的殖民地。后来，成为海地的那部分法国殖民地拥有更多的人口和更大比重的奴隶。1804 年，法国放弃了对海地的殖民统治，同年海地获得独立成为“新世界”中第一个独立的国家。独立后的几年里两国都发生了政变和政治动荡。从 1843 年到 1915 年，海地的 22 位总统中，除了一位之外，其余的总统都被暗杀或被赶下台（Diamand，2005）。在此期间，奴隶制被废除，大规模的种植园被摧毁，土地被分成小农场。此外，海地人说克里奥尔语，这导致欧洲商人与他们做生意变得更困难。因此，海地的农业生产率下降，出口减少。紧接着是外国的占领。美国 1915 年入侵海地，一直到 1934 年才撤出。

在多米尼加共和国走上经济增长和繁荣的发展轨道时，海地继续经历政治不稳定。1957 年，海地被弗朗索瓦“老爹医生”（François “Papa Doc”）控制，他同多米尼加共和国的独裁者特鲁希略（Trujillo）一样，是一位冷酷无情的政治家，对国家的发展和现代化毫无兴趣。他在 1971 年去世，让－克洛德"娃娃医生"杜瓦利埃（Jean-Claude "Baby Doc" Du-valier）继承了他的统治，直至1986年。随后的几年里，海地一直政治不稳定，经济衰退。1990年，前大主教让－贝特朗·阿里斯蒂德（Jean-Bertrand Aristide）当选总统。他推行改革并获得了广泛的支持，但在1991年发生的一次政变中被推翻。在美国的参与下，反对派把目标对准了阿里斯蒂德的支持者，1994年，在美国的军事帮助下，阿里斯蒂德结束流亡，回国复任总统。2004年，一场叛乱迫使阿里斯蒂德流再次亡国外，2006年他的前总理勒内·普雷瓦尔（René Préval）当选总统。自2006年以来，总统勒内·普雷瓦尔第二任期的政治活动稍微改善了海地的经济发展。

另外，该岛的东部对"旧世界"保持着更开放的态度。1821年从西班牙独立后，伊斯帕尼奥拉岛的西班牙语区继续保持与欧洲的关系。因此，经济上占有重要地位的外来移民群体倾向于在多米尼加共和国定居，该国的人口密度一直较低，对环境资源造成的压力较小。可以推测，海地较高的人口压力和殖民时期的剥削是造成19世纪中期森林被砍伐的主要原因。

与海地类似，1844年脱离海地独立后，多米尼加共和国经历了几次政治变革，直到1961年一直处于军事独裁统治之下。1916～1924年，美国介入多米尼加共和国。

特鲁希略（Trujillo）从1930年开始一直对多米尼加共和国进行独裁统治，直到1961年被暗杀。虽然这个国家在他的独裁统治下遭受苦难，但这一时期多米尼加共和国开启了现代化和工业化，也开启了环境保护的举措。特鲁希略保护森林，运用水力发电的同时还保护了他在木材生意上的个人利益。巴拉格尔（Balaguer）在随后的三十年里塑造了多米尼加共和国的政治格局，直到1996年，他一直坚持发展和环境保护的道路。在过去的几年里，尽管两国都存在显著的经济不平等，但两国的国内生产总值（GDP）都有所增长。

五　海地和多米尼加共和国的自然灾害

要探究自然灾害是否影响了1850年以来伊斯帕尼奥拉岛的政治发展，

一种方法是列出灾难事件并将这些数据与灾难发生后一年①的政治事件（政权更迭和政治冲突）进行比较分析。两组数据都可以进行比较并对比较结果进行解释。

几乎每年由热带风暴和地震引发的灾难都会使伊斯帕尼奥拉岛上成千上万的人无家可归并丧生。本研究使用了 1850 ～ 2009 年直接袭击海地和多米尼加共和国的风暴和地震的时空数据。

我们使用 2010 年 M7 地震事件之前的峰值加速度估计值，只考虑基岩条件，不考虑局部效应（如恶劣的土壤条件和局部地形）或震中深度（一个与震级同等重要的参数）的变化。存在的较软或较硬的土壤条件可能显著影响地震强度及其发生的可能性。地震数据由美国地质调查局（USGS）提供。

热带风暴也对伊斯帕尼奥拉岛产生重大影响。更重要的是与之相关的降水可能引发山洪暴发和山体滑坡，这两者在海地尤为明显。美国国家海洋和大气管理局（NOAA）提供了风暴数据（见表 8 - 1）。

海地在 1751 年、1770 年、1842 年、1860 年、1887 年、1897 年以及 2010 年发生了多次大地震。这些地震事件多次摧毁了海地南部的太子港和北部的海地角。1842 年 5 月 7 日的一次大地震造成大批人员死亡，摧毁了海地角市。1946 年多米尼加共和国的一场地震和随后的海啸造成 2550 人死亡。美国政府委托的一份报告显示（Associated Press，2011），2010 年 1 月 12 日发生的 7 级地震造成了 4.6 万至 8.5 万人死亡，地震还摧毁了太子港的大部分政府大楼（Université Louvain catholic，2011）。

热带风暴给伊斯帕尼奥拉岛带来了重大冲击。1850 ～ 2010 年，该地区遭受了 72 次风暴的直接袭击；1850 ～ 1929 年，海地和多米尼加共和国遭遇了 34 次风暴；1930 ～ 2010 年春季，遭遇了 38 次风暴。比较这两个时期的风暴灾害模式，发现多米尼加共和国的极端风暴事件强度增加了 30%，而海地增加了 50%，多米尼加共和国的风暴频率增加了 25%，而海地则保持不变。

---

① 只考虑灾难发生同年或次年的政治事件。

此外，大风暴在海地造成人员伤亡和巨大的经济损失。1935 年，一场严重的热带风暴造成 2000 多人死亡。1998 年，飓风"乔治"摧毁了该国超过 75% 的农作物。热带风暴"古斯塔夫"和"费伊"分别于 2008 年 8 月和 9 月直接影响了海地 80 多万人（占总人口的 10%）（UNDP，2009a）。

表 8 - 1 总结了 1850 ~ 2010 年发生在伊斯帕尼奥拉岛的大风暴和地震的数据。数据显示，自 1850 年以来，海地和多米尼加共和国经历了相似的强风暴，尽管超过 30% 的热带风暴袭击了多米尼加共和国，飓风等级达到了有观察记录以来的最高等级，即萨菲尔 - 辛普森飓风等级 4 级。此外，多米尼加共和国在过去 100 年经历的地震灾害略多。然而，热带风暴和地震对这两个国家的影响是不同的。

六 海地和多米尼加共和国的不稳定政局

213

为了评估自然灾害对政治稳定的影响，我们需要量化政治稳定性。我们提出两种变量：一种用于衡量政治不稳定等级；另一种用于衡量武装冲突层级。为此，我们用从 - 10 到 + 10 的分值衡量政治不稳定性，从完全制度化的专制政体到混合的或不连贯的威权政体（无支配政体），再到完全制度化的民主（Marshall et al.，2011）。据科罗拉多州立大学和马里兰大学开发的"政治评分"，即衡量政治体制类型的 21 分量表，对政治体制的赋值范围从 - 10（世袭君主制）到 + 10（巩固的民主制）。

图 8 - 4 显示了海地和多米尼加共和国的政权类型随时间的变化。1850 ~ 1910 年，两个国家均保持相对稳定。1914 ~ 1918 年，海地经历了短暂的民主转型。从 1946 年开始，海地进入了持续的消极政治不稳定态势，变得越来越专制。相比之下，多米尼加共和国在 1978 年才进行了积极的民主转型并一直持续至今，这之前几乎一直处于专制统治之下。通过使用政治评分，我们可以比较自然灾害事件和政治不稳定情况。自 1850 年以来，伊斯帕尼奥拉岛共经历了 72 次风暴和 5 次直接冲击该岛的严重破坏性地震（见表 8 - 2）。

214　表 8 - 2　18 世纪以来海地 (H) 和多米尼加共和国 (DR) 的主要地震和
热带风暴/飓风、政治背景和社会经济情况

日期	灾害类型	地点	社会经济损害/政权类型更迭/政治冲突
1751 年 10 月 18 日	大地震	海地南部	H：太子港 75% 的砖石房屋被毁
1751 年 11 月 21 日	大地震	海地南部	H：摧毁太子港
1770 年 6 月 3 日	M7.5 级地震	海地南部	H：250 人丧生；太子港毁损
1842 年 6 月 7 日	大地震	海地北部	H：海地角重大毁损；10000 人丧生；叛乱爆发导致两年后多米尼加共和国成立
1860 年 4 月 8 日	大地震	海地南部	H：太子港毁损
1887 年 9 月 23 日	地震	海地北部	H：莫莱斯圣尼古拉斯（Moles St Nicholas）重大毁损
1897 年 9 月 29 日	地震	海地北部	数据缺失
1946 年 8 月 4 日	M8.0 级地震，海啸	DR 北部	DR：2550 人丧生
2010 年 1 月 12 日	M7.0 级地震	海地西南部	H：45000～65000 人丧生；太子港、莱奥甘和小戈阿沃（Léogâne and Petit-Goâve）毁损
1930 年 9 月 3 日	未知名热带风暴	伊斯帕尼奥拉岛	DR：1930～1933 年政治转型时期，从专制（-5）到专制（-9）
1958 年 9 月 1 日	2 级飓风"埃拉"	海地西南部	H：1958 年 6 月 28 日（埃拉之前）美国企图入侵逮捕杜瓦利埃，1957～1958 年从 -5 到 -8。
1961 年 10 月 3 日	热带风暴"弗朗西斯"	DR 东部	DR：1960～1962 年，政治转型年，从专制（-9）到民主（+8）
1963 年 9 月 27 日	2 级飓风"伊迪丝"	DR 东北部	DR：政权更迭期（1963～1965 年），中央政治权力从民主（1962 年 +8）彻底崩溃为专制（1966 年 -3），1965 年发生小规模武装冲突
215　1985 年 10 月 7 日	热带风暴"伊莎贝尔"	伊斯帕尼奥拉岛	H：1986 年 2 月 7 日，杜瓦利埃总统在骚乱后逃离；政治转型时期 1985～1986 年，从专制（-9）到专制（-8）
1998 年 9 月 22 日	2～3 级飓风"乔治"	伊斯帕尼奥拉岛	H：1999 年政治转型，从民主（1998 年 +7）到专制（2000 年 -2）

续表

日期	灾害类型	地点	社会经济损害/政权类型更迭/政治冲突
2003 年 10 月 10 日	热带风暴"明迪"	伊斯帕尼奥拉岛	H：2004 年叛乱和阿里斯蒂德下野；2004 年小规模武装冲突，2004～2005 年政治转型期，从专制（2003 年 -2）到民主（2006 年 +5）
2003 年 12 月 05 日	热带风暴"奥黛特"	伊斯帕尼奥拉岛	

资料来源：Klose and Webersik，2010。

在多米尼加共和国，三场风暴的时间与同年或次年政治稳定的变化时间相同吻合——分别是 1930 年、1961 年和 1963 年。两次风暴（1930 年和 1963 年）均发生在一个政权负向变化的时期。1930 年的热带风暴影响了整个岛屿，随后多米尼加共和国的独裁统治不断恶化。1963 年，受飓风"伊迪丝"袭击后，多米尼加共和国进入了中央政治权威崩溃的时期。1961 年，热带风暴"弗朗西斯"袭击了多米尼加共和国东部地区，当时多米尼加共和国正处于向民主政权转型时期。然而，1960～1962 年，多米尼加共和国变得更加民主的主要原因是 1961 年 5 月 30 日独裁者特鲁希略遭到暗杀。这一关键事件发生在 1961 年 10 月热带风暴"弗朗西斯"袭击该国之前。

在海地，共有四次风暴发生在同一年或次年政治稳定发生变化的时期。两次风暴同时伴随着一次政权的负向更迭。所有这些事件都发生在 20 世纪 50 年代以后。1958 年，当飓风"埃拉"横扫海地西南部时，这个国家的威权统治逐渐加强。1985 年，热带风暴"伊莎贝尔"沿海地边境穿过伊斯帕尼奥拉岛。第二年，即 1986 年 2 月 7 日，绰号"娃娃医生"的总统让 - 克洛德·杜瓦利埃（Jean-Claude Duvalier）在民众反对其政府的起义中被迫逃离该国。1998 年，飓风"乔治"席卷了伊斯帕尼奥拉岛，随之而来的是政权类型的不断变化，从 1998 年的民主逐渐较变为 2000 年的专制。2003 年，热带风暴"明迪"和"奥黛特"穿过海地，次年，一场政变使阿里斯蒂德总统下野；该国政权类型从 2003 年的专制转为 2006 年的民主。

相比之下，1850～2009 年，大多数地震与政治变革并不同时发生。海地北部仅在 1842 年发生了一场大地震，随后爆发政治起义导致多米尼加共和国于 1844 年独立。

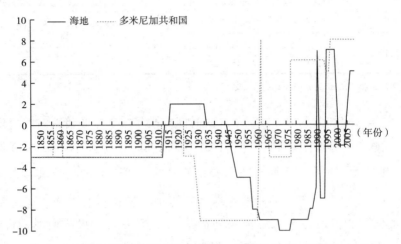

图 8-4 1850~2008 年政治体制特征，从专制（-）到民主（+）

注：外国"中断"和"政权空白期"或无政府状态的情况被转换为"中性"，政治评分为 0。+10 分表明是巩固的民主国家，-10 分表明是一贯的专制国家。

资料来源：2008 年政治评分 IV 系列数据。

216　　除了政治不稳定外，我们还整理了冲突和自然灾害事件。根据 UCDP/PRIO 武装冲突数据库，1946 ~2009 年①发生了 4 起小规模政治冲突（每年与战争有关的死亡人数超过 25 人）（Gleditsch et al. , 2002）。从数据上看，飓风"伊迪丝"发生两年后，在 1965 年多米尼加共和国发生了一场小规模冲突。在 1989 年、1991 年和 2004 年海地分别发生了几场小规模冲突。在热带风暴"明迪"和"奥黛特"发生一年之后，2004 年的一场冲突导致阿里斯蒂德总统下野。

七　讨论

因为在同一自然灾害事件当年或之后发生政变/冲突事件的案例很少，

----

① 不幸的是，UCDP/PRIO 武装冲突数据库没有追溯到 1850 年。小规模冲突是指在一年内与战争有关的死亡人数在 25 ~999 人的冲突。

所以把观察到的政变/冲突事件与自然灾害联系起来仅属推测。自然灾害发生后，政府控制动荡的能力可能受到影响，但这个假设还需要进一步的研究。例如，2004 年前，总统阿里斯蒂德被赶下台后，因为政府应对准备不足，导致 9 月的飓风"珍妮"对海地造成严重的破坏和生命损失。多年来，海地的重点一直是维持和平与安全。此外，在海地的国际政府机构和非政府机构更关注人道主义局势，优先考虑紧急援助而不是长期发展援助。海地最需要的是使国家更能抵御自然灾害的长期发展计划，例如，沿海定居点周围陡峭的山坡上缺乏有助于防止山洪暴发的森林覆盖。早在 20 世纪 90 年代中期，据估计海地只有 1% ~ 3% 的森林覆盖率（de Sherbinin，1996）。然而，正如一位当地专家所说，当地社区对支持再造林的项目兴趣不大，因为这种项目不能立即获得投资回报。①

这里提出一个假设，即频繁的政权更迭会削弱一个国家应对和处理自然灾害的能力。事实上，与多米尼加共和国相比，海地政权类型的重大变化发生在冷战结束之后（见图 8 - 4）。自那以后，海地一直在专制政权和民主政权之间摇摆，直到 2006 年才形成了一个相对稳定的民主政权。有趣的是，如果绘制 1946 ~ 2008 年的政权轨迹图，海地和多米尼加共和国的轨迹非常相似。需要澄清的一点是，一般而言海地在冷战后仍然是负分（专制政权），且随着时间的推移民主体制仍无进展。

反之，随着时间的推移，除了经济收入之外，无论国家是专制还是民主，稳定性对建立抵御自然灾害的恢复能力至关重要。例如，尽管古巴缺乏民主体制，但与海地相比，遭受相似飓风灾害风险的古巴表现出了更强的抗灾能力。政治转型是危险且不稳定的，因此增加了国家面对自然灾害的脆弱性。这与有关内战的文献一致，这些文献认为无政府状态（anocra- 218 cies）（既非民主也非专制的政权）爆发内战的风险最高（Hegre et al.，2001；Urdal，2004）。巴基斯坦是一个很好的例子，它在过去几年经历了政局动荡并且频繁遭受洪灾，稳定的制度对其建立有效和高效的灾害管理是必需的。海地（地震）、巴基斯坦（洪水）和缅甸（热带风暴）的紧急

---

① 个人通讯（Personal Communication），太子港（Port - au - Prince），2011 年 6 月 28 日。

情况显示出这些国家缺乏应对和管理灾难的制度能力（Bruch and Gold-man，2012）。

考虑到自然灾害的发生与政治不稳定之间的联系微弱（72 次风暴中只有 4 次风暴和 1 次地震恰好与同年或次年政体类型的消极变化相吻合），可以排除自然灾害影响政治不稳定的假设。政治转型往往发生在其他干预事件的几年内，如全球经济问题、部长或铁腕人物去世或离职、领导人权力平衡的改变，以及外源性发展或外来军事援助的变化。特别是自 20 世纪 70 年代以来的几十年里，大部分政权更迭都发生在该时期，没有一场消极政权变化是在灾难之后发生的（见图 8 - 5 和图 8 - 6）。

政治不稳定和政治冲突是由历史上的社会经济因素造成的说法更令人信服（但在本文中没有检验），如经济不平等，政治和经济排外，低收入以及局外人的影响，所有这些因素被视为政治不稳定和战争的相关因素（Buhaug，2010）。考虑到伊斯帕尼奥拉岛遭受相似的自然灾害，对政治不稳定的解释同样可用于解释海地在自然灾害面前的脆弱性。正如前面提到的，历史发展轨迹和社会经济政治发展轨迹都可用于解释海地的脆弱性。对此，需要进一步的研究。

除了政治因素，居住在沿海地区和河流三角洲面临与气候有关灾害（如洪水和热带风暴）的人口比例也很重要。理论依据如下：根据斯莱特巴克的观点，在过去的几十年里与气候相关的灾害有所增加，而地震受灾人口数量在某种程度上相对稳定。尽管报告的受灾人口数量随着时间的推移有所增加，但与气候相关的灾害数量增加得更多（Slettebak，2012）。

因此，可以预期那些有大量人口生活在河流三角洲或沿海地区的国家，如孟加拉国、越南、柬埔寨、印度尼西亚和菲律宾，将面临严重的人类安全冲击。印度的一些位于沿海地区的大城市，如孟买，容易发生季节性洪水。重要的是，人口增长和城市化带动更多的人迁移至洪灾易发地区，去到人们不曾定居的地方。低收入的现实使当地社区无法按照文件要求的建筑标准进行建设。

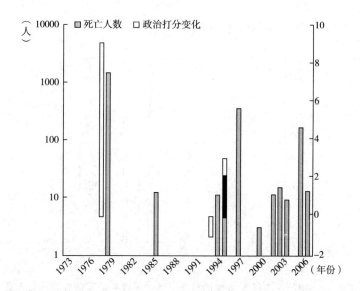

**图 8 - 5　1973 ~ 2008 年多米尼加共和国的政权更迭、风暴和地震
造成的死亡人数**

注：数值表示每年的政权更迭情况。外国"中断"和"间歇"或无政府状态的情况，转为"中立"的政治打分为"0"。在 2008 年政治打分 Ⅳ 数据系列中，政治打分为 + 10 表示是发达的民主国家，而政治打分 - 10 则表明是完全的专制政体。

资料来源：OFDA / CRED 世界灾难数据库，鲁汶大学，比利时，布鲁塞尔，www. emdat. net，最后访问日期：2011 年 4 月 4 日。

　　当 7.0 级地震袭击海地时，包括联合国在内的多个政府大楼和援助机构的多层办公楼倒塌。据估计，大约有 40% 的海地政府官员在地震中死亡（Bruch and Goldman，2012）。随着时间的推移，城市缺乏适当的发展规划。以太子港为例，原计划容纳 25 万人口，现在已容纳 200 多万人口，这导致在太子港居民居住在脆弱地区、洪水平原或陡峭的山坡上的现象很常见。这些人更容易遭受洪水和山体滑坡（Bruch and Goldman，2012）。

　　最后，灾害脆弱性的差异可以通过收入水平来解释。美国、中国和印度这三个受灾最频繁的国家，由于其稳定的政治体系和经济能力，能够更有效地应对（与气候有关的）灾难。中国和印度发展迅速，有足够的资源保护他们的公民免受自然灾害。

220

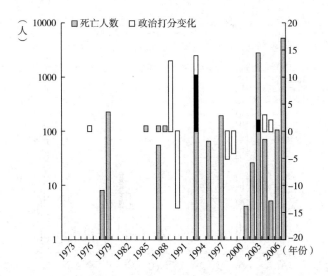

图 8 - 6　1973～2008 年海地的政权更迭、风暴和地震造成的死亡人数

注：数值表示每年的政权更迭情况。外国"中断"和"间歇"或无政府状态的情况，转为"中性"政治打分为"0"。在 2008 年政治打分Ⅳ数据系列中，政治打分为 + 10 表示是发达的民主国家，而政治打分 - 10 则表明是完全的专制政体。

资料来源：OFDA/CRED 世界灾难数据库，鲁汶大学，比利时，布鲁塞尔，www. emdat. net，最后访问日期：2011 年 4 月 4 日。

221

八　结论

　　本文通过对灾难事件与政治事件的比较，揭示了灾难对政治稳定性的影响。飓风和（1 次）地震之后在同年或次年发生消极的政权更迭和政治冲突的情况很少（4 次）。事实上，一些政权更迭（3 次）本质上是积极的，引发更民主的政权类型出现。鉴于海地和多米尼加共和国遭受的自然灾害风险相似，两国冷战后在政治稳定方面的差异可以从其他因素中找寻。考虑到两国迥异的历史轨迹这也许并不意外，包括海地森林砍伐狩猎的历史、美国公司和政府对这两个加勒比新殖民国家不同干预模式、政治危机和动乱期间移民模式带来的汇款流以及有组织犯罪的影响。

　　虽然政治稳定没有受到影响，但每年海地都有人死于洪灾和地震。多年来，海地的经济受到自然灾害的负面影响。海地的政治暴力历史、薄弱的治理、不平等和低收入削弱了该国防范、应对、抵御以及从热带风暴和地震的影响中恢复的能力。这或许可以解释为何在极端和毁灭性事件中会有如此多的人受到影响、无家可归、受伤或死亡，特别是 2010 年太子港附近发生的 7 级地震，造成 4.6 万 ~ 8.5 万人死亡。由于安全动荡和政治混乱，海地对备灾和减灾关注不足。此外，海地的脆弱性可能被放大了，特别是人为因素加剧了自然灾害，如大规模森林砍伐。

因此，需要通过自然保护政策回应当地需求，包括公共教育、有关环境保护的法律措施，以及对森林、渔业、农业和旅游业的参与式管理。

致 谢

笔者谨感谢托尔·A. 本杰明森（Tor A. Benjaminsen）的建设性意见。还要感谢奥斯陆和平研究所（PRIO）的讲习班参与者哈尔瓦德·比海于格（Halvard Buhaug）等。笔者还要感谢几位匿名审稿人的意见，他们的意见大大改进了本章。

参考文献

Ahrens, J. and P. M. Rudolph(2006), 'The importance of governance in risk reduction and disaster management', *Journal of Contingencies and Crisis Management* 14(4).

Ash, T. G. (2005), 'It always lies below', *The Guardian*, 8 September.

Associated Press(2011), 'US government report says far fewer people died in Haiti quake than originally estimated', *The Washington Post*, 30 May.

Brancati, D. (2007), 'Political aftershocks: the impact of earthquakes on intrastate conflict', *Journal of Conflict Resolution*, 51, 715 – 743.

Bruch, C. and L. Goldman(2012), 'Keeping up with megatrends: the implications of climate change and urbanization for environmental emergency preparedness and response', Geneva: Joint UNEP/OCHA Environment Unit.

Buhaug, H. (2010), 'Climate not to blame for African civil wars', *PNAS*, 107, 16477 – 16482.

De Alessi, L. (1975) , ' Toward an analysis of postdisaster cooperation' , *The American Economic Review*, 65, 127 – 138.

de Sherbinin, Alex(1996) , ' Human security and fertility: the case of Haiti' , *Journal of Environment and Development*, 5(1) , 28 – 45.

Diamond, Jared M. (2005) , *Collapse: How Societies Choose to Fail or Succeed*. New York, USA: Viking.

Dilley, M. and Boudreau, T. E. (2001) , ' Coming to terms with vulnerability: a critique of the food security definition' , *Food Policy*, 26, 229 – 247.

Dolisca, F. , Carter, D. R. , Mcdaniel, J. M. , Shannon, D. A. and Jolly, C. M. (2006) , ' Factors influencing farmers' participation in forestry management programs: a case study from Haiti' , *Forest Ecology and Management*, 236, 324 – 331.

Drury, C. A. and Olson, R. S. (1998) , ' Disasters and political unrest: an empirical investigation' , *Journal of Contingencies and Crisis Management*, 6, 153 – 161.

Durkheim, É. (2002) , *Suicide*. London, New York: Routledge.

Esteban, M. , Webersik, C. and Shibayama, T. (2010) , ' Methodology for the estimation of the increase in time loss due to future increase in tropical cyclone intensity in Japan' , *Climatic Change*, 102.

Fritz, Charles E. (1996) , ' Disasters and mental health: therapeutic principles drawn from disaster studies' , Newark, USA: University of Delaware.

Füssel, H. – M. (2007) , ' Vulnerability: a generally applicable conceptual framework for climate change research' , *Global Environmental Change*, 17, 155 – 167.

Giorgi, F. , Bruce Hewitson, J. Christensen, Michael Hulme, Hans Von Storch, Penny Whetton, R. Jones, L. O. Mearns and C. Fu(2001) *Regional Climate Information – Evaluation and Projections*. Cambridge, UK: Cambridge University Press.

Gleditsch, N. P. , Wallensteen, P. , Eriksson, M. , Sollenberg, M. and Strand, H. (2002) , ' Armed conflict 1946 – 2001: a new database' , *Journal of Peace Research*, 39, 615 – 637.

Hegre, H. , Ellingsen, T. , Gates, S. and Gleditsch, N. P. (2001) , ' Towards a democratic civil peace? Democracy, political change, and civil war, 1816 – 1992' , *American Political Science Review*, 95, 33 – 48.

Hirshleifer, J. (1987) , *Economic Behavior in Adversity*. Chicago, USA: University of Chicago Press.

223

Kelman, I. (2012), *Disaster Diplomacy*. Abingdon, UK and New York: Routledge.

Klose, C. D. and Webersik, C. (2010), 'Long – term impacts of tropical storms and earthquakes on human population growth in Haiti and Dominican Republic', *Nature Precedings*, doi 10. 1038/npre. 2010. 4737. 1.

Knutson, Thomas R. , John L. McBride, Johnny Chan, Kerry Emanuel, Greg Holland, Chris Landsea, Isaac Held, James P. Kossin, A. K. Srivastava and Masato Sugi(2010), 'Tropical cyclones and climate change', *Nature Geosci*, 3(3), 157 – 163.

Landsea, C. W. , Harper, B. A. , Hoarau, K. and Knaff, J. A. (2006) 'Can we detect trends in extreme tropical cyclones?', *Science*, 313, 452 – 454.

Marshall, M. G. , Jaggers, K. and Gurr, T. R. (2011), *Polity Ⅳ Project: Political Regime Characteristics and Transitions,* 1800 – 2009. Center for Systemic Peace, Colorado State University, University of Maryland.

Mcgranahan, G. , Balk, D. and Anderson, B. (2007), 'The rising tide: assessing the risks of climate change and human settlements in low elevation coastal zones', *Environment and Urbanization*, 19, 17 – 37.

Mutter, John(2010), 'Opinion: disasters widen the rich – poor gap', *Nature*, 466.

Nel, P. and Righarts, M. (2008), 'Natural disasters and the risk of violent civil conflict', *International Studies Quarterly*, 52, 159 – 185.

Neumayer, E. and T. Plümper(2007), 'The gendered nature of natural disasters: the impact of catastrophic events on the gender gap in life expectancy, 1981 – 2002', *Annals of the Association of American Geographers*, 97(3), 551 – 566.

Ostrom, E. (1996), 'Crossing the great divide: coproduction, synergy, and development', *World Development*, 24, 1073 – 1087.

Quarantelli, E. L. (2008), 'Conventional beliefs and counterintuitive realities', *Social Research*, 75.

Quarantelli, E. L. and Dynes, R. R. (1976), 'Community conflict: its absence and its presence in natural disasters', *Mass Emergencies*, 1(1), 139 – 152.

Robbins, P. (2004), *Political Ecology: A Critical Introduction.* Malden, MA, USA: Blackwell Publishing.

Slettebak, Rune T. (2012), 'Don't blame the weather! Climate – related natural disasters and civil conflict', *Journal of Peace Research*, 49(1), 163 – 176.

Slettebak, R. T. and De Soysa, I. (2010), 'High temps, high tempers? Weather – related natural disasters and civil conflict', Conference on Climate Change and Security, 21 – 24 June 2010, Trondheim.

Slettebak, R. T. and Theisen, O. M. (2011), 'Natural disasters and social destabilization: is there a link between natural disasters and violence? A study of Indonesian districts, 1990 – 2003', Paper presented at the annual meeting of the International Studies Association Annual Conference, Montreal, Quebec, Canada.

United Nations Development Programme (1994), *Human Development Report* 1994, New York.

United Nations Development Programme (2009a), *Focus on Haiti: Key Statistics* (online). UNDP. Available from: http://www. undp. org/cpr/we_work/Haiti08. shtml.

United Nations Development Programme (2009b), *Human Development Report* 2009. Houndmills: published for the United Nations Development Programme by Palgrave Macmillan, London, UK.

Université Catholique De Louvain (2011), *OFDA/CRED International Disaster Database*. Université Catholique de Louvain, Brussels, Belgium.

Urdal, H. (2004), *The Devil in the Demographics: The Effect of Youth Bulges on Domestic Armed Conflict*, 1950 – 2000. Washington DC, USA.

Webersik, C. (2010), *Climate Change and Security: A Gathering Storm of Global Challenges*. Santa Barbara, CA, USA: Praeger.

Webster, P. J. , Holland, G. J. , Curry, J. A. and Chang, H. – R. (2005a), 'Changes in tropical cyclone number, duration, and intensity in a warming environment', *Science*, 309, 1844 – 1846.

Webster, P. J. , Holland, G. J. , Curry, J. A. and Chang, H. R. (2005b), 'Response to comment on "Changes in tropical cyclone number, duration, and intensity in a warming environment"', *Science*, 311, 1713c.

Wisner, B. , P. Blaikie, Terry Cannon and Ian Davis (2004), *At Risk: Natural Hazards, People's Vulnerability, and Disasters*, 2nd edition. London, New York: Routledge.

World Bank (2010), *World Development Indicators*. Washington, DC, USA.

Yodmani, S. (2001), 'Disaster risk management and vulnerability reduction: protecting the poor', Asian and Pacific Forum on Poverty.

第三部分

气候变化和人类安全的地区视角

第九章

气候变化对拉丁美洲和加勒比地区
人类安全的影响

厄休拉·奥斯瓦尔德·斯普林，汉斯·金特·布劳赫，

盖伊·爱德华兹，J. 蒂蒙斯·罗伯茨

一　引言

气候变化预计将在 21 世纪对国际、国家和人类安全产生多重影响。如果继续毫无节制地排放温室气体，灾难性的气候变化将不可避免，这包括气候变化热点区域增加（REC，2011）、水资源匮乏（UNEP，2012）、粮食减产、极端天气事件增多（IPCC，2012）和环境变化引发的移民。特别是来自拉丁美洲和加勒比地区（LAC）国家之间的移民（Oswald Spring et al.，2013；Serrano Oswald et al.，2013）。气候变化预计会带来自然和社会影响（IPCC，2007，2007a），但非线性变化可能触发对国际、国家和人类安全地缘政治效应的临界点（Lenton et aL.，2008）。

尽管 LAC 的温室气体排放只约占全球总量的 11%（IDB，2012），但该地区特别容易受到气候变化的影响。根据针对相关地区的排放情况预测，到 21 世纪末 LAC 气温将上升 1 摄氏度至 6 摄氏度（Magrin et al.，2007）。

贝尔加拉等（Vergara et al.，2007；Vergara，2011）指出，气候变化的影响包括加勒比海珊瑚礁的生物群落可能消失，气候变化无常和风暴加

剧，以及海平面上升、洪水和干旱频发、安第斯高原生态系统变暖、热带疾病风险增加以及亚马逊雨林生态系统可能退化。这些会影响安第斯山脉等生态系统的多样性，所以 LAC 可能比其他地区更加脆弱。生态系统的重大损失、对电力和水供应的潜在影响，以及极有可能导致的健康问题和食品成本上升，这些因素都使 LAC 成为气候变化适应议题的重点（Vergara，2009）。

228 　　气候变化正对 LAC 的经济产生重大影响，随着时间的推移这些影响将变得更大（ECLAC，2010）。美洲开发银行（IDB，2012）认为，到 2050年气温将比前工业化时期上升 2 摄氏度，估计每年给 LAC 造成的损失约为1000 亿美元。这个损失的规模不仅限制地区发展措施的选择，还会限制自然资源和生态系统支持地区发展（IDB，2012）。

　　气候变化和极端事件对该地区带来了严重影响（Magrin et al.，2007）。LAC 极易受到这些自然灾害的影响：该地区最近发生的极端气候事件有所增加，受灾人数也随之增加。据估计，过去十年美洲的自然灾害造成的损失超过 4460 亿美元（ECLAC，2011）。气候变化还会威胁来之不易的发展成果，加剧地区间的不平等，威胁阻碍最弱势群体在卫生和教育方面取得的进展并使之倒退（UNDP，2007）。气候变化还威胁到近几十年来在发展和实现千年发展目标方面取得的进展（Mata and Nobre，2006；ECLAC and IDB，2010）。

　　本章将重点讨论气候变化对拉丁美洲和加勒比地区人类安全的影响，特别是在中美洲、加勒比地区、安第斯（Chevallier et al.，2011）和亚马逊地区等气候变化热点区域（Climate Change Hotspots）。这里我们将讨论四个研究主题。第一，自 1990 年以来，LAC 国家人类安全概念的争论焦点是什么？第二，关于气候变化及其可能对 LAC 人类安全造成的影响了解多少？第三，LAC 正在实施哪些适应气候变化措施，以及这些措施的资金来源于哪里？第四，如何从人类安全的角度解读应对气候变化的政策？

　　为了回答这些问题，本章介绍了两个将气候变化影响与 LAC 安全联系起来的全球话语，并从人类安全的角度讨论了 LAC 的环境和社会脆弱性。

本章还评估了 LAC 应对气候变化的策略，考察为适应气候变化措施筹措资金的政策争论，并得出结论。

二　有关 LAC 气候变化和安全的论述 229

气候变化逐步被"安全化"（Wæver, 1995, 1997, 2008；O'Brien et al., 2010；Brauch, 2002, 2008, 2009, 2012；Brauch et al., 2008, 2009, 2011；Brauch and Scheffran, 2012），并已被 LAC 地区学者们接受 232（Peralta, 2008；Oswald Spring, 2010, 2011）。从国际、国家和人类安全的角度探讨气候变化影响与安全之间的联系，出现了三种政策和学术话语。

安全定义的再界定（Buzan et al., 1998）带来安全概念的"广化"（环境、社会、经济维度）、"深化"（人类、性别）和"部门化"（能源、粮食、健康、水和生计）。1990 年，中美洲内战危机结束后，哥斯达黎加发生了第一次关于人类安全的全球政治讨论（Jolly and Ray, 2006：4）。在联合国开发计划署（UNDP, 1994）提出人类安全概念之前，人类安全被定义为"不受饥饿、疾病、犯罪和镇压的持续威胁"。这也意味着"不管是我们的家庭、工作、社区，还是我们的环境中，安全是指保护我们的日常生活方式不受突然和有害的干扰"。通过将焦点转移到"以人为本" 233的视角，深化了安全的概念，通过增加人、社区和社会等新的相关对象，补充了对国家的关注。

本节内容考察了气候变化影响的两大支柱："免受灾害影响的自由"（环境脆弱性：EV）和"免于匮乏的自由"（社会脆弱性和消除贫困），它们直接影响人们、社区和国家的应对能力。虽然 IPCC 2007 年报告没有明确定义"应对"一词，布劳赫和奥斯瓦尔德·斯普林（Brauch and Oswald Spring, 2011：41）将"应对"一词解释为"包括适应、减缓和韧性建设"三个概念。

1. 气候变化与国际安全：联合国和欧盟 - 拉加共同体（EU - LAC）战略伙伴关系论述

2007 年 4 月，英国在联合国安理会（UNSC, 2007）提出了气候变化与国际安全之间的联系。2009 年 6 月，小岛屿发展中国家（Small Island Developing States，SIDS）向联合国大会提交了一项决议，要求联合国秘书长（UNSG，2009）提交一份关于气候变化和安全联系的报告（Brauch and Oswald Spring，2011；Brauch and Scheffran，2012）。2011 年 7 月 20 日，《安全理事会主席声明》（S/PRST/2011/15）就气候变化与安全联动发表了评论（UNSC，2011）。

在 LAC，正在形成围绕"环境/气候变化/能源"和"欧盟对 LAC 的人道主义援助"等问题的对话。欧盟委员会（European Commission，2008）一份关于 EU - LAC 战略伙伴关系的文件指出，气候变化"对经济增长和减贫战略顺利实施构成威胁"。2010 年，EU - LAC 国家马德里峰会之前，欧盟委员会（European Commission，2009）的一份信函强调了两个区域在气候变化方面合作的重要性。第六届 EU - LAC 马德里峰会通过了《马德里宣言》，欧盟和拉共体政府代表在该宣言中确定了"科学、研究、创新和技术、可持续发展、环境、气候变化、生物多样性、能源、区域一体化和互联互通"，另有《马德里行动计划》（2010 ~ 2012 年）强调了有关气候变化的合作。①

联合国秘书长在其关于人类安全的第二份报告（A/66/763，2012）中提到了联合国在气候变化和气候相关灾害事件的参与情况，其中人类安全方法在这些参与中是有效的（UNSG，2012）。联合国成员国认为，"气候波动和极端天气模式破坏收成、耗尽渔业资源、侵蚀生计、扩大传染病的传播"，与其他趋势融合"可能导致社会压力，并对国家、地区以及国际稳定产生深远影响"。联合国秘书长认为，人类安全方法有助于"改进早期预警系统、形成更有韧性的应对机制和更合适的适应战略，以满足人们的特定需求并应对脆弱性"。

2. 拉丁美洲和加勒比地区关于气候变化和人类安全的新话语

2008 年联合国大会关于人类安全的辩论中，墨西哥、巴西和古巴将

---

① 《马德里宣言》，参见 http：//www. consilium. europa. eu/uedocs/cms_ Data/docs/pressdata/en/er/114535. pdf；《马德里行动计划》，参见 http：//www. consilium. europa. eu/uedocs/cms_ Data/docs/pressdata/en/er/114540. pdf。

气候变化视为对人类安全的威胁，智利则将气候变化视为自然灾难。
2011 年 4 月 14 日，哥斯达黎加大使索尼娅·皮卡多（Sonia Picado）在
联合国大会关于人类安全问题的辩论中指出，LAC 存在严重的人类安全
威胁：

> LAC 是世界上最不平等和最暴力的地区……关注人类安全使我们
> 能够理解这两个挑战之间的关系……国家对其公民的人类安全负责，
> 因此必须在这些项目中发挥领导作用……人类安全概念对拉丁美洲尤
> 为重要。

　　布劳赫（Brauch，2011a，2005，2005a）提出人类安全的第三个支柱
是"免受灾害影响的自由"（Bogardi and Brauch，2005）。他认为气候变
化①"直接影响水、土壤、粮食、健康和生计安全，如果社区和社会团体
不通过预防性学习和决策以制定有韧性的缓解和适应策略"，气候变化
"将威胁这些群体的安全"。墨西哥大使克洛德·赫勒（Claude Heller）表
示，人类安全"涉及各种不同的问题，从恐怖主义到冲突中的暴力，再到
气候变化和自然灾难"。他还补充，在一些国家"移民被视为对人类安全
的威胁"。

　　2011 年 7 月 20 日，LAC 有 14 个国家参加联合国安理会气候变化与安
全会议。阿根廷（"77 国集团和中国"2011 年轮值主席国）、巴巴多斯、
玻利维亚、哥伦比亚、哥斯达黎加、古巴、秘鲁和委内瑞拉支持"77 国集
团和中国"，反对气候变化与国际安全联系起来，认为气候变化是一个可
持续发展的问题，应该考虑通过联合国大会、联合国经济及社会理事会、
联合国可持续发展委员会、联合国环境规划署和《联合国气候变化框架公
约》审议，而不是联合国安理会。墨西哥、中美洲和加勒比国家对气候变
化的高度脆弱性的认识，导致它们在安全和气候变化问题上的立场与南美
国家截然不同。

235

---

　　① 参见 http：//www. un. org/News/Press/docs//2011/ga11072. doc. htm。

在 LAC，气候变化作为人类安全挑战的辩论刚刚开始，从国际组织、各国市长和社会运动的代表以及学术会议上可见一二（Oswald Spring，2011）。2011 年 8 月，LAC 的市长们在《瓦尔帕莱索宣言》中谈及气候变化对人类安全的影响，并要求减少社区和生态系统中来自各种环境、粮食、健康和其他影响可持续发展隐患的脆弱性。[①] 2011 年 5 月，南美国家联盟（UNASUR）的南美国防委员会成立了一个新的国防战略研究中心，该中心关注包括保护战略能源和粮食资源以及适应气候变化的各种问题。[②]

三 气候变化的脆弱性:对拉丁美洲和加勒比地区 人类安全、贫困和不平等的影响

拉丁美洲和加勒比地区有多么脆弱？从人类安全的角度来看，博勒（Bohle，2001，2002）将全球环境变化和全球化双重背景下的环境脆弱性和社会脆弱性结合起来。人类安全方法意味着通过综合政策实施来实现"免受灾害影响的自由"和"免于匮乏的自由"，从而减少环境和社会的脆弱性。在这里，我们先简要地回顾了该地区在自然脆弱性、社会脆弱性和可能的影响等指标，然后转向联合国关于"免受灾害影响的自由"的讨论，及其如何与关于"免于匮乏的自由"的长期人类安全讨论相结合。

环境脆弱性的概念被广泛应用于全球环境变化、气候变化和灾害研究、早期预警研究（Brauch，2011）和政策制定（Mesjasz，2011）。普遍脆弱性指数（Prevalent Vulnerability Index，PVI）显示了 LAC 的情况（见图 9 - 1），该指数侧重于评估经历自然灾害后恢复社会、经济、制度

---

① http://www.eclac.cl/rio20/noticias/paginas/5/43755/Manifiesto_ Valparaiso_ 2011_ rev. pdf.
② 南大西洋新闻社（MercoPress）："南美国家联盟国防战略研究中心本周在布宜诺斯艾利斯（Buenos Aires）成立"，2011 年 5 月 23 日，http://en. mercopress. com/2011/05/23/ unasur - defence - studies - centre - opens - this - week - in - buenous - aires，最后访问日期：2012 年 5 月 15 日。

和基础设施的能力（Cardona，2007，2011），并通过衡量灾害易发地区的　236
暴露程度和易受影响程度、社会经济的脆弱性和社会韧性不足程度，描述
了整体的脆弱性状况。

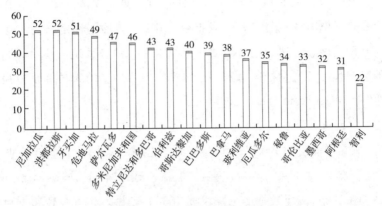

图 9 - 1　2007 年普遍脆弱性指数

资料来源：IDB，http：//www.iadb.org/en/news/web - stories/2010 - 09 - 30/idb - naturaldisaster - risks - in - latin - america - and - caribbean.8017.htm.

墨西哥和中美洲已经受到全球环境变化的自然和社会影响，该地区是
主要的环境热点区域。墨西哥的研究为分析地球和人类系统之间复杂的相
互作用及其影响提供了一个案例，比如在环境匮乏、环境退化和压力、自
然灾害（如干旱和飓风）、社会影响、反复发生的国内危机以及造成公共
不安全的水资源和土壤冲突等方面（Oswald Spring，2010，2011）。虽然有
关城市化、国内人口颠沛流离和向美国迁移的研究很多，但关于墨西哥环
境迫使人口迁移的实证研究却很少（Alscher，2009；Sánchez et al.，2013；
Oswald Spring，2012；Oswald Spring et al.，2013）。布莱克等（Black et
al.，2011：432 - 433）对墨西哥气候变化和人口迁移关系的研究得出了相
互矛盾的结果。

奥斯瓦尔德·斯普林（Oswald Spring，2008：24 - 25）认为，"社会脆
弱性是指人的需要得不到满足并且获得资源的机会有限，从而导致人类安
全的丧失。"米斯杰斯（Mesjasz，2011）发现"社会"一词含义模糊，它
指的是"个人或群体的特征及其状况，这些特征或状况影响人们预测、应
对、抵抗自然灾害以及从中恢复的能力"抑或"人们、组织和社会无法承

受其所面临的多重压力源的负面影响"。

237   皮萨罗（Pizarro, 2001：11）将社会脆弱性定义为"社区、家庭和个人……因创伤性社会经济事件而在生活中感受到的不安和无助；其次是这些社区、家庭和个人为应对这一事件的影响而使用的资源和策略管理"。拉加经委会（ECLAC）和美洲开发银行（IDB）将脆弱性定义为"给定各要素（基础设施、住房、生产活动、组织水平、预警系统、政治和制度发展）的脆弱程度，一个社区暴露于自然灾害中所遭受的人员和物质损失的可能性"（Villagrán de León, 2006：15）。

减少贫困可以降低脆弱性。拉加经委会（ECLAC, 2011b, 2011c）研究发现，拉丁美洲（1990～2010年）的贫困率下降了17个百分点（从48.4%下降到31.4%），而极端贫困率下降了10.3个百分点（从22.6%下降到12.3%）。这两个数据的下降主要由于工资和公共资金转移支付的提高，但后者的贡献要小得多。个人价值指数（PVI）和贫困率对于理解人类安全的两大支柱如何受到影响非常重要。

1970～2010年，LAC与气候有关的灾害数量和强度大幅增加，影响到数百万人（见图9-2），造成巨大的损失和经济成本，根据拉加经委会（ECLAC, 2011：1）损失从23816000美元（1971～1980年），到67108000美元（1981～1990年），到212194000美元（1991～2000年），再到446256000美元（2001～2010年）。世界灾难数据库（EM-DAT）最近给出了（Guha-Sapir and Vos, 2011：712-717）三个相关类别的定义，包括气候（热/寒潮、干旱、森林/土地火灾）、水文（洪水、滑坡、雪崩、地面沉降）和气象（热带/冬季风暴）灾害（ECLAC, 2011：3）。

这些灾害发生的频率和强度在增加（ECLAC, 2011），其未来是否会进一步恶化（IPCC, 2007, 2012）取决于温室气体减排和国家适应减缓战略及该战略的有效实施。受害者数量和经济损失可以通过提升恢复能力、预警系统和减少灾害风险来降低。

对LAC气候变化对自然的影响采取人类安全的方法，可以通过提高受影响社会的应对能力，降低环境脆弱性和社会脆弱性双重脆弱性，协助实现"免受灾害影响的自由"。"免于匮乏的自由"意味着保护和赋予人

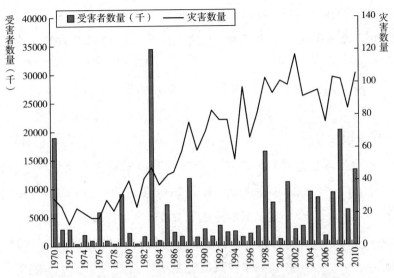

238

图 9 - 2　1970～2010 年美洲自然灾害数量和受害者数量

资料来源：ECLAC 2011 年 7 月基于 OFDA/CRED 世界灾难数据库统计，www. emdat. be.，最后访问日期：2012 年 1 月 16 日。

　　们权力，并减轻他们因贫困和社会性别不平等造成的社会脆弱性。无论是脆弱性还是应对人类安全的政策措施，都与不同的政策议程紧密相关（Brauch，2009a：983）。

　　"免受灾害影响的自由"意味着人们可以调动他们的资源来实现可持续发展，以便对缓慢发生的灾害（海平面和温度上升、干旱）和快速发生的灾害（风暴、洪水、森林火灾、山体滑坡）实施有针对性的政策，即技术、组织和政治举措的结合。灾害和环境脆弱性/社会脆弱性会直接削弱人类安全，必须通过加强应对能力的策略降低这两种脆弱性。应对这些复杂的人类安全问题，首先要采取主动的非军事措施。

　　联合国开发计划署（UNDP，1994）提出了人类安全支柱的概念，人类安全委员会（CHS，2003，2005）进一步发展了这一概念，科菲·安南（Kofi Annan，2005）提到过"全球发展伙伴关系"，[①] 但人类安全目标的实现情况相当令人失望（Busumtwi-Sam，2008：92）。实现重大的变化需

239

---

　　① 参见 http：//www. un. org/largerfreedom/summary. html。

要改革现有的权力结构和机构，特别是宏观经济结构和分配机制。"免于匮乏的自由"要求 LAC 国家从性别视角减少贫困、社会脆弱性和社会不平等。

四 拉丁美洲和加勒比地区国家的适应战略和举措

《联合国气候变化框架公约》（以下简称《公约》）的所有缔约国都被要求提交国家信息通报，其中包括温室气体排放和清除情况、各国为实施《公约》所承担的活动细节以及脆弱性评估。[①] 在 32 个 LAC 国家（见表 9-1）中，28 个国家至少提交了 1 份国家信息通报（NC），12 个国家提交了 2 份，乌拉圭提交了 3 份，墨西哥提交了 4 份。[②] 根据 1997 年的《京都议定书》，所有拉美国家都没有规定减排义务，但巴西、墨西哥、哥斯达黎加、厄瓜多尔和秘鲁等国家和加勒比共同体（CARICOM）成员国都自愿制定了目标、政策、倡议和法律以应对气候变化的影响。[③]

230

表 9-1 拉丁美洲和加勒比地区基本数据

	《联合国气候变化框架公约》国家气候变化信息通报（年）					人口变化和预测（百万）			
	1st	2nd	3rd	4th	5th	1950	2010	2050	2100
墨西哥	1997	2001	2006	2009		27866	113423	143925	127081
伯利兹	2002	2011				0069	0312	0529	0555
哥斯达黎加	2000	2009				0966	4659	6001	5019
萨尔瓦多	2000					2200	6193	7607	6783
危地马拉	2002					3146	14389	31595	46036

---

① 参见《联合国气候变化框架公约》国家报告，http://unfccc.int/national_reports/items/1408.php。

② 原书数据有误，译文为勘误后数据。——译者注

③ LAC 对全球温室气体排放的贡献相对较小，2011 年约占全球总量的 11%。虽然从绝对值来看，该地区所占的排放量很小，但这并不能免除它的全球责任。按人均和经济规模算，该地区的温室气体排放量高于其他发展中国家，如印度（ECLAC/IDB，2010）。在本章中，我们将重点讨论适应问题，考虑到 LAC 对全球温室气体排放的贡献不大，这使该地区国家对全球变暖的责任大大低于富裕的工业化国家。尽管所有国家都走上低碳弹性增长和减少排放的道路，但鉴于该地区对全球排放的贡献较小，LAC 的减缓行动影响甚微。因此，与减缓行动相比该区域适应行动与人类安全相关性更强。

续表

	《联合国气候变化框架公约》国家气候变化信息通报（年）					人口变化和预测（百万）			
洪都拉斯	2000					1487	7601	12939	13789
尼加拉瓜	2001	2011				1295	5788	7846	7261
巴拿马	2001					0860	3517	5128	5170
中部美洲	8	4	1	1	1①				
阿根廷	1997	2008				17150	40412	50560	49201
玻利维亚	2000	2009				2714	9930	16769	20021
巴西	2004	2010				53975	194946	222843	177349
智利	2000	2011				6082	17114	20059	17185
哥伦比亚	2001	2010				12000	46295	61764	58137
厄瓜多尔	2000					3387	14465	19549	18319
圭亚那	2002					0407	0754	0766	0693
巴拉圭	2002					1473	6455	10323	11364
秘鲁	2001	2010				7632	29077	38832	35911
苏里南	2006					0215	0525	0614	0551
乌拉圭	1997	2004	2010			2239	3369	3663	3396
委内瑞拉	2005					5094	28980	41821	40507
南美洲	12	7	1						
拉丁美洲	20	11	2	1					
阿鲁巴	—					0046	0089	0112	0108
巴哈马	2001					0049	0343	0445	0449
巴巴多斯	2001	2011				0211	0273	0264	0223
古巴	2001					5920	11258	9898	7022
多米尼加共和国	2003	2009				2380	9927	12942	12231
格林纳达	2000					0077	0104	0095	0075
海地	2002					3221	9993	14178	14566
牙买加	2000	2011				1403	2741	2569	2166
波多黎各						2218	3749	3657	3024
圣文森特和格林纳丁斯						0067	0109	0113	0096
圣卢西亚						0083	0174	0205	0169
特立尼达和多巴哥	2001					0636	1341	1288	1031

①原书如此。——译者注

续表

	《联合国气候变化框架公约》国家气候变化信息通报（年）				人口变化和预测（百万）			
加勒比	8	3	0	0				
LAC	28	14	2	1				
美国（5th 2010）	1994	1997	2002	2007	157813	310384	403101	478026
加拿大（5th 2010）	1994	1997	2002	2007	13737	34017	43642	48290

231

	经济数据			环境和气候数据		
	HDI 2011	人均GDP（2010）现值美元	低于贫困线（%）	2007年生态足迹	2008年CO_2总排放量（吨）	2008年CO_2人均排放量（吨/人）
墨西哥	57	9123	47.4	3.0	475833.6	4.4
伯利兹	93	4064	18.1		425.4	1.4
哥斯达黎加	69	7691	21.7	2.7	8016.1	1.8
萨尔瓦多	105	3426	37.8	2.0	6112.9	1.0
危地马拉	131	2862	51.0	1.8	11914.1	0.9
洪都拉斯	121	2026	60.0	1.9	8672.5	1.2
尼加拉瓜	129	1132	46.2	1.6	4330.7	0.8
巴拿马	58	7589	32.7	2.9	6912.3	2.0
阿根廷	45	9124	n. d.	2.6	192378.2	4.8
玻利维亚	108	1979	60.1	2.6	12834.5	1.3
巴西	84	10710	21.4	2.9	393219.7	2.1
智利	44	12431	15.1	3.2	73109.0	4.4
哥伦比亚	87	6225	45.5	1.9	67700.2	1.5
厄瓜多尔	83	4008	36.0	1.9	26824.1	2.0
圭亚那	117	2950	n. d.	n. d.	1525.5	2.0
巴拉圭	107	2840	35.1	3.2	4118.0	0.7
秘鲁	80	5401	34.8	1.5	40535.0	1.4
苏里南	104	6254（2009）	n. d.	n. d.	2438.6	4.7
乌拉圭	48	11996	20.5	5.1	8327.8	2.5
委内瑞拉	73	13590	29.0	2.9	169532.7	6.0
南美洲						
拉丁美洲						
阿鲁巴岛	n. d.		n. d.	n. d.		

续表

	经济数据			环境和气候数据		
	HDI 2011	人均GDP (2010) 现值 美元	低于 贫困线 （%）	2007年 生态足迹	2008年 CO_2总排 放量 （吨）	2008年 CO_2人均 排放量 （吨/人）
巴哈马	53	21985	n. d.	n. d.	2156. 2	6. 4
巴巴多斯	47	15035	n. d.	n. d.	1353. 1	5. 3
古巴	51	5565 (2008)		1. 9	31418. 9	2. 8
多米尼加共和国	98	5215	50. 5	1. 5	21617. 0	2. 2
格林纳达	67	7401	n. d.	n. d.	245. 7	2. 4
海地	158	671	77. 0	0. 7	2. 434. 9	0. 3
牙买加	79	5274	9. 9	1. 9	12203. 8	4. 5
波多黎各						
圣文森特和格 林纳丁斯	85	6446	n. d.	n. d.	201. 7	1. 9
圣卢西亚	82	6884	n. d.	n. d.	396. 0	2. 3
特立尼达和多 巴哥	62	15359		3. 1	49772. 2	37. 3
美国（5th 2010）	4	47199	n. d.	8. 0	5461013. 7	17. 3
加拿大（5th 2010）	6	46236	n. d.	7. 0	544091. 1	16. 4

注：美国和加拿大数据作为参考。

资料来源：《联合国气候变化框架公约》，http：//unfccc. int/national_ reports/non－annex_i_nat-com/items/2979. php，14 January 2012；UNPD，http：//esa. un. org/unpp/p2k0data. asp；UNDP，HDI (2011），http：//hdr. undp. org/en/reports/global/hdr2011/；World Bank，CO_2 排放（kt），参见 http：//dat；worldbank. org/indicator/EN. ATM. CO2E. KT；世界银行，人均 GDP（现值美元），参见 http：//data. worldbank. org/indicator/NY. GDP. PCAP. CD。

　　萨帕塔－马丁（Zapata-Martí，2011：1341）认为，不断增加的适应成本没有被纳入该地区的发展政策，从而增加了生产和社会投资的脆弱性。LAC地区的国家需要权衡对气候变化的关注与对社会竞争的适应，尤其要考虑如何平衡贫困和不平等与环境优先事项。在本章中，我们引用了一些重要文献，指出以减少贫困和不平等作为适应气候变化原则的重要性。

根据 IPCC（IPCC，2001）的定义，适应是"根据现实或预期的气候冲击或影响，为了减轻灾害或抓住机遇，自然或人类系统做出的适应性调整"。适应气候变化是 LAC 的一个重要优先事项，因为气候变化的影响可能破坏该地区实现可持续发展的长期努力（Wilk，2010）。根据欧洲援助（EuropeAid，2009）对各国政府进行的一系列问卷调查，中美洲国家认为适应是主要问题，其中农业和粮食安全受到的影响最为严重。南美国家也评论说适应是国家优先考虑的议题（EuropeAid，2009）。

240

适应气候变化的投资要成为经济和社会发展的优先事项（ECLAC/IDB，2010：12）。玛塔和诺布雷（Mata and Nobre，2006）认为，许多拉美国家需要政府干预，因为各个社区和经济部门缺乏必要的财政和技术资源来支撑适应活动。干预措施的类型因国情而异，但要包括诸如灾害预防、沿海地带综合管理、卫生保健规划、建筑规范、固体和液体废物管理以及传统知识运用等措施。

可持续发展规划应包括适应策略以促进将气候变化纳入发展政策。一些 LAC 国家正在努力适应，包括通过保护关键生态系统、早期预警系统、干旱和沿海管理以及疾病监测系统。然而，在低收入和脆弱地区的定居点，由于基本信息、观察和监测系统的缺乏，以及能力欠缺，缺少适当的政治、体制和技术框架，这些努力的成效并不明显（Magrin et al.，2007）。

南美洲各国政府已经确定了易受气候变化影响的部门及其适应相应气候变化的优先事项。它们还制定了管理适应工作的政策和策略，并参与实施国家层面和多国适应项目，其中许多项目涉及农业、渔业、林业和水资源、生物多样性、人类健康、沿海地区和灾害风险管理等相关领域。能源和基础设施部门的适应需求很少受到关注。大多数项目主要集中在能力建设和政策研究上。尽管各国已经推出了一些举措，适应措施的实施仍处于起步状态（Keller et al.，2011）。

伊比利亚－美洲气候变化办公室网络（RIOCC）是一项典型的政府间倡议，该网络由参与国的环境部长在 2004 年创建，主要出资国为西班牙和葡萄牙，涉及拉丁美洲和加勒比地区所有使用西班牙语和葡萄牙语的国家。RIOCC 是被《关于气候变化的影响、脆弱性和适应的内罗毕工作方案》（NWP）认可的官方伙伴组织，同时也为知识交流、能力建设和促进区域环境适应项目提供了一个区域平台（RIOCC，2008）。

伊比利亚－美洲气候变化适应计划（PIACC）是 RIOCC 的主导项目。该计划创建于 2005 年，旨在改善体制框架，协调区域适应倡议和机构的活动，支持气候研究，促进评估影响、脆弱性和适应的知识、工具和方法的交流。西班牙通过 PIACC 资助一些区域活动，如关于气候变化情境能力建设研讨会，以及将气候变化适应纳入发展政策和项目。2008 年，西班牙与"联合国际减灾战略"签署了一项合作协议，以促进减少灾害风险和适应气候变化之间的知识和经验交流，并将这两个问题纳入区域和《联合国气候变化框架公约》进程。根据该协议，能力建设、机构强化、协调和沟通活动已经在各个 RIOCC 国家展开（RIOCC，2008）。

2008 年《利马宣言》启动 EU－LAC 联合环境项目"欧洲气候"（Euroclima），旨在为 LAC 决策者和科学界更好地了解气候变化及其后果。该项目于 2009 年底获得批准，并于 2010 年 5 月启动，为期三年。该项目由欧洲援助组织领导，预算为 500 万欧元（约 690 万美元），该项目参与资助了"南美气候变化经济学评论"计划。该计划的目标包括：通过经济的环境适应措施减少人们面对气候变化影响的脆弱性，减少社会不平等和气候变化的社会经济影响；期望结果包括加强气候变化问题的政策对话，以及改善与气候变化有关的科学和社会经济问题的信息和数据共享。[1]

联合国开发计划署的社区环境适应计划在 LAC 的实施集中在玻利维亚、危地马拉和牙买加，目的是提高适应能力以减少社区对未来气候灾害影响的脆弱性。该计划由全球环境基金小额赠款方案资助，是环境适应计划优先项目的一部分。该计划总共包括 10 个国家，其资金预算中的 550 万美元来自全球环境基金，450 万美元来自社区环境适应计划的共同融资。该计划实施期为 2007～2011 年。在玻利维亚，该计划关注在水资源、农业和健康背景下的农村生活和生态系统发展，在危地马拉侧重于在农村社区开展基于社区的自然灾害风险减少活动，在牙买加侧重于支持沿海地区和

---

[1]　参见 http://www.euroclima.org/，最后访问日期：2012 年 4 月 25 日。

农业部门的环境适应，重点是改善自然资源管理。[①]

　　尽管取得了一定的进展，但目前的环境适应举措仍然不能满足急迫的
需求，还存在差距。这些差距主要包括对人类健康、水资源、沿海地带管
理、生态系统维护、林业和渔业等领域的重视不够。与水电部门相关的环
境适应行动，以及对该地区广大城市区域的城市环境适应和气候变化的性
别影响，都需要得到更多的关注。该地区已经进行了大量的环境适应规
划，但相当一部分仍集中于评估、研究、能力建设和知识交流等方面，需
要更多地关注这些实际措施（Keller et al.，2011）。

五　拉丁美洲和加勒比地区适应措施筹资

　　要保护拉丁美洲和加勒比地区公民的健康和生计，必须努力帮助他们
从以前的自然灾害中恢复过来，并制订计划以减少未来事件和气候变化的
不利影响。也许大多数适应气候变化的工作都是由家庭、机构、地方和国
家政府自给自足或自筹资金。然而，专家、非政府组织和发展中国家的谈
判代表认为，许多气候变化适应工作需要国际机构的支持。据估计，发展
中国家每年为适应气候变化而产生的全球支出可能超过 800 亿美元，这些
支出主要用于 "抵御环境变化带来的影响" 的国际发展努力（World
Bank，2009）。

　　1992 年以来，在《联合国气候变化框架公约》谈判中，富裕国家一直
承诺向贫穷国家持续提供更多的资金，用于解决不是这些国家造成的气候
变化问题。1997 年的《京都议定书》建立了清洁发展机制（CDM），旨在
通过允许较富裕的国家从其资助的减排项目中购买信用额度，为发展中国
家带来可持续发展资金和技术转让（在这方面未获成功，其未来发展也不
乐观）。2001 年在马拉喀什，联合国谈判代表设立了两个自愿捐款基金
（最不发达国家基金和气候变化特别基金），以及《京都议定书》下的气候

---

① UNDP，http：//www. undp. org/content/undp/en/home/our work/environmentandenergy/strate-
gic_ themes/climate_ change. htmlkm51.

变化适应基金（该基金资金来源为清洁发展机制收益的2%）。气候变化适应基金承诺提供可观的收入，并建立更符合发展中国家缔约方意愿的治理结构。

最不发达国家基金仅面向世界上最贫穷的48个国家（其中拉丁美洲和加勒比地区只有海地）。根据《马拉喀什协议》（*Marrakesh Accords*），最不发达国家各获得30万美元的资助，用于制定"国家气候变化适应行动计划"，并编制了一份气候变化适应行动计划所需的最优先项目清单。大多数国家在2006～2008年制订了自己的国家适应行动计划（NAPA）。作为该地区唯一的最不发达国家，海地于2006年12月提交了国家适应行动计划，并确定了8项优先活动。作为在最不发达国家基金下的第一个项目，海地制定了一个涉及沿海社区气候变化适应能力的计划，包括四个部分：（1）系统、体制和个人能力发展；（2）沿海地区气候风险管理（CRM）的可持续融资框架；（3）沿海地带陆地气候变化适应措施试点；（4）知识管理、最佳实践的整理和传播。[①] NAPA取得成功之后，这一设想被推广到收入高于最不发达国家的其他国家，例如LAC国家。由国际机构资助的大多数气候变化适应计划都处于规划阶段而没有具体的环境适应举措，这一倾向早已被发现（Roberts et al.，2008），但似乎仍在继续。

为支持1992年里约地球峰会而设立的全球环境基金（GEF），由于其章程要求只资助"全球公共产品"，在启动气候变化适应资金方面进展缓慢。就气候变化适应而言，所制订的应对气候变化的发展计划，只有属于适应气候变化的"增量成本"部分——超过正常实施成本的部分——才会由国际气候基金支付。例如，如果洪水预计会因为气候变化而变得更频繁或更严重，那么气候变化适应的增量成本是将道路抬高到比目前的洪水水位高出几英尺以应对预期新影响的费用。捐助国明确气候基金只用于解决由气候变化引起的新事项，而发展中国家认为要证明这种额外开支的必要

① 参见海地在NAPA过程中的经验，http：//unfccc.int/cooperation_support/least_developed_countries_portal/items/6500.php。

性几乎是不可能的（Roberts and Parks，2007），因此相关规则在一定程度上有所放松。

　　LAC 通过世界银行、国际开发银行、联合国开发计划署和环境规划署等组织从全球环境基金获得 5.44 亿美元，同时动员全球环境基金共同筹资 2.514 亿美元用于与气候变化有关的活动。其中约一半的资金被用于能力建设、国家通信和气候变化适应，另一半被用于建设降低能耗和能效的项目（Samaniego，2009）。

　　其他多边和双边机构已开始资助 LAC 的气候变化适应计划。在多边机构中，美洲开发银行、国际发展研究中心、乐施会、千年发展目标成就基金、联合国开发计划署和世界银行被凯勒等（Keller et al.，2011：32）列为南美最主要的资助者。最主要的双边捐助方是欧盟、德国、西班牙、瑞士和美国（以上名单均按字母顺序排列）。梅代罗斯等（Medeiros et al.，2011）报告，LAC 正在实施的国家、区域和全球气候变化适应计划得到了全球环境基金、美洲开发银行、联合国开发计划署以及西班牙、英国和美国政府的资助。

　　巴西国家气候变化基金为气候变化适应优先事项的研究提供直接资金支持。此外，巴西气候变化专门委员会第二工作组将在 2012 年发布的第一份国家评估报告中提供关于气候变化脆弱性、影响和适应方案的综合报告（Keller et al.，2011）。重新设计和重建基础设施的气候变化适应成本占比最大。

　　气候变化适应议程中需要重点关注的脆弱领域是农业和森林资源、水资源、能源与交通基础设施、旅游、卫生、城市发展以及灾害风险管理部门（Wilk，2010）。据估计，建设能够承受气候变化严峻考验的基础设施，LAC 需要在基础设施上的投入相当于其 GDP 的 6%（Moreno，2011）。据估算，从现在到 2050 年，LAC 农业部门适应气候变化的融资每年约为 12 亿美元（IFPRI，2009）。

　　美洲开发银行于 2011 年 3 月通过了《适应和减缓气候变化、可持续以及可再生能源综合战略》，这使美洲开发银行能够在该行第九次全面增资中实现其与气候变化、可再生能源和环境可持续性有关的贷款目标（25%）。行动计划的优先事项包括气候变化适应。

IDB 和 ECLAC 共同提出，LAC 各国政府必须与公共和私人银行合作，特别是与私营部门和社会团体合作，以优化国际资金对其主要措施的影响（ECLAC/IDB，2010：9）。

六　结论

拉丁美洲和加勒比地区极易受到气候变化的影响。即使到 2015 年能够达成一项雄心勃勃的全球气候变化协议，到 2020 年能够实施，气候变化的负面影响也将不可避免。目前，该地区的适应工作分散、相当不发达并缺乏资金。由于缺乏技术和科学知识，LAC 国家应对气候变化影响的准备不足。该地区需要继续探索如何最好地推进国际讨论，将气候变化与国家利益联系起来，同时致力于气候变化适应计划，并针对可能对 LAC 人类安全产生不利影响的因素建立可靠的数据，比如资本存量、基础设施、粮食安全、贸易和国家自然资源的潜在损失等（Garibaldi et al.，2012）。如果没有更多的投入来减少其脆弱性，该地区的可持续发展将受到严重影响，甚至影响其实现所有千年发展目标的能力（Magrin et al.，2007）。

鉴于该区域的脆弱程度，以及用于减缓而不是适应气候变化的私人投资、贷款和赠款之间的严重失衡，LAC 国家需要更多地关注其在区域、国家和国际层面的气候变化适应需求。IDB 领头承诺将相当比例资金用于气候变化方面反映了一个重要转变，关于脆弱性和气候变化适应计划的区域和国家评估以及初期的气候变化适应政策和行动也反映了这一转变。然而，下一步需要启动保护性的气候变化适应措施。国家背景很重要，实践中气候变化适应概念的广义化也很重要。

在 LAC，气候变化的影响是显著的，因此必须降低受影响最严重地区的风险。如果与减少该区域贫困水平和不平等的努力相结合，这些措施将最为有效（UNEP/ECLAC，2010）。人类发展是适应气候变化的最可靠基础，促进包容性和公平增长、扩大健康和教育机会、为弱势群体提供保险、改善灾害管理、支持灾后应急恢复等政策都能增强贫困人口的抗灾能力。这就是为什么气候变化适应计划不应被视为孤立的，而应被视为更广义的减贫和人类发展策略的组成部分（UNDP，2007）。

埃金和莱莫斯（Eakin and Lemos，2006）认为，LAC 国家不太容易分享到全球化的益处。他们认为，重构后的国家政府无力解决日益严重的社会和政治不平等是脆弱性问题的核心。只要不平等持续存在，拉丁美洲贫困人口日益增加带来的脆弱性和较低的气候变化适应能力就不可能改变。促进适应气候变化和在最脆弱群体中建设气候变化适应能力，只能通过政策改革和实施再分配政策来实现，如消除过度官僚主义，并拓宽获取信息、知识和技术的渠道（Eakin and Lemos，2006）。

从人类安全的视角，LAC 的气候变化适应政策需要一场"可持续性转型"（Grin et al.，2010）。LAC 的《国家通讯》（*National Communications of LAC*）概述了可能通过促进"免于匮乏的自由"和"免受灾害影响的自由"的气候变化适应计划来加强人类安全。然而，最有效的人类安全策略是减少温室气体排放（主要由世界上最大的排放国承担），并通过政府自上而下的支持加强自下而上的主动性，在此基础上形成对气候变化影响的抵御能力。

2012 年在洛斯卡沃斯举行的二十国集团（G20）领导人峰会上通过了一项宣言，该宣言未提及任何具体的义务。各国领导人致力于把包容性绿色增长纳入 G20 议程，重申致力于应对气候变化和全面落实坎昆和德班气候谈判的结果，支持绿色气候基金的运作。①《G20 成员的政策承诺》甚至没有提及气候变化问题。在财政领域的某研究小组曾讨论过"为应对气候变化调动资源的最有效方法"，但 G20 领导人宣言中没有包含任何有约束力的承诺。

因此，除了这些政策声明之外，还缺乏用真正的"向可持续性过渡"政策来取代现行的"照常进行"政策的政治意愿。这需要从根本上改变碳密集型的生产和消费，转而建立一个大幅度减少碳、在某些情况下无碳和非物质化的体系，这包括改变决策者的世界观和主导观念，使其远离短视

① 参见《G20 领导人宣言》，http：//g20. org/images/stories/docs/g20/conclu/G20_ Leaders_ Declaration_ 2012_ 1. pdf。

的经济利益。这种政策上的根本性转变发生得越晚，其代价和破坏程度将会越高（Stern，2006）。尽管国际社会承诺致力于解决这一日益严重的问题，LAC 国家在制定长期计划时仍需要考虑气候变化。

为了避免灾难性气候变化对 LAC 国家的影响，以往的策略不能解决"气候变化悖论"，即受气候变化影响最严重的国家是那些对气候变化贡献最少的国家。缺少意愿和执行义务的政策声明，把制定一个雄心勃勃的、公平的、具有法律约束力的气候条约推迟到 2015 年，并把其实施推迟到 2020 年前，可能会导致更严重的气候相关灾害、造成更多的人员和经济损失。

为了推动向第四次"可持续发展革命"的根本性转变（Oswald Spring and Brauch，2011），人类需要新的"可持续发展社会契约"（Clark et al.，2004；WBGU，2011），这种契约要基于"免于匮乏的自由"和"免受灾害影响的自由"。这样的人道主义政策和社会愿景需要将"可持续发展"的长期目标与人类安全联系起来，这将有助于大幅降低气候变化的影响，并加强拉丁美洲和加勒比地区的人类安全。

参考文献

Alscher, S. (2009), 'Environmental factors in Mexican migration: the cases of Chiapas and Tlaxcala', EACHFOR EU Project, Mexico Case Study Report, Bielefeld: University Bielefeld, 30 January.

Annan, Kofi A. (2005), *In Larger Freedom: Towards Security, Development and Human Rights for All. Report of the Secretary General for Decision by Heads of State and Government in September 2005*, A/59/2005, New York: United Nations, Department of Public Information, 21 March.

Black, Richard, Kniveton, Dominic, Schmidt – Verkerk, Kerstin(2011), 'Migration and climate change: towards an integrated assessment and sensitivity', *Environment and Planning A*, 43, 431 – 450.

Bogardi, J., and H. G. Brauch(2005), 'Global environmental change: a challenge for human security – defining and conceptualising the environmental dimension of human security', in: Rechkemmer, A. (ed.), *UNEO – Towards an International Environment Organization – Approaches to a Sustainable Reform of Global Environmental Governance*, Baden – Baden: Nomos, pp. 85 – 109.

Bohle, H. G. (2001), 'Vulnerability and criticality: perspectives from social geography', *in: IHDP Update*, 2/01, 3 – 5, < http://www. ihdp. uni – bonn. de/html/publications/update/ IHDPUpdate01 _ 02. html >.

Bohle, H. G. (2002), 'Land degradation and human security', in: Plate, Erich(ed.), Environment and Human Security, Contributions to a Workshop in Bonn, Bonn, Germany. Brauch, H. G. (2002), 'Climate change, environmental stress and conflict – AFES – PRESS Report for the Federal Ministry for the Environment, Nature Conservation and Nuclear Safety', in: Federal Ministry for the Environment, Nature Conservation and Nuclear Safety(eds), *Climate Change and Conflict. Can Climate Change Impacts Increase Conflict Potentials? What is the Relevance of this Issue for the International Process on Climate Change?*, Berlin: BMU, pp. 9 – 112.

Brauch, H. G. (2005), *Environment and Human Security: Freedom from Hazard Impacts*, InterSecTions 2, Bonn, Germany: UNU – EHS.

Brauch, H. G. (2005a), *Threats, Challenges, Vulnerabilities and Risks of Environmental and Human Security*, UNU – EHS, Source 1, Bonn, Germany: UNU – EHS.

Brauch, H. G. (2008), 'Conceptualising the environmental dimension of human security in the UN', in: *Rethinking Human Security. International Social Science Journal Supplement*, 57, Paris, France: UNESCO, pp. 19 – 48.

Brauch, H. G. (2009), 'Securitizing global environmental change', in: H. G. Brauch, Ú. Oswald Spring, J. Grin, C. Mesjasz, P. Kameri – Mbote, N. Chadha Behera, B. Chourou and H. Krummenacher(eds), *Facing Global Environmental Change: Environmental, Human, Energy, Food, Health and Water Security Concepts*, Berlin: Springer, pp. 65 – 102.

Brauch, H. G. (2009a), 'Human security concepts in policy and science', in: H. G. Brauch, Ú. Oswald Spring, J. Grin, C. Mesjasz, P. Kameri – Mbote, N. Chadha Behera, B. Chourou and H. Krummenacher(eds), *Facing Global Environmental Change: Environmental, Human, Energy, Food, Health and Water Security Concepts*, Berlin: Springer, pp. 965 – 990.

Brauch, H. G. (2011), 'Security threats, challenges, vulnerabilities and risks in US national security documents(1990 – 2010)', in H. G. Brauch, Ú. Oswald Spring, C. Mesjasz, J. Grin, P. Kameri – Mbote, B. Chourou, P. Dunay and J. Birkmann(eds)(2011), *Coping with Global En-*

vironmental Change, Disasters and Security: Threats, Challenges, Vulnerabilities and Risks, Hexa-gon Series on Human and Environmental Security and Peace, vol. 5, Berlin: Springer – Verlag, pp. 249 – 274.

Brauch, H. G. (2011a) , ' The environmental dimension of human security: freedom from hazard impacts' , Presentation to the Informal Thematic Debate of the 65th Session of the United Nations General Assembly on Human Security, 14 April 2011, http: //www. un. org/en/ga/president/65/initiatives/Human% 20Security/DrBrauch. pdf.

Brauch, H. G. (2012) , ' Policy responses to climate change in the Mediterranean and ME-NA region during the Anthropocene' , in: J. Scheffran, M. Brzoska, Brauch, H. G. , P. M. Link and J. Schilling(eds) , *Climate Change, Human Security and Violent Conflict: Challenges forSoci-etal Stability*, Berlin: Springer, pp. 719 – 794.

Brauch, H. G. and J. Scheffran(2012) , ' Introduction: climate change, human security, and violent conflict in the Anthropocene' , in: J. Scheffran, M. Brzoska, Brauch, H. G. , P. M. Link and J. Schilling(eds) , *Climate Change, Human Security and Violent Conflict: Challenges for So-cietal Stability*, Berlin: Springer, pp. 3 – 40.

Brauch, H. G. and Ú. Oswald Spring(2011) , ' Introduction: coping with global environmen – tal change in the Anthropocene' , in H. G. Brauch, Ú. Oswald Spring, C. Mesjasz, J. Grin, P. Kameri – Mbote, B. Chourou, P. Dunay and J. Birkmann(eds) (2011) , *Coping with Global En-vironmental Change, Disasters and Security: Threats, Challenges, Vulnerabilities and Risks*, Hexa-gon Series on Human and Environmental Security and Peace, Vol. 5, Berlin: Springer – Verlag, pp. 31 – 60.

Brauch, H. G. , Ú. Oswald Spring, C. Mesjasz, J. Grin, P. Dunay, N. Chadha Behera, B. Chourou, P. Kameri – Mbote and P. H. Liotta(eds) (2008) , *Globalisation and Environmental Challenges: Reconceptualising Security in the 21st Century*, Berlin: Springer.

Brauch, H. G. , Ú. Oswald Spring, J. Grin, C. Mesjasz, P. Kameri – Mbote, N. Chadha Be-hera, B. Chourou and H. Krummenacher(eds) , *Facing Global Environmental Change: Environ-mental, Human, Energy, Food, Health and Water Security Concepts*, Berlin: Springer.

Brauch, H. G. , Ú. Oswald Spring, C. Mesjasz, J. Grin, P. Kameri – Mbote, B. Chourou, P. Dunay and J. Birkmann(eds) (2011) , *Coping with Global Environmental Change, Disasters and Security: Threats, Challenges, Vulnerabilities and Risks, Hexagon Series on Human and Envi-ronmental Security and Peace*, vol. 5, Berlin: Springer – Verlag.

249

Busumtwi – Sam, J. (2008), ' Menschliche Sicherheit und Entwicklung', in: Cornelia Ulbert and Sascha Werthes(eds), *Menschliche Sicherheit. Globale Herausforderungen und regio – nale Perspektiven*, Baden – Baden, Germany: Nomos, pp. 81 – 93.

Buzan, B. , O. Wæver and J. de Wilde(1998), *Security. A New Framework for Analysis*, Boulder – London: Lynne Rienner.

Cardona, O. D. (2007), *Indicators of Disaster Risk and Risk Management, Summary Report, Updated Version*, June, Washington DC, USA: Inter – American Development Bank.

Cardona, O. D. (2011), ' Disaster risk and vulnerability: concepts and measurement of human and environmental insecurity', in H. G. Brauch, Ú. Oswald Spring, C. Mesjasz, J. Grin, P. Kameri – Mbote, B. Chourou, P. Dunay and J. Birkmann(eds)(2011), *Coping with Global Environmental Change, Disasters and Security: Threats, Challenges, Vulnerabilities and Risks,* Hexagon Series on Human and Environmental Security and Peace, Vol. 5, Berlin: Springer – Verlag, pp. 107 – 122.

Chevallier, P. , Pouyaud, B. , Suarez, W. and Condom, T. (2011), ' Climate change threats to environment in the tropical Andes: glaciers and water resources', *Regional Environment Change*, 11, Supplement 1, March: S179 – S188.

CHS(Commission on Human Security)(2003, 2005), *Human Security Now, Protecting and Empowering People*, New York, USA: Commission on Human Security, http://www. humansecurity – chs. org/finalreport/.

Clark, W. C. , P. J. Crutzen and H. J. Schellnhuber(2004), ' Science and global sustainability: toward a new paradigm', in: H. J. Schellnhuber, P. J. Crutzen, W. C. Clark, M. Claussen and H. Held(eds), *Earth System Analysis for Sustainability*, Cambridge, MA – London: MIT Press, pp. 1 – 28.

Eakin, H and M. C. Lemos(2006), ' Adaptation and the state: Latin America and the chal – lenge of capacity – building under globalization', *Global Environmental Change*, 16(1), 7 – 18.

ECLAC (2010), *Economics of Climate Change in Latin America and the Caribbean. Summary 2010*. Santiago, Chile: ECLAC.

ECLAC(2011a), *Natural Disaster Prevention and Response in the Americas and Financing and Proposals*, Santiago, Chile: ECLAC.

ECLAC(Sanchez, Marco V. and Pablo Sauma, eds)(2011b), *Vulnerabilidad economica externa, proteccion social y pobreza en America Latina*, Santiago, Chile: CEPAL.

ECLAC(2011c), *Social Panorama of Latin America 2011*, Briefing Paper, Santiago, Chile: 250
CEPAL.

ECLAC/IDB(2010), *Climate Change: A Regional Perspective*, Santiago, Chile: CEPAL.

EuropeAid(2009), *Climate Change in Latin America*, Brussels, Belgium: European Union.

European Commission(2008), 'The strategic partnership between the European Union, Latin America and the Caribbean: a joint commitment', Brussels, Belgium: European Communities.

European Commission(2009), *Communication from the Commission to the European Parliament and the Council, The European Union and Latin America: Global Players in Partnership, Brussels*, 30 *September* 2009, *COM(2009)495 final*, Brussels, Belgium: European Communities.

Friedman, L. (2012), 'Mexico approves groundbreaking climate bill', *Climate Wire*, April 20.

Garibaldi, J. A., M. Araya and G. Edwards(2012), 'Shaping the Durban platform: Latin America and the Caribbean in a future high ambition deal', *CDKN Policy Brief*, March, Climate and Development Knowledge Network, London.

Grin, J., J. Rotmans and J. Schot(2010), *Transitions to Sustainable Development. New Directions in the Study of Long Term Transformative Change*, New York – London: Routledge.

Guha – Sapir, D. and F. Vos(2011), 'Quantifying global environmental change impacts: methods, criteri and definitions for compiling data on hydro – meteorological disasters', in H. G. Brauch, Ú. Oswald Spring, C. Mesjasz, J. Grin, P. Kameri – Mbote, B. Chourou, P. Dunay and J. Birkmann(eds)(2011), *Coping with Global Environmental Change, Disasters and Security: Threats, Challenges, Vulnerabilities and Risks*, Hexagon Series on Human and Environmental Security and Peace, Vol. 5, Berlin: Springer – Verlag, pp. 693 – 717.

IDB(Inter – American Development Bank)(2012), 'The climate and development challenge for Latin America and the Caribbean: options for climate resilient low carbon development: executive summary', Inter – American Development Bank.

IFPRI(International Food Policy Research Institute)(2009), *Climate Change: The Impact on Agriculture and Costs of Adaptation*, Washington DC, USA.

IPCC(Intergovernmental Panel on Climate Change)(2001), *Climate Change 2001: Impacts, Adaptation and Vulnerability*, IPCC Third Assessment Report, Cambridge, UK: Cambridge University Press.

IPCC(2007), *Climate Change 2007. Impacts, Adaptation and Vulnerability*, Working Group II Contribution to the Fourth Assessment Report of the IPCC, Cambridge, UK: Cambridge University Press, December.

IPCC(2007a), *Climate Change 2007. Synthesis Report*, Geneva, Switzerland: IPCC.

IPCC(2012), *Special Report on Managing the Risks of Extreme Events and Disasters to Advance Climate Change Adaptation*, Geneva, Switzerland: IPCC, February.

Jolly, R. and D. Basu Ray(2006), *National Human Development Reports and the Human Security Framework: A Review of Analysis and Experience*, Falmer, UK: University of Brighton, Institute of Development Studies, April.

Keller, M. , D. Medeiros, D. Echeverría, J. E. Parry(2011), *Review of Current and Planned Adaptation Action: South America*, Winnipeg, Canada: International Institute for Sustainable Development, November.

Lenton, T. , H. Held, E. Kriegler, J. W. Hall, W. Lucht, S. Ramstorf and H. J. Schellnhuber (2008), 'Tipping elements in the Earth's climate system', in: *Proceedings of the National Academy of Science*(PNAS), 105(6), 12, 1786 – 1793.

Magaña, V. , C. Conde, Ó. Sánchez and C. Gay(2000), *Evaluación de Escenarios Regionales de Clima Actual y de Cambio Climático Futuro Para México 2000*, México, D. F.

Magrin, G. , C. Gay García, D. Cruz Choque, J. C. Giménez, A. R. Moreno, G. J. Nagy, C.

Mata, Luis Jose and Carlos Nobre(2006), 'Background paper: impacts, vulnerability and adaptation to climate change in Latin America', Bonn, Germany: United Nations Framework Convention on Climate Change.

Medeiros, D. , H. Hove, M. Keller, D. Echeverría and J. E. Parry(2011), *Review of Current and Planned Adaptation Action: The Caribbean*, Winnipeg, Canada: International Institute for Sustainable Development, November.

Mesjasz, C. (2011), 'Economic vulnerability and economic security', in H. G. Brauch, Ú. Oswald Spring, C. Mesjasz, J. Grin, P. Kameri – Mbote, B. Chourou, P. Dunay and J. Birkmann(eds) (2011), *Coping with Global Environmental Change, Disasters and Security: Threats, Challenges, Vulnerabilities and Risks*, Hexagon Series on Human and Environmental Security and Peace, vol. 5, Berlin: Springer – Verlag, pp. 123 – 156.

Moreno, L. A. (2011), 'The decade of Latin America and the Caribbean: a real opportunity', Remarks by the President of the IDB at the book launch of *The Decade of Latin America and the Caribbean: A Real Opportunity*, Buenos Aires, Argentina, May 27.

O'Brien, K. , A. Lera St. Clair and B. Kristoffersen(2010), *Climate Change, Ethics and Human Security*, Cambridge, UK: Cambridge University Press.

Oswald Spring, Ú. (2008), *Gender and Disasters. Human, Gender and Environmental Security. A HUGE Challenge*, Source 8/2008, Bonn: UNU – EHS.

Oswald Spring, Ú. (2010), ' El cambio cambio climatico, conflictos sobre recursos y vul – nerabilidad social' , in: G. C. Delgado, C. Gay, M. Imaz, and M. Amparo Martinez(eds), *Mexico Frente Al Cambio Climatico*, Mexico, D. F. : UNAM: Coleccion El Mundo Actual, pp. 51 – 82.

Oswald Spring, Ú. (2011), ' Reconceptualizar la seguridad ante los riesgos del cambio climático y la vulnerabilidad social' , in: Daniel Rodríguez(ed.), *Las dimensiones sociales del cambio climático: una agenda para México*, México D. F. : Instituto Mora.

Oswald Spring, Ú. (2012), ' Environmentally – forced migration in rural areas: security risks and threats in Mexico', in: J. Scheffran, M. Brzoska, H. G. Brauch, P. M. Link and J. Schilling(eds), *Climate Change, Human Security and Violent Conflict: Challenges for Societal Stability*, Berlin et al. : Springer, pp. 315 – 350.

Oswald Spring, Ú. and H. G. Brauch(2011), ' Coping with global environmental change – sustainability revolution and sustainable peace' , in H. G. Brauch, Ú. Oswald Spring, C. Mesjasz, J. Grin, P. Kameri – Mbote, B. Chourou, P. Dunay and J. Birkmann(eds) (2011), *Coping with Global Environmental Change, Disasters and Security: Threats, Challenges, Vulnerabilities and Risks*, Hexagon Series on Human and Environmental Security and Peace, vol. 5, Berlin: Springer – Verlag, 1487 – 1503.

Oswald Spring, Ú. , I. Sánchez Cohen, R. Pérez, A. Martín, J. Garatuza, E. Gómez, C. Watts and M. Miranda(eds.) (2010), *Retos de la Investigación del Agua en México*, Cuernavaca, Mexico: CRIM – UNAM/CONACYT.

Oswald Spring, Ú. , S. E. Serrano Oswald, A. Estrada Álvarez, F. Flores Palacios, M. Ríos Everardo, H. G. Brauch, T. E. Ruíz Pantoja, C. Lemus Ramírez, A. Estrada Villareal, M. Cruz (2013), *Vulnerabilidad Social y Género entre Migrantes Ambientales*, Cuernavaca, México: CRIM – DGAPPA – UNAM, in press.

Peralta, O. (2008), *Cambio climático y seguridad nacional*, México, D. F. : Centro Mario Molina para Estudios Estratégicos sobre Energía y Medio Ambiente.

Pizarro, R. (2001), ' La Vulnerabilidad Social y sus Desafíos: Una Mirada desde América

Latina', *Estudios Estadísticos y Prospectivos*, 6, CEPAL.

REC(Regional Environmental Change) (2011) , ' Climate hotspots: key vulnerable regions; climate change and limits to warming', *Regional Environmental Change*, 11, Supplement 1, March.

Red Iberoamericana de Oficinas de Cambio Climático(The Ibero – American Network of Climate Change Offices) (RIOCC) (2008) , Contribution of a regional cooperative structure to the objectives of the UNFCCC, Nairobi Work Programme (NWP) . RIOCC Pledges to Support the NWP.

Roberts, J. T. and B. Parks(2007) , *A Climate Of Injustice: Global Inequality, North – South Politics, and Climate Policy*, Cambridge, USA: MIT Press.

Roberts, J. T. , K. Starr, T. Jones and D. Abdel – Fattah(2008) , ' The reality of official climate aid', *Oxford Energy and Environment Comment*, November, Oxford: Oxford Institute for Energy Studies.

Samaniego, J. L. (Coord.) (2009) , *Climate Change and Development in Latin America and the Caribbean Overview* 2009, Santiago, Chile: UN ECLAC.

Sánchez Cohen, I. , Ú. Oswald Spring, G. Díaz Padilla, J. Cerano Paredes, M. A. Inzunza Ibarra, R. López López and J. Villanueva Díaz(2013) , ' Forced migration, climate change, mitigation and adaptive policies in Mexico: Some functional relationships', *International Migration*, 51, 4(August) .

Scheffran, J. , M. Brzoska, H. G. Brauch, P. M. Link and J. Schilling(eds) (2012) , *Climate Change, Human Security and Violent Conflict: Challenges for Societal Stability*, Berlin et al. : Springer.

Serrano Oswald, S. E. , H. G. Brauch and Ú. Oswald Spring (2013) , ' Teorías de Migracíon', in Oswald Spring, Úrsula et al. (eds) , *Vulnerabilidad Social y Género entre Migrantes Ambientales*, Cuernavaca, México: CRIM – DGAPPA – UNAM, in press.

Stern, N. (2006) , *The Economics of Climate Change – The Stern Review*, Cambridge, UK: Cambridge University Press.

United Nations Development Programme (UNDP) (1994) , *Human Development Report* 1994. *New Dimensions of Human Security*, New York: UNDP – Houndmills, UK: Palgrave Macmillan.

United Nations Development Programme (UNDP) (2007) , *Human Development Report*

252

2007/2008. Fighting Climate Change: Human Solidarity in a Divided World, Basingstoke, UK: Palgrave Macmillan.

United Nations Environment Programme(UNEP) (2012), *Global Environmental Outlook, GEO* 5. Nairobi – New York: UNEP.

UNEP/ECLAC(2010), *Vital Climate Change Graphics for Latin America and the Caribbean*. Panama City, Panama: United Nations Environment Programme.

United Nations General Assembly(UNGA) (2009), ' Climate change and its possible security implications', Resolution adopted by the General Assembly, A/RES/63/281, New York: United Nations General Assembly, 11 June, , http://www. un. org/News/Press/docs/2007/sc9000. doc. htm.

United Nations General Assembly(UNGA) (2011), ' Informal thematic debate on human security', http://www. un. org/en/ga/president/65/initiatives/HumanSecurity. html.

UNSC(United Nations Security Council) (2011), ' Security Council, in statement, says "contextual information"on possible security implications of climate change important when climate impacts drive conflict', UN Security Council, 6587th Meeting(AM & PM), 20 July.

UNSC(United Nations Security Council) (2007), ' Security Council holds first – ever debate on impact of climate change on peace, security, hearing over 50 Speakers', UN Security Council, 5663rd Meeting, 17 April.

UNSG(United Nations Secretary – General) (2009), *Climate Change and its Possible Security Implication*, New York: UN, 11 September.

UNSG(2012), *Follow – up to General Assembly Resolution 64/291 on Human Security. Report of the Secretary – General A/66/763*, 5 April.

Vergara, W. (ed.) (2009), ' Assessing the potential consequences of climate destabilization in Latin America Latin America and Caribbean', Region Sustainable Development Working Paper 32, Washington DC, USA: The World Bank.

Vergara, W. (2011), ' The economic and financial costs of climate change in regional economies in Latin America', Presented at The Economic and Financial Costs of Climate Change in Regional Economies in Latin America and the Caribbean Event, Conference of Parties(COP 17), Durban Exhibition Centre, Durban, South Africa, 7 December.

Vergara, W. , H. Kondo, E. Pérez Pérez, J. M. Méndez Pérez, V. Magaña Rueda, M. C. Martínez Arango, J. F. Ruíz Murcia, G. J. Avalos Roldán and E. Palacios(2007), ' Visualizing future climate in Latin America: results from the application of the Earth Simulator', Latin

America and Caribbean Region Sustainable Development Working Paper 30, November, Washington DC, USA: The World Bank.

Villagrán de León, J. C. (2006), *Vulnerability: A Conceptual and Methodological Review*. Source, 4/2006, Bonn, Germany: UNU – EHS.

253

Wæver, O. (1995), 'Securitization and desecuritization', in: R. D. Lipschutz(ed.), *On Security*, New York, USA: Columbia University Press, pp. 46 – 86.

Wæver, O. (1997), *Concepts of Security*, Copenhagen, Denmark: Department of Political Science.

Wæver, O. (2008), 'The changing agenda of societal security', in: H. G. Brauch, Ú. Oswald Spring, C. Mesjasz, J. Grin, P. Dunay, N. Chadha Behera, B. Chourou, P. Kameri – Mbote and P. H. Liotta(eds), *Globalization and Environmental Challenges: Reconceptualizing Security in the 21st Century*, Berlin: Springer, pp. 581 – 593.

WBGU(2011), *World in Transition – A Social Contract for Sustainability*, Berlin, Germany: German Advisory Council on Global Change, July, http: //www. wbgu. de/fileadmin/templates/ dateien/veroeffentlichungen/hauptgutachten/jg2011/wbgu_ jg2011_ kurz_ en. pdf.

Wilk, D. (Coordinator) (2010), *Analytical Framework for Climate Change Action*, Inter – American Development Bank, Washington DC.

World Bank(2009), *World Development Report 2010: Development and Climate Change*, Washington, DC, USA: The World Bank.

Zapata – Martí, R. (2011), 'Strategies for coping with climate change in Latin America: perspective beyond 2012', in H. G. Brauch, Ú. Oswald Spring, C. Mesjasz, J. Grin, P. Kameri – Mbote, B. Chourou, P. Dunay and J. Birkmann(eds) (2011), *Coping with Global Environmental Change, Disasters and Security: Threats, Challenges, Vulnerabilities and Risks*, Hexagon Series on Human and Environmental Security and Peace, vol. 5, Berlin: Springer – Verlag, pp. 1341 – 1354.

第十章

地中海地区的人类安全和气候变化

马尔科·格拉索，朱塞佩·费奥拉

一　引言

本章研究了地中海地区（MR）的人类安全及其与气候变化的相互影响，通过在国家层面上衡量人类安全，批判性地探讨地中海地区改善人类安全的伦理途径。人类安全与其所在区域的区际动态、环境、文化和治理方面相关，也与气候变化密切相关，采用区域视角有助于分析人类安全的特征（Liverman and Ingram，2010）。

对地中海地区的定义各有不同并有所争议（Brauch，2001，2003）。我们采用中立的概念，包括所有 20 个拥有地中海海岸线的国家，加上葡萄牙、塞尔维亚、马其顿和约旦。所有这些国家都有一些共同特点，因此在本章的研究中，我们将它们视为一个同质的区域，这些区域的共同特点包括：共同的历史，相对相似的文化，独特的地中海经济，可比较的自然和气候特征以及环境威胁（Brauch，2010）。

预计气候变化将对地中海地区带来风险，并且在某种程度上已经造成了自然和社会经济多方面的影响。自然风险在不同子区域的影响各不相同。沿海地区、大三角洲和半干旱地区将受到最严重的影响（UNEP/MAP，2009）。自然风险主要表现在干旱期的增加，这将进一步限制本已有限的水资源，加速荒漠化，并威胁生物多样性。一般而言，自然风险加上人类活动，预计将极大地增加整个地中海地区的环境压力（IPCC，2007）。在社会和经济方面，人们普遍认为气候动态变化的这些后果将严重影响地中海的农业（Iglesias et al.，2011；Giannakopoulos et al.，2009）、渔业、旅游业、沿海地带和基础设施，并最终危及公共卫生（UNEP/MAP，2009）。

255 　　然而，在地中海地区人类安全不仅仅受到气候变化的威胁。事实上，地中海地区一直面临着一些社会人口和经济挑战，从经济危机到人口变化及政治和社会紧张。虽然这些挑战远未解决，难以全面认识它们对人类安全的影响，但可以肯定的是它们已经并且可能在未来持续很长一段时间对地中海地区的人们产生影响，比如人们能够"终止、减轻或适应对其人权、环境权利和社会权利的威胁；有能力和自由行使这些选择；并积极参与实现这些选择"（Barnett et al.，2006：18）。

　　由于这种特殊的环境和社会变化趋势交错，在研究气候变化和人类安全关系时，地中海地区是一个非常有意思的案例。由于本手册的第一部分和第二部分对人类安全的概念已经进行了详尽论述，并将其特征置于气候变化的背景下，我们在此不再重复对人类安全概念的分析。我们建议在国家层面上衡量人类安全，这有助于更好地理解人类安全，有助于在地中海地区详细研究人类安全与气候变化的联系，并最终总结出一套伦理方法来提高该地区的人类安全水平。

　　本章的结构如下。首先审视当前的环境和社会变化趋势，以突出 MR 或其内部各区域对人类安全的最严重威胁。其次，对人类安全进行基于量化指标的分析，目的是识别和量化该区域人类安全的相关决定因素。这些指标被用来对 MR 国家进行分类（根据这些国家指标取值的相近情况），以探讨各国在人类安全方面的差异。最后，在新兴证据的基础上，本章提出了改善该地区人类安全的伦理方法，即国家在对人类安全影响最大的因素中扮演调节人的角色。

二　地中海地区的环境和社会变化

　　地中海地区正在经历环境和社会变化，这些变化有可能改变该区域的环境、制度、人口和文化，并极大地影响该地区的人类安全。

　　需要注意的是，虽然在分析的时候区分了不同的环境和社会变化趋势（见表 10 - 1），但两者是密切相连的，人类安全的威胁往往来自这些趋势在特定情况下的相互作用。一些环境变化来自气候因素和社会因素的动态相互作用，这些因素有可能共同影响人类安全。更具体地说，由于气候变化与影响人类安全的其他影响因素之间的潜在互动，气候变化对 MR 的影响具有局部性和整体性，因此可以将其视为威胁倍增器（Brklacich et al. , 2006；Dokos et al. , 2008）。例如，气候变化被认为与暴力冲突有关（Homer - Dixon, 1994；Scheffran and Battaglini, 2010；Hsiang et al. , 2011），尽管其他研究未找到这种联系，甚至有研究结论与此相矛盾（Barnett, 2009；Koubi et al. , 2012；Buhaug, 2010；Tol and Wagner, 2010）。气候变化也与人口迁移有关（Afifi and Warner, 2008；Feng et al. , 2010；Warner, 2010；Black et al. , 2011），人口迁移往往是由一系列密切交织的因素造成，其中也包括人口（如人口过剩）、经济（如失业）和政治（如冲突、缺乏人权和自由）因素。一些作者（Johnstone and Mazo, 2011）还假设气候变化和"阿拉伯之春"之间存在因果关系（尽管这种关系是间接的）。

表 10 - 1　欧洲南部、中东和北非环境和社会变化趋势总结　　256

趋　　势		局部地区	
		欧洲南部	中东和北非
环境变化		极端事件（特别是干旱、热浪、暴风雨和风暴）的频率增加 更高的平均温度 降水减少 海平面上升 变异性增强	
社会变化	人口统计	人口减少和老龄化	人口增长和年轻化
	金融危机和经济全球化	严重的经济危机和缓慢复苏；充分融入全球经济	经济危机但已复苏；有限融入全球经济
	政治与社会趋势	冲突持续存在（巴尔干地区）；民主改革社会运动	冲突持续；民主改革社会运动

1. 环境变化
257

由于高度脆弱性，地中海地区被认为是气候变化的"热点区域"

（Giorgi, 2006; Scheffran and Battaglini, 2010）。造成环境压力的因素包括地震、沙漠化和火山暴发等该地区的传统特征。除此之外，近几十年来，气候变化使生态系统和人类承受的压力越来越大，并逐步成为焦点问题。例如，皮耶尔维塔利等（Piervitali et al., 1997）于 1860~1995 年在 MR 中部和西部发现了一些气候变化的迹象，如热浪显著增加、地表气温上升、云量和降水减少。同样，在研究气候变化对农业的影响时，穆宁等（Moonen et al., 2002）记录了极端温度和降水事件、霜冻、洪涝和干旱风险的变化趋势。霍林等（Hoerling et al., 2011）还记录了地中海地区与气候相关的干旱增加。这些趋势已经影响到生态系统（如动物和生命周期，Penuela et al., 2002）和人类活动（如农业，Ben Mohamed et al., 2002），预计在未来几十年还将继续并上升量级。预计 MR 的平均温度会更高（Gibelin and Deque, 2003; Giorgi et al., 2004），降雨量减少可能导致时间更长的干旱，以及增加或加速荒漠化（Gibelin and Deque, 2003; Arnell, 2004; Puigdefabregas and Mendizabal, 1998; Black 2009; Bou-Zeid and ElFadel, 2002; UNDP, 2009），同时还会减少城市的水资源供应（Bigio, 2009）。令人惊讶的是，尽管水资源短缺很重要，但它很少出现在中东和北非（MENA）国家政治领导人的议程（Sowers et al., 2010）。热浪、暴风雪和风暴等极端事件的强度和频率预计也会增加（Giannakopoulos et al., 2009; Maracchi et al., 2005; Schwierz et al., 2010）。此外，海平面上升预计会通过增加土壤盐分、加剧沿海洪水和海岸侵蚀对沿海地区产生影响（Sánchez-Arcilla et al., 2011; Iglesias et al., 2011; Bigio, 2009; Nicholls and Hoozemans, 1996）。由于气候变化，海洋和陆地生态系统预计将发生重大变化（Turley, 1999; Schroeter et al., 2005; Thuiller et al., 2005; Scarascia-Mugnozza et al., 2000; Metzge et al., 2006）。虽然气候和环境模型对上述气候变化影响的预测不一致，但它们一致表明，在 MR 这些趋势可能是最影响生态系统和人类活动的（Giorgi and Lionello, 2008）。

气候变化的一个重要特征是在时间和空间维度上诱发变异。气候变化模式越来越缺乏规律性，预计其年际变化将明显增加（Giorgi et al.,

2004）。气候变化影响的空间变异性可能很高，这取决于环境趋势与当地自然和环境条件复杂多样的相互作用，以及不同自然和社会系统的敏感性、脆弱性和适应能力（Ferrara et al.，2009；Grasso and Feola，2012）。

环境脆弱性指数（Environmental Vulnerability Index，EVI）体现了气候变化对 MR 的威胁程度，该指数还考虑了污染、生物多样性丧失和自然灾害等其他环境影响来源（UNEP，2005）。该指数显示气候变化是该区域环境脆弱性的主要推动因素，它还表明该区域无法根据环境脆弱性指数再划分子区域，因为几乎所有国家都极易受到气候变化及其相关威胁（如荒漠化）的影响。

2. 社会变化

我们将重点关注以下相互关联的变化趋势：人口、经济、政治/制度和社会变化趋势。这些趋势是地中海地区的特征，需要密切关注相关文献。需要注意的是，对这些变化趋势及其相互关联情况的研究还很不成熟，因此很难充分认识到它们对人类安全的影响，但已经确定的是，它们已经对人类安全产生了影响，而且可能在未来很长一段时间会对人类安全产生影响。

（1）人口统计

MR 的人口动态特征主要是南欧大部分国家的人口减少和老龄化，中东和北非地区的人口在增长且仍在年轻化。西班牙、意大利、葡萄牙和希腊的人口正在老龄化，整体人口和劳动年龄人口都在经历老龄化，这些国家的人口增长率很低或为负数（Gesano et al.，2009）。前南斯拉夫国家预计将经历劳动人口的稳步老龄化和老年人口的快速增长（Gesano et al.，2009）。阿尔巴尼亚和土耳其的人口老龄化程度也很高，然而劳动年龄人口预计至少在 2020 年前会持续增长（Gesano et al.，2009）。虽然 MENA 国家已开始人口转型，但它们的人口在目前以及预计未来都会迅速增长，老年人口持续增加但增长有限，年轻的劳动年龄人口也在不断增加（Tabutin and Schoumaker，2005；Gesano et al.，2009；UNDP，2009）。

这些不同的趋势预计在 MR 的不同地方会产生相反的社会经济问题

259

（Gesano et al. , 2009）。目前南欧福利和医疗保健系统的资金紧缺，这在当前金融危机的形势下变得日益严峻。可是当前以及未来，MENA 国家则要面临为不断增长的青年劳动年龄人口创造就业机会以解决失业、消除贫困和沮丧（Laipson，2002；Assaad and Roudi – Fahimi，2007），许多人认为这是阿拉伯之春的导火索之一（Al – Momani，2011；Warf，2011）。鉴于 MENA 国家对外开放程度有限（Noland and Pack，2004），这可能加剧其他传统上与人口增长有关的现象，如城市化（Cohen，2004），以及向 MR 北部沿海的国际移民（这反过来会影响北 MR 国家如欧洲的人类安全）。当然，很难证实 MENA 国家全球化开放程度有限。

（2）金融危机和经济全球化

MR 南部和北部海岸国家的经济全球化趋势是不同的。南欧国家受到了 2008 年金融和经济危机的强烈冲击（Verney，2009；Filippetti and Archibugi，2010）。尽管经济和金融体系的结构不同，进而受金融危机的影响方式也不同，希腊、葡萄牙、西班牙和意大利都是受影响最严重的欧洲国家（Escribiano，2010；Armingeon and Baccaro，2011）。特别是在面临当前欧盟经济治理困难和市场投机的情况下，预计复苏将是缓慢的。①

经济危机对东欧国家和 MENA 国家的影响较小。特别是后者，经济已经开始显著复苏（IMF，2010），不过其未来情况还很难确定（IMF，2012）。正如达布罗夫斯基（Dabrowski，2010）所述，对外部融资和贸易依赖度低的经济体遭受的损失比更成熟的经济体要少。然而，这种相对孤立于全球化的经济结构有重大缺陷。MENA 国家通常将全球化（Noland and Pack，2004）与内向型发展模式相结合。全球化指数（Dreher et al. 2008）显示，除以色列外，中东北非国家在全球化经济体排名中始终低于南欧国家（见表 10 – 2）。尽管在过去 20 年里该次区域的国际一体化有所改善（Romagnoli and Mengoni，2009），MENA 国家的经济依然主要基于公共部门、石油经济、汇款和对国际市场的有限开放（World Band，2003；

---

① 例如，欧洲中央银行行长马里奥·德拉吉（Mario Draghi）在 2012 年 2 月 23 日与《华尔街日报》的问答环节中的观点。参见 http://blogs.wsj.com/eurocrisis/2012/02/23/qa – ecb – president – mario – draghi/，最后访问日期：2012 年 3 月 12 日。

UNDP，2009）。由于局势不断变化，人们普遍认为这种发展模式是不可持续的，比如石油资源的减少和石油价格的波动、国际竞争的增加、国内劳动力市场的压力（即工作年龄人口的迅速增长）以及欧洲国家为应对日益增长的移民规模而减少移民机会（World Bank，2003；Noland and Pack，2004；UNDP，2009）。因此，尽管金融危机迫在眉睫，更多地参与全球市场并将经济增长的成果转化为减贫和人类发展，是 MENA 国家未来几十年发展的关键（Amin et al.，2012；Aryveetey et al.，2011）。

表 10 – 2　地中海地区的环境脆弱性指数、全球化指数与和平指数

	环境脆弱性 指数[1]	环境脆弱性指数 （3 个政策最相关分指数）	全球化指数 （经济）[2,3]	和平 指数[2,4]
阿尔巴尼亚	高度脆弱	水，沙漠化，气候变化	86	63
阿尔及利亚	脆弱	沙漠化，水，气候变化	108	129
波黑	脆弱	水，沙漠化，气候变化	65	60
克罗地亚	高度脆弱	水，农业和渔业，人类健康方面	41	37
塞浦路斯	脆弱	人类健康方面，水，农业和渔业	11	71
埃及	脆弱	水，人类健康方面，气候变化	109	73
法国	高度脆弱	气候变化，农业和渔业，沙漠化	25	36
希腊	高度脆弱	人类健康方面，水，气候变化	39	65
以色列	极度脆弱		27	145
意大利	极度脆弱	人类健康方面气候变化，暴露于自然灾害	46	45
约旦	脆弱	水，人类健康方面，沙漠化	52	64
黎巴嫩	极度脆弱	人类健康方面，水，环境变化	na	137
利比里亚	危险	沙漠化，水，农业和渔业	na	143
北马其顿	高度脆弱	人类健康方面，水，农业和渔业	64	78
马耳他	极度脆弱	人类健康方面，水，气候变化	4	na
黑山	na	na	18	89
摩洛哥	脆弱	水，气候变化，沙漠化	107	58
葡萄牙	高度脆弱	气候变化，水，农业和渔业	20	17
塞尔维亚	na	na	73	84
斯洛文尼亚	高度脆弱	人类健康方面，水，农业和渔业	23	10

续表

	环境脆弱性 指数[1]	环境脆弱性指数 （3 个政策最相关分指数）	全球化指数 （经济）[2,3]	和平 指数[2,4]
西班牙	高度脆弱	农业和渔业，沙漠化，水	31	28
叙利亚	高度脆弱	水，人类健康方面，沙漠化	131	116
突尼斯	脆弱	水，人类健康方面，沙漠化	71	44
土耳其	高度脆弱	水，沙漠化，人类健康方面	95	127

注：1. UNEP（2005）。2. 2011 年全球排位。3. 参见 http：//globalization. kof. ethz. ch/。本表为 2008 年数据。4. 经济与和平研究所（2011）。本表为 2009～2010 年数据。

（3）政治/制度和社会变化趋势

近几十年来，MR 的巴尔干半岛、塞浦路斯、MENA 等几个次区域爆发了持续不断的暴力冲突（国家内部和国家间的冲突）。一些（如果不是全部的话）MR 国家在第二次世界大战后的不同时期卷入了此类冲突，有些国家在其领土上经历了冲突（如巴尔干国家、以色列、埃及、叙利亚、约旦），有些国家则没有（如西班牙、法国、意大利）。在地中海地区的一些地区（如中东），冲突仍在继续。和平指数（IEP，2011）显示，MR 国家的表现相当糟糕。这一指数考虑了包括内部和外部冲突、军事开支、犯罪和武器在内的各种问题，没有一个 MR 国家（葡萄牙和斯洛文尼亚除外）跻身于世界上最和平的 35 个国家之列。此外，几个 MENA 国家表现特别差（如以色列、土耳其、叙利亚、利比里亚和黎巴嫩）。

MENA 国家传统上是专制政权统治，一些学者认为阿拉伯文化和伊斯兰宗教与民主不相容（Al-Momani，2011；Warf，2011）。常见的解释认为，MENA 国家的民主体制没有发展起来是因为各种因素的结合，其中包括受石油影响的经济和社会利益、外国援助、阿拉伯－以色列冲突，以及该子区域的某种集群效应（El-Badawi and Makdisi，2007；UNDP，2009；Diamond，2010）。被称为"阿拉伯之春"的支持民主改革社会动员浪潮（Sorenson，2011；Warf，2011），预计将影响这一政治和社会结构（Al-Momani，2011；Warf，2011）。总的来说，"阿拉伯之春"是由受过高等教育的年轻群体推动的，他们广泛使用新媒体（Warf，2011），反抗对政治自由的限制、腐败和统治精英没有能力处理的持续存在的社会和经济问题，如不平等、失业等（UNDP，2009；Al-Momani，2011；Sorenson，2011；Warf，2011）。然而，其产生持久而广泛影响的潜力有限。可能引发反弹的因素包括："变成失败国家或国际干预的可能性，政府应对大量难民、教派紧张关系和根深蒂固的经济问题"（Al-Momani 2011：159），以及宗教力量可能出现的激进化（Sorenson，2011）。此外，阿拉伯国家可能会经历不完整的民主建设，最终导致失望并有可能拒绝民主（Sorenson，2011）。

三　衡量人类安全和地中海地区的聚类特征

布尔克拉奇等（Brklacich et al.，2006）为分析地中海地区的人类安全提供了一个参考。环境和社会变化是影响人类安全背景的两类趋势（即双重暴露）。正如上一节所示，地中海地区的主要环境变化威胁是气候变化，它也与其他趋势如荒漠化和水供应相互影响。社会变化趋势是人口、经济、社会和制度变化趋势。这些背景因素通过对制度背景、资产的控制和获取以及权利和资源的分配来影响风险和应对能力（Brklacich et al.，2006）。

最后，响应能力与一系列基本职能相关，一个国家在人类安全福利方面（或可实现的职能）越弱，其体制和社会能力就越弱，采取有效气候变化适应行动的可能性就越小。这里采用了阿尔基尔（Alkire）提出的人类安全的概念，他认为"人类安全"是保护和促进其几个方面的"重要核心"（Alkire，2003：2）福祉，即"人类福祉的核心组成部分"（UNU，2007：6）。根据这一观点，对人类安全的保护并不包括人类福祉的所有方面，而只包括至关重要的几个方面。值得注意的是，在我们看来这样理解人类安全这一重要核心概念并没有确切的理论意义；相反，它"可以在与绝对贫困有关的人权或能力方面具体体现"（Alkire，2003：25）。因此，这一人类安全概念的基础和理论依据主要基于实践；本章的"人类安全"一词采纳了这一观点。

264 **1. 方法**

按照金和默里（King and Murray, 2002）以及布尔克拉奇等（Brkacich et al., 2006）的方法，通过 8 个指标来评估人类安全的经济、社会、制度和环境方面的情况（见表 10 - 3）。

为了与上文给出的"人类安全"概念一致，选取了一套指标代表"人类安全"的重要核心方面。这套指标数量比洛纳根等（Lonergan et al., 2000）提出的指标更少。最后，每个维度采用了均衡的指标数量。

264 **表 10 - 3　本研究中使用的指标与三个相关框架之间的对应关系**

指　标	金和默里 （King and Murray, 2006）	布尔克拉奇等 （Brklacich et al., 2006）	洛纳根等 （Lonergan et al., 2000）
人均 GNI	收入	资产	经济
GINI	收入	资源分配	经济
出生时健康预期寿命	教育	资产	社会
预期受教育年限	健康	资产	社会
话语权与问责	民主	制度	制度
政府效率	民主	制度	制度
国内人均可再生水资源	—	生态环境	环境
人均农业用地面积	—	生态环境	环境

总的来说，我们认为这些指标代表了国家及其民众能够"终止、
265 减轻或适应对其人权、环境和社会权利的威胁的关键因素；有能力和自由行使这些选择；并积极参与追求这些选择"（Barnett et al., 2006: 18）。

265 指标的数据来源于联合国、世界银行、粮农组织和儿童基金会等二手数据。值得注意的是，鉴于上述 MR 的极端动态，现有的最新数据（主要为 2009～2010 年）可能相对过时。

根据各国在考虑的人类安全维度（即指标）上的相似性，采用聚类①分析法对这些国家进行分组。

最后，采用 Kolmogorov-Smirnov Z 非参数检验来对人类安全各指标聚类间的统计差异进行检验。

2. 实证结果

（1）人类安全指标

表 10－4 给出了 24 个 MR 国家的指标取值。图 10－1 以图形方式给出 MR 国家经济、社会、体制和环境等指标的分布情况。图 10－1 显示，除以色列外 MENA 国家的表现往往比其他 MR 国家更差。东欧国家的表现各不相同，斯洛文尼亚的表现一般接近西欧。

表 10－4　24 个 MR 国家的相关指数及指标值　266

	人均 GNI（美元）	GINI	出生时健康预期寿命（岁）	预期受教育年限（年）	话语权与问责	政府效率	国内人均可再生水资源（立方米/年）	人均农业用地面积（公顷）
阿尔巴尼亚	3950	35.3	64	11.3	0.158	－0.204	8504.6	0.357
阿尔及利亚	4420	33.0	62	12.8	－1.044	－0.591	332.2	1.219
波黑	4700	36.3	67	13.2	－0.048	－0.646	9056.1	0.569
克罗地亚	13810	29.0	68	13.9	0.559	0.639	8276.6	0.271
塞浦路斯	26940	29.0	70	14.2	1.062	1.320	913.3	0.184
埃及	2070	32.1	60	11.0	1.118	－0.300	23.4	0.044
法国	43990	32.7	73	16.1	1.260	1.442	2929.1	0.477
希腊	28630	34.3	72	16.5	0.882	0.608	5197.1	0.740
以色列	25740	39.2	73	15.4	0.580	1.095	107.7	0.070

---

① 聚类最初是通过使用十种不同的方法来创建的，即由两种计算方法和五种聚类方法结合而成。使用多种方法的原因是需要获得可靠的数据，因为聚类分析往往对采用的方法很敏感。对于每种方法，都产生了三种解决方案，即有 2、3 和 4 个国家聚类分类数选项。可通过 Spearman 测试验证用不同方法产生的聚类之间的一致性，聚类方法的细节参见 Johnson and Wichern，1998。

续表

	人均GNI（美元）	GINI	出生时健康预期寿命（岁）	预期受教育年限（年）	话语权与问责	政府效率	国内人均可再生水资源（立方米/年）	人均农业用地面积（公顷）
意大利	35080	36.0	74	16.3	1.040	0.517	3137.2	0.234
约旦	3740	37.7	63	13.1	−0.849	0.281	114.0	0.165
黎巴嫩	7970	45.0	62	13.5	−0.334	−0.675	1314.0	0.168
利比里亚	12020	na	64	na	−1.889	−1.118	98.6	2.526
北马其顿	4400	42.8	66	13.3	0.129	−0.136	2647.1	0.528
马耳他	16690	26.0	72	14.4	1.205	1.110	124.7	0.023
黑山	6550	36.9	65	na	0.299	−0.031	na	0.828
摩洛哥	2790	40.9	62	10.5	−0.791	−0.109	894.7	0.971
葡萄牙	20940	38.5	71	15.8	1.211	1.207	3587.3	0.330
塞尔维亚	5990	28.2	65	na	0.318	−0.154	na	0.6685
斯洛文尼亚	23520	31.2	71	16.8	0.987	1.163	9501.3	0.248
西班牙	31870	34.7	74	16.4	1.187	0.936	2550.2	0.639
叙利亚	2410	42.0	63	11.3	−1.633	−0.609	350.2	0.678
突尼斯	3720	40.8	66	14.5	−1.269	0.414	406.5	0.961
土耳其	8730	41.2	66	11.8	−0.119	0.352	3020.2	0.540

注：na 为数据不可获得。数据参考时间范围为 2007 年（出生时健康预期寿命，国内人均可再生水资源，人均农业用地面积），2004～2008 年（预期受教育年限），2009 年（人均 GNI，话语权与问责，政府效率），2000～2010 年（GINI）。

资料来源：WB, UN, UNESCO, FAO。

在这里共生成了三个分类数选项，即 2 分类、3 分类和 4 分类。2 分类选项（与聚类方法无关）生成两组规模几乎相同的国家（11 个国家和 10 个国家）。3 分类和 4 分类选项结果会产生一个相同的分类，该分类包含了 11 个国家。这两个分类数选项都把法国排除在外。然而，4 分类选项结果中有 2 个分类的国家很少。出于这个原因，在接下来的分析中放弃了这个选项，更倾向于选择 3 分类选项。此外，为了便于统计分析，法国被归为最相似的一组（第 3 个分类）。

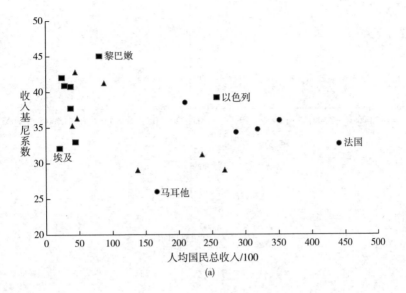

(a)

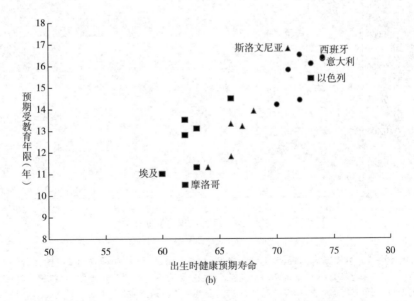

(b)

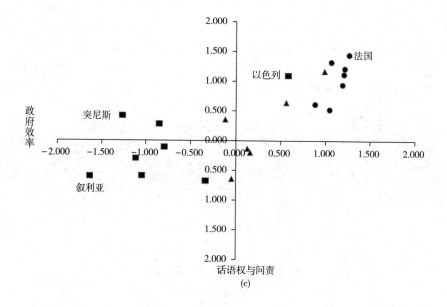

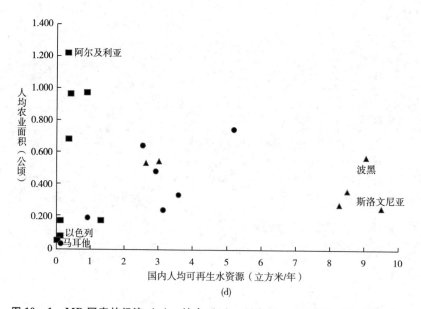

图 10 - 1　MR 国家的经济（a）、社会（b）、制度（c）和环境（d）指标分布

注：方形代表 MENA 国家（阿尔及利亚、埃及、以色列、约旦、黎巴嫩、摩洛哥、叙利亚、突尼斯）；三角形代表东欧国家（阿尔巴尼亚、波黑、克罗地亚、北马其顿、斯洛文尼亚和土耳其）；圆形代表西欧国家（塞浦路斯、法国、希腊、意大利、马耳他、葡萄牙、西班牙）。由于数据缺失，塞尔维亚和黑山没有绘图。

有趣的是，MENA 国家加上阿尔巴尼亚、北马其顿、波黑、土耳其无论采用什么聚类分类数选项都被分到同一分类。这表明这些国家决定人类安全的因素非常相似。

值得注意的是，法国在 3 分类选项和 4 分类选项中都与其他所有国家不在同一国家分类（尽管如前所述，为了便于分析，法国被归类为最相似的分类）。这表明，法国实际上可能与包括欧盟国家在内的其他所有国家的状况不同。塞尔维亚和黑山由于缺少数据而未纳入聚类分析，它们的情况与 2 分类聚类中的第 1 个国家分类和 3 分类聚类中的第 2 个国家分类相似（见表 10 - 5）。

269

270

表 10 - 5　生成的聚类（2 分类选项和 3 分类选项）　　　270

	2 分类聚类	3 分类聚类
第 1 分类	阿尔巴尼亚、阿尔及利亚、波黑、埃及、约旦、黎巴嫩、北马其顿、摩洛哥、叙利亚、突尼斯、土耳其	阿尔巴尼亚、阿尔及利亚、波黑、埃及、约旦、黎巴嫩、北马其顿、摩洛哥、叙利亚、突尼斯、土耳其
第 2 分类	克罗地亚、塞浦路斯、法国、希腊、以色列、意大利、马耳他、葡萄牙、斯洛文尼亚、西班牙	克罗地亚、马耳他、葡萄牙、斯洛文尼亚
第 3 分类	—	塞浦路斯、法国、希腊、以色列、意大利、西班牙

至于其余的国家，3 分类选项的聚类分析对人类安全水平较高国家之间潜在的差异分析更深入。在这些国家中，克罗地亚、马耳他、葡萄牙和斯洛文尼亚与塞浦路斯、希腊、以色列、意大利（和法国）有所不同。

表 10 - 6 显示了不同国家聚类的指标均值和标准差。采用 Kolmogorov-Smirnov Z 检验来探索聚类之间的差异。表 10 - 6 显示，对于大多数指标，聚类确实在统计上存在显著差异。属于环境方面的指标是唯一有意思的例外。在表 10 - 6 中，2 分类选项和 3 分类选项这两种分类聚类分析中的第 1 分类中的 11 个国家与所有其他国家之间的差异尤为明显。在 3 分类选项中，第 2 分类国家和第 3 分类国家之间唯一具有统计上显著差异的是人均 GNI。

271

表10-6 不同聚类国家相关指标的均值和方差

指标	2分类选项				3分类选项						全部国家	
	第1分类 (n=11)		第2分类 (n=10)		第1分类 (n=11)		第2分类 (n=4)		第3分类 (n=6)		(n=21)	
	均值	方差	均值	方差	均值	方差	均值	方差	均值	方差	均值	方差
人均GNI（美元）	4445	2113***	26721	8883	4445	2113**	18740	4328**	32042	6773	15053	12950
GINI	38.8	4.2*	33.1	4.3	38.8	4.2*	31.18	5.33	34.3	3.4	36.1	5.1
出生时健康预期寿命（年）	63.7	2.2***	71.8	1.9	63.7	2.2**	70.5	1.7	72.7	1.5	67.6	4.6
预期受教育年限（年）	12.4	1.3***	15.6	1.1	12.4	1.3*	15.2	1.3	15.8	0.9	13.9	2.0
话语权与问责	-0.629	0.615***	0.957	0.254	-0.629	0.615**	0.991	0.306	1.002	0.244	0.145	0.954
政府效率	-0.202	0.410***	1.004	0.318	-0.202	0.410**	1.030	0.264	0.986	0.373	0.372	0.714
国内人均可再生水资源（立方米/年）	2424.0	3298.2	3632.5	3205.8	2424.0	3298.2	5372.5	4328.5	2472.4	1794.6	2999.4	3232.1
人均农业用地面积（公顷）	0.564	0.374	0.322	0.233	0.564	0.374*	0.218	0.135	0.391	0.269	0.448	0.331

注：分类之间差异显著性水平（第1分类VS.第2分类、第2分类VS.第3分类）：***、**、*分别为1%、5%、10%的显著性水平（Kolmogorov-Smirnov Z）。

这些结果证实了格拉索和费奥拉（Grasso and Feola，2012）在同一地区采用不同指标获得的结果，实际上是针对一个不同但相似的维度，即气候变化适应能力。特别的是，这一结果显示出南北差距，即 MENA 国家的表现明显比欧盟国家差。土耳其、波黑、北马其顿和阿尔巴尼亚一直与MENA 国家同一分类。在决定人类安全的社会、经济和体制因素方面，MENA 同其他 MR 国家的差别显著。

四 改善地中海地区人类安全的伦理方法

272

在聚类分析中，欧盟 MR 国家始终比该地区的其他国家排名靠前，特别是在决定人类安全的非环境因素方面，这种明显的南北差距促使人们重新重视和思考国家作为人类安全调解人的作用，以及地中海地区人类安全与气候变化的关系。该地区存在人类安全水平较低的国家（大体上属于第3 节 2 分类聚类分析中的第 1 分类），这就要求确定一个具体的负责补救道德上不可接受情况的主体或主体群，否则很可能会继续恶化。

所以，我们在此采用一种支持中央集权主义的国际政治理论视角。国家是正义的代理人（Erskine，2008），它们有道德义务并始终理所当然地要遵守该义务（Nardin，2006，2008）。此外，我们要在地区背景下考虑国家。解决人类安全问题的地区方法只有同时具备下列条件才可行。（1）该地区的自然脆弱性很高，因此可以设想一个过渡性"边界"并需要各国共享相关特征，由此推导出"地方社区"的概念不受国界影响（Newman，2003）。（2）在社区发展中，自然脆弱性和应对脆弱性的手段分配不均。正如聚类研究明确指出的那样，MR 满足了这两个条件：共享相同的可能的气候影响和相似的自然脆弱性。相似的自然脆弱性促进了该地区各国之间的密切关系，这可能是出现区域性地方社区的基础。同时，社会脆弱性和气候变化适应能力水平存在较大的异质性。事实上，在人类安全方面，MR 可以确定两组相关国家：（1）具有足够/较高的人类安全水平的国家；（2）人类安全水平较低的国家。属于第一组（3 分类选项的第 3 分类）的有塞浦路斯、法国、希腊、以色列、意大利和西班牙；属于第二组（2 分类选项的第 1 分类）的有阿尔巴尼亚、阿尔及利亚、波墨、埃及、约旦、北马其顿、摩洛哥、叙利亚、突尼斯、土耳其。

鉴于这两个特点，我们认为人类安全的区域化使人们更容易联想到地中海地区的人类安全水平区域分布情况是违反道德的。原则上，这个区域内的每个国家都同时负有促进人类安全的责任，也都在某种程度上共同承受着人类安全不足的困扰。当然，各个国家所承担的促进人类安全的责任大小不一，所承受的人类安全不足的困扰也各不相同。然而，从道德伦理的角度来看：（1）有些国家可能同样有责任促进人类安全；（2）其他国家由于其较高的社会脆弱性，应得到支持以达到充分/较高的人类安全水平。在研究实践中，格拉索和费奥拉（Grasso and Feola，2012）的研究证明，基于补救责任和（缺乏）气候变化适应能力的社会脆弱性情况，类似的方法可以有效应用于 MR 的农业以使其适应气候变化。

1. 补救责任

为证明第一个观点，首先需要构建和厘清责任的概念。也就是说，一个主体可以对已经发生的行为负责。但也有可能认为，一个主体对其在未来预期要实现的结果负责。第一种责任被定义为追溯性责任（Miller，2007；Erskine，2003）：造成不良情境的主体获得了利益势必要承受负担（Miller，2004），哪怕并不是有意识造成的（Miller，2007）。第二种责任则被定义为补救性或前瞻性责任（Miller，2007；Erskine，2003），与负责补救不良情境的主体有关。考虑到这个区别以及人类安全的本质和聚类分析的结果，无害原则（因为没有对象因为作为或不作为直接损害他人，Shue，1996）和历史正义原则（因为人类安全水平较低并不是任何具体行为造成，Gardiner，2004）都排除了追溯性责任，另外，人类安全水平较高的地中海地区欧盟国家应首先承担补救责任。事实上，根据米勒（Miller，2001）对补救责任的分析，两项原则明确要求在 MR 的欧盟国家支持和促进该地区较弱的人类安全。第一，共同体原则，即当人们通过共同的活动和承诺、共同的身份和历史而联系在一起，他们相互之间的特殊责任大于对外界的责任，比如地中海地区这种情况（Brauch，2010）；第二，能力原则，即那些行动能力更强的国家有特殊的行动义务。

因此，有支付能力和行动能力的 MR 国家应该对其他缺乏人类安全的 MR 国家承担补救责任。

2. 社会脆弱性

幸运的是，不充分/低人类安全状态（即上文提出的第二个观点）的伦理相关性更容易得到证明。在道德伦理上界定这些国家时，应该考虑到它们对气候变化的脆弱性。参考脆弱性最初的概念是有益的，就社会系统而言，它也被称为"社会脆弱性"（Brooks et al.，2005；Kelly and Adger，2000）。这个观点强调了以人的维度为中心，侧重于先前的损失而不是未来的压力，并使社会脆弱性被广泛地理解为与个人和社会群体直接相关的福利状态，其原因不仅与气候影响有关，还与社会、制度和经济因素有关，如贫困、阶级、种族、民族、性别（Paavola and Adger，2006）。在气候变化的情况下，可以假定气候影响所产生的社会脆弱性危及福利的若干重要方面：这些方面实际上构成了福利的核心，并最终界定了我们所采纳的人类安全概念。后者成为衡量社会脆弱性本身的标准。因此，正是对人类安全概念的扩展，包括将资源转化为应对气候变化有效措施的能力，才是低水平人类安全国家的道德伦理意义的标志。所以，从根本上讲，把社会上最脆弱的人放在首位，或者更准确地说，把人类安全作为确定 MR 国家道德伦理地位的标准，最终的道德伦理责任是什么？几个关于正义的一般性概念证实了这种责任。例如，许多自由主义正义理论特别关注人类安全水平最低的最弱势群体。因为普遍正义原则认为人们有不遭受气候变化不利影响的道德伦理权利。更具体地说，苏（Shue，1999）的第三个一般原则是保障最低限度公平原则。从充足主义者的视角出发，那些不能过上体面生活的人应该得到充足供应，而在社会上处于弱势意味着被剥夺和极度匮乏。因此，这些主体应该得到所需的援助，使其足以应对气候影响并恢复人类安全。

基于道德伦理上的考虑，我们认为可以将 MR 国家分为两组：一组是在伦理上有义务支持人类安全的国家；另外一组是人类安全水平较低的国家。实际上，我们采取了审慎和包容的态度，即第一种情况下采用 3 分类聚类分析，以便只包括排名最高的国家，而 2 分类聚类分析则尽可能多地包括人类安全水平较低的国家。属于第一组（3分类选项的第3分类）的是塞浦路斯、法国、希腊、以色列、意大利和西班牙；属于第二组（2分类选项的第1分类）的有阿尔巴尼亚、阿尔及利亚、波黑、埃及、约旦、北马其顿、摩洛哥、叙利亚、突尼斯、土耳其。

五 结论

通过回顾相关文献我们得出，气候变化不仅对自然和社会经济有影响，并且还放大了对地中海地区人类安全的威胁。我们的实证分析表明，在所研究的领域内人类安全水平差异巨大，即 MR 欧盟成员国的人类安全水平远远高于 MENA 国家，重要的是，MENA 国家的弱势因素主要来自决定人类安全水平的社会、经济和体制等因素。而人类安全及其决定因素的不平衡是 MR 国家的特点，这使讨论转向道德伦理领域，更确切地说，是转向区域道德伦理方法。我们从补救责任和社会脆弱性两方面来研究这个问题，其中一些国家有责任提升该地区较弱国家的人类安全。尤其是根据第 3 节进行的实证分析和第 4 节提出的理论思考得出，3 分类聚类分析中的第 3 分类国家在伦理上有责任帮助社会脆弱性更高的 2 分类聚类分析中的第 1 分类国家提升其社会、经济和制度等决定脆弱性的各个方面。

我们认为，在 MR 这一区域层面将道德伦理因素纳入应对人类安全的方法，可能会促进该地区人类安全水平的整体提升，减轻由此产生的利益冲突，从而有效解决气候变化对决定人类安全的因素所造成的影响。在高度不平等的地区，如地中海盆地，道德伦理思考可以为区域利益相关者之间的辩论提供合理的理由，以制定能够改善人类安全的策略、采取一致和统一的举措。否则，因对人类安全本身支离破碎和不明确的观念而萌生的随心所欲做法将导致不能有效利用资源来增进整个地区的福利。

276

参考文献

Afifi, T. , and Warner, K. (2008) , ' The impact of environmental degradation on migration flows across countries' , Working Paper No. 5/2008, Bonn, Germany: UNU Institute for Environment and Human Security.

Al – Momani(2011) , ' The Arab"youth quake": implications on democratization and stabil – ity' , *Middle East Law and Governance*, 3(1) , 159 – 170.

Alkire, S. (2003) , *A Conceptual Framework for Human Security*. Oxford, UK: University of Oxford, Centre for Research on Inequality, Human Security and Ethnicity(CRISE) .

Amin, M. , Assaad, R. , al – Baharna, N. , Dervis, K. , Desai, R. M. , Dhillon, N. S. , Galal, A. , Ghanem, H. , Graham, C. , and Kaufmann, D. (2012) , *After the Spring. Economic Transitions in the Arab World*. Oxford: Oxford University Press.

Armingeon, K. , and Baccaro, L. (2011) , ' The sorrows of young euro: policy responses to the sovereign debt crisis' , University of Geneva, Switzerland, http: //www. unige. ch/ses/socio/ rechetpub/dejeuner/dejeuner2011 – 2012/thesorrowsofyoungeuro. pdf

Arnell, N. W. (2004) , ' Climate change and global water resources: SRES emissions and socio – economic scenarios' , *Global Environmental Change*, 14, 31 – 52.

Aryveetey, E. , Shantayanan, D. , Kanbur, R. , and Kasekende, L. (2011) , ' The econom – ics of Africa' (Working paper No. WP 2011 – 07) , Charles H. Dyson School of Applied Economics and Management, Cornell University.

Assaad, R. and Roudi – Fahimi, F. (2007) , ' Youth in the Middle East and North Africa: demographic opportunity or challenge?' , Population Reference Bureau.

Barnett, J. (2009) , ' The prize of peace(is eternal vigilance) : a cautionary editorial essay on climate geopolitics' , *Climatic Change*, 96(1 – 2) , 1 – 6.

Barnett, J. , Matthew, R. A. and O'Brien, K. L. (2006) , ' Global environmental change and human security: an introduction' , in Matthew, R. A. , Barnett, J. , McDonald, B. , O'Brien, K. (eds) , *Global Environmental Change and Human Security*. Cambridge, USA: MIT Press, pp. 3 – 32.

Ben Mohamed, A. , van Duivenbooden, N. , and Abdoussallam, S. (2002) , ' Impact of climate change on agricultural production in the Sahel – Part 1. Methodological approach and case study for millet in Niger' , *Climatic Change*, 54(3) , 327 – 348.

Bigio, A. G. (2009), 'Adapting to climate change and preparing for natural disasters in the coastal cities of north Africa', Washington DC, USA: The World Bank.

Black, E. (2009), 'The impact of climate change on daily precipitation statistics in Jordan and Israel', *Atmospheric Science Letters*, 10, 192 – 200.

Black, R., Adger, W. N., Arnell, N. W., Dercon, S., Geddes, A., and Thomas, D. (2011), 'The effect of environmental change on human migration', *Global Environmental Change*, 21 (Supplement 1), 3 – 11.

Bou – Zeid, E., and El – Fadel, M. (2002), 'Climate change and water resources in Lebanon and the Middle East', *Journal of Water Resources Planning and Management*, 128(5), 343 – 355.

Brauch, H. G. (2001), 'Environmental degradation as root causes of migration: desertifica – tion and climate change. Long – term causes of migration from North Africa to Europe', in P. Friedrich and S. Jutila(eds), *Policies of Regional Competition.* Schriften zur öffentlichen Ver- waltung und öffentlichen Wirtschaft, Vol. 161, Baden – Baden, Germany: Nomos, 102 – 138.

Brauch, H. G. (2003), 'Natural disasters in the Mediterranean(1900 – 2001): from disas – ter response to disaster preparedness', in H. G. Brauch, P. H. Liotta, A. Marquina et al. (eds), *Se- curity and Environment in the Mediterranean: Conceptualising Security and Environmental Con- flicts*, Berlin/Heidelberg, Germany: Springer – Verlag, 863 – 906.

Brauch, H. G. (2010), *Climate Change and Mediterranean Security: International, Nation- al, Environmental and Human Security Impacts for the Euro – Mediterranean Region during the 21st Century. Proposals and Perspectives.* Barcelona, Spain: IEMed.

Brklacich, M., Chazan, M., and Bohle, H. G. (2006), 'Human security, vulnerability, and global environmental change', in Matthew, R. A., Barnett, J., McDonald, B., and O'Brien, K. (eds), *Global Environmental Change and Human Security.* Cambridge, USA: MIT Press, pp. 35 – 51.

Brooks, N., Adger, W. N., and Kelly, P. M. (2005), 'The determinants of vulnerability and adaptive capacity at the national level and the implications for adaptation', *Global Environmen- tal Change*, 15, 151 – 163.

Buhaug, H. (2010), *Climate Not To Blame For African Civil Wars.* Proceedings of the Na- tional Academy of Sciences Early edition.

Cohen, B. (2004), 'Urban growth in developing countries: a review of current trends and a caution regarding existing forecasts', *World Development*, 32, 23 – 51.

Dabrowski, M. (2010), 'The global financial crisis and its impact on emerging market econo – mies in Europe and the CIS: evidence from mid – 2010', Warsaw, Poland: CASE – Centre for Social and Economic Research.

Diamond, L. (2010), 'Why are there no Arab democracies?', *Journal of Democracy*, 21, 93 – 112.

Dokos, T., Afifi, T., Bogardi, J., Dankelman, I., Dun, O., Goodman, D. L., Huq, S., Iltus, S., Pearl, R., Pettengell, C., Schmidl, Sl., Stal, M., Warner, K., and Xenarios, S. (2008), *Climate Change: Addressing the Impact on Human Security*. Athens, Greece: Hellenic Foundation for European and Foreign Policy and Hellenic Ministry of Foreign Affairs.

Dreher, Axel(2006), 'Does globalization affect growth? Evidence from a new Index of Globalization', *Applied Economics*, 38(10), 1091 – 1110.

Dreher, A., Gaston, N., and Martens, P. (2008), *Measuring Globalisation – Gauging its Consequences*. New York, USA: Springer.

El – Badawi, I., and Makdisi, S. (2007), 'Explaining the democracy deficit in the Arab world', *The Quarterly Review of Economics and Finance*, 46, 813 – 831.

Erskine, T. (2003), 'Introduction. Making sense of responsibility', in T. Erskine(ed.), *International Relations: Key Questions and Concepts. Can Institutions have Responsibilities? Collective and Moral Agency*, Basingstoke, UK: Palgrave MacMillan, pp. 1 – 18.

Erskine, T. (2008), 'Locating responsibility: the problem of moral agency in international relations', in D. Snidal, and C. Reus – Smit, *The Oxford Handbook of International Relations*. Oxford, UK: Oxford University Press, pp. 699 – 707.

Escribano, G. (2010), 'Southern Europe's economic crisis and its impact on Euro – Mediterranean relations', *Mediterranean Politics*, 15, 453 – 459.

Feng, S., Krueger, A. B., and Oppenheimer, M. (2010), 'Linkages among climate change, crop yields and Mexico – US cross – border migration', *Proceedings of the National Academy of Sciences*, 107(32), 14257 – 14262.

Ferrara, R. M., Trevisiol, P., Acutis, M., Rana, G., Richter, G. M., and Baggaley, N. (2009), 'Topographic impacts on wheat yields under climate change: two contrasted case studies in Europe', *Theoretical and Applied Climatology*, 99, 53 – 65.

Filippetti, A., and Archibugi, D. (2010), 'Innovation in times of crisis: the uneven effects of the economic downturn across Europe', MPRA Paper No. 22084.

Gardiner, S. M. (2004), 'Ethics and global climate change', *Ethics*, 114, 555 – 600.

278

Gesano, G. , Heins, F. , and Naldini, A. (2009) ' A report to the Directorate – General for Regional Policy Unit Conception, forward studies, impact assessment. Background paper on: Demographic Challenge' , ISMERI Europa.

Giannakopoulos, C. , Le Sager, P. , and Bindi, M. et al. (2009) , ' Climatic changes and associated impacts in the Mediterranean resulting from a 2℃ global warming' , *Global and Planetary Change*, 68(3) , 209 – 224.

Gibelin, A. – L. G. , and Déqué, M. D. (2003) , ' Anthropogenic climate change over the Mediterranean region simulated by a global variable resolution model' , *Climate Dynamics*, 20 (4) , 327 – 339.

Giorgi, F. (2006) , ' Climate change hot – spots' , *Geophysical Research Letters*, 33(L08707) , 4 pp.

Giorgi, F. , and Lionello, P. (2008) , ' Climate change projections for the Mediterranean region' , *Global and Planetary Change*, 63(2 – 3) , 90 – 104.

Giorgi, F. , Bi, X. , and Pal, J. (2004) , ' Mean, interannual variability and trends in a regional climate change experiment over Europe. Ⅱ: climate change scenarios(2071 – 2100)' , *Climate Dynamics*, 23, 839 – 858.

Grasso, M. , and Feola, G. (2012) , ' Mediterranean agriculture under climate change: adaptive capacity, adaptation, and ethics' , *Regional Environmental Change*, 12(3) , 607 – 618.

Hoerling, M. et al. (2011) , ' On the increased frequency of Mediterranean drought' , *Journal of Climate*, 25, 2146 – 2161.

Homer – Dixon, T. F. (1994) , ' Environmental scarcities and violent conflict: evidence from cases' , *International Security*, 19(1) , 5 – 40.

Hsiang, S. M. , Meng, K. C. , and Cane, M. A. (2011) , ' Civil conflicts are associated with the global climate' , *Nature*, 476, 438 – 441.

Iglesias, A. , Mougou, R. , Moneo, M. , and Quiroga, S. (2011) , ' Towards adaptation of agriculture to climate change in the Mediterranean' , *Regional Environmental Change*, 11(Suppl 1) , 159 – 166.

Institute for Economics and Peace(IEP) (2011) , Global Peace Index. Sydney, Australia: IEP. Intergovernmental Panel on Climate Change(IPCC) (2007) , *Climate Change 2007 – Impacts, Adaptation and Vulnerability: Working Group Ⅱ Contribution to the Fourth Assessment Report of the IPCC*. Cambridge, UK: Cambridge University Press.

International Monetary Fund(IMF) (2010) , *World Economic Outlook April 2010*. Washington DC, USA: IMF.

International Monetary Fund(IMF) (2012) , *World Economic Outlook April 2012*. Washington DC, USA: IMF.

Johnson, R. A. , and Wichern, D. W. (1998) , *Applied Multivariate Statistical Analysis (4th ed.)*. Upper Saddle River, USA: Prentice Hall.

Johnstone, S. , and Mazo, J. (2011) , ' Global warming and the Arab Spring' , *Survival*, 53, 11 – 17.

Kelly, P. M. , and Adger, W. N. (2000) , ' Theory and practice in assessing vulnerability to climate change and facilitating adaptation' , *Climatic Change*, 47, 325 – 352.

King, G. , and Murray C. J. L. (2002) , ' Rethinking human security' , *Political Science Quarterly*, 116(4) , 585 – 610.

Koubi, V. , Bernauer, T. , Kalbhenn, A. , and Spilker, G. (2012) , ' Climate variability, eco – nomic growth, and civil conflict' , *Journal of Peace Research*, 49, 113 – 127.

Laipson, E. (2002) , ' The Middle East demographic transition: what does it mean?' , *Journal of International Affairs*, 56(1) , 175 – 188.

Liverman, D. , and Ingram, J. (2010) , ' Why regions?' , in Ingram, J. , Ericksen, P. , and Liverman, D. (eds) , *Food Security and Global Environmental Change*. London – Washington: Earthscan, pp. 203 – 211.

Lonergan, S. , Gustavson, K. , and Carter, B. (2000) , ' The Index of Human Insecurity' , *Aviso*, 6, 1 – 7.

Maracchi, G. , Sirotenko, O. , and Bindi, M. (2005) , ' Impacts of present and future climate variability on agriculture and forestry in the temperate regions: Europe' , in Salinger, J. , Sivaku- mar, M. V. K. , and Motha, R. P. (eds) , *Increasing Climate Variability and Change*. Springer: Netherlands, pp. 117 – 135.

Matthew, R. A. , Barnett, J. , McDonald, B. , and O'Brien, K. (eds) (2009) , *Global Environ- mental Change and Human Security*. Cambridge, USA: MIT Press.

Metzger, M. , Rounsevell, M. , Acostamichlik, L. , Leemans, R. , and Schroter, D. (2006) , ' The vulnerability of ecosystem services to land use change' , *Agriculture, Ecosystems and Envi- ronment*, 114, 69 – 85.

Miller, D. (2001) , ' Distributing responsibilities' , *The Journal of Political Philosophy*, 9,

279

453 – 471.

Miller, D. (2004), 'Holding nations responsible', *Ethics*, 114, 240 – 268.

Miller, D. (2007), *National Responsibility and Global Justice*. Oxford, UK: Oxford University Press.

Moonen, A. C. et al. (2002), 'Climate change in Italy indicated by agrometeorological indices over 122 years', *Agricultural and Forest Meteorology*, 111(1), 13 – 27.

Nardin, T. (2006), 'International political theory and the question of justice', *International Affairs*, 82(3), 449 – 465.

Nardin, T. (2008), 'International ethics', in D. Snidal and C. Reus – Smit, *The Oxford Handbook of International Relations*. Oxford, UK: Oxford University Press, pp. 594 – 610.

Newman, D. (2003), 'Boundaries', in Agnew, J., Mitchell, K., and Toal, G. (eds), *The Companion to Political Geography*. Malden, USA: Blackwell, pp. 122 – 36.

Nicholls, R. J., and Hoozemans, F. M. J. (1996), 'The Mediterranean: vulnerability to coastal implications of climate change', *Ocean and Coastal Management*, 31(2 – 3), 105 – 132.

Noland, M., and Pack, H. (2004), 'Islam, globalization, and economic performance in the Middle East', Policy Brief No. PB – 04 – 4, Institute for International Economics.

Paavola, J., and Adger, W. N. (2006), 'Fair adaptation to climate change', *Ecological Economics*, 56, 594 – 609.

Penuelas, J., Filella, I., and Comas, P. (2002), 'Changed plant and animal life cycles from 1952 to 2000 in the Mediterranean region', *Global Change Biology*, 8, 531 – 544.

Piervitali, E., Colacino, M., and Conte, M. (1997), 'Signals of climatic change in the Central Western Mediterranean basin', *Theoretical and Applied Climatology*, 58, 211 – 219.

Pratt et al. (2004), *Vulnerability Index(EVI)*. SOPAC Technical Report 383.

Puigdefabregas, J., and Mendizabal, T. (1998), 'Perspectives on desertification: western Mediterranean', *Journal of Arid Environments*, 39, 209 – 224.

Romagnoli, A., and Mengoni, L. (2009), 'The challenge of economic integration in the MENA region: from GAFTA and EU – MFTA to small scale Arab Unions', *Economic Change and Restructuring*, 42(1), 69 – 83.

Sánchez – Arcilla, A., Mösso, C., Sierra, J. P., Mestres, M., Harzallah, A., Senouci, M., and El Raey, M. (2010), 'Climatic drivers of potential hazards in Mediterranean coasts', *Regional Environmental Change*, 11(Supplement 3), 617 – 636.

Scarascia – Mugnozza, G. , Oswald, H. , Piussi, P. , and Radoglou, K. (2000) , ' Forests of the Mediterranean region: gaps in knowledge and research needs' , *Forest Ecology and Management*, 132, 97 – 109.

Scheffran, J. , and Battaglini, A. (2010) , ' Climate and conflicts: the security risks of global warming' , *Regional Environmental Change*, 11, 27 – 39.

Schroeter, D. , Cramer, W. , Leemans, R. , Prentice I. C. , Arnell, N. W. , Bondeau, A. , Bugmann, H. , Carter, T. R. , Gracia, C. A. , de la Vega – Leinert, A. C. , Erhard, M. , Ewert, F. , Glendining, M. , House, J. I. , Kankaanpaa, S. , Klein, R. J. T. , Lavorel, S. , Lindner, M. , Metzger, M. J. , Meyer, J. , Mitchell, T. D. , Reginster, I. , Rousenvell, M. , Sabate, S. , Sitch, S. , Smith, B. , Smith, J. , Smith, P. , Sykes, M. T. , Thonicke, K. , Thuiller, W. , Tuck, G. , Zaehle, S. , and Zierl, B. (2005) , ' Ecosystem service supply and vulnerability to global change in Europe' , *Science*, 310, 1333 – 1337.

Schwierz, C. , Köllner – Heck, P. , Zenklusen Mutter, E. , Bresch, D. , Vidale, P. – L. , Wild, M. , and Schär, C. (2010) , ' Modelling European winter wind storm losses in current and future climate' , *Climatic Change*, 101, 485 – 514.

Shue, H. (1996) , *Basic Rights. Subsistence, Affluence and U. S. Foreign Policy – Second Edition*. Princeton, USA: Princeton University Press.

Shue, H. (1999) , ' Global environment and international inequality' , *International Affairs*, 75, 531 – 545.

Sorenson, D. S. (2011) , ' Transitions in the Arab World. Spring or Fall?' , *Strategic Studies Quarterly*, 5(3) , 22 – 49.

Sowers, J. , Vengosh, A. , and Weinthal, E. (2010) , ' Climate change, water resources, and the politics of adaptation in the Middle East and North Africa' , *Climatic Change*, 104(3 – 4) , 599 – 627.

Tabutin, D. , and Schoumaker, B. (2005) , ' The demography of the Arab World and the Middle East from the 1950s to the 2000s' , *Population*, 60(5/6) , 505 – 591 and 593 – 615.

Thuiller, W. et al. (2005) , ' Climate change threats to plant diversity in Europe' , *Proceedings of the National Academy of Sciences*, 102, 8245 – 8250.

Tol, R. S. J. , and Wagner, S. (2010) , ' Climate change and violent conflict in Europe over the last millennium' , *Climatic Change*, 99(1 – 2) , 65 – 79.

Turley, C. M. (1999) , ' The changing Mediterranean Sea – a sensitive ecosystem?' , *Pro-

280

gress In Oceanography, 44, 387 – 400.

UNDP(2009), *The Arab Human Development Report. Challenges to Human Security in the Arab Countries*. New York, USA: UNDP.

UNEP(2005), *Building Resilience in SIDS The Environmental Vulnerability Index*. United Nations Environment Programme(UNEP), South Pacific Applied Geoscience.

UNEP/MAP (2009), *State of the Environment and the Mediterranean*. Athens, UNEP/MAP.

UNU(United Nations University)(2007), *Measuring Human Well – Being: Key Findings and Policy Lessons*. UNU WIDER Policy Brief 3. Helsinki, Finland: UNU WIDER.

Verney, S. (2009), ' Flaky fringe?Southern Europe facing the financial crisis' , *South European Society and Politics*, 14, 1 – 6.

Warf, B. (2011), ' Myths, realities and lessons of the Arab Spring' , *The Arab World Geographer*, 14(2), 166 – 168.

Warner, K. (2010), ' Global environmental change and migration: governance challenges' , *Global Environmental Change*, 20(3), 402 – 413.

World Bank(WB)(2003), *Trade, Investment, and Development in the Middle East and North Africa*. Washington DC, USA: World Bank.

第十一章

气候变化与北极地区的人类安全

马克·纳托尔

一　引言

气候变化作为一个环境议题，在研究、讨论和应对时，不可忽略人为
因素。事实上，气候变化（相对于气候变异）源于人为的科学共识，不仅
引起了人们对其潜在人为原因的关注，还引起了人们对其社会、文化和经
济影响后果的关注。这强调了一个事实，即气候变化本质上是人类活动引
起的问题。鉴于我们对气候变化的了解、我们如何应对以及如何预测气候
变化对世界各国的影响，气候变化对社会文化和经济的影响是显而易见
的。然而，对气候变化的研究依然被认为是物理和自然科学的特权，并且
在某种程度上仍然由相关气候情景和全球环流模型主导，科学家和政策制
定者要求社会科学家解释和证明他们对完善这些模型的贡献。因此，在研
究和评估气候对社会、文化、经济、政治和人类日常生活的影响，以及在
反思社会科学家应该采取的支持和政策立场等方面，社会科学面临着理论
和方法上的挑战。这导致了社会学和人类学等学科在研究应对气候变化
时，在研究方法上存在很大程度的不确定和分歧（Lever-Tracy, 2008;
Grundman and Stehr, 2010）。

不过，事情正在发生转变，社会科学家在气候变化研究中不再把自己
限定于对全球环流模型、温室气体排放情景和未来气候预测科学的补充
（即使他们曾经这样认为）。尤其近年来人类学在各种民族发展背景、方法

和理论领域对气候变化的研究越来越多（Crate and Nuttall，2009；Hastrup，2009）。人类学家在地区和全球气候变化评估中发挥了自己的作用，他们从理论上和概念上阐述了如何弥合时间和空间层面，并阐明了如何将自然变异和变化对环境的影响与人类行为的影响相区分。这些工作涉及社会科学和自然科学内部及其之间的对话，并推进对人为气候变化研究范式的理解。不拘泥某一学科的跨学科研究能够关注到自然和社会的相互联系，把生态视角置于对人类世界丰富性和复杂性的理解上。

在最近的工作中，人类学家等学者提出了一些论点，认为理解气候变化的人为层面问题时，必须讨论它是如何威胁和破坏人类安全的（Barnett and Adger，2007；Crate and Nuttall，2009）。该讨论的提出强调了社会经济条件和状况、政治环境、权利、所有权和应享权利、资源依赖、脆弱性和韧性的重要性。然而，气候变化不仅凸显了人类安全问题，还突出了人类不安全的不稳定本质。正如巴尼特和阿杰（Barnett and Adger，2007：641）所言：

> 人们对气候变化的脆弱性（潜在损失）取决于他们对自然资源和生态系统的依赖程度，也取决于他们所依赖的资源和服务对气候变化的敏感程度，以及他们对这些资源和服务变化的适应能力。换句话说，人们对气候敏感型自然资本的依赖度越高，对经济或社会资本的依赖度越低，面临的气候变化风险就越大。

巴尼特和阿杰指出，必须认识到环境变化损害人类安全不会独立于广泛的社会因素，这些因素包括贫困、社区从国家得到的支持（或相反的歧视）程度、获得经济机会的可能性以及决策过程的有效性。所有这些因素都影响社区有效应对和适应气候变化的能力。

本章考察了环北极高纬度地区的气候变化和人类安全。北极和南极在全球气候动态中发挥着至关重要的作用，两极都正在发生因全球变暖而产生的快速物理变化。科学家们早就认识到研究极地地区的重要性，因为它们影响着地球的天气系统——例如，北极和南极的海冰是全球气候系统中的主要元素，而南大洋在生物地球化学循环和海洋与大气之间的气体交换

过程中起着重要作用。气象台显示，南极半岛在过去50年经历了强烈而显 283
著的气候变暖，同时南极海冰也受到了影响。然而自1978年以来的卫星数
据显示海冰持续时间的变化趋势并不一致，具有区域性特征——例如，罗
斯海的海冰持续时间增加，但在贝林斯豪森海海冰的持续时间却在减少
（Chapin et al.，2005；Lemke et al.，2007）。在北极地区，2007年9月和
2012年9月海冰观测记录的最低海冰范围引起了科学家们的担忧，如果不
结冰的夏季情景成为现实，将无法恢复之前的海冰分布（Wadhams，
2012）。

北极和南极含有世界上最大的冰原。在环北极地区，格陵兰岛内陆冰
的融化近年来吸引了科学家和公众的关注，成为全球气候变化最典型的例
子之一，这使格陵兰岛成为讨论生态重构和地形重塑过程的中心（Nuttall，
2009）。科学气候模型表明，21世纪格陵兰岛的平均温度将上升3摄氏度
以上，这意味着内陆冰的大规模融化。即使未来在某种程度上稳定下来，
更普遍的预测仍是内陆冰最终会完全融化，不过这需要2到3个世纪。整
个格陵兰岛冰层所含的水足以使全球海平面上升7米（AMAP，2011）。

尽管北极和南极经常被比较研究，但它们在几个重要的方面是截然相
反的。它们在地理上有着根本的不同，北极的很大一部分是由冰雪覆盖的
北冰洋组成，北冰洋周围是许多岛屿和群岛以及北美和欧亚大陆的北部地
区。南极洲是一片冰雪覆盖的陆地，它本身就是一个大陆。北极和南极洲
也有不同的环境模式、气候系统、野生动物栖息地以及社会和政治环境。
例如，南极的陆地生物种类比北极少得多，而且没有土著居民生活。当
然，南极洲没有常住人口——尽管科学研究基地的运作和游客的季节性访
问等意味着人类全年都在那里。在南极洲，人类安全和气候议题主要涉及
政府安全概念，这些概念通常从主权、自然资源和继续执行国家南极科学
计划来界定。对冰架断裂或海冰分布的担忧，使南极洲的人类安全问题与 284
世界其他地区的设想方式通常不同。在过去的五十年里，南极洲也一直受
制于《南极条约体系》下环境管理和保护的国际框架，而在北极圈却没有
这样的制度存在。然而，北极地区有大约400万常住人口（基于北极的更
广泛定义这个数字可能接近1000万，Nuttall，1998）。除北冰洋的一些地

区外，北极被八个主权国家包围——美国、加拿大、丹麦（包括格陵兰岛）、冰岛、挪威、瑞典、芬兰和俄罗斯。在北极国家北部人口中原住民也占少数（格陵兰除外，他们在那里占多数），因此，在这个正在经历快速气候变化的地区，对许多社区来说人类安全问题变得明显和紧迫起来。

有重要证据表明，北半球气候模式和温度的阈值变化引起北极生态系统变化。许多科学家现在认为，北极的气候可能正在接近一个"临界点"，未来的气候、环境、经济、政治和社会将发生巨大的、深远的和不可逆转的变化（Arctic Council，2013；Nuttall，2012a；Wadhams，2012；Wassmann and Lenton，2012）。尽管气候变化影响着所有北方居民，但北极的原住民和依赖于渔业、狩猎、畜牧业和农业的当地社区在传统知识和对环境的了解方面正面临着特殊的挑战，这使得预报、旅行安全和获得传统食物来源更加困难（Krupnik and Jolly，2002；Nuttall et al.，2005）。

这一章我讨论了全球气候变化引起生态系统转变的地区和局部影响如何对人类安全和人类与环境的关系产生巨大而深远的影响。由于北极地区八个国家的人口多样性，本文的讨论仅限于针对格陵兰、加拿大和阿拉斯加的因纽特人社区的研究。然而，本文指出有必要了解气候变化在特定背景下的后果——快速的社会、经济和人口变化，资源管理和开发，动物权利和反捕鲸运动，贸易壁垒和保护政策，都对北极地区的人类安全有重大影响。很多情况下，气候变化只是放大了现有的社会、政治、经济、法律、制度和环境对人类安全的挑战，资源依赖型社区北方人口在日常生活中正面临这些挑战（Heikkinen et al.，2011；Lynge，1992；Nuttall et al.，2005；Wenzel，1991）。

285

二 气候变化与北极

最近在北极理事会（Arctic Council）和 IPCC 的主持下进行的区域和全球气候变化评估证实，北极地区的变暖速度比全球任何其他地区都快。几十年来，北极地区地表空气温度的上升速度大约是全球的两倍。海冰的范围正在缩小，不连续的冻土带正在融化，季节性积雪模式和冰川的物质平衡显著减少，陆地和海洋动物受到影响，北方居民的文化和生计受到威胁（ACIA，2005；AMAP，2011；Anisimov et al.，2007）。

很多海域与北美和欧亚大陆的北部边缘接壤。这些绵延的水域，包括波弗特海、巴伦支海、卡拉海和拉普捷夫海在内的每一片海域都有自己独特的海洋生态系统，但都是北冰洋的一部分。科学家们在过去30年里经年（或持续）观察海冰覆盖的面积、范围和厚度的变化，整个北冰洋多达90%的洋面在通常冬季被冰覆盖，70%全年被冰覆盖。1980年以来，北极平均气温上升了1.5℃，这使夏季海冰范围从20世纪70年代的800万平方公里减少到2012年的340万平方公里。这种急剧的戏剧性夏季海冰消退伴随着其他季节海冰范围的显著减少（Stroeve et al.，2012），以及海冰类型的变化，特别是多年冰的减少（Wadhams，2012）。此外，海冰的平均厚度减少了40%（Wadhams，2012），海洋学家报告海冰脊出现的频率减少了73%，并观察到冰动力学的重大变化（Wadhams and Davis，2000）。海冰能对大气条件的变化作出快速反应，高度依赖海洋和大气之间的温差以及近海面海洋热流。一些大气－海洋气候模型预测这些快速的变化将持续下去，在未来50~100年海冰约减少60%，而其他耦合模型预测到2040年北极夏季将"无冰"（Wang and Overland，2009）。还有一些人预测在未来5~8年内将会出现"无冰的九月"（Maslowski et al.，2012）。

北冰洋和其他北方海域的多年冰层可能消失，这将对依赖冰层的微生物造成巨大的破坏，并且对北极野生动物造成巨大的影响。气候变化影响了北极生态系统，这对野生动物种群和整个食物网的分布和营养动态有重要影响。随着海冰数量的减少，依赖海冰的物种将遭到严重的影响，例如海豹、海象、北极熊和其他依赖海冰的物种。由于气候与其他过程和变量的相互作用，种群层面产生了复杂反应，这使定量预测变得困难（Krebs and Bertaux，2006）。尽管如此，人们越来越担心可预见的未来气候变化将对北极环境和依赖资源的北方社区生计产生潜在的毁灭性和变革性影响，特别是该地区的原住民，他们的生计、社会和文化都与北极的环境和野生

286

动物密不可分，如格陵兰、加拿大、阿拉斯加和楚科奇的因纽特人，芬诺斯坎德（Fennoscandia）北部的萨米人（Sámi），以及俄罗斯北部的埃文基人（Evenki）和涅涅茨人（Nenets）（Nuttall et al.，2005）。

北方人口并不只是把动物看作经济资源，原住民也没有"野生动物"的概念，这揭示了当地人对共生关系的理解，这种关系最能说明渗透在北极圈的错综复杂的人与动物的关系（Anderson and Nuttall，2004；Kalland and Sejersen，2005；Nuttall，1992）。将北方的景观和海洋环境描述并简化为生态系统并不恰当。北极圈是一个人类世界，其中动物的迁移、冰川的进退、融水的滴答声和涓涓细流、正在变薄冰层的结构和分布、暴风雨频率和强度的增加以及海岸侵蚀力等，对生活在那里的人来说是强大而非凡且令人不安和担忧的事情，这预示着一个正在形成的世界的感知、能动性和不可预测性（Nuttall，1992，2009）。

由于许多北方的陆地和海洋哺乳动物物种以及淡水和海洋鱼类是当地社区和区域经济的基础，气候变化影响到狩猎的难度、人类获取野生动物的技能，以及食用野生动物的安全和质量，对北方地区的食物安全构成威胁（Meakin and Kurvits，2009）。例如，在加拿大北部，育空地区和西北地区的原住民都经历了气候变化，这影响了可供狩猎的物种的供应，他们面临获取食物技能方面的困难，传统食物的营养摄入量也相应减少（Guyot et al.，2006）。

287 　　然而，关于气候变化和气候变异对原住民社区狩猎和动物消费的实际影响的研究仍然有限。我们所知道的——很大程度上肯定的——是北美驯鹿、海豹、鲸鱼、鱼类和鹅的迁徙路线将被打乱并可能发生改变，这对许多偏远的小型北极定居点和社区的狩猎、放牧、诱捕和捕鱼经济产生影响（Nuttall et al.，2005）。大多数北极哺乳动物和鱼类依靠海冰生存，而格陵兰岛、加拿大、阿拉斯加和楚科奇的许多因纽特人沿海社区也依靠捕捞这些物种生活。气候变化已经导致北极海洋生态系统结构的相对快速变化，特别是在白令海和巴伦支海。然而，气候科学家很难确定这些变化是源自自然环境变动还是人类活动。例如，东白令海在过去100～150年发生了重大变化，部分原因是气候变化，但也有部分原因是海洋哺乳动物、鱼类和无脊椎动物的商业开发。气候变化还可能导致动物种群的变化，但 19 世纪和 20 世纪的商业捕鲸对北部海洋生态系统也造成了重大损害（Nuttall et al.，2005）。海洋温度升高和盐度降低、季节性海冰范围的变化、海平面上升以及许多其他（尚未确定的）影响，一定会对海洋物种产生重大影响，进而影响依赖狩猎和捕鱼的北极沿海社区。此外，鉴于以狩猎和捕鱼为基础的饮食传统易爆发人畜共患的食物传播和水传播疾病，气候变化还可能对原住民的健康和福利造成严重后果，尤其会对关于人类和野生动物传染病的流行病学产生间接影响，考虑到传统饮食主要来自狩猎和捕鱼，还会发生由食物和水传播的人畜共患疾病。

近年来，气候变化对水资源的影响也引起了人们的关注（IPCC，2008）。世界上一些最长的河流都在北极，其中包括育空河、麦肯齐河、奥布河、勒拿河和叶尼塞河。大量的北极水都源自这些河流的源头盆地，特别是流入北冰洋的水。在遥远的北方也有巨大的三角洲和湿地，其中最大的是俄罗斯的勒拿河三角洲。北极第二大三角洲是加拿大的麦肯齐三角洲，其水源来自麦肯齐河。麦肯齐河长约 1800 公里，是北美第二大水系（仅次于密西西比河 - 密苏里河）的主要支流。其流域麦肯齐盆地占据了加拿大约 20% 的水资源。加拿大落基山脉大部分的冰川融化最终进入北冰洋或其他北方水域。例如，北萨斯喀彻温河蜿蜒穿过阿尔伯塔省北部的内陆和腹地公园景观。它起源于萨斯喀彻温冰川，它的源头就像阿尔伯塔省的其他几条大河一样在落基山脉的高处，是从贾斯珀国家公园的哥伦比亚冰原延伸出来的一小股融水。最后，北萨斯喀彻温的水流入哈得孙湾。阿萨巴斯卡河同样起源于哥伦比亚冰原的溢出冰川阿萨巴斯卡冰川，然后穿过阿尔伯塔省北部的阿萨巴斯卡湖，流进奴河。奴河经大奴湖汇入麦肯齐河，最终流入波弗特海。北极和亚北极的水系特别容易受到当前和预期气候变化的影响。几乎所有主要的水文过程和相关的水生态系统都受到冰雪存在和消失的影响。

288

三 变化中的北极经济

气候变化给北极带来经济利益的同时也意味着社会和经济成本。例如，气候变暖可能提高某些鱼类的产量，对商业渔业产生积极影响。一个多世纪以来，采掘业一直是北极部分地区环境和社会经济变化的重要驱动力，今天北极周边的大部分地区属于主要能源和矿产勘探和开发的范围（Nuttall, 2010a）。美国地质调查局（United States Geological Survey）最近的一项研究表明，全球已知的石油储量中有25%是在北极发现的，这使北极作为油气开采的最后疆域吸引着石油和天然气行业。气候变化导致海冰减少，开辟新的海路和河路降低了勘探、开发和运输成本，目前可能会继续在美国阿拉加加和加拿大、挪威、俄罗斯开发，在格陵兰岛进一步勘探。

全球政治变化、主权和能源安全问题以及日益增长的全球能源需求影响着高纬度地区资源勘探和开采的模式、成本和经济效益。印度、韩国和欧盟成员国都将北极视为石油、天然气和矿产的重要来源。在资源匮乏的未来，这些资源可以满足其能源需求。对资源蕴藏丰富的北极周边大陆架兴趣的提升，提高了北极主权国家之间国际争端发生的可能。随着世界石油和天然气供应探寻北上，领土挑战激起加拿大和俄罗斯这类国家重申他们对北部内陆地区的主权（Byers, 2009）。例如，美国不承认加拿大的西北航道是加拿大水域。相反，美国认为西北航道是一个国际海峡。此外，美国和加拿大之间还有一个尚未解决的海洋边界争端，从阿拉斯加－育空边界一直延伸到波弗特海。俄罗斯在未来使用北方航线的问题上也面临类似的问题。俄罗斯曾是北极运输系统的重要组成部分，但近年来俄罗斯在北方航线上的运输量有所下降，包括美国和日本在内的许多国家都认为它是一条潜在的重要运输动脉，预计其海上交通将会增加。

随着北冰洋上无冰航道的开辟，可能会出现新的全球贸易联系机会。石油、天然气和采矿业将因较低的运营成本而获益，游客也将更容易进入之前偏远和难以进入的地方。然而，问题是这些好处将主要惠及强大的跨国公司和外国公司，而不是北方的原住民和当地社区。新的航运路线和全球对在北极发展采掘业的兴趣也引发了有关资源治理和环境保护的问题。增加对不可再生资源的开发可能会带来就业、资金和繁荣，但前提是原住民必须能够有效参与到开发规划过程，并参与评估在气候变化北极地区的开发是否能确保经济、文化和环境的可持续性（Nuttall, 2010a; Sirina,

2009）。如果气候变化改变北极的社会、文化和自然环境，那么必须确保原住民在区域和全球对话中发挥关键作用，这些对话决定了在他们的家园将发生何种经济发展方式。因纽特环极理事会《关于资源开发原则的宣言》（ICC，2009）强调了这一点。然而，大多数情况下随着极端天气事件日益频繁，气候变化变得明显，对原住民来说未来是不确定、不可预测并且陌生的。他们的生计和文化——即北极人类安全的未来——很可能取决于他们适应和预测气候变化的能力，以及为应对气候变化挑战而塑造新经济、治理、生计和可持续发展的能力。

290

四　因纽特人与气候变化

在当代北极地区，许多居住在偏远小社区和较大城镇的原住民，通过狩猎海豹、鲸鱼或驯鹿、捕鱼和放牧驯鹿等习俗活动，与北方环境保持着密切的联系，这为他们提供了生计和食物生产的基础，并在某种程度上将他们与非原住民区分开来，后者并不生活在这种依赖资源的社区。事实上，在当今的北极地区，原住民的标志性特征在于他们的身份、文化和经济福利与某个特定地方（无论是当地社区还是广义上的北极）是紧密联系在一起的，同时他们的传统文化和经济对当地资源的依赖使他们在文化上区别于其他民族，如最近的定居者和移民社区。与食物有关的传统活动具有至关重要的经济和饮食重要性；它们对于维持社会关系和文化认同也很重要（Nuttall et al.，2005）。

尽管如此，我们还是可以说，从格陵兰岛东部到格陵兰岛的西海岸，整个加拿大北部和阿拉斯加北部和西部，以及西伯利亚的白令海沿岸，因纽特人经常创造性地应对环境变化以及陆地和海洋物种的变化。他们在地球最北部地区的极端环境中通过狩猎和捕鱼的方式而健康生存，但这种能力经常受到气候变动、生态变化以及特定栖息地动物数量变动的影响。然而，他们在北方已经生存了几千年，这打破了科学对北方地区生物多样性不丰富、贫瘠和稀少的描述。季节性气候变化以及极端和异常天气事件改变了动物的数量和捕获量，对猎人和渔民生存能力产生影响，比如在冬季海冰、夏季开放水域、穿越北方陆地或森林获得动物和鱼作为食物、衣服和其他用途的能力。因纽特人依赖的许多动物如海豹和鲸鱼，都是洄游性的，有些物种有季节性，只在部分地区有。然而，因纽特人社会掌握了相关的能力和变通性，即因纽特人掌握了在任何季节以及几乎在任何天气情况下能收获各种各样动植物物种的技术和技能。像其他狩猎人群一样，因纽特人没有把环境和动物的关系与人类社会区分，而人与环境和人与动物的关系最好被视为一种相互交往的关系本体（Bird-David，1990；Fienup-Riordan，1983；Nuttall，1992）。

291

然而，气候变化现在似乎正在以一种人们记忆中从未经历过的方式考验着因纽特人，并破坏了人类与环境的关系。根据因纽特人的报告，当前气候和当地生态系统的环境变化不仅可以从海豹或驯鹿等动物的迁徙路线和行为的改变中观察到，还可以从动物制品的味道中体现。我记得几年前在加拿大努纳武特地区首府伊魁特举行的气候变化社区研讨会上，一位来自努纳武特西部的伊努克老人曾描述她在缝制驯鹿皮做衣服时遇到的问题。她说，感觉现在驯鹿的皮毛有些不对劲。她还注意到驯鹿更瘦了，驯鹿肉不容易煮熟，肉的味道也不太一样了。她想知道这种变化的原因是什么，还告诫研讨会的其他参与者分享自己的经历，讲出他们所看到和经历的变化。她不知道是否应该归咎于气候变化，但这正是她在社区附近的驯鹿身上观察到的变化，这些事情令人担忧。

北极原住民社会对传统资源的依赖仍在继续。一个原因是能够确保获得当地传统的食物，具有显著的经济和饮食上的重要性。许多当地食物——如鱼类、海洋哺乳动物、驯鹿和鸟类的肉，以及浆果和可食用植物——在营养上优于目前进口到北极偏远社区的食物（这些进口食物往往价格昂贵，而且在偏远社区往往难以买到新鲜蔬菜等更易腐烂的食物）。另一个原因是狩猎、放牧、采集动物、鱼类和植物，以及将动物带回家进行加工、分发、消费和庆祝的文化价值和社会重要性。因此，动物不仅为原住民的生存提供了经济和营养基础，而且对社会认同和文化保留也很重要。在食物和社会、文化和经济福利上对动物的依赖体现在社区狩猎和捕鱼规章制度中（例如，格陵兰岛、阿拉斯加和加拿大北部的海豹狩猎和捕鲸社区就很明显），体现在牧民的实践中（在芬诺斯坎德和西伯利亚北部依赖驯鹿的社会中），也体现在整个北极地区基于社会关系的分享和互惠模式中（Caulfield，1997；Dahl，2000；Kalland and Sejersen，2005；Nuttall，1992）。正如我在格陵兰岛和芬兰北部社区的田野调查中所目睹和经历的那样，这些文化、人与人之间以及人、动物和环境之间的社会关系，构成了社区如何看待恢复能力的根本基础（Heikkinen et al.，2011；Nuttall，1992）。同时，它们对身体和文化的健康和福祉至关重要（Nuttall et al.，2005）。

在北部社区无法获得传统食物是对人类安全的严重威胁。弗格森（Ferguson，2011）研究了食物不足如何影响整个加拿大北极地区的因纽特人社区。她特别指出，那些最脆弱的个体往往也是最贫困的。此外，尽管因纽特人食物供应系统具有双重性，可能有助于多样化的食物供应，但各种压力正威胁着这种系统。弗格森认为，即使传统食物和西方食物都可以获得，由于社会、经济、环境和政治因素的重叠，这些食物并不一定总是可得到或可被接受的，如受社会经济变化、气候变化、地理位置、特定政策和立法以及国际社会和环保组织的影响。福特和戈德哈尔（Ford and Goldhar，2012）还指出，格陵兰中西部地区关键野生动物资源的获取和供应如何受到限制，以及日益增加的采收危险如何影响与传统自给自足经济密切相关的个人和家庭。

然而，气候变化的影响更深远。例如，在格陵兰岛，人们通常不会脱离人类世界而单独在时间或空间上感受或讨论环境。"努娜"，因纽特语为nuna①，也不会把环境理解为科学上所界定和定义的生态系统，而是把环境视为人类世界的基本部分。环境，作为人们居住、活动的地方，人与人在这里相互之间存在着社会道德联系，人与动物以及环境的各个组成部分之间（如海冰、冰川、山脉、河流等）是相互交流的关系。因纽特人把这种共同关系描述为"努娜卡提吉特"（nunaqatigiit）。"努娜卡提吉特"的认识论和本体论特质也表现在对"平戈提塔克"（pinngortitaq）的看法和

① "土地"的意思。——译者注

理解上。这个词通常从格陵兰语简单地翻译为"自然"或"创造",这个词的字面意思是"产生",指的是一个持续的"成为""出现"的过程,表明世界上可能性和机会的出现,并表明在格陵兰世界观中很难看到自然和社会的分离(Nuttall, 2009)。"平戈提塔克"不是对观察到的物理的、有形的自然及其属性的简单描述,而是对一个酝酿、形成和兴起的世界的经验表达。多年来,我在格陵兰岛的许多地方工作过,在小村庄工作过,也在较大的城镇工作过,如首都努克。我对这样一个事实印象深刻:人们不一定把周围的环境说成是变化的或是被改造的,但会说成是一个不断变化的过程(Nuttall, 2009)。

维护人类安全和避免人类不安全在很大程度上取决于人们如何看待和理解变化及其形成过程——简而言之,人们的世界观在某种程度上决定了他们的应对、适应或预测策略,这本质上塑造和影响了社区对应对气候变化的韧性(恢复能力)的认知。例如,在格陵兰岛,人们说"努娜"(nuna)和其中的一切都具有自己的本质(inua);如"山脉的本质"(qaqqapinua),而内陆的冰有"大冰的本质"(ersuapinua)。天气,气候,或"外部",被称为"撕拉"(sila),而"撕拉尹友恩"(sila inua)是"撕拉的本质",但其含义更深,人们将"撕拉"理解为生命的气息、事物形成的原因以及它们是怎样运动和变化的。"撕拉"也被解释为"智慧/意识"或"心灵"的意思,象征着自我与自然界融为一体(Nuttall, 1992, 2009)。因纽特人把这种天气、气候、外界和个人心灵的融合称为"锡拉卡提吉特"(silaqatigiit)。由于"撕拉"将个人、"努娜"和"平戈提塔克"联系在一起,缺乏"撕拉"的人被认为是与环境的基本关系相脱离,而这种关系对于人类的福祉和平衡是必要的。缺少"撕拉"可以被解释或被视为一种暂时的迷失状态,当某人被说成是经历"锡拉卡拉卢阿尔内克"(silaqaraluarneq),即失去理智的状态(silaqaraluarneq,也可以指"天气失去理智")时,这种状态通常很明显。通过这种方式,气候变化被视为对"锡拉卡提吉特"有潜在的破坏性。

在这种情况下,当格陵兰岛的一些人经历天气的变化时,他们以一种深刻的个人方式经历这种变化,并视其为对"锡拉卡提吉特"固有本体关系的揭示。当他们谈到对气候变化的担忧时，他们表达的是自我感、人格感和幸福感是如何随着外部气候变化而变化的，以及这些变化对冰层、洋流、风向以及动物的运动和行为如何产生影响。与此同时，气候变化也常常被理解为与世界持续不断的变化相一致，具有内在的不确定性，并随着环境的变化，通过不断的实施和实现而变化和重塑。不过，目前这种变化的速度比许多人生活记忆中所经历的要快。

　　格陵兰岛的因纽特人之所以能应对变化并在一个充满变动和变化的世界中保持其恢复能力，部分原因是他们持续学习如何在这样的环境中成长和生活。在这样的环境中，人们不断受到不确定性的挑战，总是为意外做好准备，而且永远不能把任何事情当作理所当然。但是，正如我在其他地方所写的那样，基于在格陵兰岛西北部和南部的广泛实地调查，面对这种变化的恢复能力也取决于团体意识（a sense of community）、亲属关系、相互联系以及密切社会交往的力量（包括"努娜卡提吉特"和"锡拉卡提吉特"中纠缠的参与关系本体）。在一个充满变化、不确定和不可预测的世界里，社会关系是稳定的来源（Dahl，2000；Nuttall，1992，2009）。如果一个人脱离了亲属网络和社会关系，他们就会失去/缺失社会空间（social world）的人类安全。因此，社区的没落对个人和社会身份以及人类安全都是一种威胁，再加上生计的丧失，使人们面对气候变化时难以有效地应对。在自己的土地上成为一个陌生人并不仅仅是因为环境发生了变化，还因为政治、经济和社会变化动摇了社区的社会凝聚力，危及个人生计，使人与人、动物和地方的基本关系分离，即与"努娜"、"平戈提塔克"和"撕拉"分离（Nuttall，1992，2009）。

五　边缘社区

　　最近的科学研究表明，近百年来北方 2～4 摄氏度的低地永久冻土层有明显的变暖趋势，永久冻土层融化和热岩溶形成对永久冻土造成的严重侵蚀影响着动物和人类的活动。气候的进一步变暖可能会继续这种趋势，并增加人们在冻土地区旅行时所面临的危险和风险。此外，气候变暖还将对

294

建筑、通信和交通连接、工业基础设施、石油和天然气管道以及生产设施造成威胁，给建筑和工程设计带来挑战（ACIA，2005）。阿拉斯加不连续永久冻土的大面积融化暴露出这些危害的端倪，这对景观变化和社区基础设施都会带来影响。

在阿拉斯加西部，位于低洼沿海和岛屿地区的几个因纽特人社区，包括希什马雷夫（Shishmaref）、基瓦利纳（Kivalina）和小戴俄米德（Little Diomede），都受到了最近气候变化和经常发生的极端天气事件的影响，由于不连续永久冻土的侵蚀和融化，以及风暴频率和等级的增加，他们面临的形势严峻。希什马雷夫的伊努皮亚特（Iñupiat）村位于楚科奇海和阿拉斯加附近的萨里切夫岛上，是大约 560 人的家园，居民依靠打猎和捕鱼为生。海岸侵蚀和风暴破坏迫使居民投票赞成将村庄搬迁到阿拉斯加大陆。希什马雷夫和阿拉斯加附近其他沿海社区的居民并不是唯一面临这种挑战的人群，这些人大多分布在地球北部脆弱的沿海地区。科学家们说，整个北极的永久冻土层将在春季融化得更快，但在秋季需要更长的时间重新冻结。永久冻土层的边缘将逐渐向极地移动，到 21 世纪末大多数富含冰层的不连续永久冻土层将消失，林木线（tree line）也将同时向北移动。林木线以南的北方地区特有的深色常绿森林正开始向北推进，进入尚未生长有雪松、冷杉、松树、云杉和桦树的地区（ACIA，2005）。

在格陵兰岛、阿拉斯加和加拿大北部的部分地区，不稳定的海冰正开始使冰缘狩猎变得更加困难和危险。我目睹了格陵兰岛北部的一些猎人对前往冰缘感到焦虑，他们说冰缘比他们所认识到的"更滑"，而且他们觉得用狗拉雪橇在附着于岸边的坚冰上行驶更安全。积雪覆盖的变化也导致难以使用狗拉雪橇或雪地摩托进入狩猎和渔场，因此必须对冬季出行、狩猎方式和捕鱼策略进行适当的调整（Nuttall，2010b）。在格陵兰岛中西部，猎人和渔民正在采用适应策略，结合个人和家庭层面采取应对性和预见性干预措施，包括前往新的渔场，在无法进行收获活动时寻求其他收入来源，为意外情况做好准备，并在冬季增加对船只运输的依赖（Ford and Goldhar，2012）。在东格陵兰岛，狩猎社区正面临越来越多的不确定性，猎人正转向日益增长的旅游业，这本身是全球变暖的一个副产品（Buijs，

2010）。在北极其他地区也有类似的经历和应对措施。阿拉斯加的原住民已经发现秋季和初冬降雪量减少，但在冬末和初春的降雪量增加。据当地猎人称，由于缺少积雪，北极熊和环纹海豹很难筑巢繁殖，而雄性北极熊则很难寻找躲避恶劣天气的庇护所。阿拉斯加北部沿海地区和加拿大北部的人们担心，饥饿的北极熊可能更容易接近村庄并遇到人，给偏远社区的日常生活和安全增添新的不安和风险。

在努纳武特，因纽特猎人不仅留意到海冰变薄的标志性变化，而且在他们的地区还出现了不常见的鸟类，这告诉他们气候发生了一些不寻常的事情。阿拉斯加的伊努皮亚特猎人和麦肯齐三角洲的因纽维阿勒伊特人（Inuvialuit）报告说，在永久冻土深处挖的冰窖温度太高，无法将肉和鱼冷冻起来。例如，在加拿大西北部的图克托亚图克（Tuktoyaktuk），该社区的冰窖是在 50 多年前挖掘的，用来冷冻海豹肉、鱼、鲸鱼肉以及驯鹿肉和其他传统食品。永久冻土层因冰川作用而形成，其形成时间是在最后一个冰期——间冰期，冰窖展现了地层学里地下冰的动人心魄一瞬。2005 年，我听到图克托亚图克的猎人说，地窖里比平时暖和多了，戳着部分解冻的肉他们说："不应该是这样的，我们担心我们的食物开始腐烂了。"

六　气候变化的背景

随着北极气候的变化，陆地和海洋环境受到了影响和改变，地球北部的因纽特人和其他原住民正面临生计和社区可持续性的特殊挑战，并最终影响人类安全。他们获取野生动物和食物的能力正受到考验，例如拜尔凯什和乔利（Berkes and Jolly，2001）为加拿大北极西部萨克斯港（Sachs Harbour）因纽维阿勒伊特社区所作的报告，以及富特和戈德哈尔（Ford and Goldhar，2012）为格陵兰岛西部的库切塔斯奇（Qerqertarsuaq）的报告，在某些情况下猎人想到了应对和适应策略，在很大程度上，面对气候变化，他们的韧性变得更强，准备好应对和适应其影响、风险和机会，从而确保北部社区的人类安全。因此，为确保北部社区的人类安全，将需要在国家和国际层面上采取紧急而具体的政策和行动。例如，在加拿大北部，针对解决因纽特人的粮食不安全问题弗格森（Fergurson，2011）讨论了联邦和地区层面的若干政策措施以及地方社区层面的应对措施。这些措施意义重大，但她呼吁在更多层面上采取举措来解决粮食不安全问题：（1）通过减少贫困提高购买力；（2）解决气候变化和因纽特人在变暖的北极环境中的适应问题；（3）认识到政治干预和外部作用的潜在影响。

同样重要的是，要在影响原住民社会的其他变化背景下看待北极气候发生的任何变化。大规模的工业发展、石油勘探开发和采矿项目、商业捕捞和全球化进程对北极产生了深远的影响，从而放大了天气和气候变化对原住民及其生计的潜在影响（Nuttall，2010a）。各种情景表明，气候变化将影响海洋和陆地动物种群的规模、结构、繁殖率和迁徙路线。但是，尽管这些设想为未来的一系列可能提供了线索，北极居民，特别是那些以海洋生物资源为生计和文化保存的因纽特人社区，已经感受到了这些变化。这些变化加剧了偏远的北极社区在全球化进程中所受到的影响和转变。对因纽特人和其他北极地区的原住民来说，北极已经成为一个包含多种风险的环境。

从考古、历史和民族志的学术记载，以及民族自我描述、叙述、见证和现实生活来看，原住民族在北极的迁移和生活历史是令人瞩目的。他们表现出适应社会、经济和文化习俗的能力，以应对气候的多变和变化。然而，今天这样的灵活性和功能多样性似乎很难实现。无论他们多么偏远、孤立或狭小，北极社区在政治、经济和社会上都与各自国家紧密相连，也与全球经济、贸易壁垒、野生动物管理制度、政治、法律和保护利益联系在一起，并受其影响。所有这些都限制或降低了原住民适应和灵活应对气候变化挑战的能力。制度壁垒和法律（如野生动物管理和配额制度）通常被猎人、渔民和牧民视为现代北极社区适应气候变化的主要障碍，降低了他们的灵活性。正是这种灵活性使人们能够在历史上适应不断变化的状况（Anderson and Nuttall，2004；Ford and Goldhar，2012）。正如富特和戈德哈尔（Ford and Goldhar，2012）所指出的，随着近期压力的增加，职业猎人的其他收入来源变得越来越重要，在格陵兰岛建立并加强之前的人类–环境关系以及改变资源管理性质的工作的基础上（Nuttall，1992；Dahl，2000），虽然在最近的压力下，非传统的收入来源越来越重要，职业猎人在非狩猎和捕鱼活动中面临收入的限制问题。各种狩猎和捕鱼配额未能反映最近随气候条件变化而发生的可供狩猎的物种供应的变化。格陵兰的狩猎法规以及对资源管理和环境决策的集中政治控制，导致狩猎和捕鱼的道德经济受到侵蚀，并削弱了社会网络，增加了对预测和预期未来气候变化的脆弱性，比如配额分配策略（Ford and Goldhar，2012；Nuttall，1992，2009）。

　　气候变化只是影响北方居民生计的诸多相互关联问题之一。在整个北极地区，原住民社区面临着各种不同的变化因素，这些因素加剧了他们的脆弱性，影响了他们的恢复能力，还降低了他们有效应对的能力。例如，格陵兰岛的猎人或芬兰的驯鹿牧民不再能像过去那样轻松地适应、重新安置或改变资源使用，这是因为他们中的大多数人目前生活在固定社区中，其社会和经济条件受到很多限制。他们的狩猎、畜牧业和渔业活动在很大程度上由资源管理制度、自然资源保护行动、政治决策机构和全球市场所决定。这些机构有时与他们的社区相距甚远，在制定和实施过程中没有考虑当地情况（Heikkinen et al.，2012；Nuttall et al.，2005）。20 世纪 80 年代反海豹捕猎运动持续影响着加拿大和格陵兰岛的因纽特人社区，而气候变化可能永远不会对因纽特人产生影响（Lynge，1992；Wenzel，1991）。

　　希什马雷夫的因纽特人发现，他们的祖先曾经通过迁移应对资源基础模式和状态的变化，但如今他们不能再通过迁移来解决问题。考虑到他们当前严峻的处境，以及迁往更可靠、更不易暴露于威胁日常生活的各种极端天气的迫切性，事实上处于边缘的阿拉斯加社区正在通过希什马雷夫侵蚀和搬迁委员会（Shishmaref Erosion and Relocation Committee）的协助，在一个由地方、州和联邦当局共同协调的项目下，搬迁到锡溪。但这个冒险行为代价高昂。在因纽特世界的大部分地区，人们被政府转移到依赖政府基础设施、补贴和其他投资的社区。例如，努纳武特的因纽特人生活在 20 世纪 50 年代和 60 年代由加拿大政府政策支持建立的社区。将他们从游牧营地迁入永久定居点形成社区，而丹麦政府在 20 世纪 60 年代关闭了许多格陵兰岛的小型狩猎社区，将人们迁移至西海岸较大城镇的公

299 寓楼。在当今的社会、政治和经济环境下，为了与动物保持联系，更广义地说为了维持因纽特人传统的狩猎生计而进行的季节性迁徙，如果没有某种形式的政府援助或技术创新，这似乎几乎是不可能的。政府的参与反而限制了传统的狩猎和捕鱼活动。在整个北极圈，以保护和保存野生动物为原则的野生动物管理和保护策略也经常限制人们对传统资源的使用权（Anderson and Nuttall，2004；Heikkinen et al.，2011）。再加上北极地区的自然脆弱性和生态系统演变进程的波动，这些策略放大了全球气候变化对原住民社区的潜在影响。

七　人类安全和适应能力治理

北极的原住民纷纷强调理解气候变化人类维度的重要性，而学术界越来越多地指出人类安全方面的问题。对于一些因纽特领导人来说，气候变化是一个人权问题，他们努力在国际决策论坛上发出自己的声音，认为因纽特人的文化保存依赖于冰雪的持续存在（Nuttall，2009）。然而，政策应对需要更好地了解气候变化的潜在影响分布以及各个地区和人群的不同看法。在格陵兰，在政治层面气候变化被认为是立志于脱离丹麦、追求更强大的自治和经济独立梦想——最终政治独立——所赋予的权力。许多格陵兰的政治家和商业领袖认为冰雪的持续存在是经济发展的障碍，例如将给国家带来经济潜力的石油和采矿业，而依赖狩猎和捕鱼的小社区成员不一定同意这种观点（Nuttall，2009，2012b，2012c）。我认为，政策应对需要在更普遍的社会和经济快速变化的背景下认识到气候变化的影响，并且在实施过程中强调这样一个现实，即气候变化只是目前影响北极地区及其生计的几个问题之一，这些问题既受历史发展的影响，也受区域和全球市场的当代影响，还受到政府政策执行的影响。这些政策要么有助于重新定义狩猎、放牧和捕鱼，要么可能颠覆自给自足的生活方式和人与动物关系的地方性意识。

300 应用人类学家蒂莫西·菲南（Timothy Finan）认为，适应性、脆弱性和韧性是一种社会现象，它们传递了地方相关决策过程的重要信息，这些决策过程往往受到无奈和不公平等因素的影响和抑制，但也往往表明了卓越的应对和生存策略。因此，适应是一种减少脆弱性和增强韧性的策略，但我们在考虑人类 – 环境互动时不能忽略权力、文化、种族、阶级、性别、民族等因素（Finan，2009）。菲南认为生计方法对于评估脆弱性非常重要，"这种方法将自然系统的变化（突然的或累积的）正式纳入一个动态的人类系统，该系统由多种资产组合（人力、社会、政治、经济和物质资本）、调动和分配这些资源的决策集合以及这些决策的结果共同定义"（Finan，2009：177）。为了理解社会对气候变化的脆弱性，阿杰和凯利（Adger and Kelly，1999）讨论了个人和群体获得资源的机会和权利，这些是影响社会脆弱性的因素。脆弱性的治理以及社会文化不平等、贫困和软弱如何降低韧性也被视为社会生态系统韧性研究的关键问题（Green，2009；Lazrus，2009）。

因此，脆弱性并不一定关注和理解过去对变化、破坏和干扰的反应结果，而是更多地集中关注变化的潜在预期策略、未来对变化的准备和反应上。所有这些都将取决于各种社会、文化、政治和经济因素，取决于变化的影响和实践、环境、治理和制度背景，还取决于对风险的认识，以及受到制度变革的压力或冲击的严重程度、性质和持续时间。韧性可能有助于解释一个家庭、社区，甚至更大的社会在不改变结构和功能的情况下"吸收"和应对压力的能力。

对气候变化的脆弱性和韧性的大小不仅取决于文化和生态系统的多样性，还取决于管理社会经济和社会生态系统的政治、法律和制度规则。北极的部分地区在过去 40 多年中获得的政治稳定、土地诉求和自治方式等方面的成绩独树一帜。在整个北极，原住民在承认其对土地、水和资源的历史和文化所有权的前提下，基于对北方家园的长期占有，要求并争取自决权和自治权。过去的 40 年中，通过谈判达成了一些重要的解决方案，一些北极国家政府已经承认了这些权利诉求。值得注意的是，1971 年的《阿拉斯加原住民索赔解决法案》、1979 年的《格陵兰内部自治法案》和 2009 年的《自治法》以及加拿大 1975 年的《詹姆斯湾和魁北克北部协议》、1984 年的《因纽瓦卢特最终协议》、20 世纪 90 年代初与哥威迅（Gwich'in）和萨赫图·迪恩（Sahtu Dene）签署的全面土地索赔协议以及 1993 年的《努

301

纳武特领土声明协议法案》之后，加拿大于 1999 年建立了努纳武特区。俄罗斯境内的北极原住民自治问题最复杂且尚未解决。虽然俄罗斯北方的原住民少数民族在苏联时期被赋予了某些权利和特权，但这些权利并没有一直被承认，许多原住民群体正在寻求自我管理和区域自治的形式。特别重要的是要关注资源的管理和管理机构的有效性，必须关注这些机构是否能够创造更多的机会来提高韧性、灵活性和应对变化的能力。例如，在格陵兰自治政府或努纳武特公共政府管理下发展的新治理机制如何帮助（或可能阻碍）人们协商和管理气候变化？在格陵兰岛、阿拉斯加和加拿大北部，是否已经建立了能够评估气候变化影响的政治和管理系统，使地方和区域当局能够根据政策建议采取行动以应对气候变化的后果，并增加当地社区成功应对气候变化的机会？对过去气候变化以及社会、经济和政治反应（如 20 世纪早期）的评估和评价如何有助于理解当前的观点和政策应对？问题的答案取决于一系列因素，包括在制定和实施有效的气候变化和人类安全的政策措施时，理解人、社区和机构之间关系的本质。

北极的环境及其原住民的生计不会只受气候变化所改变或影响，有一点至关重要，即如果将人从环境中剥离，不考虑社会、文化、经济和人口变化等因素，对气候变化的科学研究就不能创设出北极未来可能的发展图景。为此，人类安全的研究还需要从理解人与环境关系的复杂性和微妙性出发。

参考文献

ACIA(2005), *Arctic Climate Impact Assessment: Scientific Report.* Cambridge, UK: Cambridge University Press.

Adger, W. N. and P. M. Kelly(1999), 'Social vulnerability to climate change and the architec – ture of entitlements', *Mitigation and Adaptation Strategies for Global Change*, 4, 253 – 266.

AMAP(2011), Snow, Water, Ice and Permafrost in the Arctic(SWIPA): *Climate Change and the Cryosphere.* Oslo, Norway: Arctic Monitoring and Assessment Program.

Anderson, David G. and Mark Nuttall(eds) (2004) , *Cultivating Arctic Landscapes: Knowing and Managing Animals in the Circumpolar North*. Oxford, UK: Berghahn.

Anisimov, O. A. , D. G. Vaughan, T. V. Callaghan, C. Furgal, H. Marchant, T. D. Prowse, H. Vilhjálmsson and J. E. Walsh(2007) , ' Polar regions (Arctic and Antarctic) ' , *Climate Change 2007: Impacts, Adaptation and Vulnerability. Contribution of Working Group II to the Fourth Assessment Report of the Intergovernmental Panel on Climate Change*, M. L. Parry, O. F. Canziani, J. P. Palutikof, P. J. van der Linden and C. E. Hanson (eds), Cambridge, UK: Cambridge University Press, pp. 653 – 685.

Arctic Council(2013) , *Arctic Resilience Interim Report 2013*. Stockholm: Stockholm Environment Institute.

Barnett, Jon and Neil Adger(2007) , ' Climate change, human security and violent conflict' , *Political Geography*, 26(6) , 639 – 655.

Berkes, Fikret and Dyanna Jolly(2001) , ' Adapting to climate change: social – ecological resilience in a Canadian western Arctic community' , *Conservation Ecology*, 5(2) , 18.

Bird – David, Nurit(1990) , ' The Giving Environment: another perspective on the economic system of gatherer – hunters' , *Current Anthropology*, 31, 189 – 196.

Byers, Michael (2009) , *Who Owns the Arctic? Understanding Sovereignty Disputes in the North*. Vamcouver, Canada: Douglas and MacIntyre.

Buijs, Cunera(2010) , ' Inuit perceptions of climate change in East Greenland' , *Études/Inuit/Studies*, 34(1) , 39 – 54.

Caulfield, Richard A. (1997) , *Greenlanders, Whales and Whaling: Self – Determination and Sustainability in the Arctic*. Hanover, USA: University of New England Press.

Chapin, S, M. Berman, T. V. Callaghan, A. Crepin, K. Danell, B. Forbes, G. Kofinas, D. McGuire, M. Nuttall, O. R. Young and S. Zimov(2005) , ' Polar systems' , in Millennium Ecosystem Assessment, *Ecosystems and Human Well – Being: Conditions and Trends*, Washington DC, USA: Island Press.

Crate, Susan A. and Mark Nuttall (eds) (2009) , *Anthropology and Climate Change: From Encounters to Actions*. Walnut Creek, USA: Left Coast Press.

Dahl, Jens(2000) , *Saqqaq: An Inuit Hunting Community in the Modern World*. Toronto, Canada: University of Toronto Press.

Fergurson, Hilary(2011) , ' Inuit food(in) security in Canada: assessing the implications and effectiveness of policy', *Queen's Policy Review*, 2(2), 54 – 79.

Fienup – Riordan, Ann(1983), *The Nelson Island Eskimo: Social Structure and Ritual Distribution*. Anchorage, USA: Alaska Pacific University Press.

Finan, Timothy(2009), 'Storm warnings: the role of anthropology in adapting to sea – level rise in southwestern Bangladesh', in Susan A. Crate and Mark Nuttall(eds), *Anthropology and Climate Change: From Encounters to Actions*. Walnut Creek, USA: Left Coast Press.

Ford, James D. and Christina Goldhar(2012), 'Climate change vulnerability and adaptation in resource dependent communities: a case study from West Greenland', *Climate Research*, 54, 181 –196.

Green, Donna(2009), 'Opal waters, rising seas: how sociocultural inequality reduces resilience to climate change among indigenous Australians', in Susan A. Crate and Mark Nuttall (eds), *Anthropology and Climate Change: From Encounters to Actions*. Walnut Creek, USA: Left Coast Press.

Grundman, Reiner and Nico Stehr(2010), 'Climate change: what role for sociology?', *Current Sociology*, 58(6), 897 – 910.

Guyot, Melissa, Cindy Dickson, Chris Paci, Chris Furgal and Ming Man Chan(2006), 'Local observations of climate change and impacts on traditional food security in two northern Aboriginal communities', *International Journal of Circumpolar Health*, 65(5), 403 – 415.

Hastrup, Kirsten(ed.)(2009), *The Question of Resilience: Social Responses to Climate Change*. Copenhagen, Denmark: The Royal Danish Academy of Science and Letters.

Heikkinen, Hannu I., Outi Moilanen, Mark Nuttall and Simo Sarkki(2011), 'Managing predators, managing reindeer: contested conceptions of predator policies in Finland's southeast reindeer herding area', *Polar Record*, 47(242), 218 – 230.

Heikkinen, Hannu I., Simo Sarkki and Mark Nuttall(2012), 'Users or producers of ecosystem services? A scenario exercise for integrating conservation and reindeer herding in northeast Finland', *Pastoralism: Research, Policy and Practice*, 2: 11, doi: 10. 1186/2041 – 7136 – 2 – 11.

ICC(2009) *A Circumpolar Inuit Declaration on Resource Development Principles in Inuit Nunaat*, Ottawa: Inuit Circumpolar Council http://inuitcircumpolar. com/files/uploads/icc – files/ Declaration_ on_ Resource_ Development_ A3_ FINAL. pdf

IPCC(2008), *Climate Change and Water: IPCC Technical Paper VI*. Geneva, Switzerland: IPCC.

303

Kalland Arne and Frank Sejersen (2005) , *Marine Mammals and Northern Cultures*. Edmonton, Canada: CCI Press

Krebs, Charles J. and Dominique Berteaux(2006) , ' Problems and pitfall in relating climate variability to population dynamics' , *Climate Research*, 32(2) , 143 – 149.

Krupnik, Igor and Dyanna Jolly(eds) (2002) , *The Earth Is Faster Now: Indigenous Observations of Arctic Environmental Change*. Fairbanks, USA: ARCUS.

Lazrus, Heather(2009) , ' The governance of vulnerability: climate change and agency in Tuvalu, South Pacific' , in Susan A. Crate and Mark Nuttall(eds) , *Anthropology and Climate Change: From Encounters to Actions*. Walnut Creek, USA: Left Coast Press.

Lever – Tracy, Constance(2008) , ' Global warming and sociology' , *Current Sociology*, 56 (3) , 445 – 466.

Lemke, P. , J. Ren, R. Alley, I. Allison, J. Carrasco, G. Flato, Y. Fujii, G. Kaser, P. Mote, R. Thomas and T. Zhang(2007) , ' Observations: change in snow, ice and frozen ground' , *Climate Change 2007: The Physical Science Basis. Contribution of Working Group I to the Fourth Assessment Report of the Intergovernmental Panel on Climate Change*, S. Solomon, D. Qin, M. Manning, Z. Chen, M. Marquis, K. B. Averyt, M. Tignor and H. L. Miller(eds) , Cambridge, UK: Cambridge University Press, pp. 337 – 384.

Lynge, Finn(1992) , *Arctic Wars, Animal Rights, Endangered Peoples*. Hanover, USA: University of New England Press.

Maslowski, Wieslaw, Jaclyn Clement Kinney, Matthew Higgins and Andrew Roberts(2012) , ' The future of Arctic sea ice' , *Annual Review of Earth and Planetary Sciences*, 40, 625 – 665.

Meakin, Stephanie and Tiina Kurvits(2009) , *Assessing the Impacts of Climate Change on Food Security in the Canadian Arctic*. Report prepared by GRID – Arendal for Indian and Northern Affairs Canada. Arendal, Norway: GRID – Arendal.

Nuttall, Mark(1992) , *Arctic Homeland: Kinship, Community and Development in Northwest Greenland*. Toronto, Canada: University of Toronto Press.

Nuttall, Mark (1998) , *Protecting the Arctic: Indigenous Peoples and Cultural Survival*. London, UK: Routledge.

Nuttall, Mark(2009) , ' Living in a world of movement: human resilience to environmental instability in Greenland' , in Susan A. Crate and Mark Nuttall(eds) , *Anthropology and Climate Change: From Encounters to Actions*. Walnut Creek, USA: Left Coast Press.

Nuttall, Mark(2010a), *Pipeline Dreams: People, Environment, and the Arctic Energy Frontier*. Copenhagen, Denmark: IWGIA.

Nuttall, Mark (2010b), ' Anticipation, climate change, and movement in Greenland', *Études/Inuit/Studies*, 34(1), 21 – 37.

Nuttall, Mark(2012a), ' Tipping points and the human world: living with change and thinking about the future', *Ambio*, 44(1), 96 – 105.

Nuttall, Mark(2012b), ' The Isukasia iron ore mine controversy: extractive industries and public consultation in Greenland', *Nordia Geographical Publications*, 40(4), 23 – 34.

304　Nuttall, Mark(2012c), ' Imagining and governing the Greenlandic resource frontier', *The Polar Journal*, 2(1), 113 – 124.

Nuttall, Mark, Fikret Berkes, Bruce Forbes, Gary Kofinas, Tatiana Vlassova and George Wenzel(2005), ' Hunting, herding, fishing and gathering: indigenous peoples and renew – able resource use in the Arctic', in ACIA, *The Arctic Climate Impact Assessment*. Cambridge, UK: Cambridge University Press.

Sirina, Anna(2009), ' Oil and gas development in Russia and northern indigenous peoples', in Elana Wilson Rowe(ed.), *Russia and the North*. Ottawa, Canada: University of Ottawa Press.

Stroeve, Julienne C., Vladimir Kattsov, Andrew Barrett, Mark Serreze, Tatiana Pavlova, Marika Holland and Walter N. Meier(2012), ' Trends in Arctic sea ice extent from CMIP5, CPIP3 and other observations ', *Geophysical Research Letters*, 39 (16), doi: 10. 1029/2012GL052676.

Wadhams, Peter(2012), ' Arctic ice cover, ice thickness and tipping points', *Ambio*, 41(1), 23 – 33.

Wadhams, Peter and Norman R. Davis(2000), ' Further evidence of ice thinning in the Arctic Ocean', *Geophysical Research Letters*, 27(24), 3973 – 3975.

Wang, Muyin and James E. Overland(2009), ' A sea ice free summer Arctic within 30 years?', *Geophysical Research Letters*, 36(L07502), doi: 10. 129/2009GL037820.

Wassmann, Paul and Timothy Lenton(2012), ' Arctic tipping points in an Earth systems perspective', *Ambio* 41(1), 1 – 9.

Wenzel, George(1991), *Animal Rights, Human Rights*. Toronto, Canada: University of Toronto Press.

第十二章

非洲的气候变化与人类安全

沙拉特·斯里尼瓦桑，伊丽莎白·E. 沃森

有关非洲及其内部气候变化和人类安全的研究提出了关于过程再现和知识政治（politics of knowledge）的问题。非洲大陆在关于气候变化和人类安全的讨论中较为特殊：如果人类安全被理解为过上有尊严的生活，享受免于匮乏和免于恐惧的自由，那么正是在非洲，全球气候变化被视为最有可能损害个人和人类安全。在那里，免于匮乏的"不自由"和免于恐惧的"不自由"通常被视为与暴力和贫困的恶性循环相关。

在 IPCC 和其他文件中，非洲被认为是对气候变化责任最小，但可能受到气候变化影响最大的大陆。非洲的严重贫困、环境退化、治理不力和自然资源依赖意味着气候变化可能会破坏已经很脆弱的生计（Boko et al. ，2007）。非洲也被认为表现出"薄弱的适应能力"，最没有能力进行必要的改变以抵御气候变化可能带来的冲击。这与报告中指出的非洲在人类安全方面的独特脆弱性呼应，比如联合国人类安全委员会的开创性报告（Commission on Human Security，2003）。由于生计被破坏，冲突和人口迁移可能导致"社会无法适应（气候变化）新挑战，这时只有两个主要选择：战斗或逃离"（Buhaug et al. ，2008：17）。非洲是一个特殊的案例，因为它展示了如果不采取任何措施，非洲将随时面临危险，就像"煤矿中的金丝雀，成为气候导致政治混乱的警示"（Faris，2007；Hartmann 2010：236）。

就过程再现和知识政治而言，非洲也是一个特殊的案例。长期以来，非洲一直是人类希望、欲望和恐惧的投射地。人们认为，非洲经常扮演

"他者"的角色，被想象为缺乏或不存在、不完整、没有能力和未开化，与理想的"西方"形成对比（Mudimbe，1988；Mbembe，2001；Ferguson，2006）。长期以来，人们对非洲的认识一直受到预先形成的、高度价格化的模型和外来刻板印象的影响，即使在土壤侵蚀、林业和牧场管理技术等相对中性的环境领域也是如此。例如，人们通常认为非洲人没有知识、远见、理性或能力来可持续地管理他们的环境，非洲个人和社区要对环境退化和沙漠化负责（Leach and Mearns，1996）。这种"退化叙事"（Hart-mann，2010）将复杂的政治过程变成了需要解决的技术问题，并经常为环境管理权交到殖民者、政府或私人手中提供理由，而牺牲了社区对自然资源的获取和使用。事实和客观——认知和理解——在建立良好的叙事指导和方便且有效的观察方式时，几乎不被重视。

矛盾的是，将非洲视为独立于世界之外或者是失败的影子像是在提醒人们"非洲和这个世界"是多么重要。在关于气候变化和人类安全的辩论中，非洲的全球意义也是如此。在这里，罗伯特·卡普兰（Robert Kaplan，1994，2001）等人勾勒出了人们普遍的设想，把非洲对环境暴力竞争的无政府危机描绘成整个世界的预兆。2007 年，当联合国秘书长潘基文试图揭露苏丹达尔富尔暴力事件的"罪魁祸首是气候变化"时，他得到了许多忠实的听众。

对非洲及其环境富有想象力的建设性批判现在已被广泛接受。三十年来，许多环境与发展政策试图通过更多考虑当地实际情况的项目来扭转这些观点的影响，并尝试将本地知识和社区参与融入他们的工作。尽管最初的热情高涨，但这项工作并不像看起来那么容易；社区的工作杂乱且目标不清晰。事实证明，以往陈词滥调和刻板印象的影响尚存，难以摆脱。此外，由于贫困和环境恶化是非洲大陆大部分地区的现实，挑战在于如何从现实中梳理出凭借想象的推测——以及这些推测带来的所有问题（Ferguson，2006）。此外，挑战还在于如何更好地理解当地现实的复杂性，而不是将其过于理想化或具体化，或使这些理解脱离更大的区域和国际情况（Ferguson，2006）。

关于气候变化和人类安全的话题相对较新，但它们并不孤立存在；

306

它们存在于更广泛的话语史中并与之相互作用。它们本身也充满活力：正
如亚桑诺夫（Jasanoff）所解释的那样，科学（气候变化话语的基础）是
以"抽象"的理论为基础来工作，而且"由科学预测和支持的客观、非政
治、普遍的气候变化想象，取代了直接与自然接触的人类行为者的主观、
情境和规范的想法"（Jasanoff，2010：235）。全球环境管理话语经常使当
地的复杂性变得"难以辨认"（Adger et al.，2001），而气候变化科学将气
候变化置于其他变化驱动因素之上，引出还原性解释（Hulme，2011）。本
章探讨了这些作者所指出的问题在涉及非洲时如何被放大。在气候变化的
讨论中，存在着一种内在的危险，即非洲来之不易的对人与环境关系复杂
性的理解可能被搁于一边，变得与政治无关。气候变化的话语倾向于单一
因果解释，并优先考虑全球层面上的气候变化；同样，在政策问题上地方
的复杂性没有得到足够的重视。

"安全"视角增加了安全自身的紧迫性。人类安全论述也因将研究领
域"安全化"而受到相当多的批评，从而使其成为特殊的领域。安全危机
证明了一种"紧急政治"（Buzan et al.，1998：24，29），它将人类和社会
斗争从其嵌入的背景中解脱出来，并可以从更高层面上证明外部干预的合
理性。因此，气候变化和人类安全话语的相互影响让人想起1987年世界环
境与发展委员会报告之后出现的对"环境安全"的早期批评（Trombetta，
2008）。沃尔夫冈·萨克斯（Wolfgang Sachs）在1992年指出：

> "地球的生存"正逐渐成为国家对世界各地人民生活进行新一轮
> 干预的理由……当环保主义者把聚光灯对准自然界众多脆弱性时，各
> 国政府却发现了一个需要政治治理和监管的、充满冲突的新领域。
> （Sachs，1992：33）

安全话语很容易服务于那些享有"命名权"者——从外国干预者到民
族国家——的利益和思想，反过来，这些人也经常制定以国家为中心的安
全逻辑（Suhrke，1999）。重要的是，免于恐惧的自由比免于匮乏的自由更
重要，而这种恐惧是一种自我指涉性恐惧（self-referential fear）。在这个世
界上，非洲等边缘地区的混乱破坏了地球北部地区的稳定。

本章首先考察了我们对非洲气候变化的已知和未知情况，及其对免于匮乏的自由和免于恐惧的自由的影响。重点是如何在气候变化和人类安全的新话语中简化、重新解释和有效利用新兴科学（emerging science）和当地的复杂性。随后本章转向对两个案例的研究，这两个案例再现了当地发生冲突的政治过程，科学分析这些政治过程以及不同层面上的政治活动。苏丹达尔富尔地区的冲突说明了气候变化的安全化如何激活一种特殊的免于恐惧的自由的话语，这种话语将某些现象和因果关系置于其他现象或后果之上，直接或间接地在多个层面服务于特定的利益。肯尼亚马萨比特的案例考察了关于气候变化和免于匮乏的自由的讨论，但容易忽视某些不便描述的过程，这些过程往往是复杂的、偶然的本地过程，不适合外部干预者的干预方式和目标。

人类安全方法主张用更加以人为本的方法来理解气候变化，采用跨层面和超越人类–环境领域的"联合思维"（Gasper，2010）。因此，人类安全方法有巨大的潜力，"综合"地"从多个相互关联的角度关注个人福利"，并"关注通过动态的社会、政治、经济、制度、文化和技术条件及其历史遗产产生和萌发的脆弱性"（O'Brien et al.，2010：4–5）。人类安全方法高度规范且雄心勃勃。它经常呼吁进行系统转型或"重新设计"，以避免气候变化带来的危机（Gasper，2010：33）。在实践中，由于急于赶在火烧眉毛前迎接挑战，该方法可能无法实现综合多方面脆弱性的构想，非洲的老问题依然没有解决。跟以前一样，非洲被认为是最脆弱和最无能的，而且是最可能诉诸冲突的；非洲大陆警醒着人们，"我们"已经背离人类安全多远，或者"我们"可能再次遇到何种威胁。本章探讨了人类安全和气候变化话语中的这些变化过程，以及如果不保持警惕，这种话语——就像之前非洲的许多环境话语一样——可能被挟持服务于某些强大的利益集团。

一　全球气候变化对非洲气候的影响及其对人类安全的影响

有证据表明，非洲正在以比全球平均速度更快的速度变暖（Conway，2009：7）。非洲各地气候的高度变异性和多样性使得全球气候变化对当前

气候的影响难以确定，对未来的预测也不确定。相关数据难以获得进一步　　309
加剧了异质性。据报道，气象站的平均数量比世界气象组织建议的少了八
倍，而且大片地区没有被监测（Washington et al.，2006）。此外，人们对
引起非洲气候变化的过程——厄尔尼诺南方涛动（ENSO）、热带对流和季
风交替——之间的相互联系了解不多（Conway，2009）。因此，非洲被证
实为建模的瓶颈："所有的大陆模型中，非洲的模型一致性最差，除了相
对较小的区域，对于非洲大部分地区的模型甚至在变化系数的符号上都不
一致，更不用说取值大小了。"（Williams and Kniveton，2011：3）

　　康韦（Conway，2009：7）总结了已知的情况：总的来说，非洲很可
能会变得更温暖、更干燥，但在一些地区可能会变得更冷、更潮湿，而且
极有可能出现"更极端的天气事件"，如干旱和洪水。在东非，预计降雨
量将增加 10%~20%，降雨分布会发生变化，12 月至次年 1 月降雨较多，
6 月至 8 月降雨较少；到 2080 年，该地区的温度预计将上升 1.5 摄氏度至
5.8 摄氏度（Toulmin，2009：24）。

　　尽管存在变数和不确定性，但在政策文件中，正是气候变化导致人们
越来越无法获得基本需要以维持有尊严的生活，冲突发生的可能性增加，
进而人类安全"降低"（Alkire，2003）。就人类安全而言，免于匮乏和免
于恐惧的生活能力逐渐变弱。在非洲，气候变化被视为多重"压力"，这
些"压力"就像一个"威胁倍增器"。[1]

　　在免于匮乏的自由方面，气候变化被认为会导致粮食不足并加剧营养
不良。据估计，到 2020 年农业产量将减少 50%（Conway，2009；Boko et
al.，2007）。"到 2100 年农作物净收入可能下降 90%"，农业衰退也会给经
济带来打击（Boko et al.，2007：435）。水的供应、生态系统、旅游业和旅
游收入，预计都会受到负面影响。沿海的某些地区可能会被淹没，极端天气
事件造成的死亡人数可能会增加（Conway，2009）。除了上述的营养不良，
疟疾可能会蔓延到高海拔地区，空气质量的变化可能会导致心脑血管以及腹

---

[1]　http://www.fco.gov.uk/en/global - issues/climate - change/priorities/global - security/，最
　　后访问日期：2012 年 8 月 16 日。参见欧盟理事会（2008）："气候变化是一个威胁倍增
　　器，使脆弱和容易发生冲突的国家和地区不堪重负。"

泻疾病的增加。有证据表明，平均温度上升将导致许多人的生活和生计遭到破坏，因此哥本哈根第十五届缔约方会议（COP15）的许多非洲与会者批评北方国家提出的将全球温度上升限制在仅比工业化前水平高出 2 摄氏度的目标。继苏丹外交官兼 77 国集团首席谈判代表卢蒙巴·迪 – 阿平（Lumumba Di-Aping）在第十五届缔约方会议上发表讲话后，许多非洲人提出了"2 摄氏度就是自杀"的口号。迪 – 阿平引用了 IPCC 的计算结果，认为全球温度上升 2摄氏度，对非洲意味着上升 3.5 摄氏度，"2 摄氏度意味着非洲必然死亡"。①

在免于恐惧的自由方面，人们普遍担心气候变化会导致非洲大规模暴力冲突。2007 年联合国秘书长潘基文将达尔富尔事件描述为"冲突的罪魁祸首是气候变化"：

> 我们在讨论达尔富尔冲突时为了省事，总是把冲突简称为政治或军事冲突——阿拉伯民兵对抗叛军和农民的种族冲突。然而，你会从根源上发现一个更复杂的动态。在各种各样的社会政治背景下，达尔富尔冲突起始于生态危机，至少部分是源于气候变化。（Ki-moon, 2007）

这一观点以及类似观点的基本逻辑是，人为气候变化导致自然资源枯竭、稀缺和相互竞争，对拥有贫瘠土地和依赖农业的家庭产生不均衡影响。当然，战争需要战斗，这里隐含的简化论和确定性逻辑——气候变化不可避免地成为一个有意义的独立变量——是个人（尤其是闲散和被剥夺权利的年轻人）、政治企业家、社区甚至政府基于理性的计算，认为在对抗不断减少的自然财富的战斗中，拿起武器保卫社会经济地位是合算的。

该论点从"绿色战争"假说（Homer-Dixon and Blitt, 1998）演变而来，"绿色战争"假说历来强调人口增长（Ehrlich and Ehrlich, 1970）是环境退化和自然资源匮乏进而导致冲突和崩溃的主要问题和驱动因素之一。在著名作家托马斯·荷马 – 狄克逊（Thomas Homer-Dixon）看来，人

---

① 卢蒙巴·迪 – 阿平（Lumumba Di-Aping），2009，http：//www.youtube.com/watch? v5aAcp0uHDBBU。

口因素驱动预示着一种解释，即"关键资源，特别是耕地、淡水和森林的稀缺，导致世界许多地区的暴力行为……煽动叛乱、种族冲突和城市动荡"（Homer-Dixon，1999：12）。哈特曼（Hartmann）将这种现象称为"退化叙事"（Hartmann，2010），即过度人口增长和贫困共同造成生态破坏，促使人们向其他生态脆弱地区迁移，进而加剧政治不稳定。

在最近的研究中，人口增长仍然是对资源造成压力的因素之一，但气候变化造成资源迅速枯竭的恐惧已占主导地位，对气候变化破坏的恐惧也随之上升。荷马－狄克逊在 2007 年的《纽约时报》上发表了一篇论文写道："气候变化压力对国际安全的挑战可能比冷战军备竞赛或核武器扩散更危险、更棘手。"（Homer-Dixon，2007）荷马－狄克逊的观点得到了众多知名人士不同程度的响应。在联合国安理会关于气候安全的首次讨论中，英国外交大臣玛格丽特·贝克特（Margaret Beckett）强调了这一联系："是什么引发了战争？是对水资源的争夺。是降雨模式改变。是粮食生产和土地使用的争夺。"（Reynolds，2007）从 2006 年《斯特恩报告》到 2007 年挪威诺贝尔委员会和诺贝尔奖得主阿尔·戈尔（Al Gore）都认为，一触即发的气候冲突与世界人口过剩和地区贫困导致的资源压力有关，特别是在非洲。

仔细观察会发现，最近的研究发现降雨量和 GDP 之间显著相关（Ludwig et al.，2009；Richardson et al.，2011：109）。1979～2001 年，干旱的年份严重影响了非洲国家的 GDP；而降雨量较大以及能达到平均降雨量的年份则没有。不过，年降雨量减少与冲突之间的关系还未确定。在亨德里克斯和格拉泽（Hendrix and Glaser，2007：696）看来，降雨量的年度变化是引发冲突的"最重要的气候变量"。作者并没有预测撒哈拉以南非洲地区的降雨量波动幅度是否变大。西科恩（Ciccone，2011）认为，从统计学上看非洲撒哈拉以南的冲突和降雨量减少之间没有关系，他还批判之前证实这种联系的学者并没有研究早期降雨量增加和冲突之间是否存在正相关关系。亨德里克斯和萨利赫亚（Hendrix and Salehyan，2012）通过分析更广义的冲突数据，认为充沛的降雨量与暴力事件的相关性更强，这与普遍的认识相反。

关于干旱（或缺水）与冲突关系的辩论仍在继续。作者在通过对 1960～2004 年非洲数据的详细研究发现，尽管目前流行研究干旱与冲突之间的关系，但二者之间的关系并没有得到证实。该数据库是关于年降水量的二级国家地理参考数据和关于内战爆发地点以及种族群体的政治和社会经济地位的类似细化数据（Theisen et al.，2011）。相反，内战的爆发与地区政治参与边缘化密切相关，而且"这种统计规律不受当地突发缺水状况的影响"（Theisen et al.，2011：81－82）。

312 　　非洲冲突与气候变暖之间的联系也得到了广泛的研究。伯克等（Burke et al.，2009）声称，气温每年上升 1 摄氏度直接导致撒哈拉以南非洲的国内冲突增加 4.5%，表面上看是因为气候变暖对作物产量造成压力。作者声称，这是"第一次全面审查全球气候变化对撒哈拉以南非洲武装冲突的潜在影响"，该研究警告说，到 2030 年武装冲突的发生率将增加约 54%，根据目前的战争（war-related）死亡率，届时战场死亡人数将增加 39.3 万。他们认为，更好的治理或经济状况并不能改变气候变暖的核心因果关系。虽然这项研究有时会用宏观因果变量间的替代来预测暴力冲突，但还是受到了强烈的批评（Buhaug，2010；Richardson et al.，2011）。然而，这很容易成为大众媒体的素材，比如英国广播公司（BBC）把达尔富尔人类悲剧的照片附上标题为"气候是非洲冲突的一个'主要原因'"。[1]

在格莱迪奇等（Gleditsch et al.，2007）看来，移民是造成冲突的关键因素。然而，对于受冲突和气候变化影响的个人来说，移民当然也可以是一个重要的适应策略。同样，移民与人类安全之间的因果关系也不是完全确定的，泰森等（Theisen et al.，2011：85）认为，虽然跨国难民潮可能对武装冲突的爆发产生一定的影响，但"环境导致的移民（如果移民可以被认为是单一因果关系的话）对安全的影响并不明显"。

气候变化可能给整个非洲大陆的居民带来新的挑战，对非洲案例的研究强调了这一挑战的方式。气候变化和人类安全的论述表明正在发生的问

---

[1]　http：//news.bbc.co.uk/2/hi/science/nature/8375949.stm.

题的规模，并强调了个人尊严和福利——在恐惧和匮乏方面——相互关联的方式。但是，非洲的案例也说明气候变化和人类安全的新话语如何被用来简化复杂的情况，并掩盖正在发生的许多其他重要变化过程。气候变化和人类安全的学术话语还未确定形成，政策学界对学术话语的挪用和曲解仍时有发生。气候变化是一个高度复杂的社会和物质过程，需要更多的认识，同时也需要迫切的政策；事实证明，气候变化造成的紧张关系对所有相关方来说都难以应对。在非洲，气候变化已成为一种有用的话语，被许多人使用，因为它符合某些利益。本章接下来通过案例研究进一步考察了这些变化过程的一些要素，揭示了采用气候变化和人类安全话语的好处和风险。

二 恐惧：达尔富尔，非洲气候冲突的根源

313

在非洲，气候变化被认为是多种严重威胁中的"威胁倍增器"。谈论气候变化总是预示着整个非洲大陆的动乱、逃亡、暴力和破坏。对非洲因气候引发冲突的担忧源于对人类不安全程度的可信预测。在这些地方政治普遍不稳定，人们高度依赖受气候影响的生计部门（特别是雨水灌溉的农业）。这些预测不仅限于非洲大陆。在提到达尔富尔的案例时，布朗（Brown）感叹道："非洲人并不是后京都讨论的真正目标受众，但他们是用来制造证据的一部分。"（Brown，2010b：42）这些"证据"被裹挟在令人不寒而栗的惊恐忠告中。然而，这种恐惧既抽象又整体化，很容易被过度放大，扭曲了对具体冲突和暴力时期的界定、解释，以及减轻后果的途径和责任的归属。气候变化导致冲突的话语在某种程度上可能是有意义的（例如，利用恐惧威胁来激发全球治理行动），在局部地区这些扭曲很容易与推动冲突的力量、政治论辩以及人道主义和安全干预措施相互作用。此外，关于因果关系的科学辩论还远未结束，这种模糊性使得在如何描述因果关系方面各抒己见。问题是非洲社区因暴力和动乱而面对的人类不安全的真实情况（包括在气候变化的生态后果背景下）没有得到更有效的解决。

我们必须以达尔富尔的历史背景为基础阐述以下内容。① 达尔富尔是苏丹西部的一个相对欠发达的大区（面积相当于法国或得克萨斯州），远离首都喀土穆。几个世纪以来，当地群体间因获取稀缺自然资源而断断续续地产生冲突。该地区拥有多元和流动的种族群体，其谋生手段违背了"阿拉伯人"与"非洲人"以及"非阿拉伯人"或"农民"与"牧民"的简单二元对立，这形成资源治理和冲突的复杂动态基础。到20世纪80年代，各群体之间的局部冲突规模越来越大，并变得更加致命。从70年代初开始，降雨量急剧下降，北方较干旱地区沙漠化以及半肥沃和农耕地区产生生计压力，毫无疑问生态危机是冲突升级的相关条件。然而，导致大规模和更政治化冲突的关键因素是治理失败，特别是苏丹政府对日益恶化局势的反应不足，而且经常发生党派之争。

20世纪70年代，苏丹政府部分废除了传统的部落土地管理和纠纷解决制度，再加上实践中该制度存在相互矛盾的情况，从而将其职能转移至软弱且政治上支离破碎的国家行政机构。当局对连续干旱的应对不力，最终导致了80年代初的大饥荒（de Waal，2005a）。此后，该生存危机持续存在，并因地区当局的撤退和中央政府的忽视而加剧。过去发生的基于资源的冲突没有特别提及"阿拉伯人"与"非阿拉伯人"或"非洲人"的区别，而在中央政府将"苏丹人"身份置于种族多元化和区域多样性之上时，种族分化加剧（de Waal，2005b）。由于其战略地位，达尔富尔也被卷入了持续到20世纪90年代初的乍得-利比亚种族冲突（Burr and Collins，1999）。苏丹政府在这场战争中的角色，以及此后操纵当地政治体制的角色，都因当时的政府战术联盟摇摆不定。其结果是在一个充斥着武器的地区，地方政治越来越混乱，反政府情绪日益高涨。

2002~2003年开始的螺旋式上升的内战在很大程度上也是由于政治因素。喀土穆中央执政党内部的分歧导致奥马尔-巴希尔（Omar al-Bashir）总统周围的主流派系在达尔富尔和其他地区开展了有针对性的严酷安全行

---

① 了解冲突的概况要结合冲突的历史、政治和情景，参见 Flint and de Waal，2008；Daly，2010；Prunier，2008。这里的粗略总结借鉴了上述文献和其他更详细的分析。

动（Flint and de Waal，2008）。然后，为解决该国长期的"南北"内战而进行的和平谈判这一结构性转变中，反政府武装叛乱占据了上风。2003 年4 月，叛军对军事设施进行了大规模的攻击，而政府则对叛乱进行了无情的反击，此后冲突迅速升级。这种情况显然是一场内战，而不仅仅是一场生计冲突。到 2003 年底，联合国将达尔富尔的局势视为世界上最严峻的人道主义危机。截至 2006～2007 年，冲突已经迫使 200 多万平民流离失所，据估计有 40 多万人丧生（Degomme and Guha-Sapir，2010）。

达尔富尔暴力、死亡和流离失所的破坏发生在长期的人类不安全的背景下，这种不安全根源于生计和生态危机，但根据泰森等（Theisen et al.，2011）的论点，达尔富尔人民所经历的恐惧在很大程度上归因于边缘化、军事化和操纵等政治因素。正如下文分析所示，当诸如"气候变化"，甚至是"种族灭绝"这样的整体性描述占据中心位置时，大部分的背景、历史和政治偶发事件——甚至是上面给出的简要描述——都被轻描淡写为危险的影响。

在 2006 年和 2007 年"气候变化冲突"的标签出现之前，达尔富尔的 315
冲突已经持续了几年。这是在努力将气候变化列入联合国安理会议程的背景下发生的，对安理会来说气候变化与"国际和平与安全"之间的根本联系是至关重要的。2007 年，当潘基文指出达尔富尔"冲突的罪魁祸首是气候变化"时，这并不是孤立的声音。2007 年 4 月，英国气候变化特别代表约翰·阿什顿（John Ashton）也把达尔富尔称为"第一个现代气候变化冲突"（Mazo，2009：73）。早在 2006 年，英国国防大臣约翰·里德（John Reid）就指出达尔富尔地区对环境、冲突和未来反乌托邦的预言是"绝对的真理"（blunt truth）：缺少水和农业用地是导致达尔富尔地区悲剧性冲突的重要促成因素。"我们应该将其视为一个警示信号"（Russell and Morris，2006）。后来，法国总统尼古拉·萨科齐（Nicholas Sarkozy）在 2008年主持的主要经济体气候变化会议（Major Economies Meeting on Climate Change）时，也利用名人效应来警告气候变化会导致暴力的未来："在达尔富尔，我们看到各种令人震惊的事件来自气候变化的影响，它促使日益贫穷的人们被迫迁居国外，最终导致战争。如果我们继续沿着这条道路走下去……达尔富尔危机将只是数十场危机中的一场。"（AFP，2008）。

经济学家杰弗里·萨克斯（Jeffrey Sachs）可能是对这一主张呼声最大、持续时间最长的人。早在 2004 年 11 月，他就在牛津大学对听众说，"你们首先从我这里听到，达尔富尔是世界上第一场气候变化战争"（Sachs，2004）。2006 年，在《科学美国人》的一篇题为《生态和政治剧变》的文章中，萨克斯再次谈到了"苏丹达尔富尔的致命屠杀……几乎都是从政治和军事的视角讨论，其根源却在于气候冲击直接引致的生态危机"（Sachs，2006）。

我们必须更仔细地研究这些一般性陈述中所仰赖的因果解释。在《共同财富：拥挤星球的经济学》（Sachs，2008）一书中，萨克斯用新马尔萨斯主义术语阐述了他关于达尔富尔的观点：

> 随着人口的激增，土地的承载能力由于长期降雨量的减少而下降……值得注意的是，从 20 世纪 60 年代末降雨量开始减少，这种情况在整个非洲萨赫勒地区都很明显……灾难性的结果可想而知。对土地和水的竞争已经变得致命。（Sachs，2008：248 - 249；Verhoeven，2011：692）

潘基文提出类似的因果关系：

> 20 年前，苏丹南部的降雨开始减少。据联合国统计，自 20 世纪 80 年代初以来，平均降水量下降了约 40%。科学家们起初认为这是大自然的一个不幸的"怪癖"。但随后的调查发现，这刚好与印度洋温度上升相符，这扰乱了季节性季风。这表明，撒哈拉以南非洲地区的干旱在某种程度上是由人为的全球变暖造成的。（Ki-moon，2007）

这一说法结合了降雨量减少的因果向量（奇怪和不正确的是，在离达尔富尔有一段距离的"苏丹南部"，他本可以引用可靠的数据）和气候变暖对大陆天气的更广义的影响。法里斯（Faris）在《大西洋月刊》（*The Atlantic*）上也提出类似的观点，即"达尔富尔地区根本的问题"在于"定居的农民和游牧民之间"因缺乏降雨而"争夺土地失败"（Faris，2007）。

316

达尔富尔冲突如何被全球评论家和政治家工具化并利用，以及研究和政策团体如何分析和研究这场冲突，这些值得我们更仔细地审视。潘基文引用"联合国统计数据"和联合国环境规划署的报告《苏丹：冲突后环境评估》（2007）为达尔富尔冲突属于气候冲突的论点提供了"可信度"。在这份报告中，联合国环境规划署告诫不要过于相信气候变化在理解苏丹冲突中的因果作用，但仍然提醒"达尔富尔的土地退化、荒漠化和冲突之间存在非常密切的联系"，因此，那里的冲突是"生态崩溃可能导致社会崩溃的悲惨案例"（UNEP，2007）。联合国环境规划署直接借鉴了荷马 - 狄克逊和其他人的观点，在该地区人口过剩（人和牲畜）、气候变化相关的水资源短缺和环境危机与地区冲突之间建立因果关系。他们特别关注长期沙漠化（自 20 世纪 30 年代以来，沙漠和半沙漠之间的边界向南移动了50 ~ 200 公里）和降雨量的急剧下降（特别是，50 年来北达尔富尔地区降雨量下降了 30% 以上）：

> 北达尔富尔气候变化幅度的历史纪录几乎是史无前例的：降雨量的减少使数百万公顷本已处于边缘化的半沙漠牧地变成沙漠。荒漠化大大增加了牧民社会生计的压力，迫使他们南迁寻找牧场，因此气候变化的影响与该地区的冲突直接相关。（UNEP，2007：60）

在上述观点中暗示了一个逻辑，即气候引起的达尔富尔生态危机已经逐渐并不可避免地将人们推向崩溃和大规模暴力的临界点。然而，有证据表明降雨量的减少是突然的，而不是渐进的。因此，从降雨量的年度变化和减少的角度来看，之前一些作者将降雨量与暴力冲突联系在一起的引用，使降雨量减少的效应不那么容易解释。相反，达尔富尔以及该地区的其他地方 1970 年前后长期平均降雨趋势都出现了急剧的下降。凯瓦内和格雷（Kevane and Gray，2008）认为，达尔富尔地区的降雨在冲突发生前的30 年（1972 ~ 2002 年）呈现出平缓的趋势，即使把降雨量正常的年度变化也考虑进来，也只能证实气候变化和冲突之间非常微弱的因果关系。对38 个非洲国家的比较分析显示，其中 22 个国家的降雨量出现类似的结构性中断，这种中断与后来的冲突之间没有明显的关系。

317

除了降雨量的解释，还有一个更传统的"新马尔萨斯主义"论点，即将对稀缺自然资源的普遍竞争与环境退化联系起来。这种观点的证据也是模棱两可的。布朗（Brown）对标准化植被差异指数（Normalized Difference Vegetation Index，NDVI）数据进行检验，以衡量"生态稀缺"。他得出结论认为，冲突的爆发与生态状况的近期恶化没有关系（Brown，2010a）。相反，冲突爆发前几年的植被生长情况比近 25 年内的平均水平要好。

尽管如此，正是印度洋温度的上升导致了降雨量的减少和随之而来的沙漠化支持了"气候变化"的解释。这一解释似乎将责任完全归咎于 20 世纪的"气温加热者"，即工业化的"北方"。尽管冲突的发生有其实际的因果关系，但是这个解释对寻求全球气候治理改革的决策者和活动家来说，尤为重要。然而，关于 20 世纪 50 年代印度洋表面温度的上升是否为自然原因，目前还没有定论。正如 20 世纪 70 年代人们倾向于将萨赫勒地区的沙漠化和干旱归咎于"糟糕的"当地土地使用和人口压力（Charney et al.，1977；Lamprey，1988）的观点已被大部分推翻（Swift，1996；Brooks，2004），随着认识的深入，任何将萨赫勒地区降雨量下降的责任轻率地归咎于人为的气候变化的做法都有被否定的风险。

回到达尔富尔，当"气候冲突"的标签在 2007 年出现时，表述冲突和命名暴力的方式充满了政治色彩。在武装叛乱的早期阶段，以及随后国家残酷的反叛乱行动中，苏丹政府试图将暴力行为去政治化，并将其归因于"土匪行径""无法无天"以及"地方"和"部落"对资源的不满。在外界启动气候变化的争论之前，中央政府就已经把环境和生计问题作为他们的政治责任借口。

318　　同样地，西方政府致力于结束该国的"南北"内战，并将达尔富尔冲突"本地化"，以免搞乱和破坏他们通过谈判实现"和平"的策略，这样做对他们来说并不难（Srinivasan，2012）。2002 年底，一名达尔富尔活动人士有机会见到英国苏丹问题特别代表时，指出了"种族清洗"的不祥迹象，据说他被告知冲突的性质是"土地的承载能力有限"所造成的压力。在 2004 年，对"种族灭绝"的恐惧确实使达尔富尔成为全球瞩目的焦点，当时"南北"和平协议基本达成，但这是以再次淡化冲突的复杂社会政治历史为代价，并进一步使二元民族－种族身份政治化（de Waal，2005b）。

所以，难怪苏丹问题的研究人员对联合国环境规划署的报告中潘基文对达尔富尔冲突的"罪魁祸首是气候变化"的论调感到惋惜。"**全球变暖**已经成为一个时髦议题，把一切都包装成气候变化"（IRIN，2007），这不是一个"气候变化怀疑论者"的担心，而是一个政治分析家的担心，他意识到在高层发表简洁的声明所蕴含的真正政治危险。2007年底，苏丹驻联合国大使在一次美国大学集会上发表演讲时，引用了潘基文在《华盛顿邮报》上的社论，并解释说：

> 达尔富尔问题的主要原因是气候变化造成的环境恶化。达尔富尔是气候变化的一个典型案例。自70年代初以来，人们目睹了长期持续的环境退化和资源侵蚀以及荒漠化和干旱。（Straw，2007）

以非洲为例，在更高层面上推广气候变化全球话语，会推动积极塑造其他话语领域的政治判断，还有可能被当地活动家以意想不到的方式利用和工具化。在非洲，强大的外部活动家的策略、准则和思想长期以来一直是国内政治活动家"外向型"战略的核心（Bayart，2000）。

有些学者和官员把达尔富尔冲突描述为气候变化问题破坏（而不是促进）了该地区民众对人类安全的关注。达尔富尔案例告诉我们，在气候变化和人类安全相互影响的核心问题上，存在多层面的政治生态竞争。319在重大生态变化的背景下，对生计资源的争夺是加剧非洲人在整个非洲大陆感到恐惧的重要因素，但必须高度关注这种恐惧的推动力量及其原因，大规模冲突很大程度上是取决于社会政治，而不仅是生态环境。

三 希望：肯尼亚马萨比特保护受气候威胁的生计

在非洲，气候变化和人类安全的辩论历来集中在自然资源竞争－冲突关系上，但其背后是一种更广泛的担忧，即气候变化正在导致人类安全的"衰退"，因为它可能对生计产生破坏性影响，正如达尔富尔案例所示。人们认为，天气模式的变化以及干旱或洪水等更极端的天气事件所造成的"多重压力"导致基本粮食安全无法得到满足，造成易遭受疾病和生活系统崩溃的脆弱性。报纸和发展报告讲述了这样一个故事：气候变化可能意味着人们的生活沦为"赤裸裸的生存"，"没有权利、选择和希望"（Elford，2008；Agamben，1998）。人们还认为，生活在这种条件下意味着人们"一无所有"，更有可能诉诸冲突。因此，确保人类尊严的政策变得更加紧迫。

据联合国称，2011 年东非遭遇了 60 年来最严重的干旱。评论家们对于将干旱直接与气候变化联系起来持谨慎态度，但这次干旱仍然被认为是该地区人们应对气候变化极端脆弱的一个例证，也是未来的预兆。正如乐施会（Oxfam）的博客所评论：

> 将当前的干旱直接归咎于气候变化是不可能的，但用英国政府首席科学顾问约翰·贝丁顿爵士（Sir John Beddington）的话来说……"在世界范围内，气候变化事件发生的概率更高"。此外，除非采取一些措施，否则目前的苦难为未来提供了可怕的预兆——东非的气温将上升，降雨模式将改变，糟糕的情况将变得更糟。[1]

甚至在 2011 年干旱之前，媒体和发展行业就已经对气候变化将对东非干旱地区人民的生计造成毁灭性影响表示担忧。例如，著名记者约翰·维达尔（John Vidal）在 2009 年访问了埃塞俄比亚/肯尼亚边境的莫耶勒之后，在英国一家报纸上写了一篇题为《气候变化就在这里，这是现实》的文章。他说，"随着一次又一次毁灭性的干旱接踵而至，东非数百万人的未来是暗淡的"（Vidal，2009）。

维达尔的观察涉及某干旱地区，那里的降雨量很低且不可预测。

---

[1] 格林（Green，2011），《饥荒和气候变化——有什么联系？》，http://www.oxfamblogs.org/fp2p/? p56440，最后访问日期：2012 年 7 月 18 日。

在肯尼亚边境一侧的马萨比特，历史上居民一直以放牧骆驼、牛、绵羊和山羊为生。流动性对这些生计方式很重要，因为它允许牧民迁移到雨后长草的地方，同时使原来的放牧地区得以恢复。在媒体和发展行业的讨论中，这些牧民的生计到现在被视为特别不稳定，并受到气候变化的威胁。随着气候变化的影响开始显现，人们认为放牧已经不足以维持生计。例如，维达尔引用了一个发展型非政府组织的"气候顾问"的话：

> 气候变化不是想象或未来的愿景。而且气候变化加剧了现有的问题。它使一切变得更复杂。它现在就在这里，我们必须改变。（Vidal，2009）

在该区域工作的发展型组织也提出了这些观点。该地区某个最大的非政府组织在一份报告中声称：

> 由于气候变化，马萨比特内部的生态系统不再有利于畜牧业。社区需要多样化其生计方式，以减少干旱等自然灾害的风险。（NGO Report，2010）

这些关于马萨比特局势的观点并不新颖：它们只是关于气候变化、人类安全和畜牧业更流行的主流观点中的一个例子。例如，加特利和阿克利卢（Catley and Aklilu，2013：85）发现，"畜牧业正处于危机之中无法生存，这一点从日益加深的牧民贫困程度可以明显看出"，这一观点在2010年非洲之角的人道主义和发展活动人士中非常流行，并且从"围绕气候变化的新兴次级叙事"中获得支持。回到马萨比特，我们发现几乎没有证据支持"生态系统不再有利于畜牧业"的说法。正如加特利和阿克利卢（Catley and Aklilu，2013）对非洲之角更全面的认识，即该地区存在大量失去牲畜并依赖粮食援助的人口，虽然这看似证据充足，但是他们陷入贫困的原因可能是多种多样的，并不一定与气候有关。[①]

---

① 有关贫困原因的更多信息，参见 Fratkin and Roth，2005。

在马萨比特，还有两个与气候变化和人类安全有关的论点被用来支持
321 "畜牧业行不通"的观点。第一个观点认为，冲突已经因资源争夺而产生，
因此，除非采取某种措施，否则可能会产生进一步的冲突。[1] 这种逻辑上
的简化及其存在的问题，在上文中已讨论。第二个观点引用了全球范围内
牲畜对环境影响的科学分析，以表明即使畜牧业在局部是"可行的"，现
在也被认为在全球范围内对环境的破坏太大而不可能成为一种选择。例
如，在讨论马萨比特的牧民生计所面临的问题时，上述非政府组织的一份
报告引用了由斯坦菲尔德等（Steinfeld et al.，2006）完成的一项粮食及农
业组织（FAO）的重要研究，名为"牲畜的漫长阴影"。伴随粮农组织这
份报告的发布，联合国的一份新闻稿捕捉到其主要信息：

> 什么会导致更多的温室气体排放，养牛还是开车？令人惊讶的
> 是，根据联合国粮食及农业组织最近发表的一份报告，以二氧化碳当
> 量来计算，畜牧业产生的温室气体排放比运输业多 18%。它也是土壤
> 和水退化的一个主要来源。[2]

通过参考斯坦菲尔德等的报告，该 NGO 暗示从更广义的全球气候角度
来看，基于牲畜的生产系统是有问题的，因为牲畜是高温室气体排放者和
环境退化的源头。然而，这些说法与马萨比特的相关性受到质疑（见下
文）。首先，可以对"畜牧业不可为"（pastoralism is non-viable）的说法以
及气候变化在多大程度上导致了人类安全的下降提出更一般性的问题。这
些说法和想法往往不受质疑，因为它们符合观察家们的常识性预期，即生
活在"恶劣"和"边缘"环境中的牧民，对自然的依赖性很强，应该很容
易被逼入困境。他们似乎是生活在边缘的典型人物，对他们来说最小的推

---

[1] 例如，2006 年基督教援助组织的一份报告使用了 2005 年马萨比特附近的"图尔比大屠
杀"（Turbi massacre）作为气候相关冲突的证据，http：//www.christianaid.org.uk/Ima-
ges/climate-of-poverty.pdf）。姆旺吉（Mwangi，2006）对冲突进行了更详细的调查，发
现其原因是地区政治斗争，并指出了外国民兵的参与。他的结论是，冲突和争夺稀缺资
源之间的任何关系都是"有争议的"（Mwangi，2006：89）。

[2] http：//www.un.org/apps/news/story.asp? newsID520772&CR15warning，最后访问日期：
2012 年 7 月 19 日。

力都会把他们推倒，有时还会给附近和远处许多人带来暴力后果。在这里，对气候变化的恐惧被用来为旧有的叙事注入新的活力，其中：

> 几十年来，政府认为畜牧业是"落后的"、经济效率低下的，而且对环境有破坏性，因此制定了一系列政策，使牧业系统被边缘化和破坏。（Nassef et al.，2009：ii）

这种历史性叙事的主要前提是在此之前已经被批判过（Niamir-Fuller and Turner，1999）。但气候变化相关的先决因素是新提出的问题，值得进一步研究。

首先，看上去"边缘"和干燥的土地环境可能是受气候变化影响最早和最严重的地区，但实践中不能轻易得出结论（Ayantunde et al.，2011）。对于气候变化对牧民赖以生存的环境的影响很难做出准确判断（Thornton et al.，2009）。气候变化对草原和畜牧系统的影响取决于温度、降雨和二氧化碳排放之间复杂的相互作用。桑顿等（Thornton et al.，2009）对这一领域的科学研究进行回顾并得出结论，在气温上升的情况下，暖季草类的平均生物量普遍增加，而冷季草类和豆类的平均生物量则减少，这并不令人意外。但是，"由于牲畜有能力调整食量，因此对牲畜产量本身的影响可能较小"。降雨量的减少可能对牧场和牲畜的生产力产生更大的负面影响。但是预测表明，尽管有传闻担心东非的降雨量可能会减少，但还没有测出该地区有整体干旱的趋势（Catley and Aklilu，2013）。桑顿等（Thornton，2009：120）还指出，"热带和亚热带拥有丰富的动物遗传资源，可以用于解决与热应激相关的问题"，因为当地的牲畜品种很好地适应了热应激。总之，气候变化对旱地牧草影响的科学研究尚不全面，也不确定。如果马萨比特的生态系统"不再有利于畜牧业"，还没有确凿的证据证明这是气候变化的结果（如声称的那样），或者证明这种结果是不可避免的。

其次，可以对斯坦菲尔德等（Steinfeld et al.，2006）的研究在多大程度上有助于理解肯尼亚北部等地发生的局部变化过程提出疑问。斯坦菲尔德等（Steinfeld et al.，2006）的研究集中在畜牧业的全球影响上，这是一个非常复杂的课题。它涉及将不同类型的牲畜（猪、鸡、牛、小反刍动物等）在不同条件下饲养（粗放型、集约型；小规模、大规模；商业型、自给型；高科技、低科技；地球北方、地球南方），并探讨了牲畜通过排放营养物质和有机物、病原体和药物残留、甲烷等气体（直接和来自废物）的直接污染。它还探讨了牲畜对水的使用、生物多样性以及放牧和饲料用地退化的影响。该研究还计算了放牧地的机会成本——例如，如果在那里种植树木，那么可以对全球环境产生更积极（而不是消极）的影响。

323 　　斯坦菲尔德等（Steinfeld, 2006：xx）认为，马萨比特的牧民导致土地退化（"大规模的放牧占用和侵蚀了大片土地"），他们破坏了野生动物的栖息地并与之发生冲突对生物多样性产生了负面影响。该报告指出，畜牧业通过集约化、纵向一体化、地理集中以及各种技术创新扩大生产规模，对全球温室气体排放水平具有重大影响。这表明，就温室气体排放而言，粗放型放牧可能更好。但与此同时，它批评了粗放型放牧使用的大面积土地可以用于其他更高生产效率的目的，并得出以下结论：

> 集约化——就畜牧生产和饲料作物农业生产力的提高而言——可以减少因森林砍伐和牧场退化而产生的温室气体排放。（Steinfeld et al., 2006：xxi-xxi）

　　目前仍需要对这一有影响力的报告进行谨慎而系统地分析，但已经有人对这种分析在肯尼亚北部等地区的应用持保留意见（NRI, 2010；Oba, 2011），该应用强化了这样一种观点，即畜牧业不属于地球可持续发展。针对肯尼亚北部等地区牲畜密度较低、畜种类较少的情况进一步提出了问题，即根据测算肯尼亚畜牧业产生的温室气体占全球总量的18%，这一比例是否大到值得关注。对于关于牧民造成环境退化的夸张且笼统的说法，我们也应该谨慎对待。如前所述，牧民侵蚀环境的行为是一种"公认的智慧"（received wisdom），这在过去常常被证明是错误的（Swift, 1996；Sandford, 1983；Scoones, 1994）。这种刻板印象出现在哈丁（Hardin, 1968）有关"公地悲剧"的论文中，即牧民们互相竞争放牧，对未来毫不关心。大量的学术工作已经证明了牧民如何通过合作来规范获取和使用草地，他们在使用草地和放牧实践中运用的经验令人印象深刻（Ostrom，1990）。研究还显示了为什么旱地环境是非平衡环境，以及放牧模式是如何灵活地在不确定的条件下维持生计（Scoones，1994）。

> 与生态学家不同的是，牧民能够区分哪些是容易受到过度放牧和快速退化影响的地貌，以及哪些是能够抵抗退化的地貌。在退化风险更大的地方，雨季会有短暂的放牧时间……利用植被变化的轨迹，牧民能够改变他们的牧群结构并调整放牧节奏。（Oba，2013：32）

发生牧民过度放牧并使土地退化的情况，往往是因为他们的活动模式被打乱并失去重要资源（Oba，2013；Feyissa and Schlee，2009）。

气候变化正在破坏人类生计和威胁人类安全的说法掩盖了畜牧业的许多积极方面。就像关于暴力冲突的论述一样，许多人和组织出于多种原因"引入"了这种论调。对于非政府组织和其他组织来说，除了对气候变化影响程度的担心（由于难以准确确定，这在某种程度上是对未知的恐惧），气候变化和人类安全的话语给他们的活动带来了新的动力，并防止捐赠减少。

"在气候变化的挑战下，畜牧业不可为"这一说法笼统且存在争议：在一些研发领域有人提出了强有力的反驳，认为畜牧业的发展首先是对高度气候变化的适应而发展起来的，特别是通过畜牧动物的迁徙，完全可以应对进一步的气候变异和不确定性带来的挑战（Grahn，2008；Davies and Nori，2007）。研究表明，牧民已经为当地、区域和国家经济作出了重大的、未被承认的贡献（Hesse and MacGregor，2006；Nassef et al.，2009），并参与了创业和长途贸易（Catley et al.，2013；Pavanello，2009）。在这些文献中，牧区并非没有问题，但传统的放牧被认为是旱地环境中最有效、最有适应能力和生产能力的生产方式之一："大量的证据表明'现代'、商业化的牲畜饲养和灌溉农业并不如传统的畜牧业生产效率高"（Catley et al.，2013）。

有迹象表明，"畜牧业具有适应能力"的话语已开始影响发展政策和实践，特别是 2010 年非洲联盟发表了一份具有前瞻性的政策文件之后（Catley et al.，2013；Schlee and Shongolo，2012）。但是，在许多情况下具有主导性的"畜牧业不可为"的说法占据了上风，其中关于牧民不合时宜和环境退化的旧议题往往频繁出现。在这里，全球宏观层面上有关气候变化和人类安全削弱的科学研究忽视了对当地复杂情况的了解，有观点认为牧民不仅破坏了自己家园的环境，还是全球环境的污染者。这种有关人与环境关系的表述很重要，因为它歪曲了牧民的形象，并正式认可了支持选择其他生计或土地和资源使用方式以及外部干预方式的合法化。例如，斯坦菲尔德等（Steinfeld et al.，2006）提倡牧场的土壤碳封存计划，他们设想如果与清洁发展机制（Clean Development Mechanism）相结合就会产生收入。但是，他们承认这些固碳计划仍处于起步阶段，难以确保当地人的参与。更为普遍的观点是，碳融资项目依赖于一种双赢的理念，即在解决全球气候问题的同时也能改善穷人的生活；不幸的是，迄今为止经验表明，这个等式的后半部分还未能实现（Fairhead et al.，2012；Sandbrook et al.，2010）。

这里还要进一步探讨另外两种正在进行的替代发展：第一种是肯尼亚政府雄心勃勃的国家发展"蓝图"，即《2030 年愿景》（Vision 2030）。这一"愿景"强调基础设施的发展，如在肯尼亚北部修建公路、铁路和管道，以促进贸易和石油相关发展。《2030 年愿景》强调的其他发展途径包括旅游开发（如在肯尼亚北部建设两个"太阳城"式的"度假城市"）、灌溉开发和家畜营销。这些发展目标中相当一部分象征着大规模的自上而下的高科技现代化发展方式的回归，这种发展方式依赖于经济增长的"涓滴效应"（trickle down），这在历史上基本未曾发生。但是，穷人并没有被遗忘。该蓝图的设计还包括社会保障计划。英国国际发展部正在资助饥饿安全网计划（Hunger Safety Net Programme），向肯尼亚北部最贫困的人提供现金资助。在这个计划中，受益人和社区的其他成员正在进行"生物识别"智能卡登记，这种智能卡表面上看可以更有效地锁定、交付和监测现金发放。从"安全角度"来看，人们可能会认为，肯尼亚政府一直以来难以有效管理流动的牧民，这种生物识别登记可能会成为这项扶贫计划的偶然副产品。2012 年 11 月发生了"肯尼亚独立以来对警察最致命的攻击"，[①] 42 名安保人员在图尔卡纳偷牛贼的伏击中被杀，凸显了对安全的真实和迫切需要。

还必须提到的第二个发展领域是非洲作为外国投资地的大背景——"最后的投资边界"[②] ——以及新的投资者越来越多地寻求开发土地和水资源。有些投资者在一些国家（如卡塔尔）投资用于农业生产的土地（据报道，他们在肯尼亚投资），其目的是保护自己免受全球和国家粮食潜在不安全的影响，但他们的行动可能会对其他国家的粮食安全产生影响。

在这里不可能完全公正地评价该区域正在发生的各种事态，但即使是这种粗略的概览也表明，这些发展进程的模式是显而易见的。关于气候变化的政策话语是建立在全球层面的研究和测算的基础上来重新考虑适合像马萨比特等地区的政策。人类安全方法声称是综合性的，能够跨越人类 - 环境界限在多个层面上研究问题，但是由于这种努力的复杂性和内在不确定性，更详细的地方层面考察常常被忽视。更高层面上的概括性叙述占据主导地位，非洲牧民的无能、环境退化、快速战斗和宿命主义的刻板印象被重新利用（Galaty，2013；Mortimore，2010）。这些叙述有助于"系统再设计"（Gasper，2010），为更激进和自上而下的发展提供理由。虽然这种全球性的、普遍的、非个人化和非政治化的想象继续占主导地位，但牧民本身似乎不会影响发展的本质，并且他们自己的人类安全也不会得到改善。

四 结论

出于某些既令人信服又棘手的原因，非洲在关于气候变化和人类安全的讨论中表现突出。一种强有力的说法是，气候变化被认为导致免于恐惧的自由和免于匮乏的自由的下降，正是在非洲这两种"不自由"以非常致

---

① http：//www.bbc.co.uk/news/world - africa - 20392510.

② http：//www.forbes.com/sites/moneybuilder/2012/08/08/africa - the - last - investment - frontier.

命和危险的方式联系在一起。在这里，非洲作为一个警示案例，提高了人们对问题紧迫性的认识，需要采取行动应对气候变化及其影响。一种善意的解释是，由于气候变化是全球性的，气候变化和人类安全话语能够激发人们在讨论气候变化和人类安全时采取跨越既往分歧（南北、穷富）的共同行动，甚至让人们意识到富裕国家有必要对他们造成的问题负责。这里给出的证据表明某些偏狭的解释是有道理的：气候变化/人类安全叙述在很大程度上出于关于非洲的成见，即非洲更有可能诉诸暴力、更不稳定、环境更恶化，以及更难以应对生活（或气候）可能带来的挑战。矛盾的是，在非洲气候变化和人类安全的"未来就是现在"，正是因为那些话语描述将当代非洲社会、经济和政治限制在遥远的地方和时代。这些叙事元素可能会让作者、目标读者和此类主题的分析之间产生概念上的分歧，也许这很自然地暗示气候变化和人类安全的挑战在其他方面。

327

在应对气候变化和确定谁有权决定并采取行动的国际努力中，非洲观念影响并构成了参与者之间的关系。它还影响到非洲会发生什么，以及什么政策是合法和可取的。在气候变化和人类安全的叙事中，气候变化成为物质和生计安全的主要驱动因素和解释变量而忽视了其他高度偶然的因素。这种诉诸单一因果解释的做法在以前有过，并受到了批评（如在人口增长方面）。但在这里，对气候变化和人类安全的关注引发了非常特殊的相互作用，这对地方政治和国际政策都有影响。

第一，它推动了这样一种观点，即因为气候变化是全球性的，使人们认为"气候变化问题"超出了当地社区的控制和能力，这会在无意中帮助其他当地参与者开脱责任。

第二，与此相关的特定地理和历史背景也被掩盖了。例如，在达尔富尔的案例中，我们可以清楚地看到对特定地理环境的掩盖，将达尔富尔和南苏丹等同起来。鉴于问题的多层面性，问题到底在哪里，到底发生了什么，都不重要。此外，正如在马萨比特案例中所看到的，人们对当地环境变化和管理实践与长期气候动态相互影响的方式知之甚少，也没有将其纳入政策考虑范围，当地的历史背景同样被忽略了。当地社区的许多脆弱性是其与政府、与冲突或与发展模式（如商业性农业或保护区的扩张）的关联造成的。然而，如果要从根本上讨论这个案例，那么与气候变化和人类安全挑战相比，这些关联是次要因素。由于很少承认地理和历史的特殊性，人类的不安全感（来自政治或生计；恐惧或匮乏）被去政治化了。

第三，关于非洲的气候变化和人类安全叙事具有一种非常特殊的情绪：恐惧。气候变化会引发恐惧，因为人们不知道它的影响会是什么，也不知道如何控制它。考虑到已经做了很多工作，非洲作为一个混乱和无政府状态空间（Ferguson，2006）的旧主题，很容易再现并放大这种恐惧，这是非常令人担忧的。

这些关于气候变化和人类安全的动态叙事很重要，因为它们使非洲和非洲人需要被强大的新技术、跨国治理形式、人道主义救援浪潮和投资模式"拯救"的设想合法化。如果这些举措误解了当地现实，不重视与当地居民的合作并为当地居民服务，不重视从当地居民的历史和社会世界观出发，就不可能改善非洲的人类安全。正如萨克斯所预言的那样，"地球的生存"有可能再次成为"新一波国家干预世界各地人们生活的充分理由"。现在，当地国家并不是唯一的参与者——外国、非政府组织和投资者（国内外）正日益以应对气候变化的名义影响非洲的发展。

确保非洲人免于恐惧和匮乏的自由与其他人对气候冲突、普遍的贫困负担以及更普遍的对气候变化的恐惧交织在一起。我们知道，人类安全讨论的核心"免于匮乏的自由和免于恐惧的自由"的主题归功于美国总统富兰克林·D. 罗斯福（Franklin D. Roosevelt）1941 年的国情咨文演讲。然而，罗斯福在 1933 年的就职演说中就提到了备受关注的恐惧一词，他在演说中敦促美国人，"我们唯一需要恐惧的是恐惧本身"，这是一种"难以名状、失去理智并且毫无道理的恐惧，把人转退为进所需的种种努力化为泡影"。特别是当对人类安全的关注缺乏整体和当地认知的基础时，对气候变化影响人类安全的描述有可能激起某种无限且全方位的恐惧，尽管这种恐惧在更高层面上对不同的干预者有用，但可能会不利于人们采取实际行动，集中解决直接导致非洲人民经历不自由和不安全的问题。

329

参考文献

Adger, W. N. , Benjaminsen, T. A. , Brown, K. and Svarstad, H. (2001), 'Advancing a political ecology of global environmental discourses', *Development and Change*, 32, 681 – 715.

Agamben, G. (1998), *Homo Sacer: Sovereign Power and Bare Life*. Stanford: Stanford University Press.

Agence France Press(AFP) (2008), *Climate Change: Progress at Polluters' Talks, But Obstacles Ahead* [cited 1 September 2012]. Available from http: //afp. google. com/article/ ALeqM5i5F – QlDqPpaTzK4YavRCOgrWCgtw.

Alkire, Sabina (2003), 'A conceptual framework for human security', Working Paper No. 2, Centre for Research on Inequality, Human Security and Ethnicity, University of Oxford, UK.

Ayantunde, A. A. , Leeuw, J. de, Turner, M. D. and Said, M. (2011), 'Challenges of assessing the sustainability of(agro) – pastoral systems', *Livestock Science*, 139(1 – 2), 30 – 43.

Bayart, Jean – François(2000), 'Africa in the world: a history of extraversion', *African Affairs*, 99(395), 217 – 267.

Boko, M. et al. (2007), 'Africa. Climate change 2007: Impacts, adaptation and vulnerability. Contribution of Working Group Ⅱ', in M. L. Parry, O. F. Canziani, J. P. Palutikof, P. J. van der Linden and C. E. Hanson(eds.), *Fourth Assessment Report of the Intergovernmental Panel on Climate Change*. Cambridge, UK: Cambridge University Press, pp. 433 – 467.

Brooks, N. (2004), 'Drought in the African Sahel: long term perspectives and future prospects', Tyndall Centre Working Paper 61.

Brown, I. A. (2010a), 'Assessing eco – scarcity as a cause of the outbreak of conflict in Darfur: a remote sensing approach', *International Journal of Remote Sensing*, 31(10), 2513 – 2520.

Brown, Oli(2010b), 'Campaigning rhetoric or bleak reality? Just how serious a security chal – lenge is climate change for Africa?', in Heinrich – Böll – Stiftung(ed.), *Securing Africa in an Uncertain Climate*. Cape Town, South Africa: Heinrich Böll Foundation Southern Africa.

Buhaug, H. (2010), 'Climate not to blame for African civil wars', *Proceedings of the National Academy of Sciences*, 107(38), 16477 – 16482.

Buhaug, H. , Gleditsch, N. P. and Ole Magnus Theisen, O. M. (2008), 'Implications of climate change for armed conflict', Paper presented at the Social Dimensions of Climate Change workshop, http://siteresources. worldbank. org/INTRANETSOCIALDEVELOPMENT/Resources/SDCCWorkingPaper_ Conflict. pdf.

Burke, Marshall B. , Edward Miguel, Shanker Satyanath, John A. Dykema, and David B. Lobell(2009), 'Warming increases the risk of civil war in Africa', *Proceedings of the National Academy of Sciences*, 106(49), 20670 – 20674.

Burr, Millard and Robert O. Collins(1999), *Africa's Thirty Years War: Libya, Chad, and the Sudan*, 1963 – 1993. Boulder, USA: Westview Press.

Buzan, B. , O. Wæver, and J. Wilde(1998), *Security: A New Framework for Analysis*. Boulder, USA: Lynne Rienner.

Catley, A. and Aklilu, Y. (2013), 'Moving up or moving out? Commercialization, growth and destitution in pastoralist areas', in A. Catley, J. Lind and I. Scoones(eds), *Pastoralism and Development in Africa: Dynamic Change at the Margins*. London, UK: Earthscan for Routledge, pp. 85 – 97.

Catley, A. , Lind, J. and Scoones, I. (eds) (2013), *Pastoralism and Development in Africa: Dynamic Change at the Margins*. London, UK: Earthscan for Routledge.

Charney, J. , W. J. Quirk, S. H. Chow, and J. Kornfield(1977), 'A comparative study of the effects of albedo change on drought in semi – arid regions', *Journal of the Atmospheric Science*, 187, 434 – 435.

Ciccone, Antonio(2011), 'Economic shocks and civil conflict: a comment', *American Economic Journal: Applied Economics*, 3(4), 215 – 227.

Conway, Gordon(2009), 'The science of climate change in Africa: impacts and adaptation', *Grantham Institute for Climate Change, Discussion Paper*, 1, 46.

Council of the European Union(2008), 'Climate change and international security', Report from the Commission and the Secretary – General/High Representative to the European Council, 3 March. Brussels, Belgium: CEU.

Daly, M. W. (2010), *Darfur's Sorrow: The Forgotten History of a Humanitarian Disaster*. 2nd edn. Cambridge, UK: Cambridge University Press.

Davies, J. and Nori, M. (2007), 'Change of wind or wind of change? Climate change, adapta – tion and pastoralism', summary of an online conference prepared for the World Initiative for Sustainable Pastoralism, Nairobi, Kenya: IUCN.

330

de Waal, Alex(2005a), *Famine That Kills: Darfur, Sudan*. Rev. edn, Oxford Studies in African Affairs. New York, Oxford: Oxford University Press.

de Waal, Alex(2005b), 'Who are the Darfurians? Arab and African identities, violence and external engagement', *African Affairs*, 104(415), 181 – 205.

Degomme, Olivier and Debarati Guha – Sapir(2010), 'Patterns of mortality rates in Darfur conflict', *The Lancet*, 375, 294 – 300.

Ehrlich, Paul R. and Anne H. Ehrlich(1970), *Population, Resources, Environment: Issues in Human Ecology*, series of biology books. San Francisco, USA: Freeman.

Elford, L. (2008), 'Human rights and refugees: building a social geography of bare life in Africa', *African Geographical Review*, 27(1), 65 – 79

Fairhead, J., Leach, M. and Scoones, I. (2012), 'Green grabbing: a new appropriation of nature?', *Journal of Peasant Studies*, 39(2), 237 – 261.

Faris, S. (2007), The Real Roots of Darfur(April)[cited 1 September 2012]. Available from http://www. theatlantic. com/magazine/archive/2007/04/the – real – roots – of – darfur/3057 01/? single_ page5 true.

Ferguson, J. (2006), *Global Shadows: Africa in the Neoliberal World Order*. Durham, USA: Duke University Press.

Feyissa, D. and Schlee, G. (2009), 'Mbororo(Fulbe) migrations from Sudan into Ethiopia', in G. Schlee and E. E. Watson(eds), *Changing Identifications and Alliances in North – East Africa: Volume II: Sudan, Uganda, and the Ethiopia – Sudan Borderlands*. Oxford, UK: Berghahn, pp 157 – 180.

Flint, Julie, and Alex de Waal(2008), *Darfur: A New History of a Long War*. Revised and updated edn. London, UK: Zed Books.

Fratkin, E. and E. A. Roth(eds)(2005), *As Pastoralists Settle: Social, Health and Economic Consequences of Pastoral Sedentarization in Marsabit District*. Kenya. New York, USA: Kluwer Academic Publishers.

Galaty, J. (2013), 'Land grabbing in the Eastern African Rangelands', in A. Catley, J. Lind and I. Scoones(eds), *Pastoralism and Development in Africa: Dynamic Change at the Margins*. London, UK: Earthscan for Routledge, pp. 143 – 153.

Gasper, D. (2010), 'The idea of human security', in K. O'Brien, A. L. St Clair and B. Kristoffersen(eds), *Climate Change, Ethics and Human Security*. Cambridge, UK: Cambridge

University Press, pp. 23 – 46.

Gleditsch, N. P. , Nordas, R. and Salehyan, I. (2007) , *Climate Change and Conflict: The Migration Link: Coping With Crisis.* International Peace Academy.

Grahn, R. (2008) , *The Paradox of Pastoral Vulnerability.* Oxford, UK: Oxfam.

Hardin, G. (1968) , ' The tragedy of the commons' , *Science*, 162, 1243 – 1248.

Hartmann, B. (2010) , ' Rethinking climate refugees and climate conflict: rhetoric, reality and the politics of policy discourse' , *Journal of International Development*, 22, 233 – 246.

Hendrix, Cullen S, and Idean Salehyan(2012) , ' Climate change, rainfall, and social con-flict in Africa' , *Journal of Peace Research*, 49, 35 – 50.

Hendrix, Cullen S. , and Sarah M. Glaser(2007) , ' Trends and triggers: climate, climate change and civil conflict in Sub – Saharan Africa' , *Political Geography*, 26, 695 – 715.

Hesse, C. and MacGregor, J. (2006) , ' Pastoralism: drylands' invisible asset' , Issue Paper 142, IIED.

Homer – Dixon, T. F. (1999) , *Environment, Scarcity, and Violence.* Princeton, USA: Prince-ton University Press.

Homer – Dixon, T. F. (2007) , ' Terror in the weather forecast' , *The New York Times*, 24 A-pril. Homer – Dixon, T. F. and Jessica Blitt(1998) , *Ecoviolence: Links Among Environment, Pop-ulation and Security.* Oxford, UK: Rowman & Littlefield.

Hulme, M. (2011) , ' Reducing the future to climate: a story of climate determinism and re-ductionism' , *Osiris*, 26(1) , 245 – 266.

IRIN(2007) , *Sudan: Climate Change – Only One Cause Among Many for Darfur Conflict*, 28 June [cited 1 September 2012] . Available from http: //www. irinnews. org/Report/72985/SUDAN – Climate – change – only – one – cause – among – many – for – Darfur – conflict.

Jasanoff, S. (2010) , ' A new climate for society' , *Theory Culture Society*, 27, 233 – 253.

Kaplan, R. D. (1994) , ' The coming anarchy: how scarcity, crime, overpopulation, tribal-ism, and disease are rapidly destroying the social fabric of our planet' , *Atlantic Monthly*, Febru-ary, 44 – 76.

Kaplan, R. D. (2001) , *The Coming Anarchy: Shattering the Dreams of the Post Cold War.* New York, USA: Vintage Books.

Kevane, Michael, and Leslie Gray(2008) , ' Darfur: rainfall and conflict' , *Environmental Research* Letters, 3(3) .

Ki – Moon, B. (2007), *A Climate Culprit in Darfur*, 16 June [cited 1 September 2012]. Available from http://www. washingtonpost. com/wp – dyn/content/article/2007/06/15/ AR2007061501857 _ pf. html.

Lamprey, H. F. (1988), 'Report on desert encroachment reconnaissance in northern Sudan: 21 October to 10 November, 1975', *Desertification Control Bulletin*, 17, 1 – 7.

Leach, M. and Mearns, R. (eds) (1996), *The Lie of the Land: Challenging Received Wisdom on the African Environment*. Oxford, UK: James Currey.

Ludwig, F. , P. Kabat, S. Hagemann and M. Dorlandt(2009), 'Impacts of climate variability and change on development and water security in sub – Saharan Africa', *IOP Conference Series: Earth and Environmental Science*, 6, 292002.

Mazo, J. (2009), 'Chapter Three: Darfur: The First Modern Climate – Change Conflict', *The Adelphi Papers*, 49(409), 73 – 86.

Mbembe, A. (2001), *On the Postcolony*. Berkeley, USA: University of California Press. Mortimore, M. (2010), 'Adapting to drought in the Sahel: lessons for climate change', *WIREs Climate Change*, 1, 134 – 143.

Mudimbe, V. Y. (1988), *The Invention of Africa: Gnosis, Philosophy, and the Order of Knowledge*. Bloomington, USA: Indiana University Press.

Mwangi, G. O. (2006), 'Kenya: conflict in the"Badlands": the Turbi massacre in Marsabit District', *Review of African Political Economy*, 33(107), 81 – 91.

Nassef, M. , Anderson, S. and Hesse, C. (2009), *Pastoralism and Climate Change: Enabling Adaptive Capacity*. London, UK: ODI.

Niamir – Fuller, M. and Turner, M. D. (1999), 'A review of recent literature on pastoralism and transhumance in Africa', in M. Niamir – Fuller(ed.), *Managing Mobility in African Rangelands: The Legitimization of Transhumance*. London, UK: Intermediate Technology Publications, pp. 18 – 46.

NRI(2010), 'Pastoralism Information Note 5: Pastoralism and climate change', http://www. new – ag. info/assets/pdf/pastoralism – and – climate – change. pdf.

O'Brien, K. , St Clair, A. L. and Kristoffersen, B. (2010), 'The framing of climate change: why it matters', in K. O'Brien, A. L. St Clair and B. Kristoffersen(eds), *Climate Change, Ethics and Human Security*. Cambridge, UK: Cambridge University Press, pp. 3 – 22.

Oba, G. (2011), 'Book review: Steinfield, H. , Mooney, H. A. , Schneider, F. and Neville,

L. E. , *Livestock in a Changing Landscape: Drivers, Consequences, and Responses*(Volume 1) and Gerber, P. , Mooney, H. A. , Dijkman, J. , Tarawali, S. and de Haan, C. , Experiences and Regional Perspectives(Volume 2)' , Pastoralism: Research, Policy and Practice, 1, 10.

Oba, G. (2013) , ' The sustainability of pastoral production in Africa' , in A. Catley, J. Lind and I. Scoones (eds) , *Pastoralism and Development in Africa: Dynamic Change at the Margins*. London, UK: Earthscan for Routledge, pp. 29 – 36.

Ostrom, E. (1990) , *Governing the Commons: The Evolution of Institutions for Collective Action*. Cambridge: Cambridge University Press.

Pavanello, S. (2009) , *Pastoralists' Vulnerability in the Horn of Africa: Exploring Political Marginalisation, Donors' Policies and Cross – border Issues – Literature Review*. London, UK: ODI HPG.

Prunier, G. (2008) , *Darfur: A 21st Century Genocide*, 3rd edn. Ithaca, USA: Cornell University Press.

Reynolds, Paul(2007) , *Security Council Takes on Global Warming* [cited 1 September 2012]. Available from http: //news. bbc. co. uk/2/hi/6559211. stm.

Richardson, K. , Steffan, W. and Liverman, D. (2011) , *Climate Change: Global Risks, Challenges and Decisions*. Cambridge, UK: Cambridge University Press.

Russell, K. and N. Morris(2006) , ' Armed forces are put on standby to tackle threat of wars over water' (28 February) [cited 1 September 2012] . Available from http: // www. independent. co. uk/environment/armed – forces – are – put – on – standby – to – tackle – threat – of – wars – over – water – 467974. html.

Sachs, Jeffrey(2004) , ' 2004 OXONIA Inaugural Lecture: The end of poverty' , 13 October, Said Business School: University of Oxford. Digital audio recording, on file with author.

Sachs, J. (2006) , *Ecology and Political Upheaval*(July) [cited 1 September 2012]. Available from https: //www. scientificamerican. com/article. cfm?id5ecology – and – political – uph.

Sachs, J. (2008) , *Common Wealth: Economics for a Crowded Planet*. London, UK: Allen Lane.

Sachs, W. (1992) , *The Development Dictionary: A Guide to Knowledge as Power*. London, UK: Zed.

Sandbrook, C. , Nelson, F. , Adams, W. and Agrawal, A. (2010) , ' Carbon, forests and the REDD paradox' , *Oryx*, 44(3) , 330 – 334.

Sandford, S. (1983), *Management of Pastoral Development in the Third World*. New York, USA: John Wiley and Sons.

Schlee, G. and Shongolo, A. A. (2012), *Pastoralism and Politics in Northern Kenya and Southern Ethiopia*. Oxford, UK: James Currey.

Scoones, I. (ed.)(1994), *Living with Uncertainty: New Directions for Pastoral Development in Africa*. London, UK: Intermediate Technology.

Srinivasan, Sharath(2006), *Minority Rights, Early Warning and Conflict Prevention: Lessons from Darfur*. London, UK: Minority Rights Group International.

Srinivasan, S. (2012), 'The politics of negotiating peace in Sudan', in D. Curtis and G. A. Dzinesa(eds), *Peacebuilding, Power and Politics in Africa*. Athens: Ohio University Press, pp. 195 – 211.

Steinfeld, H., P. Gerber, T. Wassenaar, V. Castel, M. Rosales, and C. de Haan (2006), *Livestock's Long Shadow: Environmental Issues and Options*. Rome, Italy: FAO.

Straw, Becky(2007), 'Sudanese ambassador: "Darfur is a classic case of climate change."', 16 November [cited 1 September 2012]. Available from http://www4. lehigh. edu/news/newsarticle. aspx?Channel5%2FChannels%2FNews%3A12007&WorkflowItemID5539 838e6 – 7971 – 4a07 – ab19 – a2ea3e5125ce.

Suhrke, Astri(1999), 'Human security and the interests of states', *Security Dialogue*, 30(3), 265 – 276.

Swift, J. (1996), 'Desertification: narratives, winners and losers', in M. Leach and R. Mearns (eds), *The Lie of the Land: Challenging Received Wisdom on the African Environment*. Oxford, UK: James Currey, pp. 73 – 90.

Theisen, Ole Magnus, Helge Holtermann and Halvard Buhaug(2011), 'Climate wars? Assessing the claim that drought breeds conflict', *International Security*, 36(3), 79 – 106.

Thornton, P. K., van de Steeg, J., Notenbaert, A. and Herrero, M. (2009), 'The impacts of climate change on livestock and livestock systems in developing countries: a review of what we know and what we need to know', *Agricultural Systems*, 101, 113 – 127.

Toulmin, C. (2009), *Climate Change in Africa*. London, UK: Zed books.

Trombetta, Maria Julia(2008), 'Environmental security and climate change: analysing the discourse', *Cambridge Review of International Affairs*, 21(4), 585 – 602.

United Nations Commission on Human Security(2003), *Human Security Now: Protecting and*

333

Empowering People. New York, USA: United Nations Commission on Human Security.

United Nations Environment Programme(UNEP) (2007) , *Sudan Post Conflict Environment Assessment.* Nairobi: United Nations Environment Programme.

Verhoeven, Harry(2011) , ' Climate Change, Conflict and Development in Sudan: Global Neo – Malthusian Narratives and Local Power Struggles' , *Development and Change,* 42, 679 – 707.

Vidal, J. (2009) , ' Climate change is here, it is a reality' , The Guardian, 3 September http://www. guardian. co. uk/environment/2009/sep/03/climate – change – kenya – 10 – 10 accessed 12 March 2013.

Washington R. , Harrison, M. , Conway, D. , Black, E. , Challinor, A. , Grimes, D. , Jones, R. Morse, A. , Kay, G. and Todd, M. (2006) , ' African climate change: taking the shorter route' , *American Meteorological Society,* 87, 1355 – 1366.

Williams, C. J. R. and Kniveton, D. R. (eds) (2011) , *African Climate and Climate Change: Physical, Social and Political Perspectives.* London, UK: Springer.

World Commission on Environment and Development(1987) , *Our Common Future.* Oxford, UK: Oxford University Press.

第四部分

应对气候变化对人类安全的威胁

第十三章

气候变化与人类安全：个人和社区的应对

C. 迈克尔·霍尔

一 引言

安全一般是指"在遇到危险时受到保护或不被暴露的状态"（Barnett，2001：1）。环境、社会和经济问题及其多层级治理体系，属于当代安全范畴（Boulding，1991；Lowi and Shaw，2000）。将安全的概念扩展到国防之外，反映了后冷战时期的政治理念变化。事实上，在国际上，对共同和集体安全理念的转变，虽然没有被普遍接受，甚至遭到一些政府的强烈反对，但这种安全理念的转变把环境和气候变化纳入了安全问题（Page and Redclift，2002），并将可持续发展与安全问题联系起来（Hall et al.，2003；O'Brien et al.，2010a；IPCC，2012）。根据 IPCC（2012：293），"极端气候和天气事件的影响可能会威胁到地区人类安全（一致性高，证据量中等）"。事实上，奥布赖恩等（O'Brien et al.，2010b：4）认为，气候变化是"一个只能作为人类安全问题来解决的议题，其中包括对人类'安全'含义的深入研究"。

气候变化、安全和可持续发展之间的关系也框定了一个新的研究议程，并潜移默化地发展了对"安全来自什么以及怎样做才能确保安全"等问题的广泛回应（Hall et al.，2003：8-9）。特别是，尽管影响安全的情况有很多，但与直接的国际冲突相比，气候变化对安全的影响往往呈现较迂回且"更多样化的途径"（Barnett，2001a：1）。

本章探讨了在社区和个人层面上新呈现出来的一些与人类安全和气候变化有关的问题。本章认为，应对气候变化现实的挑战，在行为和治理范式上大多停留在概念层面。事实上，对行动和决策方式变通思考的能力才是最重要的。本章主要分为三部分。第一部分讨论人类安全和气候变化应对问题的分析框架。这是研究变革能力以及协助和促成这种变革的干预措施的基础。第二部分研究了对人类安全和气候变化回应的多层面性，以及社区和个人在不同层面的社会和经济结构中的回应方式。本章指出了信任和价值观在社区中的关键作用，但也强调社区不应该被理想化，必须认识到它们可能充满了冲突，从而导致适当且可持续的解决方案极难实施。同时，本章还注意到个人应对气候变化的能力或意愿不足（即使从局外人的角度看这合乎情理），强调这种不足对风险和安全的相互关联带来挑战。第三部分回到不同行为和治理范式的重要作用，以及鉴于社区和个人在某些社会技术体系中被"锁定"的可能，这些重要作用对干预措施性质和行为改变能力的影响。

二 构建人类安全框架

气候变化给人类福祉带来短期和长期的经济、生态系统、健康和福利的风险，现已逐渐得到科学界和政策界的认可。然而，与气候变化本身一样，气候变化的影响在时间和空间上不是均匀分布的，所以政策和制度应对也不均衡。这使地区层面的方案变得更加重要，因为地区层面的脆弱性来自"社会、政治和经济条件以及包括地区环境退化和气候变化在内的驱动因素"（IPCC，2012：293）。事实上，巴尼特（Barnett，2001b）认为就欠发达国家而言，人类不安全是人们在人为环境变化加剧不发达和贫困时的双重脆弱性。这种观点将气候变化置于可持续发展的环境、经济以及至关重要的社会层面，联合国开发计划署将其归结为人类安全问题：

  ……关注人们在一个社会中如何生存，如何自由地选择，有多少人获得市场和社会的机会——以及他们是生活在冲突还是和平中。

人类安全不是一个关乎武器的问题——而是一个关乎人类生命和尊严的问题。（UNDP，1994：22 - 23）

339

继阿尔基尔（Alkire，2003）之后，巴尼特和阿杰（Barnett and Adger，2007：640）将人类安全定义为"人们和社区有能力管理来自需求、权利和价值观压力的状态"。他们的研究方法也反映了这样一种观念，即人类安全是对脆弱性的话语强调，这本身就是气候变化文献中关于气候变化对生态系统、基础设施、经济部门、社会团体、社区和地区的潜在不利影响的主要论述（Füssel and Klein，2006；Füssel，2007；IPCC，2007，2012；O'Brien et al.，2007）。

与脆弱性的概念一样，人类安全的评估需要考虑风险等级、对损失的敏感度和恢复能力（Barnett and Adger，2007）。"在地区层面处理灾害风险和极端气候问题需要关注更多与可持续发展相关的问题"（IPCC，2012：293）。就像脆弱性和风险的概念一样，人类安全往往是"社会建构性的而非客观确定的"，其结果是人类安全"往往依附于脆弱实体中最重要的部分——例如国家（国家安全）、基本需求（人类安全）、收入（财务安全）和财产（家庭安全）"（Barnett，2001a：2）。然而，认识到安全、脆弱性和风险的概念来自社会建构，对于界定特定风险和在各个层面上构建气候变化问题具有明确的政治和科学意义，尤其是在社会科学与 IPCC 和其他国家以及国际机构以有限技术和还原论科学术语构建的全球变化研究相悖时（Demeritt，2001a，2006；Hall，2013a）。因此，随着本体论的引入（Turnpenny et al.，2010），研究人类安全意味着在气候变化研究中融入更丰富的社会和生物物理知识（Füssel and Klein，2006）。这也需要特别关注安全威胁和应对措施的制定方式，以及关于个人和社区行为的不同假设是如何与不同的气候变化治理模式相互关联的（Hall，2013b）。

知识在当地和全球以不同的形式创造（Slocum，2010），包括研究气候变化时引入社区的社会维度以及社会科学在气候变化模型和预测中的作用（Demeritt，2001a，2001b，2006；Yearley，2009）。德梅里特（Demeritt，2001a，b）对气候变化科学的构建和科学政治的考察很有参考价值（Schneider，2001）。德梅里特并不否认气候变化的存在，而是专注于气候变化科学的构建方式，及其如何引发政治问题（Wainwright，2010）。"大多数情况下，气候变化的预测模型在全球范围内，均是靠高度单一的商业化情景要素驱动，这些要素包括人口增长、资源消耗、地理上人口高度聚集地的温室气体排放"（Demerit，2001a：312），而不是把问题框定在替代方案及与其同等重要的相关形式上，例如，资本主义经济助推排放的结构性基本要求、南北排放差异，或者是区域、社区及个人对于贫困及权力剥夺的定义。将**温室气体**的客观物理特性与周围的社会关系分割，有助于掩盖、规范化并再造那些不平等的社会关系"（Demeritt，2001a：316）。

对规范的量化评估方法的呼吁既出于技术和科学的考量，也来自社会和政治的考虑；尤其是从公众对自然科学的认识来看，量化评估更可信（Hall，2013a）："只要遵循严格统一和客观，在这个意义上的"流程客观"……规则会限制个人偏见或自由裁量权的范围，保证对个人观点的有力（自我）否定，这是让知识显得普适、可信和真实的必要条件"（Demeritt，2001a：324）。

围绕气候变化研究以及这些研究成果如何被科学建构的问题，对理解个人和社区层面的人类安全与气候变化的关系，以及出于多种原因围绕这一关系的辩论具有重要意义（Hall，2013a）。第一，它有助于解释为什么人类活动引起的气候变化大多被定义为环境问题，而不是政治或经济问题，或者说，不是一个需要从资本主义经济体系的必要性及其替代方案的角度来构建的问题。第二，尽管有人呼吁在气候变化评估过程中引入更多的社会科学信息，但这主要是根据新古典主义的经济贡献进行评估的（Stern，2007），采取行动以使气候变化的影响最小化的必要性研究也由主流建模主导（Dietz and Stern，2008）。然而，在预测对气候变化的行动反应方面，这些模型存在许多重大缺陷（Gössling and Hall，2006）。此外，新古典经济的功利主义价值观已经受到了各种哲学和道德批判，这些批判与人们和物理及社会环境接触的方式和实际行为有关（Demeritt and Rothman，1999），具体将在下文更详细地讨论。

同样重要的是，气候变化通过战略周期性扩张（strategic cyclical scaling）形式被广泛理解的方式（Root and Schneider, 1995）。战略周期性扩张由小规模具体案例研究为大规模的综合统计和模拟研究提供信息，而小规模研究同时也受大规模研究的影响。然而，这个方法在部分和整体之间的关系上隐含本体论观点，这些隐含观点只是关于生态实体认知的几个潜在认识论和本体论观点之一（见表 13 - 1）（Blitz, 1992；Hall, 2013a；Keller and Golley, 2000）。尝试从人类生态学视角去理解个人如何与更大的社会政治团体（如社区、地区和国家）互动以应对气候变化和行为干预所依据的假设是至关重要的。人类安全的重点是个体（Barnett and Adger, 2007），个体受到各种更大规模进程的影响，并对这些进程作出反应和适应的方式，取决于多向量关系的构建方式（Cohen, 2007）。

342

表 13 - 1　生态本体论

341

方法论	本体论	认识论
还原论	整体的属性总是可以在其部分的属性中找到	对部分的了解对于理解整体既是必要的，也是充分的
机制	整体的属性与这些部分具有相同的种类或类型	想要理解结果的种类或类型，了解原因的种类或类型就足够了
突现论	一些整体至少有一种属性是其任何部分都不具备的。部分可以独立于整体而存在，当一个系统被拆分成各个部分时，整体的独特属性可能会逐渐淡化而消失	对各部分及其关系的认识是理解整体的必要条件，但不是充分条件
有机体论	认识整体的独有属性。整体的存在决定了其部分就不能独立于整体而存在或被理解	认识整体是认识部分的必要条件，反之亦然
整体论	不需要考量部分及其相互关系，就可以理解整体的独有属性 整体是基本单位——整体与部分相互独立	对部分的了解既不是理解整体的必要条件，也不是充分条件

资料来源：After Blitz, 1992：175 - 178；Keller and Golley, 2000；Hall, 2013a。

认识减少灾难风险和适应气候变化之间的关系（O'Brien et al., 2008；IPCC, 2012）对人类安全和气候变化问题的构建具有深远意义（O'Brien et al., 2010b）。与侧重于生物物理影响的适应性研究和政策制定不同，灾难风险研究倾向于认识更多的"自然灾难"社会经济原因和后果，包括贫困、不平等、市场失灵和政策失灵（Barnett and Adger，2007）。因此，气候变化和可持续发展之间的关系更加密切（Beg et al.，2002；Swart et al.，2003；Halsnæs et al.，2008；Adger et al.，2009b；IPCC，2012），特别是在减贫行动和全球行动方面，如千年发展目标以及改善气候变化对人类影响方面（DFID，2006；UNDP，2008）。正如奥布赖恩等（O'Brien et al.，2008：5）所说，"在21世纪，加强人类安全就是要对气候变化和灾难风险做出应对，不仅要减少脆弱性和冲突，还要创造一个更加公平、更有韧性和可持续的未来。"事实上，IPCC 将人类安全定义为两个主要方面，"首先，安全意味着免受饥饿、疾病和压迫等长期威胁。其次，安全意味着要保护人们日常生活方式不受突然的和有害的干扰——无论是在家庭、工作场所还是社区层面，这些威胁可能存在于国民经济和发展的各个层面"（IPCC，2012：572）。在这个定义的基础上，IPCC（2012：20）得出结论："在气候变化背景下实现可持续性的前提是阐明脆弱性的深层次原因，包括引发贫困和限制资源获取的结构性不平等。"

三　应对气候变化的人类安全对策的多层面性

可持续发展与脆弱性之间的关系——即受到不利影响的倾向或倾向性（IPCC，2012）——为研究应对气候变化和人类安全问题提供了一个天然的跳板。然而，可持续发展理念在推进和实施中的困难也表明了应对气候变化过程中人类安全面临的一些挑战。

图 13-1 阐述了气候变化、人类安全和可持续发展的多层级性。它表明，气候变化作为影响可持续发展和安全的重要问题，需要从全球、国家、地方和个人各个层级上予以关注；各种层级之间的相互作用是人类应对气候变化的一个重要方面（Wilbanks，2003，2007；O'Brien et al.，2004；Yohe et al.，2007）。然而，鉴于气候变化的影响在不同的地方不尽相同，而且管理风险和适应变化的能力在国家、地区、社区和家庭之间的分配也不均匀（Barnett and Adger，2007），"与气候变化有关的可持续发展

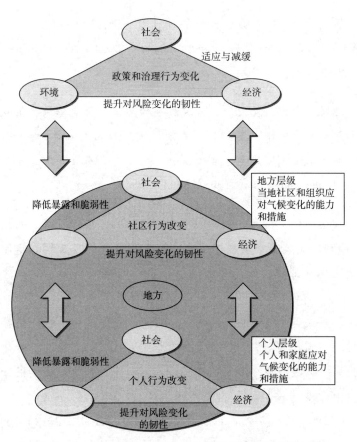

图 13-1　气候变化、人类安全和可持续发展的多层级性

的重点和策略通常基于区域背景考虑，在这种背景下，将各种复杂关系整合在一起的观点更易驾驭，这样使行动策略也更切实可行"。（Wilbanks，2003：147），考虑到实现明确的全球和国家战略以应对气候变化时要面对的困难，区域背景更不可忽略。同样地，奥布赖恩等（O'Brien et al.，2008：19）强调，地方层级的经验可以被视为迎接灾害和极端事件影响的第一线，对气候变化下与极端天气事件相关的最紧急挑战来说，这些经验可以提供重要的洞悉。

四　来自地区的挑战

尽管"地区"在应对气候变化方面具有明显的优势，但不能将其理想化。资源管理和规划领域的研究表明，社区不是单一的实体（Millar，1996；Young，2001；Suryanata and Umemoto，2003，2005；Joyce and Satterfield，2010）。

> 相反，它们是复杂的、自我服务的实体，既受不满、偏见、不平等和权力斗争驱使，又由亲属关系、互惠和相互依存的关系所凝聚。地区层面的决策可能是非常残暴的、个人的，而且并不总是受法律约束。（Millar and Aiken，1995：629）

这些观察强化了奥布赖恩等（O'Brien et al.，2008：18）的结论，即"降低风险和适应策略必须根据个人、家庭和社区的需要精心定制。将社区视为同质化（即能够作为一个群体来适应或降低风险）的方法很容易失败。

变化，是人类实践中的正常现象。然而，气候变化，特别是在高强度天气事件和"自然灾难"频率增加的情况下（IPCC，2012），变化的速度可能会提高，甚至突破许多人的"舒适"区。迅速或突然发生的变化会在很大程度上改变居民与地方的关系网（Hay，1998；Connor et al.，2004；Albrecht et al.，2007；Hanna et al.，2011；Biggs et al.，2012），并严重影响个人、家庭和社区的福利，从而直接威胁人们的安全感。正如米勒和艾肯（Millar and Aiken，1995：620）所评论的那样：

345

> 冲突是变革时期人类互动的自然结果，是一种情况的产物，即一方的收益或新用途涉及他人的牺牲或改变。这可能是创造性地解决问题的机会，但如果治理不善，冲突可能会分裂社区并使其陷入混乱。

大量的文献介绍了在社区层面的方法和策略，以促进公众参与努力提高其韧性和福利，减少脆弱性和风险（Tobin，1999；Paton and Johnston，2001；David et al.，2003；Hall，2008；Ensor and Berger，2009；Comfort et al.，2010；Krishnaswamy et al.，2012）。这种方法被认为对可持续性实践具有重要意义（Kelly，2009）。例如，奥斯特罗姆（Ostrom，1990）指出，社区层面的可持续发展有以下相互关联的因素。

- 明确界线；

- 拨款和供应规则适合当地情况；

- 在发生对社区有影响的变化时，所有相关利益方的共同参与；

- 负责任的监督；

- 由责任机构进行分级制裁；

- 低成本和易于实施的冲突解决机制；

- 政府承认组织的权利；

- 为属于大型治理体系的体制提供适当的许可条款、监督、执行、冲突解决和组织安排。

　　然而，尽管社区有的放矢的实践行动得到了学术文献和报告的重视（O'Brien et al.，2008；IPCC，2012），但知识不一定转化为行动（White et al.，2001）。事实上，怀特等（White et al.，2001）提供了四种可能的理由，解释为什么知道得更多反而失去得更多，这在考察个人和社区对气候变化的应对方面最具有解释力：（1）知识仍然受未知领域的影响；（2）知识是可用的但并没有被有效利用；（3）知识得到有效利用后需要很长时间才能产生效果；（4）知识在某些方面得到有效利用，却在人口、财富分配和贫困等方面的脆弱性增加。

　　在社区中，信任是接受和有效利用知识的关键。在缺乏信任的情况下，尤其是依赖"遏制个人剥削的机会主义冲动"的"公地"情况下，实现合作或自愿的集体行动是不可能的（Millar，1996：207）。因此，信任为大量的互惠和合作行动提供了条件，从而使所有利益相关者获得比个人行动更大的回报（Brann and Foddy，1987）。信任需要在社区成员之间存在一定的共同价值以便合作。因此，在许多社区规划和气候变化应对工作中，需要注意威胁人类安全和产生价值冲突的社会和政治背景。正如米勒和艾肯（Millar and Aitken，1995：623－624）所说："我们必须更加关注当地社会和资源基础是如何组织起来的……社区存在于一个由亲缘关系、物质相互依赖和社会义务构成的网络中，并且……不能与财产和道德的社会议题分开。"

　　鉴于气候变化怀疑论者在媒体和政治上非常高调，信任在处理与气候

346

变化相关的问题时比其他规划更重要。尽管科学界在应对气候变化行动的紧迫性上已达成广泛共识，但这种共识不一定能在社区层面达成（Gössling et al.，2012a）。这种情况反映了认识到相关信息是个人和社会情境化和行动化的重要性。"如果个人没有改变的动机，或者没有察觉到作出改变的障碍，那么概念和工具不一定能促使行为改变"（Whitmarsh et al.，2011：58）。这对应对气候变化带来的人类安全问题会产生重要影响。

在日益城市化的背景下，大多数人对环境问题的理解往往局限于抽象或模糊的概念。气候变化给宣传者和引导者带来了巨大的挑战，因为"这种风险'隐藏'在我们熟悉的自然过程中，如温度变化和天气变动……不是那么明显并且无法直接体验"（Whitmarsh et al.，2011：57；Grothmann and Patt，2005；Weber，2006）。很多证据支持这一观点，研究表明当人们经历与气候变化有关的天气事件时态度会发生转变（Hall，2006；Tervo-ankare et al.，2013）。例如，2012 年 12 月，美联社与捷孚凯营销研究顾问公司（Associated Press-GfK）在美国进行的一项民意调查显示，在飓风桑迪的影响下美国人对气候变化的担忧日益加剧，80% 的人认为气候变化是美国的一个严重问题，这高于 2009 年的 73%。戈登堡（Goldenberg，2012）提到，"一些怀疑者在后续的采访中说，他们被个人经历说服并转变看法：比如创纪录的温度、纽约市地铁隧道的洪水、北极海冰融化和中西部极端干旱的新闻。"尽管态度的转变会给人信心，但如果社区等待某一事件"让他们相信"，那将很难有更可持续和更安全的社区前景。因此，强调沟通的重要性极其重要，"这意味着强调用社区自己的语言、通过创新媒体以及用容易理解的非科学术语来呈现知识"（O'Brien et al.，2008：20）。

虽然公众参与被认为是处理社区规划问题的标准机制，但是应该指出的是，仅依靠一次公开会议的协商策略并不能解决冲突。事实上，这不仅不会改变各方立场并达成一致，反而可能会强化各方立场导致更大的冲突。"公开会议可能有助于发现冲突，但无法解决或治理冲突。虽然它们赋予每个人发言权，但根本原因……往往被忽略"（Millar and Aitken，1995：627）。公开会议往往聚焦于方法，而不关注流程和社会关系的建立，也不关注公众对流程实践的期待（Umemoto and Suryanata，2006）。很多时候，流程是基于利益而不是价值观的。然而，如果要在利益相关者之间寻求长期的合作和共同点，就必须关注那些受影响者的价值观（Millar and Yoon，2000；Ryan and Wayuparb，2004；Evans and Garvin，2009）。因此，社区策略需要适当的沟通技巧与社区参与以适合当地情况的方式相结合（Hall，2008；van Aalst et al.，2008）。例如，奥布赖恩等（O'Brien et al.，2008：20）强调了"与可靠的、对社区环境和互动有深刻理解的当地中介机构合作，将新活动、新技术或实践建立在当前应对实践上"的重要性。

在地区层面，基于社区的环境适应极大地提升了降低脆弱性的概率。自下而上的方法有利于促进地方层面因地制宜的行动措施和赋权，鼓励更多地参与降低风险、适应行动和策略，以提高韧性和安全性（O'Brien et al.，2008；Ensor and Berger，2009；McEvoy et al.，2010）。这也符合IPCC适应评估的要求：

> 不仅要考虑某些适应方法的可行性，还要考虑所需资源的供应，环境适应的成本和代价，对环境适应的了解、及时性，对实际执行者的激励，以及个人或文化偏好的包容性……（Schneider et al.，2007：796）

尽管人们热衷于自下而上的方法，但也要认识到适应能力有非技术性限制的短板（Adger et al.，2007，2009a）。例如，恩索尔和伯格（Ensor and Berge，2009：227）提到"对个人和社区包容变革自由的文化短板"，而阿杰等（Adger et al.，2007）则指出了一些不同类型的非技术和非生态的适应短板，包括信息和认知短板、社会和文化短板、政治制度短板和财政短板。因此，政府依然对社区和个人应对气候变化的能力具有重要影响。

五 碳能力与促进个人和社区改变的应对方法

碳能力指的是"通过改变个人行为达成集体行动，对碳的使用和管理作出合理判断和有效决策的能力"（Whitmarsh et al.，2009：2）。在探讨改变气候变化相关行为的不同政策干预模式时，要先了解与气候变化、可持续性和人类安全相关情境意义（Hall，2013b），即个人如何在他们的日常生活和决策中转化和运用知识（Whitmarsh et al.，2011）。碳能力有三个核心维度：

- 决策/认知/评估（技术、物质和社会方面的知识、技能、动机、理解和判断）；
- 个人行为或"实践"（例如，节约能源，降低风险）；
- 更广泛地参与供应和治理体系（例如，投票、抗议、创建替代性的供应基础设施）。

碳素养方法（carbon literacy approach）假设个人随着知识的获得（也许是教育活动的结果）会改变行为和做法。相反，碳能力方法认为，许多行为是不明显的、习惯性的和常规的，而不是自我决策的结果。这意味着个人对行为和风险的认知决策（Marx et al.，2006）及其实践受到社会供应体系、资源的宏观结构和制度规则的约束（Whitmarsh et al.，2009）。碳能力并不意味着试图鼓励行为改变的教育和交流毫无价值。相反，它强调需要在更宽泛的背景下理解个人和社区行为改变的能力（Hall，2013b，2014）。

碳能力内在的含义是指要跳出对行为改变理解的范畴去看待问题，其要表明的是，提供的信息要足够充分，能让消费者作出"理性"且"恰当"的选择，然而，有必要进一步理解针对行为改变的不同方法的基本假设。在处理决策、行动和持续消费时，有三种主要的现代方法：功利主义、社会/心理学和供应/制度体系（Seyfang，2011）（见表13-2）。

表 13 - 2　理解决策制定和行为改变的方法

方法	层面	决策制定认知	实现行为改变的工具	治理的表现形式
功利主义（绿色经济）	个人	基于理性效用最大化的信息认知过程	绿色标签、税收优惠、定价、教育	市场（国家工具市场化和私有化）
社会与心理学（行为经济学；绿色消费主义；ABC 模型）	个人	心理需求、行为和社会背景反应 ABC 的主导范式：态度、行为和选择	引导——通过干预行为环境引导做出更好的选择 为了鼓励行为改变的社会营销	市场（国家工具市场化和私有化） 网络（公私合营）

续表

方法	层面	决策制定认知	实现行为改变的工具	治理的表现形式
供应体系/制度（发展供应体系；基于社区的方法）	社区，社会，网络	由社会技术基础设施和制度形成/制约	短期供应链，地方食物安全，地方才能和能力的发展	等级（国家政府和超国家组织）社区（公私合作，社区）

资料来源：Adger et al.，2009b；Hall，2009，2011a，2011b，2013b；Seyfang，2011；Burgess，2012；Gössling and Hall，2013。

行为改变的功利主义方法旨在吸引理性的行动者，他们利用信息最大化自己的效用，以克服"信息赤字"，鼓励"理性行为"，并向市场发送适当的信号（Hall，2013b，2014）。例如，沃尔夫等（Wolf et al.，2009）在研究老年人对热浪风险的看法时发现，由于个体没有意识到自身的脆弱性，他们很少采取适应措施。个体对气候变化的反应可能不像许多适应性行为评估所假设的那样理性（Grothmann and Patt，2005）。信息过量会导致决策困难（Setfang，2011），同时不受理性成本效益分析的社会规范和惯例的作用也很重要，包括界定社区和经济结果公平的概念。因此，决策不是一个单向的、连续的过程，而是渐进的，有时是多向的过程（O'Brien et al.，2008：22）。

包括转型管理（Gössling et al.，2012b）在内的对决策和政策制定满意度的关注在考虑气候变化解决方案方面具有新的意义（Thynne，2008）。它是"推动"公共政策利益的基本维度（Thaler and Sunstein，2008）。该方法表明，公共决策的目标应该是引导公民作为个体为社区做出积极的决策，同时保留个人选择。作为"选择工程师"，决策者建立个人做出选择的背景、过程和环境，在此过程中，他们利用"认知偏差"来干预人们的选择（Alemanno，2012）。根据鲍文斯（Bovens，2009）和阿雷曼诺（Alemanno，2012）的观点，当一种政策工具满足以下条件时，它就算是一种"引导"：

351

- 干预不能限制个人选择；
- 必须符合被引导者的利益；
- 应该包括可供选择内容的体系结构和选择环境的改变；

- 隐含对认知偏差的技巧性应用；
- 目标行为并非源自完全自主的选择（例如，缺乏对选择环境的充分了解）。

在英国，政策工具这一概念对包括减排在内的政策措施的影响可以从戴维·卡梅伦的报告中看到。据说，他在选举前将《引导》（*Nudge*）（Thalen and Sunstein，2008）和《思维空间报告》（*The Mindspace Report*）（Dolan et al.，2010）规定为同仁的必读书目（Burgess，2012），这表明，"基于'不断变化的环境'的方法（在这里环境是指作出决定和对信号提示作出回应的环境），有可能以相对较低的成本带来行为重大的改变。"（Dolan et al.，2010：8）。如《思维空间报告》中所说：

> ……大多数政策制定者都专注于更大的图景——通常被称为文化变革。在某些情况下，仅凭论证的力量就能最终带来文化变革，如性别平等或种族关系。但一般来说，更纵深的政策历史表明，这种变化是由广泛的社会争论和小规模的政策实施共同推动的。吸烟也许是最被人熟知的例子。几十年来，吸烟从普遍行为转变为今天越来越少数化的行为。更多公开的信息、有影响力的广告（以及禁止支持吸烟的广告）、不断扩大的禁令，以及不断变化的社会规范相互强化，改变了吸烟的行为均衡。从性行为到碳排放，我们完全有理由认为这种模式也会在许多其他行为领域重复出现。（Dolan et al.，2010：77）

"引导"和与之密切相关的社会营销概念都认为，决策和消费是非常有意思的多重现象，包括身份、文化和社会归属等社会符号的影响程度及其相互之间的联系（Seyfang，2011）。社会营销对与气候变化相关行为的持续性影响潜能越来越受到人们的关注（Downing and Ballantyne，2007；Peattie et al.，2009）。不同于供应体系，行为改变的社会/心理学方法把社会规范视为驱动因素，但几乎没有考虑需求和愿望是如何形成的。也就是说，它们没有从根本上质疑结构和范式，需要做出重大改进（Shove，2010）。此外，社会/心理学方法在个人否认风险、感到无能为力或没有适应能力的情况下可能失效（O'Brien et al.，2008）。事实上，伯吉斯（Burgess，2012）认为，行为解决方案在应用时，假设人们基本上是顺从且被动的，假设在现代"风险社会"中个人自由度和自主权有限，这些假设与基于社区的人类安全和气候变化方法中的赋权目标不一致（O'Brien et al.，2008）。

供应体系方法关注的是与集体社会背景相关的制度、规范、规则、结构和基础设施，这些因素制约着个人决策、消费和生活方式实践。该方法的意义在于，它强调特定的社会技术体系将选择限制在供应体系的可达范围内，因此可以将个人和社区"锁定"到特定的行为方式上（Lorenzoni et al.，2007，2011；Marechal，2010；Seyfang，2011）。供应体系方法的重点是发展供应体系，如提高当地食品安全和发展地方经济的食品网络，即农贸市场、短供应链、公平贸易（Gössling and Hall，2013）。这些举措非常重要，因为它们也为发展新形式的碳社区和地方主义指明了方向，这对应对气候和其他形式的环境变化至关重要（Monaghan，2012）。

功利主义（绿色标签，税收优惠，定价，教育）和社会/心理（引导，社会营销）方法基于"ABC 模型"（Hall，2013b，2014）。社会变革取决于价值观和态度 A，这些价值观和态度影响个人决策 C 以及选择行为类型 B。B 和 C 的结合能够指导形成明确有效政策制定议程，概念和实践任务是确定并影响环境友好行为的决定因素。"（Shove，2010：1275；Hinkel，2011）正如肖夫（Shove，2010）所指出的，目前国家基于 ABC 模型的干预策略将环境破坏作为个人行为的后果，并假设在提供更好的信息或激励的情况下，个人会选择不同的行动和行为。但这些国家干预的 ABC 策略并没有从根本上质疑结构/范式及其在影响个人行为、理解风险和脆弱性方面的作用（Hall，2013b）。

……政策制定者对他们所借鉴的变革模式具有强势的选择权，他们对社会理论的偏好绝不是随机的。把重点放在个人选择上具有重要的政治优势，在这种情况下，进一步探寻备选方案的结构，或探究政府维持基础设施和经济机构的方式可能难度太大，无法发挥作用……（Shove，2010：1283）

六 结论：个人和社区对人类安全和气候变化的
应对——超越 ABC？

本章指出，我们对个人和社区应对气候变化和人类安全问题的方式的理解与不同的行为范式有关。引导（nudging）和社会营销在鼓励个人和社区改变方面具有一定的价值（Burgess，2012）。然而，如果不考虑结构和制度的影响，那么被"锁定"在社会技术供应体系中的可能性会大大增加。此外，不同的行为改变概念也与不同的治理模式联系在一起（Hall，2011b，2013b，2014）。

治理的每一种定义都与特定政策工具的使用有关（Hall，2011b）。由于任何政策 – 行动的划分都是人为的，这些治理工具和治理模式也可以与政策执行和国家干预的不同定义方法联系起来（Hall，2009）。在某种类似"先有鸡还是先有蛋"的情况下，很难说谁先出现——是治理模式先出现，还是实施公共政策的行为干预机制先形成。但重要的是，治理模式和干预方式是相互促进的。两者不能被分割开单独理解（Hall，2011a）。然而，治理模式和干预方式之间的相互强化产生了某种路径依赖，在这种情境中，应对气候变化提升人类安全的解决方案主要通过基于效率和市场解决方案的"绿色增长"争论，这种相互强化还产生了一种意识形态，即从个人决策和责任的角度构建可持续发展和降低风险（Bailey and Wilson，2009；Shove，2010；Whitmarsh et al.，2011）。

行为经济学和社会营销方法对政策制定的吸引力之一是成本效益的承诺（如"引导"），实现"少花钱多办事"，特别是在公共部门的支出方面。实际上，该方法强调的是不需要更多资源的"聪明"解决方案；有明确的数据显示经济衰退时，许多政府的当务之急是致力于减少支出（Burgess，2012）。然而，即使看似简单的引导提案，其因果关系也不像预期的那样可预测或可测量（Hinkel，2011），而且这种方法可能无法"解决"可持续消费和气候变化等"棘手问题"，"在这些问题中，多个系统以不同的规范和规模运作、相互作用，以产生突发行为，这些行为可能非常难以预测，甚至是不可能预测的"（Selinger and Powys White，2012：29），例如反弹和适得其反的效果。泽林格和波伊斯·怀特（Selinger and Powys White，2012：29）继而指出，"引导者甚至根本没有试图讨论复杂的干预措施，这些干预措施需要将世界不同地区的不同公民从二氧化碳密集型社会中转移出来，或者适应可能伴随二氧化碳密集型产业、基础设施和生活方式的永久变化"。

另一个更重要、更复杂的问题是，鉴于 ABC 模型是当代环境政策的主要参考模型，相关社会科学通常被限制在与之一致的理论范围内（Shove，2010：1280）。正如肖夫（Shove）所说，ABC 模型不仅仅是一种行为改变的理论：

> 它也是一个干预模板，将公民定位为消费者和决策者，将政府和其他机构定位为推动者，其作用是引导人们自己做出有利于环境的决定，并阻止他们选择其他不利于环境的行动方案。（Shove，2010：1280）

这是寻求应对人类安全和气候变化问题的关键。鉴于对人类行为的理解方式与治理和干预模式之间的关系，在许多情况下个人和社区的应对可能受到限制。

"锁定"于特定的社会技术供应体系是防范气候变化危险的主要制约因素（Bailey and Wilson，2009；Maréchal，2010）。这种"锁定"发生在多个治理层面上。在这种情况下，政策学习极其困难（Hall，2011a），产生的变化经常仅发生于表层，不能对基本增长范式和/或做事方式提出挑战。正如肖夫所说：

> ……超出 ABC 范围之外的范式和方法无论其倡导者如何互动或如何政策参与，注定会永远被边缘化。打破这一僵局，必须在气候变化政策中重新讨论一系列关于国家角色、责任分配的基本问题，以及从非常实际的角度来看管理能力的含义。（Shove，2010：1283）

这种情况对社区寻求"其他"方法带来了非常现实的问题，并凸显了将适应性纳入可持续发展主流的困难，即使它会加强人类安全（O'Brien et al.，

355

2008；Adger et al. ，2009b；IPCC，2012）。如果像奥布赖恩等（O'Brien et al. ，2008）所说的那样，在 21 世纪，加强人类安全就是要以不仅减少脆弱性和冲突，而且要创造一个更加公平、有韧性和可持续的未来的方式来应对气候变化，那么这也是寻求政治回应、处理权力问题的方法。强调"公平"（O'Brien et al. ，2008）、"压制"（IPCC，2012：572）和"结构性不平等"（IPCC，2012：20）等问题的同时也指出了当前供应体系的本质及其不足。这些都清楚地说明，需要处理好强有力的社区政治领导力，其对人类安全的约束需要不断地加以强调。同样重要的是，这些对人类安全和气候变化学界的研究提出重大挑战，因此不仅要在政策文件和报告领域进一步探讨这些问题，而且还要在气候变化科学领域进一步探究批判性社会科学的主要价值。

参考文献

Adger, W. N. , S. Agrawala, M. M. Q. Mirza, C. Conde, K. O'Brien, J. Pulhin, R. Pulwarty, B. Smit and K. Takahashi(2007), 'Assessment of adaptation practices, options, constraints and capacity', in M. Parry, O. Canziani, J. Palutikof, P. van der Linden and C. Hanson(eds), *Climate Change 2007: Impacts, Adaptation and Vulnerability. Contribution of Working Group Ⅱ to the Fourth Assessment Report of the Intergovernmental Panel on Climate Change*, Cambridge, UK: Cambridge University Press, pp. 717 – 743.

Adger, W. N. , S. Dessai, M. Goulden, M. Hulme, I. Lorenzoni, D. Nelson, L. Naess, J. Wolf and A. Wreford(2009a), 'Are there social limits to adaptation to climate change?', *Climatic Change*, 93, 335 – 354.

Adger, W. N. , I. Lorenzoni and K. O'Brien(eds)(2009b), *Adapting to Climate Change: Thresholds, Values, Governance*, Cambridge, UK: Cambridge University Press.

Albrecht, G. , G. – M. Sartore, L. Connor, N. Higginbotham, S. Freeman, B. Kelly, H. Stain, A. Tonna, and G. Pollard(2007), 'Solastalgia: the distress caused by environmental change', *Australasian Psychiatry*, 15(S1), 95 – 98.

Alemanno, A. (2012), 'Nudging smokers – the behavioural turn of tobacco risk regulation', *European Journal of Risk Regulation*, 1/2012, 32 – 42.

Alkire, S. (2003), *A Conceptual Framework for Human Security*, CRISE Working Paper 2, Oxford: Queen Elizabeth House.

Bailey, I. and G. Wilson(2009), ' Theorising transitional pathways in response to climate change: technocentrism, ecocentrism, and the carbon economy', *Environment and Planning* A, 41, 2324 – 2341.

Barnett, J. (2001a), *Security and Climate Change*, Tyndall Centre Working Paper No. 7, Norwich, UK: Tyndall Centre for Climate Change Research, University of East Anglia.

356

Barnett, J. (2001b), *The Meaning of Environmental Security: Ecological Politics and Policy in the New Security Era*, London, UK: Zed Books.

Barnett, J. and W. N. Adger(2007), ' Climate change, human security and violent conflict', *Political Geography*, 26, 639 – 655.

Beg, N. , J. Corfee Morlot, O. Davidson, Y. Afrane – Okesse, L. Tyani, F. Denton, Y. Sokona, J. P. Thomas, E. L. La Rovere, J. K. Parikh, K. Parikh and A. A. Rahman (2002), ' Linkages between climate change and sustainable development', *Climate Policy*, 2, 129 – 144.

Biggs, D. , C. M. Hall and N. Stoeckl (2012), ' The resilience of formal and informal tourism enterprises to disasters – reef tourism in Phuket', *Journal of Sustainable Tourism*, 20, 645 – 665.

Blitz, D. (1992), *Emergent Evolution: Qualitative Novelty and the Levels Of Reality*, Boston, USA: Kluwer.

Boulding, E. (1991), ' States, boundaries and environmental security in global and regional conflicts', *Interdisciplinary Peace Research*, 3(2), 78 – 93.

Bovens, L. (2009), ' The ethics of nudge', in T. Grüne – Yanoff and S. Ove Hansson (eds), *Preference Change: Approaches from Philosophy, Economics and Psychology*, Berlin, Germany: Springer, pp. 207 – 220.

Brann, P. and M. Foddy(1987), ' Trust and the consumption of a deteriorating commonresource', *Journal of Conflict Resolution*, 31, 615 – 630.

Burgess, A. (2012), ' "Nudging"healthy lifestyles: the UK experiments with the behavioural alternative to regulation and the market', *European Journal of Risk Regulation*, 1/2012, 3 – 16.

Cohen, M. J. (2007), *Food Security: Vulnerability Despite Abundance*, Coping With Crisis Working Paper Series, New York, USA: International Peace Academy.

Comfort, L. , T. Birkland, B. Cigler and E. Nance(2010), ' Retrospectives and prospectives on Hurricane Katrina: five years and counting', *Public Administration Review*, 70, 669 – 678.

Connor, L. , G. Albrecht, N. Higginbotham, S. Freeman and W. Smith(2004), ' Environmental change and human health in Upper Hunter communities of New South Wales, Australia', *EcoHealth*, 1(2, Supplement), SU47 – SU58.

David, R. G. , S. Brody and R. Burby(2003), ' Public participation in natural hazard mitigation policy formation: challenges for comprehensive planning', *Journal of Environmental Planning and Management*, 46, 733 – 754.

Demeritt, D. (2001a), ' The construction of global warming and the politics of science', *Annals of the Association of American Geographers*, 91, 307 – 337.

Demeritt, D. (2001b), ' Science and the understanding of science: a reply to Schneider', *Annals of the Association of American Geographers*, 91, 345 – 348.

Demeritt, D. (2006), ' Science studies, climate change and the prospects for constructivist critique', *Economy and Society*, 35, 453 – 479.

Demeritt, D. and D. Rothman(1999), ' Figuring the costs of climate change: an assessment and critique', *Environment and Planning A*, 31, 389 – 408.

Department for International Development(DFID) (2006), *Eliminating World Poverty: Making Governance Work for the Poor, A White Paper on International Development*, London, UK: Department for International Development.

Dietz, S. and N. Stern(2008), ' Why economic analysis supports strong action on climate change: a response to the Stern Review's critics', *Review of Environmental Economics and Policy*, 2, 94 – 113.

Dolan, P. , M. Hallsworth, D. Halpern, D. King and I. Vlaev(2010), *MINDSPACE: Influencing Behaviour Through Public Policy*, London, UK: Cabinet Office and Institute for Government.

Downing, P. and J. Ballantyne, J. (2007), *Tipping Point or Turning Point? Social Marketing & Climate Change*, London, UK: Ipsos MORI Social Research Institute.

Ensor, J. and Berger, R. (2009), ' Community – based adaptation and culture in theory and practice', in W. N. Adger, I. Lorenzoni and K. O'Brien (eds), *Adapting to Climate Change: Thresholds, Values, Governance*, Cambridge, UK: Cambridge University Press, pp. 227 – 239.

Evans, J. and T. Garvin(2009), ' "You're in oil country": moral tales of citizen action against petroleum development in Alberta, Canada', *Ethics Place and Environment*, 12, 49 – 68.

357

Füssel, H. – M. (2007), ' Vulnerability: a generally applicable conceptual framework for climate change research', *Global Environmental Change*, 17(2), 155 – 167.

Füssel, H. – M. and R. J. T. Klein(2006), ' Climate change vulnerability assessments: an evolution of conceptual thinking', *Climatic Change*, 75, 301 – 329.

Goldenberg, S. (2012), ' Extreme weather more persuasive on climate change than scientists', *The Guardian*, 14 December.

Gössling, S. and C. M. Hall(2006), ' Uncertainties in predicting tourist flows under scenarios of climate change', *Climatic Change*, 79(3 – 4), 163 – 73.

Gössling, S. and C. M. Hall (2013), ' Sustainable culinary systems: an introduction', in C. M. Hall and S. Gössling(eds), *Sustainable Culinary Systems: Local Foods, Innovation, and Tourism & Hospitality*, London, UK: Routledge, pp. 3 – 44.

Gössling, S., D. Scott, C. M. Hall, J. Ceron and G. Dubois(2012a), ' Consumer behaviour and demand response of tourists to climate change', *Annals of Tourism Research*, 39, 36 – 58.

Gössling, S., C. M. Hall, F. Ekström, A. Brudvik Engeset and C. Aall(2012b), ' Transition management: a tool for implementing sustainable tourism scenarios?', *Journal of Sustainable Tourism*, 20, 899 – 916.

Grothmann, T. and A. Patt(2005), ' Adaptive capacity and human cognition: the process of individual adaptation to climate change', *Global Environmental Change, Part A*, 15, 199 – 213.

Hall, C. M. (2006), ' New Zealand tourism entrepreneur attitudes and behaviours with respect to climate change adaption and mitigation', *International Journal of Innovation and Sustainable Development*, 1, 229 – 237.

Hall, C. M. (2008), *Tourism Planning*, 2nd edn, Harlow, UK: Pearson Prentice – Hall.

Hall, C. M. (2009), ' Archetypal approaches to implementation and their implications for tourism policy', *Tourism Recreation Research*, 34, 235 – 245.

Hall, C. M. (2011a), ' Policy learning and policy failure in sustainable tourism governance: from first and second to third order change?', *Journal of Sustainable Tourism*, 19, 649 – 671. Hall, C. M. (2011b), ' A typology of governance and its implications for tourism policy analysis', *Journal of Sustainable Tourism*, 19, 437 – 457.

Hall, C. M. (2013a), ' The natural science ontology of environment', in A. Holden and D. Fennell(eds), *The Routledge Handbook of Tourism and the Environment*, Abingdon, UK: Routledge, pp. 6 – 18.

Hall, C. M. (2013b), 'Framing behavioural approaches to understanding and governing sustainable tourism consumption: beyond neoliberalism, "nudging" and "green growth"?', *Journal of Sustainable Tourism*, DOI: 10. 1080/09669582. 2013. 815764.

Hall, C. M. (2014), *Tourism and Social Marketing*, Abingdon, UK: Routledge.

Hall, C. M. , D. J. Timothy and D. Duval(2003), 'Security and tourism: towards a new undertanding', *Journal of Travel & Tourism Marketing*, 15, 1 – 18.

Hall, C. M. , D. Scott and S. Gössling(2013), 'The primacy of climate change for sustainable international tourism', *Sustainable Development*, 21(2), 112 – 121.

Halsnæs, K. , P. Shukla, and A. Garg (2008), 'Sustainable development and climate change: lessons from country studies', *Climate Policy*, 8, 202 – 219.

Hanna, E. G. , E. Bell, D. King, and R. Woodruff(2011), 'Climate change and Australian agriculture: a review of the threats facing rural communities and the health policy land – scape', *Asia – Pacific Journal of Public Health*, 23(2 suppl.), 105S – 118S.

Hay, R. (1998), 'A rooted sense of place in cross – cultural perspective', *Canadian Geographer*, 42, 245 – 266.

Hinkel, J. (2011), 'Indicators of vulnerability and adaptive capacity: towards a clarification of the science – policy interface', *Global Environmental Change*, 21, 198 – 208.

IPCC(2007), *Climate Change 2007: Impacts, Adaptation, and Vulnerability. Contribution of Working Group II to the Fourth Assessment Report of the Intergovernmental Panel on Climate Change*, M. L. Parry, O. F. Canziani, J. P. Palutikof, P. J. van der Linden and C. E. Hanson (eds), Cambridge, UK: Cambridge University Press.

IPCC(2012), *Managing the Risks of Extreme Events and Disasters to Advance Climate Change Adaptation. A Special Report of Working Groups I and II of the Intergovernmental Panel on Climate Change*, C. B. Field, V. Barros, T. F. Stocker, D. Qin, D. J. Dokken, K. L. Ebi, M. D. Mastrandrea, K. J. Mach, G. – K. Plattner, S. K. Allen, M. Tignor and P. M. Midgley (eds), Cambridge, UK, and New York, USA: Cambridge University Press.

Joyce, A. L. and T. A. Satterfield(2010), 'Shellfish aquaculture and First Nations'sover – eignty: the quest for sustainable development in contested sea space', *Natural Resources Forum*, 34, 106 – 123.

Keller, D. R. and F. B. Golley(eds) (2000), *The Philosophy of Ecology. From Science to Synthesis*, Athens, USA: University of Georgia Press.

Kelly, E. D. (2009), *Community Planning: An Introduction to the Comprehensive Plan*, 2nd edn, Washington DC, USA: Island Press.

Krishnaswamy, A., E. Simmons and L. Joseph(2012), 'Increasing the resilience of British Columbia's rural communities to natural disturbances and climate change', *BC Journal of Ecosystems and Management*, 13(1). Available at: http://www. jem. forrex. org/forrex/index. php/jem/article/view/168, accessed 20 January 2013.

Lorenzoni, I., S. Nicholson – Cole and L. Whitmarsh(2007), 'Barriers perceived to engag – ing with climate change among the UK public and their policy implications', *Global Environmental Change*, 17, 445 – 459.

Lorenzoni, I., G. Seyfang and M. Nye(2011), 'Carbon budgets and carbon capability: lessons from personal carbon trading', in I. Whitmarsh, S. O'Neill and I. Lorenzoni(eds), *Engaging the Public with Climate Change: Behaviour Change and Communication*, London, UK: Earthscan, pp. 31 – 46.

Lowi, M. and B. Shaw(eds) (2000), *Environment and Security: Discourses and Practices*, New York, USA: St. Martins Press.

Maréchal, K. (2010), 'Not irrational but habitual: the importance of"behavioural lock – in" in energy consumption', *Ecological Economics*, 69, 1104 – 1114.

Marx, S., E. Weber, B. Orlove, A. Leiserowitz, D. Krantz, C. Roncoli and J. Philips(2006), 'Communication and mental processes: experiential and analytic processing of uncertain climate information', *Global Environmental Change*, 17, 47 – 58.

McEvoy, D., P. Matczak, I. Banaszak and A. Chorynski(2010), 'Framing adaptation to climate – related extreme events', *Mitigation and Adaptation Strategies for Global Change*, 15, 779 – 795.

Millar, C. (1996), 'The Shetland way: morality in a resource regime', *Coastal Management*, 24, 195 – 216.

Millar, C. and D. Aiken(1995), 'Conflict resolution in aquaculture: a matter of trust', in A. Boghen(ed.), *Coldwater Aquaculture in Atlantic Canada*, 2nd edn, Moncton, Canada: Canadian Institute for Research on Regional Development, pp. 617 – 645.

Millar, C. and H. Yoon(2000), 'Morality, goodness and love: a rhetoric for resource man – agement', *Ethics, Place & Environment*, 3, 155 – 172.

Monaghan, P. (2012), *How Local Resilience Creates Sustainable Societies: Hard to Make,*

Hard to Break, London, UK: Routledge.

O'Brien, K. , L. Sygna and J. E. Haugen(2004) , ' Vulnerable or resilient? A multi – scale assessment of climate impacts and vulnerability in Norway' , *Climatic Change*, 64, 193 – 225.

O'Brien, K. , S. Eriksen, L. P. Nygaard and A. Schjolden(2007) , ' Why different interpreta – tions of vulnerability matter in climate change discourses' , *Climate Policy*, 7, 73 – 88.

O'Brien, K. , L. Sygna, R. Leichenko, W. N. Adger, J. Barnett, T. Mitchell, L. Schipper, T. Tanner, C. Vogel and C. Mortreux(2008) , *Disaster Risk Reduction, Climate Change Adaptation and Human Security,* Report prepared for the Royal Norwegian Ministry of Foreign Affairs by the Global Environmental Change and Human Security(GECHS) Project, GECHS Report 2008: 3, Oslo, Norway: Ministry of Foreign Affairs.

O'Brien, K. L. , A. L. St Clair and B. Kristoffersen(eds) (2010a) , *Climate Change, Ethics, and Human Security*, Cambridge, UK: Cambridge University Press.

O'Brien, K. L. , A. L. St Clair and B. Kristoffersen(2010b) , ' Towards a new science on cli – mate change' , in K. O'Brien, A. L. St Clair and B. Kristoffersen(eds) , *Climate Change, Ethics, and Human Security*, Cambridge, UK: Cambridge University Press, pp. 215 – 227.

Ostrom, E. (1990) , *Governing the Commons: The Evolution of Institutions for Collective Ac – tion, The Political Economy of Institutions and Decisions*, Cambridge, UK: Cambridge University Press.

Page, E. and M. Redclift(eds) (2002) , *Human Security and the Environment: International Comparisons*, Cheltenham, UK and Northampton, MA, USA: Edward Elgar.

Paton, D. and D. Johnston(2001) , ' Disasters and communities: vulnerability, resilience and preparedness' , *Disaster Prevention and Management*, 10, 270 – 277.

Peattie, K. , S. Peattie and C. Ponting(2009) , ' Climate change: a social and commercial mar – keting communications challenge' , *EuroMed Journal of Business*, 4, 270 – 286.

Root, T. L. and S. H. Schneider(1995) , ' Ecology and climate: research strategies and im – plica – tions' , *Science*, 26(5222) , 334 – 341.

Ryan, P. and N. Wayuparb(2004) , ' Green space sustainability in Thailand' , *Sustainable Development*, 12, 223 – 237.

Schneider, S. H. (2001) , ' A constructive deconstruction of deconstructionists: a response to Demeritt' , *Annals of the Association of American Geographers*, 91, 338 – 344.

Schneider, S. H. , S. Semenov, A. Patwardhan, I. Burton, C. H. D. Magadza, M. Oppenheimer,

359

A. B. Pittock, A. Rahman, J. B. Smith, A. Suarez and F. Yamin(2007) , ' Assessing key vulnerabili-ties and the risk from climate change' , in M. Parry, O. Canziani, J. Palutikof, P. van der Linden and C. Hanson(eds) , *Climate Change* 2007: *Impacts, Adaptation and Vulnerability. Contribution of Working Group II to the Fourth Assessment Report of the Intergovernmental Panel on Climate Change, Cambridge,* UK: Cambridge University Press, pp. 779 – 810.

Selinger, E. and Powys White, K. (2012) , ' Nudging cannot solve complex policy prob-lems' , *European Journal of Risk Regulation*, 1/2012, 26 – 31.

Seyfang, G. (2011) , *The New Economics of Sustainable Consumption: Seeds of Change*, Bas-ingstoke, UK: Palgrave Macmillan.

Shove, E. (2010) , ' Beyond the ABC: climate change policy and theories of social change' , *Environment and Planning A*, 42, 1273 – 1285.

Slocum, R. (2010) , ' The sociology of climate change: research priorities' , in J. Hagel, T. Dietz and J. Broadbent (eds) , *Workshop on Sociological Perspectives on Global Climate Change,* Arlington, USA: National Science Foundation, pp. 133 – 137.

Stern, N. (2007) , *The Economics of Climate Change: The Stern Review*, Cambridge, UK: Cambridge University Press.

Suryanata, K. and K. N. Umemoto(2003) , ' Tension at the nexus of the global and local: cul-ture, property, and marine aquaculture in Hawaii' , *Environment and Planning* A, 35, 199 – 214.

Suryanata, K. and K. Umemoto(2005) , ' Beyond environmental impact: articulating the "in-tangibles" in a resource conflict' , *Geoforum*, 36, 750 – 760.

Swart, R. , J. Robinson and S. Cohen(2003) , ' Climate change and sustainable develop-ment: expanding the options' , *Climate Policy*, 3(Suppl. 1) , S19 – S40.

Tervo – Kankare, K. , C. M. Hall and J. Saarinen(2013) , ' Christmas tourists' perceptions of climate change in Rovaniemi, Finnish Lapland' , *Tourism Geographies*, 15, 292 – 317 DOI: 10. 1080/14616688. 2012. 726265.

Thaler, R. H. and Sunstein, C. R. (2008) , *Nudge: Improving Decisions about Health, Wealth and Happiness*, London, UK: Yale University Press.

Thynne, I. (2008) , ' Symposium introduction: climate change, governance and environmen – tal services: institutional perspectives, issues and challenges' , *Public Administration and Develop-ment*, 28, 327 – 339.

Tobin, G. A. (1999) , ' Sustainability and community resilience: the holy grail of hazards planning?', *Global Environmental Change Part B: Environmental Hazards*, 1, 13 – 25.

360   Turnpenny, J. , M. Jones and I. Lorenzoni(2010) , ' Where now for post – normal science? A critical review of its development, definitions, and uses' , *Science Technology Human Values*, doi: 10. 1177/0162243910385789.

Umemoto, K. and K. Suryanata(2006) , ' Technology, culture, and environmental uncertainty considering social contracts in adaptive management' , *Journal of Planning Education and Research*, 25, 264 – 274.

UNDP(United Nations Development Program) (1994) , *Human Development Report 1994*, New York, USA: Oxford University Press for UNDP.

UNDP(2008) , *Fighting Climate Change: Human Solidarity in a Divided World*, 2007/2008 *Human Development Report*, New York, USA: Oxford University Press for UNDP.

van Aalst, M. K. , Cannon, T. and Burton, I. (2008) , ' Community level adaptation to climate change: the potential role of participatory community risk assessment' , *Global Environmental Change*, 18(1) , 165 – 179.

Wainwright, J. (2010) , ' Climate change, capitalism, and the challenge of transdisciplinarity' , *Annals of the Association of American Geographers*, 100, 983 – 991.

Weber, E. U. (2006) , ' Experience – based and description – based perceptions of long – term risk: why global warming does not scare us(yet) ' , *Climatic Change*, 77, 103 – 120.

White, G. F. , R. W. Kates and I. Burton(2001) , ' Knowing better and losing even more: the use of knowledge in hazards management' , *Global Environmental Change Part B: Environmental Hazards*, 3, 81 – 92.

Whitmarsh, L. , S. O'Neill, G. Seyfang and I. Lorenzoni (2009) , ' Carbon capability: what does it mean, how prevalent is it, and how can we promote it?' , Tyndall Working Paper 132. Norwich, UK: Tyndall Centre for Climate Change Research, University of East Anglia.

Whitmarsh, L. , G. Seyfang and S. O'Neill(2011) , ' Public engagement with carbon and climate change: to what extent is the public "carbon capable"?' , *Global Environmental Change*, 21, 56 – 65.

Wilbanks, T. J. (2003) , ' Integrating climate change and sustainable development in a place – based context' , *Climate Policy*, 3(Suppl. 1) , S147 – S154.

Wilbanks, T. J. (2007) , ' Scale and sustainability' , *Climate Policy*, 7(4) , 278 – 287.

Wolf, J. , I. Lorenzoni, R. , Few, V. Abrahmson and R. Raine(2009) , ' Conceptual and practi –

cal barriers to adaptation: an interdisciplinary analysis of vulnerability and response to heat waves in the UK', in W. N. Adger, I. Lorenzoni and K. O'Brien(eds), *Adapting to Climate Change: Thresholds, Values, Governance*, Cambridge, UK: Cambridge University Press, pp. 181 – 196.

Yearley, S. (2009), ' Sociology and climate change after Kyoto: what roles for social science in understanding climate change?', *Current Sociology*, 57, 389 – 405.

Yohe, G. W. , R. D. Lasco, Q. K. Ahmad, N. W. Arnell, S. J. Cohen, C. Hope, A. C. Janetos and R. T. Perez (2007), ' Perspectives on climate change and sustainability', in M. Parry, O. Canziani, J. Palutikof, P. van der Linden and C. Hanson(eds), *Climate Change 2007: Impacts, Adaptation and Vulnerability. Contribution of Working Group II to the Fourth Assessment Report of the Intergovernmental Panel on Climate Change*, Cambridge, UK: Cambridge University Press, pp. 811 – 841.

Young, E. (2001), ' State intervention and abuse of the commons: fisheries development in Baja California Sur, Mexico', *Annals of the Association of American Geographers*, 91, 283 – 306.

第十四章

气候变化、人类安全和建筑环境

卡伦·比克斯塔夫，埃玛·欣顿

一 引言

在英国，每年家庭能源消费约占全国二氧化碳排放量的三分之一（DECC，2011）。从能源公司到政府和活动团体等一系列利益相关者都将家庭视为实现国家气候变化目标的重点节能对象。提高现有住宅（和商业建筑）的能源利用效率是节能的关键。英国的住房存量每年仅以1%的速度增加，因此，我们所居住的大部分房子——至少在2050年前——已经建成（Beddington，2008：4299）。在此，我们聚焦于供暖和维持舒适度的能源——在大多数西方国家，居住空间供暖和制冷在家庭能源消费中占比最大（Shove，2003：396），舒适和适宜的温度也是人类安全的重要方面。最近一份关于燃料贫困（Fuel Poverty）的报告（Hills，2012）显示，尽管政府采取了旨在解决贫困的措施，但到2016年有300万户家庭处于"令人深感失望"的燃料贫困状态。①

20世纪90年代以来，政府在改善现有（家庭）住房能源使用效率时，一直奉行两种主要（但有时相互联系）的改造模式。第一种模式优先考虑个人能源消费者的行为（和选择）。鼓励家庭住户改变行为方式以减少排

---

① 这意味着，如果他们支付达到适宜温度的取暖费用，那么剩下的钱仅能使他们维持低于官方贫困线以下的生活水平。

放的措施，在传统意义上是基于有担当且理性的个体，即个人可以自由地做出"选择"（但也确实隐含着要做出正确选择的要求）。这种改变的路线是通过提供信息弥补事先假定的公共"知识"不足（Owens，2000），以灌输更（生态）理性化的观点、信念和价值观。这些做法可以从一些政府主导的运动中略窥一二，比如"帮助地球从家庭开始"（Hinchliffe，1996；Blake，1999），"你是在做该做的吗？"与"对二氧化碳采取行动"（DE-FRA，2008），以及节能信托基金的年度活动。

同时，我们还可以看到另外一种更系统、技术上更官方的改造模式，362 这种模式体现于由国家、地方政府、能源公司及民间社会参与者规划设计的一系列干预方案中，其目的是从物质和技术层面重塑居家环境以确保能实现温室气体减排，并让家庭户更"容易"加入（Marres，2008）。从政府最近一系列的"需求管理"举措中可以一窥这种结构性的改造模式：环保行为框架（Framework for Pro-Environmental Behaviours）试图通过特定技术设施影响人们的行为（Defra，2008）；碳减排目标（Carbon Emissions Reduction Target，CERT）和社区节能计划（Community Energy Saving Programme，CESP）通过能源公用事业公司向客户提供一系列技术——通常是以折扣价的方式；近来，"绿色交易"（the Green Deal）将通过私人部门并结合新的融资机制推广节能技术。英国政府还致力于大范围推广智能读表——为消费者提供实时能源消费信息——理论上"可以使他们能够更好地控制和管理其能源使用减少排放"（DECC，2012a）。此外，人们也十分关注智能供热控制的潜力，该技术能够"优化供热和存储技术以适应用户的采暖偏好"（DECC，2012b：35）。

然而，实践中行为引导和技术改造这两种模式在转变能源消费模式上都未能达到预期。在本章中，我们将探讨社会能源消费方式转变的模式及其不足——尤其是在物质性和能动性问题上。因此，我们主张采用社会技术方法来实现室内环境脱碳——我们需要认识到日常家庭行为是社会性和物质性的结合。

二 转变家庭日常能耗强度

旨在转变家庭日常能耗（和碳）强度的政策宣传及实践有两种主要的作用模式：第一种是个性模式，以人的自觉能动性为中心，第二种是系统化模式，关注行为的结构性条件，重点是技术创新（Benton and Redclift，1994；Spaargaren，2011）。英国政府促进更可持续消费行为的政策，倾向于采纳改变消费行为的个性模式（Jackson，2005；Defra，2008）。行为改变策略植根于计划行为理论（Ajzen，1991），该理论是心理学文献的一个分支，它假设人们的行为是理性的且由信念和价值观驱动，人们的生活方式和喜好是个人选择的结果（Shove et al.，2012：3）。这个假设认为经济上理性的行为者在掌握了必要的技术和经济信息后，会持续做出偏好稳定的消费选择（Guy，2006）。肖夫（Shove，2010）将此称为行为改变的"态度-行为-选择"（ABC）模式。这种方法被质疑没有认识到应对气候变化等全球环境问题的复杂性，只关注从结构（社会、文化或社会技术）背景中抽象出来的个人。值得注意的是，作者指出个人（作为消费者）行为不可避免地受到社会、基础设施和物质条件等实际情况的限制，人们在处理家庭日常事务时还会一起商量，所以不能简单地把个人行为理解为自由选择的结果（Spaargaren，2011；Shove，2003，2010；Hobson，2006；Guy，2006；Hinchliffe，1996；Benton and Redclift，1994）。为了教育引导、培养居民的消费行为而采取的众多行为引导举措，是基于居民的观点、行为以及自主选择之间的联系，但引导效果不尽如人意。虽然大家的环保意识有所提高，但这种意识对现实中环保行为的影响非常微弱（Spaargaren，2011；Hobson，2003；Jackson，2005；Kollmuss and Agyeman，2002；Owens，2000）。

在某种程度上，信息引导行为改变的政治策略达成的效果有限。我们可以通过更结构化的转变范式判断政策转向——关键是让科学技术真正普遍参与到家庭能效提升中。从这个角度看，实现变革的关键是外部力量——社会政治结构以及技术本身——要渗透到日常生活细节（Shove，

2010）。企业、组织、地方和中央政府等制度性行动主体将通过开发和配置能效技术、设备和产品来实现消费转型（Spaargaren，2011）。这种方法将消费者视为现有已被认可技术的被动接受者：人们将以技术创造者所希望的方式优化使用这些设施（Hinchliffe，1995：94）。

当然，这样的推广计划和相关联设备，没有也不能通过有效的家庭实践为气候政治中的公众参与提供整齐划一的宣传脚本。比如，越来越多确凿的证据表明，在（能效）建筑设计和（能源使用）交付之间存在性能差距，这与使用者不懂在家庭实践中如何使用能源有关（NHBC，2012）。类似的问题还体现在某些具体的"能效"技术上：程序化的供热控制设备并不能缩短供暖时间（Shipworth et al.，2010），智能读表对用户参与和行为改变的影响令人失望（Darby，2006；Hargreaves et al.，2010；Strengers，2011）。人们对能源监测设备能够促进甚至适度减少能源消费的情况知之甚少（Hargreaves et al.，2010）。事实上，已经有人提出将能源机构的控制权更多地转移给技术可能会违背能效目标——这会导致"只管用、没商量"的苛刻行为固化且合法化，剥夺人们对其的思考和质疑（Darby，2010；Strengers，2011）。这些发现凸显了在能源消费和提高家用能效方面需要有其他的思考角度。

三　对能动性的反思：能效的现实实践

社会科学领域已经发起了对社会生活物化层面的再考察，试图厘清事物如何与人类的思想或行动发生关联，但并未回到"确定性现实主义"（Thrift，2005：134）。科学技术研究是多样化的，在诸如社会学、地理学、人类学和政治理论多个领域，事物对我们政治、伦理及日常生活的制约、传达和构建方面的影响，引起了越来越多的关注（Barry，2001；Bennett，2004；Marres and Lezaun，2011；Barad，2003）。行动者网络理论对人类能动性的概念界定（及重新定义），强调了人类能动性总是与我们所处的特定社会物质安排密不可分，这包括"我们的"基础设施、工具和各种人工制品。从这个角度来看，人类的能动性要通过我们与

"外在"物质的关系才能体现出主体性，然而我们却因为太心切而忽略了这种"外在"物质（Bennett in Khan，2009：93）。

在能源和建筑方面的著述中，关于对热舒适的传统唯物主义阐述基于技术和体验感的认识，将舒适度界定为"提供和维护一系列稳定的热能、光能和音响效能的条件"（Cole et al.，2008：324）。因此，通过技术的应用和普遍推广可以实现对舒适度的标准化度量。值得注意的是，最近有作者（在一个社会技术传统中）针对舒适度提出了更为不同的综合性理解——对于舒适度、烹饪、清洁等方面的能源消耗，社会和物质之间的关系影响着能源消费（Guy，2006；Shove et al.，2012）。关于能源消费平稳和变化的社会技术阐述特别强调了社会实践：试图研究特定生活轨迹和习惯的形成，以及正确的行为观念在社会主体中的传播，如何潜移默化着标准和惯例以及相关物质对象（Shove，2003，2010；Crosbie and Guy，2008；Gram-Hanssen，2010，2011）。肖夫和潘萨尔（Shove and Pantzar，2007）强调了日常生活中概念（文化表征）、物质（有形的物理实体，以及由它们制成的材料）和技能（后天习得，自然形成的一种掌握特定物质并获得知识的机体能力）的相互作用——当这些要素之间产生联系时，实践会形成、持续、转变和消失。

社会实践理论既不重视人的能动性和选择自由，也不重视外在的社会物质结构（Shove and Walker，2007；Spaargaren，2011）。相反，正是实践吸纳或招募了愿意且能够参与到其中的用户（Shove and Pantzer，2007）。从这方面来看，能动性并不预先存在或对实践有决定作用，但能动性是实践与其表现之间循环关系的产物。虽然实践理论的支持者们对日常生活的循环往复提供了有信服力的解释，但在对物质、人和实践之间相互关系的界定，以及由此产生的能动性的诠释上存在分歧。正如其他作者所指出的，社会实践中的物化要素只是被部分理论化（Gram-Hanssen，2011；Shove et al.，2012；Strengers and Maller，2012）。在此，我们试图进一步理解事物本身的运作机制，即无论是日常生活还是政治主体，其逻辑结构的改变是如何与事物发生关联的，而这种关联对家庭能效的有效提升意味着什么。

克斯蒂·霍布森（Kersty Hobson，2006）对悉尼可持续生活项目"绿色家园"的研究，揭示了像回收箱和淋浴定时器等家用"生态效率"技术如何促进特定形式的道德环境实践——"道德说教"他们的用户（Jelsma，2003；Hobson，2006）。在这里，"道德在我们使用的东西中，也在人们的意识中"（Jelsma，2003：103）。科尔（Cole et al.，2008）同样认为，建筑的建造和管理可以向他们的用户灌输特定形式的能源使用，这可以为建筑用户提供空间，使其重新审视个人和社会的舒适标准，以及如何通过选择接受室内环境更大幅度的季节变化来实践这些规范。诺尔杰·马尔（Noortje Marres）关于（能源效率）对象政治方面的工作也探索了碳计算技术（碳计算器、智能读表等）对环境的政治参与能力的"实现"。对马尔来说，与霍布森的分析相比，这些干预措施让公众可以轻松自如地参与进来——这些手段实际上还免除了居民主体的道德政治责任。

在下文的讨论中，我们将回顾实证研究，重点介绍我们自己的成果，即特定效率干预对日常社会实践的影响。这样做不仅是为了探究这些干预如何改变着"通常的"（能源消费）实践，而且还要探索会催生环境问题的新政治参与方式。

四　个案研究

下面的叙述主要来自我们自己的成果，研究家庭用户的日常能源使用如何随着能效装置的引入和能源系统的改变而发生变化。表 14-1 提供了15 个家庭案例研究的概况（Hinton et al.，2012）。

表 14-1　参与者概况

被访者	住址	住房类型	住户（年龄）	干预措施
1. 珍妮	梅瑟蒂德菲尔	排屋	50～59 岁	太阳能热水器；热指示灯

续表

被访者	住址	住房类型	住户（年龄）	干预措施
2. 汉娜	梅瑟蒂德菲尔	半独立式住宅	60~69 岁（1 人）；30~39 岁（1 人）；20~29 岁（1 人）；9 岁以下（1 人）	暖气/窗户装置
3. 彼得	梅瑟蒂德菲尔	综合保障性住房公寓	60~69 岁	从保障性住房的蓄电加热器转变成带有煤气集中供热（GCH）的半独立式双床小屋
4. 路易丝和史蒂夫	梅瑟蒂德菲尔	半独立式住宅	50~59 岁（2 人）	指示灯
5. 杰玛和贾森	梅瑟蒂德菲尔	半独立式住宅	50~59 岁（2 人）	电表箱（1 周）；暖气片指示装置
6. 朱莉	梅瑟蒂德菲尔	排屋	50~59 岁（2 人）	电表箱
7. 埃米	梅瑟蒂德菲尔	半独立式住宅	20~29 岁；9 岁以下（2 人）	未干预
8. 卡	托法恩	高层建筑公寓	60~69 岁	房屋翻新（安装保温墙、更换窗户、安装煤气集中供热装置代替蓄电加热器）
9. 约翰			60~69 岁	
10. 萨拉	汉姆和彼得森（低碳区和英国燃气绿色街区）	排屋	50~59 岁（2 人）	绿色街区：太阳能光伏、能源监控；低碳区：家庭能源调查和生态启动装备（如环保水壶，节能灯泡）
11. 菲奥娜和保罗	汉姆和彼得森	排屋两端	60~69 岁（2 人）	
12. 维基	汉姆和彼得森	排屋	30~39 岁（1 人）；10~19 岁（2 人）	绿色街区：太阳能光伏，阁楼加装保温层
13. 琳达	汉姆和彼得森	半独立式住宅	40~49 岁（2 人）；10~19 岁（2 人）	绿色街区：能量监控；低碳区：家庭能源调查和生态启动装备（如环保水壶，节能灯泡）

续表

被访者	住址	住房类型	住户（年龄）	干预措施
14. 凯茜	海德农场绿色街区	联排别墅	50～59 岁	家庭能源调查和生态启动装备（如节能插座，暖气片后面安装能耗指示面板；使用能源监控器）
15. 帕特里夏	海德农场绿色街区	排屋	50～59 岁	同上——同时还采用了家庭防风设施

虽然这些样本不具有代表性，但在地理位置、住房类型、使用权和家庭组成方面存在很大的异质性（Hinton et al.，2012）。住户1～9在干预前和干预后都接受了采访，住户10～15只在干预后接受了采访。[①] 案例研究中所使用的主要装置可分为以下几类：

1. 供热系统改造。安装燃气集中供热（代替电蓄热器）和太阳能热水器或光伏（发电）系统。

2. 反馈装置。安装指示灯，在达到理想的温度（18～21 摄氏度）时会显示"暖"色调的橙色；暖气片装置通过一系列指示灯对能源使用情况进行反馈——如果暖气片供暖时附近有窗户打开，指示灯会变红（上述两个装置都由拉夫堡设计学院开发）；还有若干电能消费仪表装置，通过不同的能耗监控指标值达到监控功能（千瓦、货币和/或二氧化碳排放量）。

3. 热舒适自动化。瓦特盒供热控制系统（由联合国环境规划署、德蒙福特大学开发）是一种"智能"控制技术，可以替代传统的时钟和恒温器。该系统控制中央供热和热水供应，通过自动监测和学习使用者的行为模式和温度偏好减少能源消耗，并通过这种方式更有效（高效）地管理供热系统。住户可以使用该装置查看自己的能源消费和室温，还可以通过控制界面增加或减少居住空间供热和水供热来调节舒适度。

369

---

① 案例研究家庭来自两个不同的项目（与同一研究项目有关），因此尽管访谈内容大致相同，但在数据收集的频率上存在一些差异。

五 干预实践：破与立

在这一节中，我们主要将着眼于为提升家庭能源效率而设计的特定装置和技术，在家庭供热①和舒适度方面对家庭节能改造实践产生何种影响。

在我们研究（Hinton et al.，2012）之前或期间，对六名参与者的供热系统进行了改造（从电力供热到燃气集中供热）或增加了太阳能热水/太阳能光伏系统。三户家庭采用燃气集中供热（未使用蓄电式加热器），这是对常规做法的巨大挑战，同时提升了直接控制供暖系统的性能。其中两户家庭在整个冬季他们都集中居住在家里一个相对较小的区域取暖，剩下的一户家庭还是居住在原来的空间里。所有这三户都把关门作为一种改善他们的热舒适度的手段措施，"优先使用"或完全依赖一个便携式电加热器。电储热器的定时充电再散热的过程使用起来不够灵活。参与者谈到它时都感觉被套牢，因为从秋天到夏天都不敢冒险关闭这个加热设备。新的燃气集中供热系统给人的最直接的体验是人们对舒适度是可控的、具体的。新颖且相对稳定的舒适度控制模式快速出现是（燃气集中供热系统使用的）新功能、花销节省经验和切身体验的产物。一位名为叫约翰②的参与者，谈到冬天他在室内不再穿外套、戴帽子和手套了，可以穿"正常的"衣服而不用穿多件衣服。在冬天他也不会把客厅关起来（也不会给它单独供暖）。约翰把他公寓的室内温度从18摄氏度提高到21.5摄氏度——这是他在改造之前期望达到的温度——估计这省不了多少钱。另一位名为卡的参与者（她曾参与过一个包括保温系统在内的更深度的改造项目）说，在系统地改造后，她的舒适感有了明显改善，在这一年里她都觉得没有必要打开暖气供热。对她来说，燃气集中供热系统能够及时反应并保障供热——这个系统让她不用担心关闭供暖室温就会下降。当然，她的能源消费账单也大幅下降。燃气集中供热系统的各种配件［恒温器、锅炉控制

370

---

① heating，在本文中译为"供热"，因为不仅包括供暖还包括热水供应。——译者注
② 所有案例中出现的人名均为化名。

器和自动调温器（TRVs）］让住户能够对居住空间的舒适度定时调节，这
与他们之间的体验有很大的差异。三户家庭都热衷于通过新的能耗管理操
作控制舒适度体验：没有一家住户对燃气集中供热系统所提供的供暖程序
化功能（一种自动调节的方式）感兴趣，人们都选择手动控制锅炉。

在有机会安装太阳能热水器或太阳能光伏系统的地方①，所有参与者
都谈到了他们与供热系统之间的新互动方式——主要体现在身体感受、天
气观察和一系列家用电器上。对一些参与者来说，新型的就地发电方式，
给某些特殊的家庭活动安排在时空上带来了显著的变化。受访者谈到，在
天气晴朗可以利用光伏发电的时候，他们会打开洗碗机、洗衣机或其他设
施，晾衣服的时候也不用烘干机而改用晾衣绳。珍妮（和其他人）谈到安
装（太阳能热水系统）后的适应过程：她很乐意将控制权交给她所认可的
技术（当然要在经济允许的情况下）。因此，她重新评估了自己可以连续
使用热水的期望："你要学会……知道你什么时候会有水。但是每年的这
个时候，我不期望**一直会有热水**"。尽管珍妮愿意接受减少一些经济控制
权，但在这种新型的社会 - 物质组合架构下，她也很快表达了主观上的坚
持，指出改用太阳能热水器对长期的生活实践并没有实质性影响："系统
运行要适应我，而不是让我改变来迎合系统"。

我们的研究还追踪了一些能耗和室内温度的反馈技术。无源器件（如
测温卡和指示灯）可以提供对温度的可视化观察（理想的温度，或太热、
太冷）。很多参与者都会把测温卡放在非常显眼的地方（比如壁炉台）。重
要的是，18 摄氏度在使用过程中是最佳温度的理念要被用户从心里接受并
认可——在某种程度上，18 摄氏度就是"恰当"的温度。这种心理上认可
的"理想"温度通过反馈技术的装置呈现出来，显然促进了舒适度的认识
和表现。基于此，他们对供热系统的控制呈现如下方式：

371

> 卡：我尽量保持在 18 摄氏度，那是…你知道，之前我可以用暖气
> 片调到我想要的室温。如果天气很冷，会把温度调到 22 摄氏度；没必

---

① 通过保障房房东或地方低碳/能效计划。

要再去增加更多的温度。

采访者：那么，为什么是 18 摄氏度和 22 摄氏度呢？

卡：因为他们给的那个……开关，是的，上面写着：18 摄氏度舒适，如果天气冷一点就是 22 摄氏度——上面标着类似这样的说法。控制板下面还有"危险""低温"等标注，不是吗？这些都是让人们遵循的指导原则。是的，很不错的引导。

通过参与伦敦的一个低碳计划，琳达获得了一个能源监测仪（作为生态启动装置的一部分）。这个设备深受全家人欢迎，为了让各种家用电器的能源消耗能被显示出来，大家都会主动刻意地调试这个设备——也就是说他们都"巴望着"这么做（Hargreaves et al.，2010）。琳达花了很大的精力来校准检测仪，并选择合适的衡量标准：对她家来说这就是钱。

琳达：我把这个设备显示的计量标准设定为钱，因为这对某个朋友的名字很管用。我大致浏览了一下这本（小册子），找到我想搞明白的内容，然后我决定在这所房子里，唯一真正驱使人们去做的就是看省了多少英镑、先令或便士……而且，因为，你知道，这其实也没有很多的钱。如果我对西蒙或丽贝卡这样的人说，哦，洗衣机用了这么多度电了，他们会说，能怎么样呢？他们无法把电和钱联系在一起。

这种对家庭日常生活经济意义上的拓展诠释，使得家庭"行为"产生了很多的长期变化——都是有关热饮、洗碗、洗衣服和烘干衣服等（Hargreaves et al.，2010）。

能量和温度反馈装置并不总是给家庭日常生活带来积极（甚至稳定）的变化。在某些案例中，热反馈装置显示了温度的变化（如当暖气片冷却下来）后，会提示人们增加热输出功率以调整舒适度。

杰玛：然后……现在，有时我会注意到，我们坐在这里，我想，哦，白灯亮了。不知道什么原因暖气片暂停工作了。这很好，否则你可能就注意不到。然后你会想，哦，我现在感觉不太暖和，而且暖气还开着。我会把恒温器调高一点。当我看到它回到橙色时就知道它正常了。

采访者：所以，这实际上增加了你对暖气的使用？

杰玛：如果我觉得冷的话，会增加。

在很大程度上，热反馈装置所带来的生活能源消费实践转变是有限的、不稳定的而且容易重回旧路。因此，尽管人们的确都会去讨论这些新的信号和指示功能给人们带来了一些新的功能和技术，但它们对舒适度的管理影响不大。正如贾森（Jason）所提出的，能耗效率衡量标准"在能效装置被投入使用时就会被忽视"，其作用也会大幅下降（Hargreaves et al.，2010）。

最后，我们的研究还追踪了两户家庭，他们安装了智能供热控制系统——瓦特盒（如上所述）。值得注意的是，两家的家庭成员都非常明确地表达了相同的感受，即科技已经夺走了他们对舒适感的控制，他们的日常生活不得不进行一些彻底的改变——这些改变让他们感到不安和难以接受。他们还认为，比起基于身体感知的手动控制，这种"智能"技术消耗的能源更多。朱莉表示很难适应智能技术，当她和她的伙伴试图增加供暖时，暖气反而自己关掉了。"我曾试图使用它……，但它只开了大约五分钟就又关掉了。"因供热的控制权缺乏灵活性和操作性，一旦手动调整供热设置系统就陷入即时中断，这使两家用户无法调整系统的供热设置适应自己的供热需求。从每个案例看，瓦特盒似乎都需要在配置和用户控制方面做出根本性改变，否则为保持舒适度的操作会被系统识别为破坏性的甚至是功能失调。例如，朱莉提到了供热系统会发生持续的"故障"和不停的"罢工"。有观察指出（Cooper，1998，1998：184），对供热管理在技术上做理性的设计——要求密封建筑且用户只能被动使用——这方面的工作努力却受到被工程师们称为"非理性用户"的抵制，这些用户更喜欢那些尽管低效但是却有极大灵活性和控制权的供热系统。

有趣的是，在朱莉家的案例中，锅炉接口出现问题后，供热设备上安装了一个手动控制箱作为防止热量流失的预防措施。这使朱莉能够提高对供暖系统的手动控制，不过起初她（或她的伙伴）经常手动操作提升室温。在最后一次采访时，朱莉仍在手动控制设备——尽管在某些情况下她还是倾向于让瓦特盒控制——"更容易些"——她也认可自动化带来的好处。由此看来，她不仅希望保留瓦特盒，还希望更好地了解其功能。

六　技术装置的政治：转变能源消费关系

在这一节中，我们将继续讨论，技术实体并不能形成生活实践，它只是改变人们日常生活和习惯的一个"组成"，但是那些能效装置本身就具备某种参与能力，他们通过能源实现道德–政治参与的开启与转换。

我们的许多参与者都谈到，与各种能效装置一起生活使他们认识到能源消费和舒适度是在时空交织中以复杂的方式产生的结果。这些能效装置所具备的能力让能源本身成为可触可感，改变的不仅是人们对日常生活的认识，还有人们日常生活的内容。琳达谈道，在过去的 3~4 个月里，她用能源监测器设置了一个日常的能源消费（以花费的电费来衡量）——这些目标的使用确实有助于实现家庭生活的能源强度（和成本）。所设定目标的实现带来了由衷的自豪感，监控和校准的过程似乎已成为她生活中的常态或习惯——至少在使用期间是这样。

> 采访者：那么，你觉得这种热情会褪去吗？我知道你还使用这个装置，那么现在还会稍微看一下它吗？
>
> 琳达：我还会看一下。我想我们都是。我的意思是，这虽然有点麻烦，但我觉得，我们的能源消费行为变为想要去看一下。……我认为这绝对改变了我们的行为，绝对。

菲奥娜和保罗的案例，在使用智能电表后将日常家用电器的运行保持在极低水平的用电量表现了类似的行为联系。保罗估计，在阳光充足时太阳能电池板会产生足够的电力供这些电器使用。他们描述了使用水表的经验，以及这如何对他们日常生活产生深远的影响——直接导致用水量的迅速减少。水表使他们能够直接将供水与用水联系起来，用保罗的话来说，

"真正地实现了通过自身努力就可以达到节水的目的"。菲奥娜还谈到了她使用环保烧水壶的经历，这是她从低碳地区计划的环保袋中拿到的。她发现这个水壶不好用，又重新用回她的旧水壶。然而，由于她使用过这个环保烧水壶，也参与过与其相关的"能效互动活动"，她现在"总是……把握不好，我总是很纠结到底往普通水壶里倒多少水"。

374

对于杰玛来说，她对散热器反馈装置使用是围绕能源消费的一个循序渐进、潜移默化的过程。虽然她无法确定自己日常生活的哪些方面发生了直接的变化，但在后来的采访中她指出，对能源消费以及践行舒适度的看法有了根本性的转变：

> 嗯，我确实是要停下来想一想。相比以前，现在打开暖气之前，想着要多做点什么。我会停下来想一想；如果穿着 T 恤不穿袜子，然后打开暖气，那是一种浪费；在我看来确实是浪费。……所以，我停下来想：好吧，大约半小时后，我就要开始做饭了，我真的需要现在开暖气吗？所以，我还是拿一件羊毛衫，找几双袜子穿吧；而在以前，我可能会穿着 T 恤开着暖气，你知道——这有点可笑。

萨拉谈到，她丈夫对能源消费的看法发生了重大的转变——这是三个月前"绿色街区"项目中给安装的光伏电池板，（他）对其进行能源检测的结果。对她丈夫来说，太阳能相当于"收获的果实"，他"总是在检查，看看（太阳能板）发了多少电"。所以在这种情况下，太阳能电池板运作发电，催生了人们的节能意识和生活实践。莎拉将其与农耕作类比——农民对待农作物的态度："你不会浪费你生产的东西。"同样，斯特朗和马勒（Strengers and Maller，2012）发现，现时存在的能源及水系统都呈现出稀缺性的特征，这会推动住户成为家庭日常生活的共同管理者——在这种情况下能源消费管理成为家庭日常生活中积极而非被动的主要内容。相比之下，那些使用新型燃气集中供热系统的参与者，尽管他们谈到这项技术可以提升能效并改变生活，但他们的观念和与能源的关系方面没有呈现出实质性的变化——能源仍然是一种被动且无形的资源。

还有其他较多的参与者提到，人际交往中的口口相传有效地吸引了不少的新使用者——技术本身在这样的传播效应中发挥了重要的作用。哈格里夫斯等（Hargreaves et al.，2010）注意到了这样类似的传播效应，尽管他在研究中强调"这算不上是常见的行为效应"。然而，他们的分析集中在人与人之间的鼓励上——也就是说，受访者鼓励其他人减少消费，而不是设施本身的策略影响。例如，琳达说她的一个家庭成员发现这个监测装置是多么"有用"——后来紧接着买了一个，"他们把这当成了优先考虑的事情"。

375　　凯茜在分享她使用能耗监测装置的经历时，很清楚地表示这个设备本身对她来说并不是特别有用，她也不感兴趣——她没时间阅读说明书并设置这个监测设备。真正让她受到影响的是在参加一个项目会议时，另一位居民谈到了这个监测器的功能以及它如何改变了自己的一些生活习惯。是这次参会，（间接的）提醒了凯茜平时低效的能耗行为，由此在她的生活中节能行为才成为可能，并特别重要。维基的叙述就像是通过代理机构实际参与的过程。一些参与者谈到了安装了太阳能电池板后，对邻居们的影响：

> 保罗：他们邻居大部分都知道我安装了太阳能电池板，因为它们在屋顶上很显眼。有几个人走过来跟我说，哦，我……我看到他们在安装。对面的人说，哦，这真令人兴奋，不是吗？所以他……所以他们很感兴趣，也很热衷。我们还将在图书馆开一个太阳能电池板研讨会。

事实上，维基先前参与项目所获得的能源消费干预经验，激发了她在"低碳地区"以街区冠军的身份担任志愿者。① 正如她所说的，"亲眼看到热成像、保温层的好处，让我觉得天哪，这太神奇了；其他人也该这样做。"

也有一些迹象表明，能效装置可能会产生家庭分歧、引发节能"纠纷"甚至节能竞赛——以至于使用能源的步调（偶尔）会成为家庭讨论的

---

① 在哈姆和彼得沙姆低碳地区（Ham and Petersham LCZ），"街区冠军"维基志愿引导该地区的居民一起从事环保活动。

一个活跃话题（Hargreaves et al.，2010），能效监测装置不仅仅是家庭成员相互监督的方式，也是有关家长里短的素材。

温度反馈装置成了一个工具，可以（更有效地）让家庭成员们协商是否应该把暖气调高或调低。琳达谈到了她十几岁的儿子是如何使用能源监测器来确定一系列家庭行为的（经济）成本——这种参与不仅有助于改变他自己的日常，而且还有助于改变更多的与节能相关的事情。

> 琳达：一开始他们并不是很感兴趣，直到萨姆（Sam）看到机器在厨房里工作，他非常兴奋，尤其是在这个机器证明他的 Xbox 能耗最低的时候。在接下来的一个星期里他经常跑来跑去，每次爸爸洗澡或者凯蒂（Katie）没有关电视或其他电器的时候，他都要跟我说它上升了。所以，他一直在努力获得节能积分，这对他很有效。他其实很厉害，他自己把 EON 插头插上，然后设置好，不用我来设置，他会在卧室里设置好。所以，那是备用的插头。……**这真是让他上瘾的东西。**

376

七　结论

在这一章中，我们探究了通过改变家庭能源消费行为推动社会走向低碳化的努力。我们回顾了几种主要的转变模式还论证了不同转变模式的内在需求，阻碍能效消费行为转变的原因要么是个人的，要么是结构性的。相反，在近期追踪对家庭能源使用进行物理干预效果的定性研究结论中，我们试图进一步思考技术和物质在改变日常能源消费行为中的作用——不仅仅是围绕舒适度。

我们跟踪了许多不同的干预措施——从能源系统的改变到供热管埋设备再到反馈设备——它们或多或少地对现有的（能源消费）习惯有直接影响。那些成功的技术维持了人与物之间持续的互动——这一点在能效装置有效性（在经济上或管理舒适度方面）可呈现的情境中表现尤其明显。因此，举例来说，从电力供热到燃气集中供热被普遍认为是一种放松和重塑

（和重新分配）社会参与者和技术设计者之间对舒适度控制权的方式。在某些情况下，能源监测装置解读了不同财务、环境或物理记录器下的消费行为，使得家庭（人）能够将所获得的信息匹配他们的需要和兴趣。这些动态的社会－技术互动不仅促进了新的"能效"实践，还促成了实践的循环往复，最终融入到正常生活中。其他那些被动的反馈装置，被证实在促进用户能源消费行为改变方面的（直接）效果不是很理想——它们仅支持有限的用户互动，多数情况下并不被人们在意，在最初的兴趣之后，很快就被遗忘了。新的实践不能持续下去，它们缺乏持续参与的能力。能够自动调节供热管理的智能热控制系统备受批评，因其占用了热能重新分配控制权，未能实现对人们能源消费行为的改变。在试验期间，个人控制的减少导致这项技术被解读为功能失调并最终遭到拒绝。明确的是，各种技术中最关键的是舒适度控制权问题——控制权通过社会参与者和实体参与者的互动，传达了用户在使用中主观可接受的妥协度——这一点有助于理解为什么一些新做法会出现而且能够持续被接受。

377

我们继续论述了能效装置本身的使用和道德影响，指出特定的技术——在实现不同家庭能源生产与消费动态化时——让能源本身显得与众不同。能效装置不一定能很容易调动人的参与（Marres，2008），它们的道德影响也不一定很直接（Hobson，2003）。它们只是帮助更进一步地厘清吉登斯（Giddens，1984）所提出的实践意识——日常生活中的默契和常规特征——以及参与这些新颖的实践有可能实现环境保护。光伏板和（一些）反馈装置的出现，给家庭内部和家庭之间带来了（在能源使用强度上）有争议的做法，提醒使用者（通常在使用或安装后的一段时间）需要对使用行为的安排或需要进行政治道德反思，这会引发关于能源使用和流动的讨论，同样，在吸引其他人的参与方面也发挥了非常重要的作用。

就政策而言，对行为（改变）的社会技术分析强调，政治上只关注消除阻挠高效使用能源的普遍障碍（冷漠、无知、缺乏经济利益）是有其局限性的。分析也指出，只有通过实体变革，我们才能够找到更多促进能源高效使用的方法。

英国最近的能源政策，最有名的是"绿色新政"，旨在通过推广各种能效工具及材料（保温层、智能读表、智能控制装置）、提升这些新举措在经济上的吸引力，实现大规模的消费转型。伴随"绿色新政"，出现了许多的批评，有人批评干预措施是花别人的钱、低收入家庭得不到实惠，质疑这能够在多大程度上实现家庭开支的节省，认为这不能说服人们积极参与……批评内容还不止这些（Harrabin, 2012）。我们的目的并不是说，结构性因素（如成本和技术获取）与改变人们的行为无关，[1] 而是说，这种方法一旦使用，这些技术所发挥的效应会大打折扣——很可能与专家和政策预期背道而驰。在此，我们提出两点建议。

首先，有必要深入了解住户对供热及其他能效服务的管理方式，这一点要与居民、技术、家庭结构及更广泛的社会技术主体（包括房东、能源公司）之间各自应该发挥的作用相联系。从这个角度，我们或许能够更好地调整针对家庭的干预措施，并创设使某些（节能）实践得以持续的情境。对供热控制系统的并行试验也以一些有价值的发现展示了非常真实的效率提升。最重要的是，那些使用常规供热方式（已经使用了自动程序）的住户以及已经将燃气集中供热系统（用于保暖和水加热）转向地源热泵（Stanfford, 2012；Boait and Rylatt, 2010）的保障房租户，[2] 在安装了能效装置后，某跟踪研究显示，这种结构性的变化要求将供热职责下放给技术。在这两种情况下，瓦特盒技术装置适合这种（新）形成的节能代理关系。

其次，我们要强调政策和创新需要与效率目标的政治能力以及它们所构成的更广泛的能源系统配合，特别是在使能源关系和它们支持的实践更透明、更能接受变革方面。正如斯特朗和马勒（Strengers and Maller, 2012：757）所言，智慧的能效创新"不仅或不一定通过教化和经济奖惩"，还可以是来自"对能源的制造、分类、处理、协调和使用"的实际体验。

---

[1] 事实上，有必要研究一下获取技术的方式及其机会构成——权力及不平等现象以这样的方式影响效率实践的演变和传播（Shove and Pantzar, 2007）。

[2] 研究已经证明，地源热泵系统对住户动态管理其热舒适度的能力有效果（Lilley et al., 2010）。

致 谢

感谢英国工程和物理科学研究理事会（EPSRC）和英国 E. ON 公司为"碳、控制与舒适度项目"（EP/G000395/1）的研究提供资金支持。特别感谢哈丽雅特·巴尔克利（Harriet Bulkeley）、彼得·博伊特（Peter Boait, IESD, De Montfort University）以及拉夫堡设计学院的同事们的奉献。文责自负。

379

参考文献

Ajzen, I. (1991), 'The theory of planned behavior', *Organizational Behavior and Human Decision Processes*, 50, 179 – 211.

Barad, K. (2003), 'Posthumanist performativity: toward an understanding of how matter comes to matter', *Signs*, 28, 801 – 831.

Barry, A. (2001), *Political Machines: Governing a Technological Society*, London, UK: The Athlone Press.

Beddington, J. (2008), 'Managing energy in the built environment: rethinking the system', *Energy Policy*, 36, 4299 – 4300.

Bennett, J. (2004), 'The force of things: steps toward an ecology of matter', *Political Theory*, 32, 347 – 372.

Benton, Ted, and Redclift, Michael (1994) 'Introduction', in Michael Redclift and Ted Benton(eds), *Social Theory and the Global Environment*, 1 – 13. London, UK and New York, US: Routledge.

Blake, J. (1999), 'Overcoming the "value – action gap" in environmental policy: tensions between national policy and local experience', *Local Environment*, 4, 257 – 278.

Boait, P. J., and Rylatt, R. M. (2010), 'A method for fully automatic operation of domestic heating', *Energy and Buildings*, 42, 11 – 16.

Cole, R. J., Robinson, J., Brown, Z., and O'Shea, M. (2008), 'Re – contextualizing the notion of comfort', *Building Research and Information*, 36, 323 – 336.

Cooper, Gail(1998), *Air Conditioning America: Engineers and the Controlled Environment, 1900 – 1960*, Baltimore, USA: Johns Hopkins University Press.

Crosbie, T., and Baker, K. (2010), 'Energy – efficiency interventions in housing: learning from the inhabitants', *Building Research & Information*, 38, 70 – 79.

Crosbie, T., and Guy, S. (2008), 'Enlightening energy use: the co – evolution of household lighting practices', *Int. J. Environmental Technology and Management*, 9, 220 – 235.

Darby, S. (2006), *The Effectiveness of Feedback on Energy Consumption: A Review for DE-FRA of the Literature on Metering, Billing and Direct Displays*, Environmental Change Institute: University of Oxford, UK. http://www. eci. ox. ac. uk/research/energy/downloads/smart – metering – report. pdf.

Darby, S. (2010), 'Smart metering: what potential for householder engagement?', *Building Research and Information*, 38, 442 – 457.

Department of Energy and Climate Change(DECC) (2011), *Great Britain's Housing Energy Fact File*. http://www. decc. gov. uk/assets/decc/11/stats/climate – change/3224 – great – britains – housing – energy – fact – file – 2011. pdf.

Department of Energy and Climate Change (DECC) (2012a), *Smart Meters*. http://www. decc. gov. uk/en/content/cms/tackling/smart_ meters/smart_ meters. aspx.

DECC(2012b) *The Future of Heating: A Strategic Framework for Low Carbon Heat in the UK*. http://www. decc. gov. uk/assets/decc/11/meeting – energy – demand/heat/4805 – future – heating – strategic – framework. pdf.

Department for Environment, Food and Rural Affairs(DEFRA) (2008), *A Framework for Pro – environmental Behaviours*. http://www. defra. gov. uk/publications/files/pb13574 – behaviours – report – 080110. pdf.

Giddens, Anthony(1984), *The Constitution of Society*, Cambridge, UK: Polity Press.

Gram – Hanssen, K. (2010), 'Standby consumption in households analyzed with a practice theory approach', *Journal of Industrial Ecology*, 14, 150 – 165.

Gram – Hanssen, K. (2011), 'Understanding change and continuity in residential energy con – sumption', *Journal of Consumer Culture*, 11, 61 – 78.

Guy, S. (2006), 'Designing urban knowledge: competing perspectives on energy and build – ings', *Environment and Planning C: Government and Policy*, 24, 645 – 659.

Hargreaves, T., Nye, M., and Burgess, J. (2010), 'Making energy visible: a qualitative field study of how householders interact with feedback from smart energy monitors', *Energy Policy*, 38, 6111 – 6119.

Harrabin, Roger(2012), ' Cameron hears Green Deal concerns', BBC Online, 16 May, http://www. bbc. co. uk/news/science – environment – 18074650.

Hills, J. (2012), ' Getting the measure of fuel poverty: the final report of the fuel poverty review', http://www. decc. gov. uk/en/content/cms/funding/Fuel_ poverty/Hills_ Review/Hills_ Review. aspx.

Hinchliffe, S. (1996), ' Helping the earth begins at home: the social construction of socio – environmental responsibilities', *Global Environmental Change: Human and Policy Dimensions*, 6, 53 – 62.

Hinchliffe, S. (1995), ' Missing culture: energy efficiency and lost causes', *Energy Policy*, 23, 93 – 95.

Hinton, E. , Bickerstaff, K. , and Bulkeley, H. (2012), *Deliverable 25: Understanding and Changing Comfort Practices*(copy available from the authors on request).

Hobson, K. (2003), ' Thinking habits into action: the role of knowledge and process in ques – tioning household consumption practices', *Local Environment*, 8, 95 – 112.

Hobson, K. (2006), ' Bins, bulbs, and shower timers: on the"techno – ethics"of sustainable living', *Ethics, Place and Environment*, 9, 317 – 336.

Jackson, T. (2005), ' Motivating sustainable consumption: a review of evidence on con – sumer behaviour and behavioural change', http://www. c2p2online. com/documents/MotivatingSC. pdf.

Jelsma, J. (2003), ' Innovating for sustainability: involving users, politics and technology', *Innovation: The European Journal of Social Science Research*, 16, 103 – 116.

Khan, Gulshan(2009), ' Agency, nature and emergent properties: an interview with Jane Bennett', *Contemporary Political Theory*, 8, 90 – 105.

Kollmuss, A. , and Agyeman, J. (2002), ' Mind the gap: why do people act environmentally and what are the barriers to pro – environmental behavior?', *Environmental Education Research*, 8, 239 – 260.

Lilley, D. , and Moore, N. (2010), *Intensive Sample Social Fieldwork Thematic Analysis: Harrogate*, Copy available from the author(s) on request.

Marres, N. (2008), ' The making of climate publics: eco – homes as material devices of public – ity', *Dirtinition*, 9, 17 – 45.

Marres, N. (2011), 'The costs of public involvement: everyday devices of carbon accounting and the materialization of participation', *Economy and Society*, 40, 510 – 533.

Marres, N., and Lezaun, J. (2011), 'Materials and devices of the public: an introduction', *Economy and Society*, 40, 489 – 509.

National House – Building Council (NHBC) (2012), *Low and Zero Carbon Homes: Understanding the Performance Gap*, Milton Keynes, UK: NHBC Foundation.

Owens, S. (2000), '"Engaging the public": information and deliberation in environmental policy', *Environment and Planning A*, 32, 1141 – 1148.

Owens, S., and Driffill, L. (2008), 'How to change attitudes and behaviours in the context of energy', *Energy Policy*, 36, 4412 – 4418.

Shipworth, M., Firth, S. K., Gentry, M. I., Wright, A. J., Shipworth, D. T., and Lomas, K. J. (2010), 'Central heating thermostat settings and timing: building demographics', *Building Research & Information*, 38, 50 – 69.

Shove, Elizabeth (2003), *Comfort, Cleanliness and Convenience: The Social Organisation of Normality*, Oxford, UK: Berg.

Shove, E. (2010), 'Beyond the ABC: climate change policy and theories of social change', *Environment and Planning A*, 42, 1273 – 1285.

Shove, E., and Pantzar, M. (2007), 'Recruitment and reproduction: the carriers of digital photography and floorball', *Human Affairs*, 17, 154 – 167.

Shove, E., and Walker, G. (2007), 'CAUTION! Transitions ahead: politics, practice, and sustainable transition management', *Environment and Planning A*, 39, 763 – 770.

Shove, E., Pantzar, M., and Watson, M. (2012), *The Dynamics of Social Practice: Everyday Life and How it Changes*, London, UK: Sage.

Spaargaren, G. (2011), 'Theories of practices: agency, technology, and culture: exploring the relevance of practice theories for the governance of sustainable consumption practices in the new world – order', *Global Environmental Change*, 21, 813 – 822.

Stafford, A. (2012), 'Wattbox installation in H5a and H6b' (internal communication).

Strengers, Y. (2011), 'Negotiating everyday life: the role of energy and water consumption feedback', *Journal of Consumer Culture*, 11, 319 – 338.

Strengers, Y., and Maller, C. (2012), 'Materialising energy and water resources in everyday practices: insights for securing supply systems', *Global Environmental Change*, 22, 754 – 763.

Thrift, N. (2005), 'But malice aforethought: cities and the natural history of hatred', *Transactions of the institute of British Geographers*, 30, 133 – 150.

第十五章

气候变化与人类安全：国际治理架构、政策与法律依据

迈克尔·梅森

本手册的其他章节阐述了气候变化对人类安全构成的多重威胁。在此不再重述这些观点，但有必要提醒我们自己一个重要的问题，即人类安全框架如何将气候变化的概念重塑为发展性挑战而不再仅作为环境挑战。沿着这个思路，气候变化的风险不在于（预测的）生物物理事件的发生概率和规模，而在于它们对人类福祉的威胁，特别是对穷人和弱势群体。人类安全思路要求我们从以人为中心的视角看待气候变化，承认它只是众多生活条件中的一种，可能危及安全、有尊严和包容性的人类发展机会。尽管目前和未来的气候变化对弱势群体造成的严重影响证明了气候变化"人类安全化"的合理性，但可以肯定的是气候对人类生活和生计的影响有不同的轨迹。

本章考察了将气候变化与人类安全治理结合起来所借鉴的不同框架、政策和法律依据。制度的起点不太乐观：赫尔德（Held，2010：185 – 188）指出全球治理的"悖论"来自两方面的长期不匹配，一方面，集体问题（包括跨国安全和环境风险）的越界范围和强度不断增加；另一方面，国际和区域层面解决问题的能力薄弱。他把这些重要问题归咎于多边秩序，该秩序仍然带有 20 世纪中期地缘政治解决方案的制度印记，不适合当下的时代。如下文所述，气候变化和安全都不是全球治理中能达成一致的领域。两者都由国家自主决策主导，将国家利益置于人类福祉之上：国际安全体系在冲突预防和治理方面存在长期分歧，而各国在应对气候变化

383　的国际行动方面也存在重大分歧。这里针对"环境安全"或"气候安全"的联合治理可能会使制度性不确定性更复杂。然而，也会有这样的一种可能，即这种趋同反而会形成不同政策社群的协同行动（Barnett et al.，2010：9-10）。至少这在联合国系统内得到了认可，正如我们将看到的，联合国系统内人类安全与气候变化之间建立了明确的治理联系。

　　本章前半部分回顾了为应对气候变化对人类安全的影响而采用的有限全球治理政策和法律依据。包括对全球气候治理——特别是《联合国气候变化框架公约》（UNFCCC）——中出现的人类安全问题的调查，以及一些安全治理参与者们的观点，即与气候相关联的灾害对许多人的生活及生计构成了重大威胁。本文还参考了若干治理举措，以确定除了零散的制度措施外，是否还有其他措施来加强人类安全以应对重大气候灾害。在本章后半部分我们转向规范分析，即为此目的而进行的更综合的治理是否合理，如果合理的话它可能是什么样子。将人类安全和气候变化决策放在一起存在系统性障碍。可以暂时不考虑操作上的问题，虽然提出比一般制度设计原则更多的建议是草率的，但可能这些原则才是适当的。我认为，全球气候制度在治理"危险的"气候变化方面拥有认知上和治理上的权威性，在人类安全决策中有效纳入气候问题最可行的做法是加强治理权威性的法律一致性和效力，特别是在制定关于防止气候损害的人权和人道主义规范方面。在国际安全体系中以权力为导向的政治背景下，这种基于权利的框架至少可以为人类安全治理提供一些保护，也可以让其成为重要的参与要素。

一　气候变化治理与人类安全:政治制度的不确定性

　　在针对气候变化威胁人类安全的问题上，国际上并没有制定相关国际规则的固定机构。我在这一节中所论述的"政治制度的不确定性"指的是缺乏一个一致认可的制度权威或论坛来综合应对气候变化和人类安全议
384　题。如下文所示，虽然人类安全现在被视为国际气候制度中公认的治理问题，但 UNFCCC 并未作出任何正式的方针决策以保护或加强气候变化背景

下的人类安全。同样，在各种有关人类安全的全球倡议中，气候变化被认为是对人类福祉的严重威胁，但将其纳入这些新生的治理机制则是临时的和不确定的。

UNFCCC 自 1992 年签署以来，一直是全球气候变化规则制定的重要法律依据。世界各国在气候治理问题上总体上持合作态度，但如果没有 UNFCCC，则呈现出异质性和碎片化——包括各种相关条约（如《蒙特利尔议定书》）、各种跨国市政网络、各种次国家行为体、各种双边或俱乐部协议和企业气候倡议（Biermann et al.，2010；Keohane and Victor，2011）。尽管 UNFCCC 的历史证明，缔约方之间在适当的责任和承诺方面存在长期分歧，但是几乎所有 UNFCCC 的成员国都同意采取措施防止"威胁气候系统的人为干扰"（UNFCCC 第 2 条）。为实现全球气候稳定于安全水平的目标，UNFCCC 将重点放在减缓措施上，特别是减少温室气体排放。有约束力的减排承诺必须等到 1997 年的《京都议定书》生效（自 2005 年起生效），它规定了加入该协议的工业国（当然不包括美国）的不同义务。《京都议定书》为 2008～2012 年设定了适度目标（远低于 IPCC 认为必要的减排目标），但并未完全实现。到 2012 年，UNFCCC 为确保更全面、更深入的减排进行了谈判，使所有主要排放国都做出了自愿承诺，但没有达成新的具有法律约束力的协议。联合国气候条约制度的曲折进程，导致越来越多的人呼吁建立一个更加分散的全球气候决策体系。这些 UNFCCC 进程之外的众多气候治理倡议认为，松散协同的灵活的方式有利于雄心勃勃的革新措施实施，这些措施可以针对特定部门或地区，绕过全球集体行动的障碍（Falkner et al.，2010；Hoffmann，2011；Victor，2011）。

在这里，我们没有必要就全球气候治理的合理框架展开辩论，只是要指出在相互竞争的制度革新或改革蓝图中，几乎没有提到人类安全的概念。虽然 UNFCCC 和《京都议定书》都没有提到人类安全，但如果承认危险的气候变化对未来人类生活条件构成潜在的灾难性威胁，那么将其列为对人类安全的严重挑战似乎是合理的。对于奥布赖恩等（O'Brien et al.，2010：13）来说，这意味着将重点从人类引起的环境变化转移到这些变化对脆弱的个人和社区意味着什么。事实上，正是通过气候脆弱性和适应的

385

视角，人类安全观在联合国气候制度中得到了普遍认同。UNFCCC 要求缔约方在应对气候变化的不利影响时考虑特别脆合的发展中国家的需求，而《京都议定书》则提供了一个资金机制，即适应基金，以帮助这些国家支付适应气候变化的费用。2010 年《坎昆协议》也明确规定了支持为发展中国家适应气候变化提供资金的责任，包括通过绿色气候基金分配大量新资金。在这些行动表现为国家义务和权利的同时，UNFCCC 对发展中国家的援助包括以人类福祉为中心的脆弱性评估，在依赖自然资源的生计背景下衡量当地的应对策略和适应能力（UNFCCC，2007：15 – 16）。

UNFCCC 对气候脆弱性的审议在很大程度上受到了 IPCC 的影响，特别是第二工作组（影响、适应和脆弱性）对历次评估报告的贡献和 IPCC 赞助的适应和脆弱性研究。IPCC 关于气候变化脆弱性的框架越来越强调影响个人和社区如何应对气候相关变化的社会经济和政治条件（Adger，2006；Leary et al.，2008）。对特别脆弱群体困境的关切引出了人类安全的概念和解释。最初，这些研究集中于气候变化及其对粮食生产的影响，将"粮食安全"的概念重新运用于家庭和个人，而不是国家的农业生产（Boko et al.，2007：454 – 456）。这种对粮食安全的担忧被纳入 UNFCCC 关于适应的决策，最近一次被纳入了《损失和损害工作计划》（*Subsidiary Body for Implementation*，2011：47）。自 2010 年以来，IPCC 明确接受了人类安全的理念，这至少对游说联盟（如气候变化、环境和移民联盟）和知识团体（如全球环境变化和人类安全项目）的议程制定活动有部分作用。在提交第五份评估报告时，IPCC 第二工作组用了整整一章的篇幅讨论人类安全问题，将其作为理解受气候变化影响的人们不同脆弱性和适应能力的必要概念依据。

386　　在即将发布的 IPCC 第五次评估报告中对人类安全的援引可能是使 UN-FCCC 缔约方对这一概念合法化的必要步骤，但到目前为止它还没有在气候变化条约制度内得到政策认可。气候脆弱性和适应性似乎是最有可能接受这种举措的治理领域。麦格林和比道雷（McGlynn and Vidaurre，2011）在回顾与气候变化适应有关的联合国资助计划（包括 UNFCCC 管理或授权基金）时，他们观察到，这些金融工具使用的参考和指导原则并没有提及人类安全。然而，在 UNDP 资助的气候适应计划中出现了人类安全分析，该计划正在帮助较贫穷国家进行适应性融资和政策制定。在其 2007/2008 年《人类发展报告》中，UNDP 将气候变化视为全球减贫和人类发展努力所面临的最大挑战（UNDP，2007）。UNDP 强调保护贫困和弱势家庭免受气候冲击，回应了 IPCC 在气候脆弱性方面的工作。危险的气候变化严重威胁到人的生存，对 UNDP 来说，这证明了从以人为本的角度考虑气候变化风险是合理的。

可以肯定的是，UNDP 对气候变化的兴趣来自其自身对人类安全有影响力的表述。在 1994 年的《人类发展报告》中，人类安全被广泛定义为"免于恐惧的自由和免于匮乏的自由"，然后被具体化为"免受饥饿、疾病和压迫等长期威胁，以及……保护人们的日常生活方式不受突然和有害的干扰——无论是在家庭、工作场所还是社区"（UNDP，1994：23）。虽然人类安全概念由一个肩负人类发展使命的联合国机构提出，但人类安全框架所要解决（甚至是要挑战）的是全球治理领域的国际安全治理。此时正是重新定义安全摆脱以国家为中心的威胁及军事冲突的契机：冷战结束开辟了对威胁人类福祉多层面、多元化的认识空间。对支持该观点的人来说（Commission On Human Security，2003；Gasper，2010），人类安全理念显露了把全球安全决策系于国家军事力量和技术是行不通的：对人类安全以人为本的理解，反而应该是具有普遍性或世界性的，不受限于国界。相比之下，对那些反对者来说，这个概念错误地将"安全"作为一个理想的终极目标，这不出所料地被政治和经济的掌权者所采纳（Neocleous，2008；Turner et al.，2011）。

人类安全概念自 20 世纪 90 年代中期以来得到了广泛应用。它出现在由 UNDP 资助的一系列国家人类发展报告中，特别是那些动荡、冲突频发的国家，如阿富汗、东帝汶、伊拉克和塞拉利昂（Jolly and Basu Ray，2007；UNDP，2008）。在 UNDP1994 年的《人类发展报告》中，环境退化是对人的安全的另一种威胁，例如，东帝汶和塞拉利昂的国家报告中就特别提到环境退化。UNDP 采纳了广义的人类安全概念，这是由日本政府提出的有影响力的提法，该概念与在联合国的提法一致。然而，不适用于环境威胁影响的狭义定义也得到了政策支持。例如，加拿大和挪威政府将人类安全解释为只涉及人身安全和公民权利（Tadjbakhsh and Chenoy，2007：9 - 38；Gasper，2010）。

在人类安全的最低限度定义中可以不考虑气候变化对人类造成的损害，因为气候对人的伤害并不是某些主体蓄意而为（Gasper，2010：27）。一些联合国安全理事会成员也拒绝将气候变化纳入安理会维护国际和平与安全的主要责任（英国在2007年4月担任安理会主席期间提出的建议）。然而，现在整个联合国系统都认识到，气候变化对人类和国家安全构成了重大挑战。秘书长在2009年发布的一份报告中将气候变化视为威胁倍增器，是加剧现有冲突和安全的根源（UN Secretary-General，2009）。这一声明反映了许多会员国优先关注个人和社区的安全，也反映了联合国不懈地努力将气候变化纳入研究主流（UN Chief Executives Board for Coordination，2008）。秘书长随后的一份关于人类安全的报告重申，气候变化及其与其他不安全因素的相互作用，对人类的生命和生计构成严重威胁（UN Secre-tary - General，2010：12）。

人类安全概念在联合国系统中具有一定的政策牵制力，这一点在全球人类安全委员会给出的建议中得以反映，包括将人类安全广泛定义为保护基本自由（Commission on Human Security，2003）。委员会的提案使人类安全咨询委员会得以成立，该委员会就推广和传播人类安全概念向联合国秘书长提供咨询意见。除UNDP外，联合国许多机构也开展了人类安全项目，包括联合国难民事务高级专员办事处、粮食及农业组织（FAO）、世界卫生组织和联合国妇女发展基金（UN Secretary-General，2010：2 - 3）。推动人类安全目标的手段是联合国人类安全信托基金，该基金成立于1999年，自2004年以来由人道主义事务协调厅（OCHA）的人类安全股管理。然而，联合国一个内部审计机构在2010年发布的一份对该信托基金的审查报告指出，会员国的投资有限，该基金严重依赖日本政府的财政支持。报告还指出，尽管截至2009年会员国已承诺提供3.55亿美元的资金，但没有对基金组织在人类安全方面的活动进行全面评估（Office of Internal Over-sight Services，2010：3 - 5）。人道主义事务协调厅的人类安全股承担着将联合国的人类安全活动纳入所有联合国活动中的艰巨任务：联合国高级工作人员表示，这种整合的障碍来自不同的财政制度和任务规定，以及联合国国家工作组对这一概念缺乏理解（Advisory Board on Human Security，2011）。

值得注意的是，在这种具有挑战性的制度背景下，在强调气候变化影响人类安全方面，人道主义事务协调厅在整个联合国体系内的工作已取得一定的进展。最近，联合国人类安全信托基金批准的多机构项目包括一个由 FAO 牵头的项目，旨在巩固受莱索托气候变化引发干旱的农村生计，以及一个由联合国儿童基金会牵头的项目，以增强瓦努阿图社区韧性来应对气候变化和自然灾难（Human Security Unit，2011：7 – 8）。应该说，气候变化是人道主义事务协调厅的一个优先主题，自 2008 年 12 月以来该机构一直在领导一场宣传运动，以提高人们对气候变化的人道主义影响认识。联合国负责人道主义事务的副秘书长兼紧急救济协调员在 2009 年的一次讲话中指出，气候变化有可能使全球人道主义系统不堪重负，该系统旨在应对突发事件（如自然灾难、冲突），而不是应对由"缓慢发生的"气候变化造成的伤害所带来的长期人道主义需求。据称，有效满足由"缓慢发生的"气候变化造成的伤害带来的长期人道主义需求需要新的预防、准备和应对模式（OCHA，2009：9 – 11）。

讽刺的是，由于受冲突影响的社区可以得到即时授权的帮助，OCHA 将气候变化视为人道主义影响的自发驱动因素，OCHA 对受影响的社区援助时却忽略了在冲突（后）环境中平民所遭受的与气候相关的特殊伤害。由于应对措施的削弱及适应能力的降低，面临冲突或从冲突中恢复的人口特别容易受到气候变化和极端事件的影响（Barnett，2006；Mason et al.，2011）。关于气候变化、人类安全和冲突之间关系的学术著作（Barnett and Adger，2007；Mason et al.，2012）提出了机构行为者包括国家、国际组织和捐助者的责任和能力问题——联合国机构在面临与战争有关环境中的气候脆弱性时尚未解决这些问题。在联合国系统中，有一些行为者和模式，在原则上可以接纳对冲突（后）地区气候（和其他环境）灾害的人类安全的理解；例如，联合国环境规划署进行的冲突后需求评估以及联合国建设和平委员会对环境压力的新关注（Swain and Krampe，2011：207 – 208）。

然而，到目前为止在这些方面几乎没有制度上的进展。

因此可以得出这样的结论：尽管国际组织在应对气候变化和人类发展/人道主义需求方面支持人类安全，但加强应对气候变化和人类安全的全球治理空间尚未确定。推动这一目标的主要动力来自联合国各机构，这表明由 OCHA 人类安全股推动的多机构资助是将气候变化和人类安全活动结合起来的最适当工具——至少在联合国系统内是这样的。人类安全在联合国活动中的"主流化"在政治上很敏感，要顾及那些担心这一概念可能被用来为干涉主义行动（如根据保护责任准则）辩护的会员国的主权敏感性。联合国秘书长的《人类安全报告》称，基于其处理安全、发展和人权问题的任务，人类安全是联合国工作的核心（UN Secretary-General，2010：17）；但与此同时，在 2012 年 1 月启动的秘书长五年行动议程中，人类安全并没有被列为战略重点。这与气候变化的"世代紧迫"形成了鲜明对比（UN Secretary-General，2012）。同样，自 1998 年以来，由联合国国际伙伴关系基金（UN Fund for International Partnerships）推动的与非国家行为体的合作治理浪潮，为环境（包括气候变化）项目带来的资金远远超过与和平、安全和人权相关的项目；换句话说，以人类安全为导向的活动也被许多私人合作伙伴认为是有争议的（Andanova，2010：45）。

联合国治理实践中对"人类安全"的矛盾态度，再加上"人类安全"在《联合国气候变化框架公约》中地位的不确定，需要对可能需要什么样的制度（重新）设计进行规范性分析，以便在有害的气候变化背景下更有效地推进对人类核心价值的保护。这是本章后半部分的重点。

390

二　将人类安全规范纳入全球气候危害治理

将气候变化理解为人类安全的问题代表了一种明确的规范性方法。这种观点的支持者们反对将气候变化描述为主要由"环境"所致，主流的观点认为环境导致气候变化，并把环境具体化为一个独立的、自然化的范畴。这种主流观点认为治理的措施主要在于对技术专业化的优化和提升。但是，这种优化不仅无助于解决高碳发展道路上既得利益群体的道德责任问题，而且忽略了他们的政治－经济利益。相比而言，人类安全的框架更开放，即在这个框架下气候脆弱性的结构性动因与人类福祉的其他威胁是相互作用的，要对这些结构性动因进行批判性思考，并采取相应政策措施（Adger，2010；O'Brien et al.，2010：11－14）。规范性分析方法的意图是既要揭示气候危害如何影响弱势群体所面临的不安全感，又要揭示弱势群体的基本自由如何能够得到保护甚至加强。

从规范的角度来看，识别（潜在）危害对人类安全理念的论证和治理应用至关重要。正如迈克·休姆（Mike Hulme，2009：191－196）所指出的，UNFCCC 的最终目标通常被缩写为避免"危险的气候变化"，正如第 2条所阐述；然而，这种危险的概念难以量化，无法进行科学的风险分析。他声称，对危险的解释总是要考虑特定背景和主观影响，因为不安全感的体验只有在特定情况下才对个人或群体有意义。这种感知伤害体验范围是构建人类安全的必要元素。定义气候危险的另一个挑战来自它是一种"无法定位的风险"，气候风险的来源遥远且无形，造成气候风险的原因分散且间接（Hulme，2009：196）。因此，从人类安全的角度来看待 UNFCCC第 2 条，似乎会使应对气候风险的全球治理努力变得更加棘手，因为就人类安全而言，当前和预计的具体伤害轨迹过于不确定和不精确。

然而，把危险的气候变化描绘成特殊的治理问题忽视了 UNFCCC 所嵌入的国际法律框架，该框架即使算不上是集体行动的蓝图，但至少也是引导制度化协调的准则。第二条中旨在避免对气候系统进行危险性人为干预，与《联合国气候变化框架公约》前言中所号召的防范伤害原则有重要的相关性：

> 根据《联合国宪章》和国际法原则，各国拥有根据其环境和发展政策开发自身资源的主权权利，并有责任确保其管辖或控制范围内的活动不会对其他国家或国家管辖范围以外地区的环境造成损害。

本段重复了 1992 年《里约环境与发展宣言》的原则 2，该原则本身是对 1972 年《斯德哥尔摩宣言》中原则 21 的略微修订。联合国的这两个声明性原则都对国际法上承认的普遍环境义务进行了阐释。除 UNFCCC 外，

391

该原则还得到了一系列多边环境协议的认可，包括处理空气和海洋污染、生物多样性保护、放射性污染和荒漠化的条约。所有这些法律制度都是预防和/或减轻由国家或非国家行为者造成的无意环境损害。问题是对于一个特定的治理当局，对脆弱实体的伤害已经累积到或已超过了不可接受的临界值。

同样，《联合国气候变化框架公约》的核心——防范伤害义务，因其与国际环境法的一系列一般预期一致而被赋予了确定的内容。防范伤害原则的一个共同推论是尽职调查的法律要求，即国家在所有情况下都应采取合理预期的一切必要措施（Okowa，2000：81）。尽职调查在适用防范伤害规则时允许考虑具体问题和其他背景因素，例如根据历史责任、国家能力和危险的可能性或严重性等来调整义务。众所周知，UNFCCC 认为发达国家对气候变化有更大的责任和更强的减缓能力，发展中国家有特殊的需要和情况，因此在应对气候变化及其不利影响时两者的责任有所区分。这些"共同但有区别的责任和各自的能力"是建立在"公平"基础上（第 3 条，i）。气候变化条约体系中的防范伤害义务，因预防性原则的采纳而被限制——即缔约方应采取"预防措施，以预测、预防或尽量减少气候变化的原因并减轻其影响"（第 3 条，iii）。正如《里约环境与发展宣言》和其他多边环境条约的第 15 条原则所述，其目的是防止以缺乏充分科学的确定性为由而推迟旨在防止严重或不可逆损害后果的有效措施。防范伤害原则也难免受到批评（Sunstein，2005），但仍被 UNFCCC 缔约方视为在关于避免危险气候变化承诺的谈判中尽责的合法表达。

人类安全的概念要求从人类安全、福祉和自由角度重新定义预防气候伤害。尼尔·阿杰（Neil Adger，2010：281）就如何将人类安全应用于气候变化影响给出了有益指导，例如，他强调"免于匮乏的自由"涵盖由水资源的可用量或土地生产率下降导致的资源匮乏加剧，以及"免于恐惧的自由"包括由气候变化引起的损害对健康或居住地造成的风险。在任何特定情况下，根据人类安全评估气候伤害都需要确定主要气候风险和避免（或减少）风险的防范机制，同时将来自气候风险的压力与人类不安全的其他来源联系起来。将具体的威胁与其优先次序结合起来，是对受影响的个人和社区的脆弱性的关注，这些关注还包括个人和社区通过增强韧性以应对威胁的能力（Adger，2010）。

按照阿杰的说法，将保护最弱势群体作为人类安全的重要标准，这一标准被制度化应用在联合国气候变化制度方面，目前正受到以国家为中心的权利和义务规则的限制。如前所述，现在有明确的承诺，以解决特别脆弱国家的需求，差别化对待原则是对其合理化的支持。但是实践中所采纳的措施并没有有效地反映一国内部人口间不平等的脆弱性。举例来说，《京都议定书》中的一个灵活性机制——清洁发展机制（CDM），就存在问题。首先，适应基金（Adaptation Fund）（资金主要来源于 CDM 下核证减排收益的 2%）向发展中国家缔约方资金资助的可持续性存在问题。应对气候变化的脆弱性水平是适应基金支持发展中国家适应气候变化项目及方案的重要标准。而麦格林和比道雷（McGlynn and Vidaurre，2011）强调，与目标国家的气候适应需求相比，适应基金的可用资金不够，并且《京都议定书》未来的不确定性难以确保该基金的长期可持续。其次，就 CDM 项目本身而言，没有对这些项目在多大程度上解决最弱势群体的状况进行国际监督：技术和项目选择的权力被下放给东道国，而东道国通常会考虑其他政策，如贸易和投资利益。此外，私营部门在 CDM 项目中的突出作用，以及更普遍的碳市场，使气候融资偏离了那些特别脆弱的群体（Cullet，2010：191 - 192）。

人们希望能够从 UNFCCC 第 3 条的公平承诺中得到规范性支持以保护那些最容易受到气候变化伤害的人，然而在涉及国家间相互关系时，这一道德原则的一致性表述却令这一期望落空。可以肯定的是，这一条款明确承认了代际公平，即应该保护气候系统以造福今世及后代。人类安全似乎是一个相关的框架，用于识别对后代造成灾难性代价的情景。然而，对后代福利的重视通常是从国家利益的角度来衡量的。减排以惠及后代的当下代价争论，在 UNFCCC 就发达国家和发展中国家责任分担的谈判中经常出现。同样，UNFCCC 关于代际公平的决策关系到《联合国气候变化框架公约》和《京都议定书》缔约方收到的减缓或适应行动的成本（和收益）。当然，在实践中对公平的理解存在分歧，包括其与公平和正义观念的道德

393

亲缘关系（Saltau，2009），但对于将公平首先适用于一个相互依存的主权国家共同体方面已达成共识。

虽然国际法在定义上以国家为中心，但也有一些多边协议表明确实可以优先保护受伤害的弱势个人和群体。安德鲁·林克莱特（Andrew Linklater，2011：36-41）指出，越来越多的"国际伤害协议"旨在保护人们免受可避免的伤害，不论他们是什么国籍。在关于战争期间平民福利的国际协定基础上，保护弱势群体切身利益的国际关切现已嵌入涉及种族灭绝、种族隔离、酷刑和恐怖主义爆炸等问题的公约中。"国际伤害协议"关注在极端危险的情况下保护人的身体完整和尊严，这属于人类安全的道德范畴。认识到气候变化造成的损害与其他跨国环境伤害一样，不同于直接的暴力形式，气候变化具有对人类造成严重损伤的潜能，这证明防范伤害的世界性建构是合理的（Linklater，2011：39；Mason，2005：69-75）。沿着这一逻辑，鉴于人类安全思想在联合国气候变化制度中的影响非常有限，目前通过应用在人权治理和全球人道主义治理领域制定的行为规则来应对气候变化，对人类安全影响有更大的制度空间。

1. 人权治理

联合国人权事务高级专员公署（OHCHR）已经对气候变化与人权之间的关系展开研究。2008 年 3 月，联合国人权理事会责成该办事处对气候变化与人权问题进行分析研究。OHCHR 在报告中警告，气候变化的影响不一定会侵犯人权，但人权义务仍然为那些其权利因气候变化或应对气候变化而受到负面影响的个人提供重要保护。尽管最直接受到威胁的人权包括生命权、食物权、水权、健康权、住房权和自决权（OHCHR，2009：8-15），这些权利的影响可能是广泛的。重要的是，OHCHR 认识到弱势个人和群体对气候变化的影响感受最深，并指出各国法律规定政府有义务根据促进平等和非歧视的权利法律文件解决此类脆弱性（OHCHR，2009：15）。该报告强调了目前国际人权法规定的政府义务，其中包括各国实现实质性权利和程序性权利的义务，以及在促进和保护人权方面进行合作的国际义务。这些建议并没有被忽视：联合国人权理事会在鼓励其专家组（"特别任务负责人"）在职责范围内应对气候变化时引用了该报告，人权机构在其监测职责范围内考虑气候变化的影响也具备了合理性（Knox，2009：477）。鉴于尊重人权是人类安全的基础，这是保护弱势群体免受气候变化直接或间接造成的各种严重伤害的必要步骤。当然，对人权的尊重还有赖于国际社会的高水平人权保护，这依然是一个宏大的期望。

人权治理的特点是可依据规范和法律文件让那些侵犯人权的人承担责任，包括为受害者提供补救措施和赔偿。这可以说是弱势个人和群体免受气候损伤进行制度化保护最困难的领域，部分原因在于很难将伤害归咎于特定的国家或私人行为者。根据领土责任原则，UNFCCC 将气候伤害问责义务分配给各国政府，但条约制度没有为那些受到气候损害严重影响的人提供直接补救措施。在这方面，《联合国气候变化框架公约》与其他多边环境协定没有区别，避免规定国家对实际环境损害的责任，反映了国际社会对责任制度（由国家自行确认）的偏好（Mason，2005：116－119）。受影响的个人和群体正逐渐有机会就气候伤害向特定国家或企业行动者提出跨国民事诉讼。脆弱社区往往依赖外部行动者的援助采取此类行动，这就造成了所代表的受害者不可避免的具有选择性。同样，因为要依据不同的国内责任制度，私法补救措施的行使被限制在特定的法律管辖权范围内，美国目前正是这种"气候正义"行动的重要试验基地（Grossman，2009；Abate，2010）。虽然为面临严重气候伤害的各方提供直接补救措施的法律依据并不完善，但基于侵权的气候诉讼确实凸显了全球气候治理中的问责缺失。

2. 全球人道主义治理

人权保护是应对与气候有关的紧急情况的人道主义后果的国际援助的重要组成部分。人道主义规则包括一套独特的治理政策和法律依据，旨在限制灾害和武装冲突造成的伤害。人道主义规则规定对那些经历特定形式的人类不安全的人提供援助。除了上述 OCHA 的气候变化工作外，还通过一个专题工作组，将气候变化、人口迁移和流离失所的问题汇报给联合国机构间常设委员会以及非联合国人道主义机构，以促进全球在气候损害上的人道主义援助协调。该专题工作组对气候导致的人口迁移和颠沛流离问题的关注，显示了高度人道主义关怀，即制定连贯、可行的规则，以应对大量因气候变化而颠沛流离甚至成为无国籍者的可预计挑战。值得注意的是，联合国难民事务高级专员公署（UNHCR）对将这些人冠以"气候难民"提出批评，担心这样做"可能会破坏保护难民的国际法制度，因为难民的权利和义务已经有了明确的定义和理解"（UNHCR，2009：9）。出于同样的理由，UNHCR 反对修订 1951 年《关于难民地位的公约》，反对把因气候变化而颠沛流离的人群归为难民。然而，越来越多的人支持制定新的法律依据，为那些因气候变化而遭受非自愿迁移的人提供专门的保护（Docherty and Giannini，2009；McAdam，2011）。联合国气候变化条约中没有规定此类援助，因此最有可能制定相关措施的领域是全球人道主义治理。

国际人道主义法，因涉及对武装冲突行为进行规范而成为这一治理领域一个独特且重要的子集。其广义目标是保护个人和群体不受战争影响，这与人类安全概念在冲突（后）地区的做法相一致，正如上文提到的 UNDP 在《人类发展报告》中所述。国际人道主义法的法律和政策影响力远高于人类安全，但人类安全的影响力在武装冲突的情况下仍然有效，因为它以整体的方式强调了脆弱的个人和群体所面临的（与战争有关的或其他方面的）复合压力。这就是人类安全视角如何确定战争条件和气候脆弱性之间的直接和间接关系。现有人道主义法律条文中，有禁止战斗人员对环境进行极端和大规模破坏的规定，但对于那些易受气候伤害的平民（例如生计选择受到严重限制和个人不安全）所能得到的具体保护和援助却不明确。新兴的"战争生态学"分支学科开辟了研究战争相关条件产生的生物物理和人类影响相结合的研究领域（Machlis et al.，2011）。如果这项研究能说明敌对军事力量如何加剧人口对严重气候伤害的脆弱性，那么就会有证据证明军事行动可能违反了战斗人员保护平民的一般义务。目前，气候变化往往被描述为影响冲突后环境中人们长期环境条件的外生变量（UNEP，2009：11）。相反，如果认识到战斗人员可能加剧平民在气候（和其他环境）压力下的短期脆弱性，将使与气候有关的伤害更直接地被纳入国际人道主义规则的制定和执行范畴。

在涉及人权和人道主义援助的全球治理方面，现有的行为规则原则上涵盖了气候伤害的某些表现或实践。对于那些因气候相关损害而面临高风险或高损害发生率的人群来说，其必不可少的自由会受到影响，尽管适用于援助这类人群的治理法律依据还存在不确定性，现有行为规则对气候伤害的涵盖已经得到了联合国人权和人道主义事务主要机构的认可。这里的一个根本性挑战是联合国气候变化管理体制与以权利为基础旨在保护弱势群体的全球管理体制之间的结构性不匹配。汉弗莱斯（Humphreys，2010：316-317）巧妙地捕捉到了这两个治理领域之间的系统性差异：

> 一个（气候变化）是一种灵活、妥协、软规则和差别待遇的制度；另一个人权是司法、警察、形式平等和普遍真理。面对不公正，一个管理体制（regime）倾向于谈判，另一个倾向于诉讼。

在人权和人道主义治理的范畴内，为因气候伤害而受到严重威胁的人群寻找解决方案，反映了 UNFCCC 框架存在重大的责任缺失。因此，在这些割裂的治理领域中，人类安全是作为中介或桥梁概念而获得支持的，对此也就不足为奇了。这一点充分展示了那些对"危险"气候变化最敏感的人群所面临的困境。

与此同时，把气候变化威胁纳入人类安全范畴存在隐患。人类安全还是一个新兴的、有众多不确定性的治理领域，纳入气候变化威胁可能会导致制度的过度扩展。因其显而易见的开放性，人类安全提供的伤害防范所呈现的制度上的扩展会让这种方法①因变化不定而遭受批评（Jolly and Basu Ray，2007：465-466；Gasper，2010：40）：对气候变化扩散效应的政策关注很难减轻这种担忧。因此，在实践方面很大程度上将取决于对气候风险或危害的精准确定，以便在优先考虑对人类福祉的严重威胁时将其纳入。在这方面，IPCC 的知识权威可能在验证气候信息的类型方面至关重要，这些信息被认为足够可信，足以在人类安全的实质性评估中发挥作用，这需要纳入受影响群体自下而上的经验陈述。这种评估可能有助于初步识别对人权的侵犯或对人道主义规则的破坏。这种侵犯或破坏是由气候

---

① 人权和人道主义治理方法。——译者注

相关的伤害所引发的，很大程度上归因于责任方的一些行为或疏漏。要达到这一（适当的）高举证门槛，应促使相关监测和执法机构在全球人权和人道主义治理范围内开展进一步调查。当然，预防性政策行动也有助于实现人类安全目标，例如通过气候适应计划提高最脆弱群体的韧性（Adger and Nelson，2010）。然而，为面临严重气候伤害的个人和群体提供基于权利的问责机制仍处于初级阶段，需要更多的政治关注和政策制定。

398

<h2 style="text-align:center">三　结　论</h2>

目前，人类安全的概念在一系列全球政策讨论中具有重要意义，并在联合国系统内得到高层的认可。它也被认为与气候变化的全球治理有关，最明显的是在 IPCC 最近的审议，以及 UNFCCC 关于优先考虑那些被认为最容易受到气候变化相关伤害的国家的需求的承诺。然而，正如本章所指出的，UNFCCC 尚未就人类安全问题发表正式声明，因此监管气候变化的主要国际框架尚未将促进人类安全的专门措施作为制度目标。气候变化成了人类安全的威胁，是 UNDP 监管人类发展报告过程中的主要关注点。UNDP 普及了这一观点，即气候变化成了人类安全的威胁。联合国已经把管理由人类安全信托基金支持的项目的战略责任指派给联合国主要的人道主义部门。尽管联合国秘书长表示，气候导致的损害是人类不安全的一个主要来源，但仍然没有一个确定的管理机构来加强人类安全，以应对"危险的"气候变化——这种情况被称为"制度不确定"。

在本章的后半部分，我认为加强这一领域的治理一致性得到了国际伤害协议预防概念的规范支持，这些概念普遍将保护人们免受不必要的伤害作为道德优先事项。国际伤害协议代表了这一观点的制度化：它们与人类安全的理念一致，但具有更大的政治和法律效力。因此，按照国际化思路解释气候威胁，可以与现有的关于预防和减轻弱势个人和群体伤害的行为规则相结合。目前，有关人权和人道主义保护的国际制度最清晰地表达了此类规则。上文指出，这些制度的特点是依据法律文件处理与气候有关的伤害的特定情况。虽然这些制度的覆盖范围是选择性的，并且可能无法涵盖气候变化对人类安全的所有可能影响，但这些制度对全球气候治理的价值提升，不仅在于对与气候相关严重威胁侵犯了人类切身利益的认识，还在于提供了基于权利的问责手段的裁决机制。讽刺的是，在其成员国承诺实现一致的人类安全目标前，这些治理制度的气候伤害防范价值更有可能通过 UNFCCC 保持独立才能更好地发挥作用。

参考文献

Abate, Russell S. (2010), ' Public nuisance suits for the climate justice movement: the right thing and the right time', *Washington Law Review*, 85(1), 197 – 252.

Adger, W. Neil(2006), ' Vulnerability', *Global Environmental Change*, 16(3), 268 – 281.

Adger, W. Neil(2010), ' Climate change, human well – being and insecurity', *New Political Economy*, 15(2), 275 – 292.

Adger, W. Neil and Donald R. Nelson(2010), ' Fair decision making in a new climate of risk', in Karen O'Brien, Asuncion St. Clair and Berit Kristoffersen(eds), *Climate Change, Ethics and Human Security*, Cambridge, UK: Cambridge University Press, pp. 83 – 94.

Advisory Board on Human Security(2011), *Minutes of the Meeting with Heads of UN Agencies, Funds and Programmes*, New York, USA: UN Trust Fund for Human Security.

Andanova, Liliana B. (2010), ' Public – private partnerships for the earth: politics and patterns of hybrid authority in the multilateral system', *Global Environmental Politics*, 10(2), 25 – 53.

Barnett, Jon(2006), ' Climate change, insecurity and injustice', in W. Neil Adger, Jouni Paavola, Saleemul Huq and M. J. Mace(eds), *Fairness in Adaptation to Climate Change*, Cambridge, USA: MIT Press, pp. 115 – 129.

Barnett, Jon and W. Neil Adger(2007), ' Climate change, human security and violent conflict', *Political Geography*, 26(6), 639 – 655.

Barnett, Jon, Richard A. Matthew and Karen L. O'Brien (2010), ' Global environmental change and human security: an introduction', in Richard A. Matthew, Jon Barnett, Bryan McDonald and Karen O'Brien(eds), *Global Environmental Change and Human Security*, Cambridge, USA: MIT Press, pp. 3 – 32.

Biermann, Frank, Fariborz Zelli, Philipp Pattberg and Harro van Asselt(2010), ' The architecture of global climate governance: setting the stage', in Frank Biermann, Philipp Pattberg and

Fariborz Zelli(eds), *Global Climate Governance Beyond* 2012: *Architecture, Agency and Adaptation, Cambridge, UK: Cambridge University Press, pp.* 15 – 24.

Boko, Michel, Isabelle Niang, Anthony Nyong, Coleen Vogel, Andrew Githeko, Mahmoud Medany, Balgis Osman – Elasha, Ramadjita Tabo and Pins Yanda(2007), 'Africa', in Martin L. Parry, Osvaldo F. Canziani, Jean P. Palutikof, Paul J. van der Linden and Clair E. Hanson (eds), *Climate Change* 2007: *Impacts, Adaptation and Vulnerability. Contribution of Working Group Ⅱ to the Fourth Assessment Report of the Intergovernmental Panel on Climate Change*, Cambridge, UK: Cambridge University Press, pp. 433 – 467.

Commission on Human Security(2003), *Human Security Now*, New York, USA: UN Secretary – General's Commission on Human Security.

Cullet, Philippe(2010), 'The Kyoto Protocol and vulnerability: human rights and equity dimensions', in Stephen Humphreys(ed.), *Human Rights and Climate Change*, Cambridge, UK: Cambridge University Press, pp. 183 – 206.

Docherty, Bonnie and Tyler Giannini(2009), 'Confronting a rising tide: a proposal for a con – vention on climate change refugees', *Harvard Environmental Law Review*, 33(2), 349 – 403.

Falkner, Robert, Hannes Stephan and John Vogler(2010), 'International climate policy after Copenhagen: towards a "building blocks approach"', *Global Policy*, 1(3), 252 – 262.

Gasper, Des(2010), 'The idea of human security', in Karen O'Brien, Asuncion St. Clair and Berit Kristoffersen(eds), *Climate Change, Ethics and Human Security*, Cambridge, UK: Cambridge University Press, pp. 23 – 46.

Grossman, David(2009), 'Tort – based climate litigation', in William C. G. Burns and Hari M. Osofsky(eds), *Adjudicating Climate Change: State, National and International Approaches*, Cambridge, UK: Cambridge University Press, pp. 193 – 229.

Held, David(2010), *Cosmopolitanism: Ideals and Practices*, Cambridge, UK: Polity.

Hoffmann, Matthew J. (2011), *Climate Governance at the Crossroads: Experimenting with a Global Response after Kyoto*, New York, USA: Oxford University Press.

Hulme, Mike(2009), *Why We Disagree About Climate Change*, Cambridge, UK: Cambridge University Press.

Human Security Unit(2011), *Progress Report to the Advisory Board on Human Security: September 2010 to September 2011*, New York, USA: Human Security Unit/OCHA.

Humphreys, Stephen(2010), 'Conceiving justice: articulating common causes as distinct

400

regimes', in Stephen Humphreys(ed.), *Human Rights and Climate Change*, Cambridge, UK: Cambridge University Press, pp. 299 – 319.

Jolly, Richard and Deepayan Basu Ray(2007), ' Human security – national perspectives and global agendas: insights from national human development reports', *Journal of Human Development*, 19(4), 457 – 472.

Keohane, Robert O. and David G. Victor (2011), ' The regime complex for climate change', *Perspectives in Politics*, 9(1), 7 – 23.

Knox, John H. (2009), ' Linking human rights and climate change at the United Nations', *Harvard Environmental Law Review*, 33(2), 477 – 498.

Leary, Neil, Cecilia Conde, Jyoti Kulkarni, Anthony Nyong and Juan Pulhin(eds) (2008), *Climate Change and Vulnerability*, London, UK: Earthscan.

Linklater, Andrew(2011), *The Problem of Harm in World Politics: Theoretical Investigations*, Cambridge, UK: Cambridge University Press.

Machlis, Gary, Thor Hansen, Zdravko Špirić and Jean E. McKendry(eds) (2011), *Warfare Ecology: A New Synthesis for Peace and Security*, Dordrecht, The Netherlands: Springer.

Mason, Michael(2005), *The New Accountability: Environmental Responsibility Across Borders*, London, UK: Earthscan.

Mason, Michael, Mark Zeitoun and Rebhy el Sheikh(2011), ' Conflict and social vulnerability to climate change: lessons from Gaza', *Climate and Development*, 3(4), 285 – 297.

Mason, Michael, Mark Zeitoun and Ziad Mimi(2012), ' Compounding vulnerability: impacts of climate change on Palestinians in Gaza and the West Bank', *Journal of Palestine Studies*, 41 (3), 38 – 55.

McAdam, Jane(2011), *Climate Change Development and International Law: Complementary Protection Standards*, PPLA/2011/03, Geneva: Division of International Protection, UN High Commissioner for Refugees.

McGlynn, Emily and Rodrigo Vidaurre(2011), *UN Funding Schemes Relevant to Climate Change Adaptation*, Berlin, Germany: Ecologic Institute.

Neocleous, Mark(2008), *Critique of Security*, Edinburgh: Edinburgh University Press.

O'Brien, Karen, Asunción St. Clair and Berit Kristoffersen (2010), ' The framing of climate change: why it matters', in Karen O'Brien, Asunción St. Clair and Berit Kristoffersen(eds), *Climate Change, Ethics and Human Security*, Cambridge, UK: Cambridge University Press, pp. 3 – 22.

OCHA(2009), *Climate Change: Campaign Toolkit*, New York, USA: Office for the Coordination of Humanitarian Affairs.

Office of Internal Oversight Services(2010), *Audit Report: Management of the United Nations Trust Fund for Human Security*, New York, USA: OIOS, UN.

OHCHR(2009), *Report of the Office of the High Commissioner for Human Rights on the Relationship Between Climate Change and Human Rights*, A/HRC/10/61, New York, USA: UN.

Okowa, Phoebe N. (2000), *State Responsibility for Transboundary Air Pollution in International Law*, Oxford, UK: Oxford University Press.

Soltau, Friedrich(2009), *Fairness in International Climate Change Law and Policy*, Cambridge, UK: Cambridge University Press.

Subsidiary Body for Implementation(2011), *Synthesis Report on Views and Implementation on the Thematic Areas in the Implementation of the Work Programme*, FCCC/SBI/2011/INF. 13, Bonn, Germany: UNFCCC Secretariat.

Sunstein, Cass R. (2005), *Laws of Fear: Beyond the Precautionary Principle*, Cambridge, UK: Cambridge University Press.

Swain, Ashok and Florian Krampe(2011), ' Stability and sustainability in peace building: pri－ority areas for warfare ecology', in Gary Machlis, Thor Hansen, Zdravko Špirić and Jean E. McKendry(eds), *Warfare Ecology: A New Synthesis for Peace and Security*, Dordrecht, The Netherlands: Springer, pp. 199－210.

Tadjbakhsh, Shahrbanou and Anuradha M. Chenoy(2007), *Human Security: Concepts and Implications*, London, UK: Routledge.

Turner, Mandy, Neil Cooper and Michael Pugh(2011), ' Institutionalised and co－opted: why human security has lost its way', in David Chandler and Nik Hynek(eds), *Critical Perspectives in Human Security: Rethinking Emancipation and Power in International Politics*, London, UK: Routledge, pp. 83－96.

UN Chief Executives Board for Coordination(2008), *Acting on Climate Change: the UN System Delivering as One*, New York, USA: UNCEB.

UN Secretary－General(2009), *Climate Change and its Possible Security Implications*, A/64/350, New York, USA: UN General Assembly.

UN Secretary－General(2010), Human Security, A/64/701, New York: UN General Assembly. UN Secretary－General(2012), ' The Secretary General's Five－Year Action Agenda',

401

25 January, New York: UN. http://www.un.org/sg/priorities/index.shtml.

UNDP(1994), *Human Development Report 1994: New Dimensions of Human Security*, New York, USA: United Nations Development Programme.

UNDP(2007), *Human Development Report 2007/2008: Fighting Climate Change: Human Solidarity in a Divided World*, New York, USA: United Nations Development Programme.

UNDP(2008), *Iraq: National Report on the Status of Human Development*, New York, USA: United Nations Development Programme.

UNEP(2009), *Integrating Environment in Post-conflict Needs Assessments*, Geneva, Switzerland: United Nations Environment Programme.

UNFCCC(2007), *Climate Change: Impacts, Vulnerabilities and Adaptation in Developing Countries*, Bonn, Germany: UNFCCC Secretariat.

UNHCR(2009), *Climate Change, Natural Disasters and Human Displacement: A UNHCR Perspective*, Geneva, Switzerland: UN High Commissioner for Refugees.

Victor, David G. (2011), *Global Warming Gridlock: Creating More Effective Strategies for Protecting the Planet*, Cambridge, UK: Cambridge University Press.

第十六章

应对气候变化加强人类安全的人权方法

史蒂夫·范德海登

人为气候变化经过一连串的连锁反应，最终将伤害到人类。这些伤害可以通过极端天气（如风暴、洪水或热浪）直接影响人类，也可以通过食物或水资源的日益匮乏以及生态能力退化间接影响人类（IPCC，2007）。这些与气候相关的可预期的冲击以多种方式破坏生态、农业、经济和社会系统，威胁着人类安全。尽管有人竭力反对追踪人为因素对全球气候系统具体造成哪些影响，但随着温室气体在大气中的含量持续增加，这些有害事件还将持续爆发；因人类活动而引发的恶劣天气事件的频度和强度预计都会增加，人类将遭受更多伤害。这些有害事件不论以什么样的形式伤害人类，温室气体的净排放增加导致气候变化的做法都被视为"道德过错"（Gardiner，2011），比如化石燃料的燃烧、自然碳汇的减少等。虽然可以预见会有无辜受害者遭受这些本可避免的伤害，但这并不是促使当前温室气体排放的各种活动和政策的本意。

无论是以个人伦理视角（即一些人在道德上应受谴责的行为导致另一些人承受道德上无法接受的后果），还是以国际和代际公平视角（即政策和制度而不是个人行为最终导致上述有害影响），这种非出自本意的过错都可以从道德权利视角来研究。不管对气候变化原因的规范分析是源于所谓的气候伦理学还是气候正义，免于伤害这一最基本的道德权利都被气候变化的影响侵犯了。这种规范分析虽然不需要采用基于权利的方法，但是在分析诸如减少人类排放温室效应气体及保护脆弱人群免遭气候变化相关影响的道德案例时，基于权利来表达对不合法行为的禁止也许更令人信

服。由于权利要求对其所保障的利益进行最强有力的保护，并将其优先于
那些不以权利为基础的诉求。因此，权利抓住了对他人施加伤害的不正当
性，并要求采取必要措施防止伤害发生，一旦伤害发生就要对伤害提供
补偿。

人们可能会质疑道德权利的概念，或质疑将道德权利应用于与气候变
化有关的伤害，下文在分析这两种情况时将采取一种挑战传统权利分析的
形式。根据本文的研究目的，假设存在一种受他人可规避行为伤害的道德
权利，并且在人类活动、气候变化和人类伤害加剧之间存在的显著联系。
在本章中，我要讨论更具体的问题，即围绕气候变化的重要议题是否可以
纳入"人权"话语或"人权"政治来研究。这涉及道德权利的一个子集，
即人权的道德基础。把尽量减少气候变化的持续影响、保护弱势群体免受
气候变化影响的政治努力框定为人权问题，而不是个人伦理或全球正义问
题，从而缩小规范研究范围，只关注小范围、可预计的气候影响，并拓展
这些政治努力可利用的资源。作为法律建构，人权提供了具有独特优势的
规范研究素材和政治工具，并且能够从理论上回应伦理方法具有影响力的
反对意见，以体现气候变化对人权的侵犯，特别是当免受环境伤害的权利
可以被包含于公认的人权中时。但这些方法本身也有局限性，这包括在约
束某些强权国家影响气候变化的行为时当前的人权制度表现出政治无能，
并且当涉及追责影响气候变化的主体或对气候变化受害者提供补救措施
时，权利主张的标准又存在着不确定性。

一　基于权利的方法

一般来说，防止气候相关伤害的道德权利赋予了受该权利保护的人向
那些对气候变化负有责任的主体要求强制救济的初步索偿权，该权利要求
这些责任主体对其造成的伤害进行赔偿。对气候变化治理来说，承认这种
不受伤害的权利，即使不是决定性的，也为叫停他人参与施害过程并要求
对其已造成的伤害负责提供了非常充分的理由。在霍菲尔迪安（Hohfeldi-
an）看来，这涉及请求权，即通过被动的权利来约束潜在污染者的行为，

促使那些潜在污染者克制自身的伤害行动（Hohfeld，1919）。原则上，与这项权利相关的义务对所有人都有约束力，因为一个人的行为可能不会直接侵犯他人的权利，但多人的类似行为汇聚在一起就会构成对他人权利的侵犯，这对传统权利理论提出了挑战，我们将在下文进一步讨论。因此，道德权利并不是针对伤害本身，而是针对隐藏在伤害背后应承担责任的人类施为。举例来说：在一场普通的洪水中丧生是不幸的，但这不是非法的也没有侵犯任何权利，然而在一场可以确定责任方的洪水中丧生是对个人消极权利的非法侵犯。侵犯某一个人的权利不一定是错误的：将肆虐的山洪转移改道导致一户人家丧生，从而避免了整个城镇被淹没并挽救了所有居民，这也许算不上非法，却侵犯了单个受害者的权利。该户人家不受伤害的权利可能并没有规定以牺牲更大的群体为代价而使其幸免伤害，但该户人家的幸存者可以根据所遭受的伤害和损失要求获得赔偿。

什么才是应承担责任的人类施为，这个问题需要更多的讨论，如果不存在应承担责任的人类施为，权利不会受到侵犯。正如我在其他研究中所论证的（Vanderheiden：2008，ch.6），在免受伤害的权利的标准案件中确定罪责的适当标准是共同过错（contributory fault），正如范伯格（Feinberg）所说，标准法律责任包含三个组成部分：

> 首先，责任个体确实做了相关的伤害性事情，或者至少他的行为或不作为与该事件有实质性的因果关系。其次，这种有因果关系的行为一定在某种程度上有过错。最后，如果伤害性行为确实是"他的过错"，那么必要的致因关系必须直接存在于他的行为过错与结果之中。如果过错与致因无关，则不足以造成伤害，也不能认定该个体为责任个体。（Feinberg，1970a：222）

鉴于共同过错的认定需要犯罪行为与伤害之间有直接的因果关系，对于类似气候变化这样的环境伤害，难以认定为共同过错，其原因将在下文进一步讨论。目前要考虑的是认定侵权行为或不作为是过错的重要性。根据这一标准，由可原谅的无知（Vanderheiden，2004）造成的环境伤害可能会带来道德上的不良后果，但不会侵犯免受伤害的权利，因为如果行为人无法合理预见并避免所引起的后果，则不能被认定为有过错。由于道德权利涉及对他人的主张，这种主张只能针对造成伤害的不法行为，不涉及纯粹的意外伤害，而纯粹的意外伤害在构成上又与自然原因造成的伤害相似。因此，道德过错是因果责任的补充，可以在一系列持续的推动中发生变化并与因果责任耦合。例如，如果行为人由于可原谅的无知而造成了某种环境伤害，虽然随后被告知但拒绝减少这种伤害行为，或拒绝采用适当的补救措施，这样就不再是单纯的环境伤害了，这种行为已经开始侵犯受害方的权利，后续的伤害行为就要被追究。

405

不受人为环境变化伤害的权利可被视为最基本的权利之一，特别是这种伤害涉及严重痛苦或死亡时。气候变化促使各种安全与生存权相联系，因为极端天气事件可以直接威胁到人类安全，由气候变化带来的物资短缺可以间接威胁到人类生存（Shue，1996）。例如，气候变化威胁基本安全保障，包括海平面上升引发的领土问题和不断变化的疾病传播载体带来的健康威胁，以及因干旱和洪水导致的作物歉收。因此，免于伤害的权利主张超越了较小的权利主张，如对财产的使用或政治主权的行使，也超越了非基于权利的主张，如积累财富。非基于权利的主张常常被视为反对采取监管措施的王牌理由（Dworkin，1977）。如果不考虑一些人的行为会通过气候变化伤害到他人的这种情况，多数人认可给他人造成可避免的严重伤害是错误的。如果存在相关权利，则免于可避免的他人伤害的权利就是其中基本的权利之一。

人权是建立在道德权利基础上的法律和政治建构，道德权利是人权正当性的重要内容。不论国籍或公民身份，人人享有人权。各国承诺在国内保护人权、在国外促进人权，原则上甚至向居住在拒绝人权公约的国家的个人和人民提供保护。人权最早通过 1948 年的《世界人权宣言》宣布，后来通过一系列后续公约整理、发展并明确了人权的内容，人权规定了世界政治中的行为准则，为评估政权和衡量社会进步提供了机制，在某些情况下，人权可以被用于判断在一些滥用权力的国家进行人道主义干预的合理性。由于人权在范围上具有普遍性，因此被推定为既保护所有人的共同利益又保护易受到他人干扰者的利益，使集体的共同利益和那些只受不可

406 控自然灾害或变幻莫测运气威胁的可怜人的个人利益共同成为人权的内容。换句话说，防止过错行为发生的规范性力量以及过错行为发生时进行干预的补救进程，二者相结合使人权保护的不仅仅是过错行为的不良后果，还能够预防过错行为的发生。因此，权利制度要利用各种权利资源传播权利保护的准则，并在必要时执行这些准则。

道德权利为保护人权提供了必要但不充分的条件，这为通过人权解决气候变化问题提供了外部推力。通过行使人权应对气候变化，很大程度上取决于这种外部推力，在国际社会最近未能采取充分的监管措施来预防危险的气候变化的情况下，很多人认为这样的提法是有用的，这样做是为了保护那些受气候变化威胁者的权利（Caney，2008；Shue，2011）。如果为保护弱势群体免受气候相关伤害的新的法律或政治措施不能被采纳，人们可能会猜测，或许可以利用现有的国际约束规则也能够保护弱势群体。例如，美国拒绝批准 1997 年的《京都议定书》，因此不受该条约条款的约束，拒绝接受该条约规定的国家排放限制。一些人建议，还可以利用美国是各项人权公约缔约国的这一点来约束美国的温室气体排放。政治上处于劣势的群体往往得不到立法机构的回应，但宪法赋予了这些群体进入政策体系的权利途径。尽管政府设法避免在制定国际气候政策《联合国气候变化框架公约》的准立法进程上做出任何承诺，但人权在迫使各国对气候变化采取行动方面提供了另一种思路。

因此，利用行使人权来支持国际气候变化应对行动，显然是最务实的：人权话语和制度为制定有效国际气候政策并打破当前的气候政策僵局提供了一个解决思路。原则上，如果可以证明气候变化侵犯了一项或多项公认的人权，并且某些缔约国对这种侵犯负有责任，那么这个证明为根据国际法采取补救措施提供了依据，或者至少在那些关注人权超过关注环境保护的各方中，为采取更有力的行动争取支持。当然，目前国际人道主义

407 法不够强势，无法迫使强权国家改变其内部环境政策，尤其是美国已经开始积极抵制国际法对其内部事务的适用，通常以威胁国家主权为由多次削弱国际人道主义法律。发现气候变化威胁人权，以及像美国这样的强权国家对其造成的气候变化负有责任，不一定会带来国内政策的改变，

国际法庭也不太可能会成功地下令对受害者进行赔偿，该策略的大多数建议者肯定也意识到这一点。事实上，人权方法的风险在于如果美国被正式确认侵犯了人权，但却选择无视国际法规定的补救措施，那么人权将受到影响。那么为什么要采取一种可能存在风险且不太可能带来好处的策略呢？

二　对人权方法的反对意见

在考虑从人权视角看待气候变化的依据之前，必须指出反对这样做的几个理由，其中之一涉及基于权利方法的相对适度目标。与基于分配正义的气候变化分析相比，权利基于充分原则，即权利保障仅规定所有的人获得自己的权利不受侵犯所需的最低限度的资源；而正义方法往往以平等主义原则为基础，即平等（而不是充足）的资源才是默认立场，从这个立场出发来处理各种情况。在这种对比中，权利方法关注的是减少绝对剥夺而不是减少相对剥夺，因此只关注最差的情况，而正义方法关注的是缩小最好情况和最差情况之间的差距。但是，如果对人权概念界定不当，在受气候变化影响者的权利尚未被侵犯的情况下，就得出气候变化侵犯人权的结论，那么，应对气候变化的人权方法就可能会存在重大的不公正情况。关于与气候变化有关的资源的分配或获得，无论是大气空间的份额（Vanderheiden，2009）还是食物和水等基本必需品，基于权利的方法可能会容忍相对更多的不平等，并要求采取较少的补救措施。因此，人权策略可能会损害气候正义的目标，让世界上的富人继续为气候变化作出贡献，直到受害者的权利受到侵犯——或者由于下文要讨论的原因，在一个更低的标准下，他们可以被确凿地证明是被不合法行为侵犯了——而不能防止不侵犯权利的不良后果。

例如，气候变化可能会侵犯人类获得食物的权利，而根据《世界人权宣言》每个人都有权利获得足够的"食物、衣服、住房、医疗和必要的社会服务"，以达到"维持他本人和家人的健康和福利所需的生活水准"（UDHR，第 25 条）。与气候相关的洪水和干旱可能对饥荒易发地区的作物产量产生不利影响从而威胁生存权，而这种威胁可能与正在改变气候系统的污染行动有关。在这里粮食与其他基本必需品被归为一类，《世界人权宣言》所援引的充足性标准可视为仅要求人们所拥有的热量或营养物质不被剥夺至某一基准下限，如果被剥夺至低于这一下限将侵犯他们的生存权，气候变化需要对可以证明与其有因果关系且低于基准临界值的任何额外剥夺负责。只要维持一定的基本生活水平，尤其是通过跨国粮食贸易或援助来满足这种食物权，与气候有关的农作物种植重大损失是可以容忍的。虽然人类的食物权或更一般的生存权得到保护，可能会减轻与贫困相关的重要脆弱性，但并不存在针对贫困本身的人权。事实上，在权利的视角下，允许那些能填饱肚子不至于陷入贫困的普罗大众与极端富裕的人共存。如果目标是某种形式的平等正义，正如气候正义分析所声称的那样（Caney，2005；Hayward，2007；Vanderheiden，2011），在获取资源方面存在广泛不平等（而不是绝对剥夺）就会被指责，需要用雄心勃勃的补救措施来解决问题。

在气候变化的背景下，正如卡内（Caney，2010）所认为的，声称侵犯人的食物权可能需要划定一个食物获取的道德界限，不允许有人低于这个界限，一旦低于这个界限就会触发补救措施，但补救仅限于维持在该界限之上，在这个界限之上权利不会认为被侵犯。那些容易遭受剥夺性苦难的人仍然是脆弱的，只有那些被剥夺了生存权利的对象（如果不是被完全剥夺）才有资格要求援助，而且援助仅仅是帮助他们刚好回到临界值。随着全球气温上升带来的气候影响越来越大，采取充分人权方法的灾难应对倾向可能永远赶不上气候变化对生存的威胁，如果采取这种灾难应对倾向，至少该倾向可以被理解为给那些低于道德临界值的人事后补救的机会，而不是强调需要积极努力提高韧性，以减少对环境变化的脆弱性。人权规则以这种更积极主动的方式来构建，会产生比气候正义方法更现实的目标，这些目标影响的范围更小且适用的影响类别更少，从而也使它们在政治上更可行。

卡内一直为气候正义进行全面的辩护，虽然他也赞同人权方法，但他要求国际政策要对气候正义做出比人权方法更有力的政策回应（Caney，

2009）。他最近开始论证气候变化可以被认为是侵犯了人权中的生命权、健康权和生存权。通过引用 1976 年《公民权利和政治权利国际公约》，他指出每个人都有不被"任意剥夺生命"的权利，并将与气候相关的事件（如洪水、风暴和热浪）造成的死亡视为对生命的任意剥夺（Caney，2010：166-167）。正如卡内所说，这种消极的权利表述要求任何人不得"任意剥夺他人的生命"，但他认为人类行为与气候变化造成死亡之间的因果关系还不太清楚。由于气候变化只是提高了导致丧生的极端天气事件频率和强度，可能与较高的死亡率有关，但与任何特定的事件或与之有关的死亡没有必然的联系。在所有与天气有关的死亡案例中，不能肯定是否有人权以卡内所设想的方式遭到侵犯。给定人类活动、气候变化、极端天气事件和人类死亡之间的因果关系，根本不可能分辨出某种死亡是不法行为的结果还是单纯的不幸遭遇。只要生命权被视为一种反干预的消极权利，要求相关的消极义务不能成为被任意剥夺的同谋，而不要求帮助面临危险的弱势群体的积极义务，无论原因如何，很难确定气候变化侵犯了任何人的权利，而不仅仅是导致威胁人类生命的自然现象加剧。

此外，即使某些极端天气事件造成的死亡与人为气候变化（而非自然发生的事件）有确切的关联，依然难以确定侵犯受害者权利的责任主体，以及这些责任主体没有履行其避免造成任意剥夺生命的消极义务。与气候变化相关的行为人具有分散化的特点，引起气候变化的行为和气候变化之间的因果关系兼具碎片化和聚合化的特点。单独某个人自己的排放量本身不会对全球气候产生明显的影响，更不用说引起任何有害的天气事件，所以不能说他们造成了与气候变化有关的任意剥夺（Sinnott-Armstrong，2005）。即使是像肆意排放温室气体者这种规模相对大的群体，如美国人或发达国家的居民，也不能说他们造成了气候变化，因为大气中温室气体的浓度来自人类的集体温室气体排放。用 UNFCCC 的话说，是人类共同提升了大气中温室气体的浓度从而产生有害影响，与此同时我们也未能提升韧性应对随后产生的气候影响，应对气候变化影响是我们共同的责任。此外，气候影响本身是人类集体污染活动的产物，而不是某次大量污染排放的结果。如果仅仅是非污染排放者（非美国人和非发展中国家的居民）的行为，这些群体都不会产生使他们被认定为侵犯任何人生命权的气候影响。简而言之，与对权利所保护的利益的不利影响相比，侵犯人权可能需要更直接、更明确的因果关系，而不是可追责的行为或政策、环境变化及其对权利保护利益的具体影响之间的因果关系。

卡内还认为，气候变化可以被视为侵犯了人的健康权，他将其定义为"他人的行为不会对人们的健康造成严重威胁"的权利（Caney，2010：167）。他指出了疾病发生频率提高的科学预测，包括胃肠道和心肺功能紊乱、登革热和疟疾，但气候影响的间接因果关系性再次阻断了任何特定的健康不良事件与人类犯罪行为之间明确和直接的联系。与生命权一样，疾病或其他伤害是由人类施为造成的，还是即使没有气候变化也会发生，此两种情况在现实中根本不可能明确区分，这导致难以确定共同过错，对是否涉嫌侵犯人权问题易有争议。除此之外，如果主张权利就抛弃权利的个人主义核心（Waldron，1987），要么将健康权转化为集体利益而非个人利益，从人口健康的统计变化中获取侵犯人权主张的依据；要么把给个人造成的不良后果与侵犯其权利混为一谈，这样缺少与某种过失行为侵犯权利的因果关系举证。人们可以积极而非消极地制定健康权，即使权利侵犯不是人为的也能要求采取补救措施保护人类健康免受威胁。但这样不符合将气候变化与人权关联的思路，还会引起对与此项权利相关义务范围的各种其他反对意见。

根据上述《世界人权宣言》（UDHR）宣布的食物和其他基本必需品的权利，卡内认为受到气候变化威胁的第三项人权与生存权有关。他再次表述了这项权利的消极性在于，它是所有人都拥有的一种权利，即"他人的行为不能剥夺人们的生活资料"（Caney，2010：168），这项权利保护人们免受与剥夺有因果关系的犯罪行为（culpable actions）的影响，但拒绝对生活资料的积极权利。他注意到与气候有关的干旱、洪水和其他极端天气事件给粮食安全带来了威胁，并引用了一系列预测，即到 2080 年温度会升高 2.5 摄氏度，这可能会导致 4500 万 ~5500 万人面临饥饿的风险。同样，确定是不合法行为（culpable act）侵犯生存权的关键是要证明共同过错：这些权利被侵犯的个人不仅失去了相关权利赖以生存的环境，并且这种剥夺是由于其他人造成气候变化的错误行为造成。出于前面提到的原因，除了更全面地证实与气候有关的影响外，增加这第三类人权侵犯对伦理分析的帮助不大。它与上文讨论的其他两项权利一样，在将气候变化与人权侵犯联系起来方面存在着先前指出的问题。

三　挽救人权方法？

也许人们可以遵循卡内的策略，科学地预测气候变化对人类的全部影响：频繁发生的剧烈天气事件所造成的死亡人数 X 意味着生命权被任意剥夺的人数为 X，这侵犯了受影响者的人权。即使不能从温室气体大气浓度较低时发生的其他类似事件中分辨出那些人为因素促成的天气事件，人们还是可能会推理出人类行为与生命丧失之间存在联系，毕竟这是人权中与生命有关的一项权利。虽然我们不能确定哪些人会因为导致气候变化的污染行为而丧失，但我们可以估算出天气变暖到什么程度可能导致的侵犯权利的数量，说明气候变化（乃至导致气候变化的行为和政策）造成了这些额外的生命丧失。

这种方法存在两方面的问题。第一，除了一些集体权利（如自决权、领土权和文化权）之外，大多数人权都是保护个人重要人类利益免受威胁。正如卡内所说，生命权是这样一项个人权利，即当任何人被任意剥夺生命时生命权就受到了侵犯。把生命权作为个人权利结构的组成，不能保护群体避免超出正常死亡率的死亡（如冲突或环境变化造成的死亡）。事实上，免受伤害的权利本质上是个人主义的，它不适用于上文提到的集体权利的行使，正如罗尔斯（Rawls, 1971：24）所说，功利主义没有认真思考人的独立个体性。虽然较高的群体死亡率也会带来更多的个体死亡，但不能推定统计上偏离正常值的群体死亡率就侵犯了人类的生命权。即使气候变化可以被确定为是导致某群体更多死亡人数 X 的原因，这也不会侵犯该群体所拥有的任何权利。除非能证明某个人是因人为气候变化而丧生，否则不能说他们的生命权受到了侵犯。如果找不出一位能证明是因气候变化而丧生的死者，那么气候变化就没有侵犯任何人的生命权。这种判断对气候相关伤害的受害者进行身份认定或伤害评估至关重要。

　　第二，通过综合分析，在对有过错的气候伤害进行标准的气候伦理分析时，人权方法并没有提升气候伦理分析的透明度或扩大其分析范围。绝对禁止伤害无辜受害者的义务论，或者是那些仰仗道德权利的人，得到了同样的结论，同时也都遇到了相同问题，即无法区分人为死亡和自然死亡。由于上述原因，结果主义者在发现由于过失造成死亡人数增加方面做得更好，但拒绝承认权利理论所特有的人身不可侵犯性。基于分配正义的方法在研究气候变化时同样比权利理论更具优势，因为该方法关注资源份额的分配或气候变化加剧下不平等的方式，这两者都更适合上述的综合影响策略。与证明相似的行为或政策造成一些不良后果相比，证明某些人或群体排放的温室气体超过了他们合理的份额相对容易，因为这种分析不需要将过度排放与任何特定的影响联系起来。如果目标是要将违法行为或政策与用一些规范性理论识别偏离最优的标准联系起来，那么基于权利的方法似乎不适合应用于气候变化分析，因为使用人权方法基于道德权利来分析气候变化时，始终不能明确地区分纯粹的意外伤害与气候原因造成的伤害。

　　另一个支撑造成气候变化的人类活动和公共政策，与人权对象之间因
413　果关系的策略是，正式承认一种半影权利（penumbra rights），即一种隐含的免于伤害的人权（特别是免于环境伤害的人权）。正如通常所表述的那样，承认安全环境权是受保护的人权之一，说明了环境危害对现有人权的威胁。从这个意义上看，这建立在已经被生命权、健康权或生存权所保护的人类利益之上，将保护免受环境威胁的需要正式确定为一种权利并作为维护人类利益的法律依据。在关注环境变化对人类影响时，人们并没有考虑赋予非人类动物或自然对象权利，即没有将权利配置给自然界或自然界的资源。更确切地说，就像防止极度贫困权和正当程序权一样，安全环境权将在法律权利的清单上增加一个次要的工具性保护措施，旨在唤起人们关注环境在人类福利中发挥的作用。因此，安全环境权将扩大当前的人权清单而不是这些权利的保护对象，因为它保护人们免遭不安全环境状况的同时还保护了受不安全环境状况威胁的其他权利。安全环境权所提供的法律保护如果正式确定下来，这些法律保护就已经隐含在其他权利的半影范

围内，所以对其正式确定只是明确了这个隐含意义。

1972 年联合国人类环境会议宣布的《斯德哥尔摩宣言》对环境人权的表述颇具影响力，该宣言的第一项原则是：

> 人享有自由、平等和适宜生活条件的基本权利，有权利在良好的环境中过有尊严且幸福的生活，同时还负有为今世和子孙后代保护和改善环境的庄严责任。

这项原则将对安全或适宜环境的关注提升到人权的地位会带来若干好处。正如海沃德（Hayward）所说，受宪法保护的环境权利只要适用于人权，它就获得了法律地位和权利保护：

> 巩固了对环境保护重要性的认识；提供了统一立法和监管原则的机会；保证这些原则不受常规政治变动的影响，同时也提高了民主参与环境决策过程的机会。（Hayward，2005：7）

其他人权方法在评估环境质量时持简化态度，只将环境质量限定在有助于保护其他利益的层面，这些利益通过其受保护的法律身份被认定为具有内在价值。通过权利保障环境安全的同时，还有助于保护其他利益。此外，尽管享有安全或适宜环境的权利是所有人都拥有的，并不需要依赖于对特定人员的伤害证明或要求受害方证明现有的损伤，但是，当从法律上对破坏环境从而威胁权利的政策或做法提出挑战时，这种法律上的认可在原则上提升了非政府组织和其他各方的法律地位。相比之下，将环境恶化与受权利保护的福利受到损失联系起来的方法，需要更具体地指出受到哪些威胁或存在哪些损伤事实，并且那些受到威胁或损伤的人愿意通过人权程序提出索赔。最后，权利的文字表述将权利的宣告与保护这项权利的责任结合起来，防止等到权利被侵犯后才下令采取补救行动，在某些环境问题上补救行动来不及有效地保护相关利益。

然而，人权方法可能无法完全解决依靠人权话语表达环境保护诉求的不足。正如卡内将现有权利对环境威胁的适用，获得"安全"或"适宜"环境的权利只要求不低于某种程度的下限，这是在确保公平获得环境产品和服务方面对环境正义的拙劣替代。即使环境权利规定得再明确，也难以具体说明世界上的生态产品和服务被剥夺至不安全或不充足之前，每个人能够有权获得多少这类产品和服务。这是因为人权方法关注的是权利被剥夺对其他利益的影响，而不是关注好的环境质量底线标准。比如气候变化这种全球性环境危害，可以容易地得出污染或资源枯竭与对人类尊严或福祉的威胁之间存在关联性的结论。但鉴于上述原因，仍然难以将任何犯罪行为与有害现象联系起来。如果不能证明温室污染行为或政策侵犯了现有人权（如生命权或生存权），那么还是不能确认这种针对气候变化的权利，在多大程度上能提高权利话语针对责任方及其行为的能力。另外，即使能够建立造成不安全的环境状况的行为与伤害之间的联系，仍难以确定在被侵犯的权利清单上具体增加哪些内容，因为所有这些似乎是联结在一起的。

415　　　那么，通过确定所谓被气候变化侵犯的三项独立的人权，而不是简单地将三项中最严重的一项（生命权）作为补救行动的理由，有什么益处呢？如果通过权利途径取决于是否越过了某个下限或道德临界点，那么除了生命损失以外，其他的人权影响可以用于衡量是否要阻止正在发生的行为。当然，在人权政治中，决定是否采取措施的界限往往很重要，因为通常认为，只有在权利受到足够严重的侵犯时采取制裁或使用武力这样的补救措施才是合理的，但这种实用主义的考量违背了权利理论的基本结构，即权利并不取决于影响的比较。至少在原则上，如果有任何权利受到侵犯，就有必要采取补救措施——这正是卡内和其他人发现权利方法在应对气候变化等棘手的威胁时如此有吸引力的原因——如果发生更严重的侵犯权利的行为则会考虑对抗，而不仅仅是数量上的比较。在刑事指控中可以将多项违法行为加在一起而延长刑期，与刑事指控不同的是，如果被发现因推动气候变化而侵犯人权，应当接受惩罚的当事人首先要采取的补救措施是停止推动气候变化，然后才是对受害者进行赔偿。确定更多的人权受影响者，从而查明更多的受害者，或许可以证明这种人权分析方法的延伸是合理的，但回顾气候变化与具体伤害之间难以确定的联系，这种想法是否能实现令人怀疑。

上述讨论之后，我们可能会再次疑惑：这种基于人权的分析对基于分配正义或伦理学研究气候变化的规范方法有什么贡献？乐观地讲，答案可能是：有限。卡内发现的被气候变化威胁的这三项权利都可以直接通过针对伤害的道德命令保护，因此人权方法只不过重复了气候伦理对气候变化的指控以及确立这些指控的困难。然而，这些不足并非基于权利的方法所独有，如果可以找到采取权利方法的其他理由，这些不足让我们重新思考是否要通过援引人的生命权迫使碳污染者承诺承担更大的减缓气候变化责任。毋庸置疑，不去预防可避免的死亡或与剥夺相关的痛苦是不道德的（即使标准的共同过错模型也不能使这些道德上的不良后果被确定为侵犯人权），如果人权方法能在实践中避免这些道德上的不良后果，那么运用该方法来应对气候变化或许仍是可取的。

四　维护（捍卫）人权方法

416

那么，为什么不干脆拒绝将人权应用于气候变化？一种理由是政治方面的，而不是哲理方面的。当人们的权利受到不法侵犯时，法定权利可以提供制度性补偿手段，而道德命令唤起的只是规范性力量较小层面的执行权。例如，在宪法权利得到有力保护的情况下，受害者可以通过法院寻求补偿，通常有国家或人权非政府组织资助的法律顾问协助，如果获得补偿还会得到其他国家行为者的支持，以获得他们经判定应该得到的补偿。人权较少依赖强制力较弱的"软性"法律，原则上人权受国家强制力量的保护以抵御重大威胁。比如，人权保护可以通过国际刑事法院等准司法机构实施，或者通过国家向《世界人权宣言》承诺并重申保护责任（R2P）准则的多边保护实施，还可以通过各种人权公约签署国国内法实施，这些公约在每个国家内将保护人权的主要责任交付给其认可的政府。虽然人权保护承诺没有宪法权利强制力那么大，但比道德禁令和规定更有强制力，因为道德禁令和规定不会引发制裁和强制执行。人权至少试图将实际的执行力引入以防止道德过错，将政治权力与人权保护合法化的目的结合起来。

除了激发可能的法律和政治力量外，人权还是国际政治和治理准则的重要来源，申明人权保护的对象普遍拥有人权对人类福祉至关重要，预示着这些权利是评估各种政权、国际机构或协议的基础，呼吁人们关注人类面临的最紧迫的威胁。即使不是可诉讼的法律权力来源，承认免于环境伤害的人权也可能为国际气候政策的制定带来话语优势，即将气候变化与其他人权诉求联系起来。如卡内所言，如果把气候变化视为人权问题而不是经济问题，可以更有效地采取强有力的减缓气候变化的措施，不过这样做需要付出高昂的代价，因为权利保护不局限于成本－收益的分析。人权影响（而不是经济成本）可以更有效地用于衡量减缓措施和适应方案，比较这两种方案在争取稀缺资源时的相对效率。用人权术语来表达气候影响还将把重点从碳排放、温室气体在大气中浓度升高或温度上升的目标转到气候变化对人类的影响上（McInerney-Lankford et al.，2011）。迄今为止，排放、温室气体在大气中浓度升高或温度上升等指标一直被国际上用于制定气候政策努力的参照，但对公众来说这些目标可能过于抽象。虽然将气候变化与人权联系起来有风险，即有可能削弱人权而不能有效防止气候变化，但人权方法能够有助于巩固人权学界对气候行动的支持，这些支持不仅可以通过利用其核心规范目标实现，还可以通过隐含的承诺实现，即气候政策发展把促进人权作为其任务的核心，从而减轻人们关于稀缺的援助和发展资源被转移到新兴的国际气候努力的担忧。

此外，对那些遭受气候相关伤害的人来说，援引准法律权利的方法可能比基于伦理的方法更能实现个人或政治层面的赋权，后者可能涉及道德权利，但没有赋予其实际的权利形式；援引准法律权利的方法之所以能够更有效地实现赋权，是因为它们将气候相关伤害定性为侵犯了可主张的权利，而不像基于伦理的方法那样需要被气候相关影响伤害并且还得指望那些应受惩罚者的良知。正如范伯格（Feinberg，1970b：252）所言，拥有权利使我们能够"像人一样站起来"直视他人，并在某种意义上感受到与其他所有人之间的平等"，因为权利使人们能够在受到他人的不当侵害时提出有法律效力的权利主张，而不局限于道义劝告以及依赖他人的同情或慈善。因此，仅仅是拥有权利，甚至不需要向政府援引这些权利（政府可能会驳回索赔），也许就可以给可能遭受气候相关伤害的人带来好处。当国家承认权利所有人对彼此、对国家具有有效的主张时，个人赋权可能部分地取决于权利保护所提供的法律或政治赋权，但也部分来自于权利主张的表述，甚至这些主张被官方否认时也持续存在。处于要求补救的境况，而不是仅仅指出自己遭受了道德上的不良后果，这意味着一种平等的道德地位，鼓励那些习惯于劣势地位的人有勇气为自身的利益而行动，而不是对加诸他们身上的伤害逆来顺受、认为这些伤害是不可避免或不可抗拒的。

官方公开承认权利所有人的身份，强化了范伯格所描述的个人赋权，将原本无法强制执行的道德诉求转变为可强制执行的政治诉求，即通过赋予那些易受气候相关伤害的人实现权利所需的权力，增强他们对目的或权利要求的信心。当权利只存在于纸面上，并且得不到使权利制度发挥作用的法律和政治执行机制支持时，道德权利因其在成文法中没有行使基础，就不可能为那些名义上受到权利保护的人提供尊严和平等感。但是，人权的激励性本质仍然可以鼓舞潜在的权利诉求者在寻求最终获得法律保护的过程中追寻法律给予的承诺（Donnelly，2003：191 - 192）。承认受气候变化影响的人是权利所有者，而不是期望得到适应性慈善援助的无辜受害者，即使相关政治当局否认相关权利主张也会加强气候正义事业，就像多年来每一个成功的基于权利的社会运动一样。

这种法律和政治赋权在推动强硬的气候变化减缓政策方面具有若干实际优势，同时还具有更多的心理或社会优势。最明显的是，认识到气候变化侵犯了某些法律权利，使受伤害者有机会求助于政府机制，可以通过法院系统审理他们的案件，法院有权利和义务通过保护这些权利来补偿他们的遭遇，还可以通过政府立法和行政职能，使它们在法律上承诺保护人们的权利并能够在权利受到侵犯时可以采取强制措施。虽然没有哪个国际机构能以国内法院保护法律权利的方式保护人权，并且人权法理学也没有为国内法创造先例，但如果法律上宣布某一方侵犯了另一方的人权可能具有重大的议题设置效果和舆论导向作用。即使没有法律约束力，人权也可能具有足够的规范性影响，足以在大众舆论中谴责那些对侵犯人权负有责任的当事方或政策。如果政府被认定为与侵犯人权者同流合污，那么将面临

418

证明其遵守自己宣称效忠的权利体系的压力。

如果假设当前不是所有人都受到人权保护，证明导致气候变化的行为及政策与国内受保护的生命权、健康权或生存权受到的威胁之间的关联性，虽然不算是直接通过人权来解决问题，但这样做可以赋予那些受气候变化威胁并受国内法律权利保护的人权力。正式承认这一关联性将开启以人权主张为代表的一类分析，从而加强人权呼吁的规范性力量。尽管美国最高法院在马萨诸塞州起诉环境保护署一案（2007）中允许城市和州联合起来起诉

419

环保署未能根据《清洁空气法》的法定授权对二氧化碳监管，但迄今为止法院一直不愿意通过确认权利被预测的气候变化威胁，来赋予与气候相关伤害的实际或潜在受害者法律地位。赋予州法律地位是因为其"准主权能力"受到损害，危及其公民的公共健康和福利。法院在要求环保署颁布汽车排放管制时，虽然明确了个人不享有针对气候变化影响的权利，但在国会不愿意通过任何新的法定保护措施来进行监管时，法院还是赋予根据现行法律开展监管工作的合法性和紧迫性。如果法院授予个人相关法律地位，判例将允许对当前国家气候政策不妥协的情况提出更广泛的挑战，包括将监管权力扩大至汽车排尾气排放之外，并可能下令将适应性融资作为对弱势群体的强制救济，对那些无法避免气候相关伤害的人进行赔偿。人权主张可能从国内法律权利案件衍生，并向外扩展其保护范围。

相反，根据国际法对碳污染国家的政策提出的人权挑战可以从另一方面影响国内气候政治，通过指责国内政策侵犯国外人权，来动员人们支持更好的国内人权保护。例如，2005 年因纽特人向美洲国家间人权委员会（IACHR）提出控诉称，美国因其对气候变化的作用而侵犯了他们的人权，气候变化在因纽特人居住的加拿大、阿拉斯加、格陵兰岛和俄罗斯的北极地区的影响最明显。根据请愿书，"由美国影响气候变化的行为和美国政府不作为造成的"气候变化侵犯了因纽特人在"文化利益、财产、健康保护、生命、身体健康、安全和生存手段，以及居住、迁徙和居住自由"等方面的人权。（Watt-Cloutier，2005：5）。该请愿书于 2006 年 11 月被无偏见地驳回，但如果它被接受将标志着因纽特人以及其他易受气候相关伤害者的重大胜利，意味着根据请愿书和美洲国家间人权委员会的规定，美国

要"采取强制性措施限制温室气体的排放，并与国际社会合作"以减轻人为的气候变化，"在批准所有主要的政府行动之前"美国要评估和考虑国内排放对因纽特人的影响，并为因纽特人制定和资助适应计划，以适应变化的气候条件（Watt-Cloutier, 2005：7 – 8）。当然，请愿书的最终失败给这一策划按下了暂停键，但通过人权话语设定议题和动员支持的可能性应该予以充分考虑。

五　结论

人权常常被视为是一个愿望而非任何成文法规定的权利，实际上《世界人权宣言》也是这样描述的，它呼吁签署国"努力通过教诲和教育促进对这些权利和自由的尊重，通过国家和国际的渐进措施，确保这些权利和自由得到普遍且有效的承认和遵守"。虽然随后通过多边条约发表的人权宣言具有法律约束力，原则上赋予其法律权利身份，并要求签署国无论在哪里发生侵犯人权行为都必须实施保护措施，但在实践中人权的地位远远低于国内法律权利。其中部分原因是全球层面的制度缺陷，即缺少与保护国内宪法权利相当的人权保护司法体系，这使人权保护的实施很大程度上取决于政府的自由裁量，而不是公正的司法当局。人权对影响气候变化行为的约束力量相对薄弱的另外一个原因来自法律方面，例如，美国声明《公民权利和政治权利国际公约》的条款不能自动生效，这剥夺了申诉人向美国法院提起诉讼的机会，并拒绝了将条约条款也作为国内法的正常条款要求。

出于对当前侵犯人权的禁令救济或保护维权利益，人权法可以要求人权条约和公约的缔约国采取更艰苦的碳减排努力，从而抵御气候相关伤害促进人类安全。人权法已经要求像美国这样的大型碳污染者采取有意义的行动来减缓气候变化，不过这只是与之有关的几个国际法之一。尽管美国未通过 1997 年的《京都议定书》，从而避免了具有法律约束力的温室气体排放上限，但它是 1992 年《里约环境与发展宣言》的签署国，美国承诺在采取进一步政策行动之前将其排放量控制在 1990 年的水平。同时，美国

420

也是 1979 年日内瓦《远程跨界空气污染公约》的缔约国，该公约为控制温室气体排放提供了另一个国际法依据。将公认的人权与减缓和适应气候变化工作联系起来，或者承认像安全权或适宜环境权这样的半影权利，可以在现有国际法的基础上进一步明确国家在国际监管体制中的义务和目标。

气候变化作为全球政策问题的严峻性以及采取措施以防气候相关苦难的紧迫性都表明了与人权的联系。人权保护是为了应对人类最大的道德和政治挑战，为减缓气候变化而援引人权的益处，最好被视为是实践上的，而不是哲学上的。在实践上的益处可能在于对当前和潜在的气候相关伤害的受害者的认可和赋权，而不是对国际承认的政治当局的法律动员。可以肯定的是，人权方法仍然有风险，这包括将其与政治上不受欢迎但又紧迫的政策事项联系起来并可能会损害对其他人权主张的支持，以及人权方法不能完全向更雄心勃勃的平等主义气候正义主张妥协。无论是否从气候正义、气候伦理或人权方面提出这些问题，必须从策略而不是分析的视角来看待，因为各种方法的价值或风险不取决于它们是否能阐明人类应对气候变化在道义上的利害关系，而取决于它们是否能调动有效的应对措施。但是，这些考虑可能至少需要在人权方法上进一步展开。也许需要把人权作为更直接的规范而不是分析的依据或权威，努力把公认的道德承诺与新的研究联系起来，才能使其成为世界应对迫在眉睫的环境威胁的方式之一。

参考文献

Caney, Simon (2005), ' Cosmopolitan justice, responsibility and global climate change', *Leiden Journal of International Law*, 18(4), 747 – 75.

Caney, Simon (2008), ' Human rights, climate change, and discounting', *Environmental Politics*, 17(4), 536 – 55.

Caney, Simon(2009), ' Justice and the distribution of greenhouse gas emissions', *Journal of Global Ethics*, 5(2), 125 – 46.

Caney, Simon (2010), ' Climate change, human rights, and moral thresholds', in

S. Gardiner, S. Caney, D. Jamieson, and H. Shue(eds) , *Climate Ethics: Essential Readings*, Oxford, UK and New York, US: Oxford University Press, pp. 163 – 77.

Donnelly, Jack(2003) , *Universal Human Rights in Theory and Practice*, Ithaca, US: Cornell University Press.

Dworkin, Ronald (1977) , *Taking Rights Seriously*, Cambridge, US: Harvard University Press.

Feinberg, Joel(1970a) , *Doing and Deserving*, Princeton, US: Princeton University Press.

Feinberg, Joel(1970b) , ' The nature and value of rights' , *Journal of Value Inquiry*, 4, 243 – 57.

Gardiner, Stephen M. (2011) , *A Perfect Moral Storm: The Ethical Tragedy of Climate Change*, Oxford, UK and New York, US: Oxford University Press.

Hayward, Tim(2005) , *Constitutional Environmental Rights*, Oxford, UK and New York, US: Oxford University Press.

Hayward, Tim(2007) , ' Human rights versus emissions rights: climate justice and the equita – ble distribution of ecological space' , *Ethics & International Affairs*, 21(4) , 431 – 50.

Hohfeld, Wesley N. (1919) , *Fundamental Legal Conceptions*, New Haven, US: Yale University Press.

Intergovernmental Panel on Climate Change(IPCC) (2007) , *Climate Change 2007: Impacts, Adaptation, and Vulnerability*, Contribution of Working Group II to the Fourth Assessment Report of the Intergovernmental Panel on Climate Change, ed. by M. L. Parry, O. F. Canziani, J. P. Palutikof, P. J. van der Linden and C. E. Hanson, Oxford, UK and New York, US: Oxford University Press.

McInerney – Lankford, Siobhán, Mac Darrow, and Lavanya Rajamani (2011) , *Human Rights and Climate Change: A Review of the International Legal Dimensions*, Washington, US: The World Bank. siteresources. worldbank. org/INTLAWJUSTICE/Resources/HumanRightsAndClimateChange. pdf.

Rawls, John(1971) , *A Theory of Justice*, Cambridge, US: Belknap Press.

Shue, Henry(1996) , *Basic Rights: Subsistence, Affluence, and U. S. Foreign Policy*, Princeton, US: Princeton University Press.

Shue, Henry(2011) , ' Human rights, climate change, and the trillionth ton' , in Douglas Arnold(ed.) , *The Ethics of Global Climate Change*, Cambridge, UK and New York, US: Cambridge University Press, pp. 292 – 314.

Sinnott – Armstrong, Walter(2005), ' It's not my fault', in W. Sinnott – Armstrong and R. B. Howarth(eds), *Perspectives on Climate Change: Science, Economics, Politics, Ethics*, San Diego, US: Elsevier, pp. 285 – 306.

Vanderheiden, Steve(2004), ' Knowledge, uncertainty, and responsibility: responding to climate change', *Public Affairs Quarterly*, 18(2), 141 – 58.

Vanderheiden, Steve(2008), *Atmospheric Justice: A Political Theory of Climate Change*, Oxford, UK and New York, US: Oxford University Press.

Vanderheiden, Steve(2009), ' Allocating ecological space', *Journal of Social Philosophy*, 40(2), 257 – 75.

Vanderheiden, Steve(2011), ' Globalizing responsibility for climate change', *Ethics and International Affairs*, 25(1), 65 – 84.

Waldron, Jeremy(1987), ' Can communal goods be human rights?', *European Journal of Sociology*, 28(2), 296 – 322.

Watt – Cloutier(2005), *Petition to the Inter – American Commission on Human Rights Seeking Relief from Violations Resulting from Global Warming Caused by Acts and Omissions of the United States*, with support from the Inuit Circumpolar Conference, 7 December, earthjus – tice. org/sites/default/files/library/legal_ docs/petition – to – the – inter – american – commission – on – human – rights – on – behalf – of – the – inuit – circumpolar – conference. pdf.

索 引 *

ABC (Attitude Behaviour Choice)
model 352–4, 363
Actor Network tradition 364
adaptation strategies
community-based approaches
advantages 347–8
carbon capability 348–53
risk perception, relevance of 349
definition 239
and disaster risk reduction, link
between 342
and human security 57
in Latin America and Caribbean
239–45
need to address 57
of Inuit people in Arctic 296–7
investment
in Latin America and Caribbean
242–5
Least Developed Countries Fund
(LDCF) 242–3
need for 239–40
Special Climate Change Fund 242
National Adaptation Programmes
of Action (NAPA) 243
pro-poor emphasis, need for 185–7
sustainable development, role in
240, 342
vulnerability analysis, role of
187–91, 300–301
adaptive capacity 141
post-conflict vulnerabilities 388–9
social interaction, influence on
142–3
societal responses and strategies
154–6
Adger, Neil 52, 55, 148–9, 155, 157,
282, 300, 339, 348, 350, 392
Advisory Board on Human Security
387
Africa see also individual countries by
name
climate change

and adaptive capacity 305
analysis distortion or
oversimplification 312–13,
326–7
assessment challenges 309
degradation narratives 306, 310
and food insecurity 309
impacts 309–10
migration 312
policies, global vs. local emphasis
306–7, 320–24, 326–8
rainfall changes 311–12, 316–17
responsibilities 305
temperature increases 312
trends 308–9
emergency politics 307
human security
emotional influences 327–8
freedom from fear or want, role in
307, 309–10, 326–8
highly vulnerable groups and
livelihoods 126
multiple stresses 313, 315–19
narratives, historical relevance to
315–19, 326–7
political influences, role of 326–7
and population growth 310–311
and violent conflict 80–81,
309–12
vulnerabilities 305, 309
and water security 311–12
inequalities 305
IPCC (International Panel on
Climate Change) Fourth
Assessment Report on 80–81
IPCC (International Panel on
Climate Change) Third
Assessment Report on 74
political influences 306–7
social perceptions, influences of
305–7
water wars 74, 78
The Age of Consequences 57–8

Agrawal, Bina 186, 191–2
agriculture *see also* pastoralism
 capability inequalities 150–51
 crop switching 129–30
 fisheries 127–8
 forestry 128
 sedentary agriculture 127
 societal adaptation strategies 155
 specialized export-oriented
  agriculture 129–31
Aitken, D. 346
Aklilu, Y. 320
Alaska, climate change impacts
 context, importance of 296–9
 human security in adaptive
  strategies 301
 Inuit people 283–4, 287, 289–99, 301
 land settlement agreements 301
 migratory animals and birds 290–92,
  295–6
 permafrost warming 294–5
 water resources 287–8
Albania
 human security indicators 265–71
Algeria
 human security indicators 265–71
Alkire, S. 264
animals and birds
 in Arctic, climate change impact on
  290–92, 295–6
Annan, Kofi 29, 238
Antarctica
 environmental management
  framework 284
 environmental patterns 283
 global climate, biosystems role in
  282–3
 human security 283–4
Arab Spring 256–7, 259, 261
Arctic, climate change impacts
 adaptation strategies, influences on
  299–301
 biosystems role in 282–3
 context, importance of 296–9
 economic benefits of climate change
  288–90
 environmental patterns 283, 285
 extractive industries 288–9, 297
 human security 126–7, 283, 287,
  299–301

Inuit/ indigenous peoples 283–4,
  287, 289–99
 permafrost warming 285, 294–6
 political impacts 288–9
 sea ice melt 283, 285–7, 295
 temperature increases 283, 285, 287
 trends and predictions 283, 285–6
 water resources 287–8
 wildlife, climate change impacts
  286–7, 290–92, 295–6
Argentina
 disaster management plans 174–5
Arrhenius, Svante 94
Ash, Timothy G. 200
Ashton, Peter 80
Australia
 Green Home programme 365–6

Baker, D.J. 91, 101–2
Bangladesh
 climate change scenarios 58–9
 disaster management plans 174
 human security needs 44–6, 55–6
 natural disasters, impact of 45–6,
  174
 poverty trends 45
 vulnerability inequalities 46
Banuri, Tariq 98
Barnett, Jon 52, 55, 63, 80, 282, 328–9
behavioural change
 approaches, generally 350
 carbon capability 348–53
 external influences on 363
 knowledge and information
  overload 345–6, 349, 363
 nudging 349–54
 satisificing 349, 351
 social marketing 350–54
 and sustainable energy consumption
  361–3, 377–8
 untilitarian models 350, 352–3
Benjaminsen, Tor 102
Betsill, Michele 70
biodiversity protection, historical
 development of 2–3
birds *see* animals and birds
Biswas, Asit 72
Black Swan events 59
Blaikie, P. 140, 176
Blitt, Jessica 75

Bohle, H. 113, 146–5, 166–8, 235
Bosnia and Herzegovina
  human security indicators 265–71
Brauch, H.G. 234
Brazil
  climate change adaptation strategies
    and funding 244
Brklacich, M. 261
Brown, Ian A. 317
built environments *see* urban
  environments
Burgess, A. 352
Burke, Marshall 312

Canada
  Arctic climate change impacts
    context, importance of 296–9
    economic benefits 289
    human security in adaptive
      strategies 299–301
    on Inuit people 283–4, 287,
      289–99, 301
    land settlement agreements 301
    on migratory animals and birds
      290–92, 295–6
    on water resources 287–8
  Heat Alert and Response Systems
    121
Caney, S. 159, 408–12, 414–16
capitalism
  disaster capitalism 31
  and human security, relationship
    between 31–2
carbon capability 348–53
  principles 348
  purpose 348–9
Carbon Emissions Reduction Targets
  362
carbon trading/ markets 2
Caribbean 227–8
  adaptation strategies 239–42, 244–5
    funding 242–5
  disaster mortality trends 238
  economic indicators 231–2
  extreme event/ natural disaster
    trends 228, 328
  greenhouse gas contributions 227
  human security
    policy development 234–5
    vulnerabilities 235–9

policy development needs 246–7
population trends and projections
  230–31
poverty trends 237
Prevalent Vulnerability Index 235–6
UNFCCC communications 230–31,
  239, 246
Cartagena Protocol on Biosafety
  (2000) 2–3
catastrophe bonds 35
Catley, A. 320
Chernobyl 127
China
  natural disasters, resilience to 220
Chowdhury, Mohammed 165
Ciccone, Antonio 311
citizen security 50
Clean Air Act (US) 418–19
Clean Development Mechanism
  (CDM) 242–3, 392–3
climate change, generally
  advantages 104, 288–90
  analysis
    challenges 21, 30–31, 57, 346–7
    local *vs.* global 340
    social and political influences on
      339–40
  anthropological studies in 281–2
  approaches to 341
  modeling, weaknesses of 340–41
  scale, relevance of 341–2
  chain of causation
    changing attitudes to 164–70
    contributory fault 404–5
    culpability, proof of 409–14
    and moral principles of human
      agency 404–5
  climate change risk *vs.*
    environmental disaster risk 9
  conditionality 96–7
  costs of
    financial 49
    human 49–50, 402
  definition 113–114
    as environmental problem,
      reasons for 340–41
  and electricity demand 121–2
  and human security
    analysis, role of 41–5, 61–3, 91,
      234–5

climate security 30–32
at community/ individual scale
339, 341–2, 344–8
conceptual conflicts 102–3
critical thresholds 10
environmental influences, scale
and diversity 22, 92–3, 117
exclusions 387
focus, role in establishing 382
and freedom from fear or want
27, 29, 52, 55, 98–9, 139
fuel poverty trends 361
human rights 394–5
interconnectedness 6–7, 21–2, 28,
61–3, 99–103
multi-level influences 342–4
political authority, role of 7–8,
31–2, 37–9
proximity, relevance of 91–3
social influences 143–6, 150–56,
158–9
theory development role 27
unequal exposure to hazards
114–115, 164, 175
UNFCCC, relevance to 384–5,
390–91
universal narratives for 97–9
and migration 33–4, 75–7, 80, 153–5,
312, 395–7
and natural variability 96–7
public policy development
ABC models for 352–4, 363
behavioural change theories
349–53
carbon capability approaches
348–53
global vs. local emphasis 306–7,
320–24, 326–8
lock-in 354–5
responses, global
challenges 90–91
as excuse for state interference
320–21, 327–8
modeling, approaches to 91
responses, local/ community 339,
341–2, 344–8
scenarios 57–61, 227
advantages of 59–60
mitigation 78
securitization 229, 231

social influences 281–2
human capabilities 144–5
human rights 158–9
human wants vs. needs 143–4
hunger and food insecurity 150
inequality and injustice 131–2,
150–51
national security risks 152–4
policy/ institutional role 137,
152–4, 157–8
poverty and marginalization
149–50, 187–91, 237
scale variations 151–4
social and economic development
156
social capital 147–8
social networks 147–8, 155
social resilience 148–9
social responses and strategies
154–6
societal instability 53, 137, 151–4
sustainable livelihoods 145–6
universal narrative approach 89–90
climate colonialism and climate
relativism 104–5
development 94–7
and moral understanding 92–4
and natural variability 96
problems with 95–6
violent conflict
in Africa 80–81, 309–19
climate refugees 76–7, 80, 153–4,
312, 395–7
link between 6, 29–30, 63, 70–71,
82–4
mitigation scenarios 78
modeling, development of 82–3
national security risks 152–4
resource wars 74–6
water wars 72–4, 78
climate colonialism 104–5
*Climate Extremes: Recent Trends with
Implications for National Security*
101–2
climate justice 30
and collective obligation 158–9
human rights-based policies
advantages 403–4, 416–21
limitations 407–15
and right to food 36–7, 408

rural *vs.* urban inequalities 36
social inequalities of 150–51, 158
and sustainable development 36–7
climate refugees
 categorization 34
 forced relocation
  and humanitarian law 395–7
  Inuits in Arctic 298–9
 and human security 27, 33–4, 153–4
 influences on 31, 33–4
 resource wars 75–6
 and responsibility to protect 33–4
 seasonal migration 155
 trends 116
 and violent conflict 76–7, 80, 153–4,
  312, 395–7
climate relativism 104–5
climate security
 and justice 36–7
 meaning 24, 30–32
Cline, William 77
Cold War
 notions of security, influences on
  23, 25
Cole, R.J. 365–6
Commission on Human Security 28,
 386–8
common security, meaning 23–4
Community Energy Saving
 Programme 362
conservation, attitudes to 1–3
Convention on Biological Diversity
 (1992) 2–3
Convention Relating to the Status of
 Refugees (1951) 395–6
coping strategies *see* adaptation
 strategies
Croatia
 human security indicators 265–71
The Cruel Choice 43
Cuba
 disaster resilience 217
Cyclone Bhola 174
Cyclone Gorky 174
Cyprus
 human security indicators 265–71

Dabrowski, M. 259
Dalby, Simon 79
Darfur conflict

climate change, actual *vs.* perceived
 role in 313, 315–19
 history and politics 313–15, 317–18
De Alessi, L. 201
de Soysa, I. 201–3
deforestation, and natural disasters
 208–9
Dellapenna, Joseph W. 73
Detraz, Nicole 70
developing countries
 climate change cause *vs.*
  responsibility inequalities
  150–51, 156, 164, 173–5
 common but differentiated
  responsibilities 391–3
disaster aid, role of 35
disaster capitalism 31
disaster mortality
 gender, influence of 204
 trends 237–8
Disaster Risk Index 118
disaster risk reduction/ planning
 and climate change adaptation, link
  between 342
 disaster diplomacy 202
 and disaster impact, influence on
  174–5
 disaster risk calculation formula
  118–19
 place in political agenda 35, 118
 and political instability 213–21
 research emphasis 342
 social networks impact on 202
disasters *see* environmental disasters;
  extreme events; natural hazards
Dolan, P. 351
Dominican Republic, natural disasters
 in
 economic impacts 206–8
 geographical influences 205–9
 political and economic development
  210–13
 political instability, influences on
  213–21
 resilience to 205–8
 and resource management 208–9
 social vulnerabilities 208
 trends 203, 211–12
downwards security, meaning 24,
 47–50

Drèze, Jean 192
drug production and trafficking
    and human security, links between
    27
Dyer, Gwynne 56–61

Eakin, H. 245–6
earthquakes, impact of 211–12,
    215–16, 219–21
ECLAC (Economic Commission for
    Latin America and the Caribbean)
    on funding for adaptation strategies
        240, 244
    on natural hazard trends and
        mortality rates 237–8
    on poverty trends 237, 245
Egypt
    human security indicators 265–71
emissions trading 2
energy consumption
    energy efficiency policy development
        361–3, 377–8
    fuel poverty trends 361
    heat island effects 121–2
    and human agency practices
        364–6
    policy developments 361–3
    study method 366–9
    study results 369–76, 369–77
    technology performance gap 364
environmental degradation
    and livestock livelihood 321–4
    and natural disasters, role in 208–9
environmental disasters
    in Bangladesh, impact of 45–6
    catastrophe bonds 35
    and climate change, link between
        118
    disaster aid, role of 35
    disaster planning, place in political
        agenda 35, 118
    disaster risk vs. climate change risk 9
    exposure to, inequality in 114–115,
        164, 175
    and freedom from hazard impacts
        34–6, 51–2, 237–8
    human actions, influence on 35–6
    human responses to, trends in 57–8
    media focus 200
    and responsibility to protect 33–4

and social organisation 114–115
trends vs. importance 218
Environmental Vulnerability Index
    258, 262–3
Euroclima 241
European Commission
    on human security strategies, need
        for 233
extreme events see also environmental
    disasters; natural hazards
    and climate change, links between
        118
    exposure to, inequality in 114–115,
        164, 175
    and freedom from hazard impacts
        34–6, 51–2, 237–8
    and social organisation 114–115
    trends and predictions 203

Faris, Stephan 316
Feinberg, Joel 404–5, 417–18
Finan, Timothy 300
financial crisis
    and environmental policy, impact
        on 3–4
    and human security, in
        Mediterranean region 259–60
fisheries, climate change influences on
    127–8
food resources
    and climate justice 36–7, 408
    food miles 130
    food security, influences on 22
    specialized export-oriented
        agriculture 129–31
    transnational sourcing, influence of
        3–4
    and urban unrest 123–4
food security
    climate change influences on 150
    and Inuit people, in Arctic 290–92
    food resources, influences on 22
    in urban environments 122–3
    and urban unrest 123–4
Ford, James D. 292
Forester, John 60
forestry, climate change influences on
    127–8
Fourth Assessment Report (4AR) see
    under IPCC

France
  human security indicators
    265–71
Fraser, Nancy 167
freedom from fear or want
  in Africa 307, 309–10, 326–8
  in Bangladesh 45, 46, 55–6
  definition 386
  and fear of climate change, overlap
    between 326–8
  and human security 27, 29, 52, 55,
    98–9, 139, 327–8, 392
freedom from harm
  climate change and human security,
    links between 390–91, 393–4,
    402–4
freedom from hazard impacts 34–6,
    51–2, 237–8
freedom to live in dignity 139
Freguson, Hilary 292
Friedman, Thomas 60
Fritz, Charles E. 202
fuel poverty, trends 361
Füssel, H.-M. 205
future genetrations
  human security, relevance to 44, 51,
    393

G-20 policy commitments 246
Gallopin, G.C. 140, 148–9, 151
Gasper, Des 60, 63
German Advisory Council on Global
    Change 101
Giddens, Anthony 60
Glaser, Sarah 311
Gleditsch, N.P. 312
Gleick, Peter H. 73–4
Global Environment Facility (GEF)
    241, 243
Global Environmental Change and
    Human Security (GECHS) 51–2,
    63
global security, meaning 24
globalization, impact on human
    security 259–60
Goldenberg, S. 346–7
Goldhar, Christina 292
Gomez, Oscar 47
Gore, Al 67
Goulet, Denis 43, 54

Greece
  human security indicators 265–71
Green Deal 377–8
Greenland, climate change impacts
  context, importance of 296–9
  human security, role in adaptive
    strategies 299–301
  Inuit people 283–4, 287, 289–99, 301
  land settlement agreements 301
  migratory animals and birds 290–92,
    295–6
  permafrost warming 285, 294–6
  sea ice melt trends 283, 285–6, 296
Grey, Leslie 317
Gulledge, Jay 57–8

Haiti, natural disasters in 170
  economic impacts 206–8
  extreme events, trends 203, 211–12
  geographical influences 205–9, 217
  political and economic development
    210–16
  and political instability 213–21
  resilience to 205–7, 217–18
  and resource management 208–9
  social vulnerabilities 208
  urbanization, role of 219–20
Halsnæs, K. 101
Hartmann, B. 310
Hayward, Tim 413
Heat Alert and Response Systems 121
heat island effects 121–2
Held, David 382
Heller, Claude 234
Hendrix, Cullen 311
Hispaniola see also Dominican
    Republic; Haiti
  extreme events
    impact on politics and economy
      213–15
    trends 203, 211–12
  natural disaster, vulnerability to 205
  political and economic development
    210–11, 213–15
Hobson, Kirsty 365–6
Hohfeld, Wesley 404
Homer-Dixon, Thomas 75, 310–11
Hulme, Mike 390
human, meaning of 42–3
human agency practices 364–6, 404

human capabilities 144–5
human capital 144
Human Development Index 44
Human Development Reports 386–7,
   396
human rights
   and climate change
      and climate justice 407–15
      culpability, proof of 409–14
      harmful human impacts 402
      impact analysis challenges 411–12
      legal conflicts 404–6, 408–11
      positive vs. negative rights 410–11,
         420
      rights-based policies, challenges
         411–15
   development 405–6
   enforceability 417–18
   and human security
      freedom from fear or want 27, 29,
         52, 98–9, 139
      freedom from hazard impacts
         34–6, 51–2
      human rights-based policies,
         advantages 403–7, 416–21
      human rights-based policies,
         limitations 407–15
      humanitarian law overlaps 396–7
      international governance overlaps
         394–5
      links between 29, 41–2, 44
      social influences of climate change
         on 158–9
   international governance,
      advantages and limitations
      416–20
   right not to be harmed 390–91,
      393–4, 402–4
   and causation 404–5, 409–10
      contributory fault 404–5
   right to food 36–7, 408, 410–11
   right to health 410
   right to life 409, 411–12
   and right to nature 3
   right to safe environment 413–14
   universal narrative approach 90
   universal scope of protection 405–6
human security
   adaptation strategies, need for
      inclusion in 57

analysis of
   challenges 22, 30–31, 53–4
   deprivation vs. insecurity 43–4
   dimensions and character 47–56
   empowerment vs. protection 55
   human, meaning of 42–3
   and human rights 44
   knock-on effects 62–3
   multiplicity, impact of 43
   perception of, influences on 47–9
   security, meaning of 23–6, 29
   threats 55–6
and capitalism, relationship between
   31–2
characteristics 26–7, 169–70
citizen security, meaning of 50
and climate change
   analysis, role of 41–5, 61–3, 91,
      234–5
   climate security 30–32
   at community/ individual scale
      339, 341–2, 344–8
   conceptual conflicts 102–3
   critical thresholds 10
   environmental influences, scale
      and diversity 22, 92–3, 117
   exclusions 387
   focus, role in establishing 382
   and freedom from fear or want
      27, 29, 52, 55, 98–9, 139
   fuel poverty trends 361
   human rights 394–5
   interconnectedness 6–7, 21–2, 28,
      61–3, 99–103
   multi-level influences 342–4
   political authority, role of 7–8,
      31–2, 37–9
   proximity, relevance of 91–3
   social influences 143–6, 150–56,
      158–9
   theory development role 27
   unequal exposure to hazards
      114–115, 164, 175
   UNFCCC, relevance to 384–5,
      390–91
   universal narratives for 97–9
codification 27–30
as counter-concept 41–2
definition 28–9, 97, 113, 138–40,
   338–9, 342

and empowerment 138–9
limitations and conflicts 387
local approaches, relevance of
   328–9
shielding 138–9
theory development 4–5, 7, 26–7,
   138, 232–3, 232–4
and drug production/ trafficking
   27
environmental influences on
   113–114
and environmental degradation
   27, 306, 310
environmental risk categorization
   117–19
exposure and uncertainty 119–20
highly vulnerable groups and
   livelihoods 125–7
and human empowerment
   119–20
scale, relevance of 22, 92–3, 117,
   152–4
in urban environments 117,
   120–24
ethical considerations 62, 272–5
and financial crisis 259–60
and food security 36–7
and freedom from fear or want 27,
   29, 52, 55, 98–9, 139
and freedom from hazard impacts
   34–6, 51–2, 237–8
and freedom to live in dignity 139
and future generations 44, 51, 393
as global responsibility 37–9
global threats 26–7
globalization, impact on 259–60
and human agency practices 364–6,
   404
human empowerment, role of
   119–20
and human rights
   links between 29, 41–2, 44
   social influences of climate change
      158–9
implementing, political authority
   for 37–9
influences on 5–6, 22
interconnectedness 6–7, 21–2, 28–9,
   61–3
international relations, place in 139

and national security 152–4, 204
and natural hazards, as disasters
   203–5
and neo-liberalism, relationship
   between 31–2
and population growth, links
   between 27
priority values 51–3
responsibilities
   for peace and security 387
   to protect 26–7, 30–34
   for provision of 54–5
   remedial 273–4
   retrospective 273
and risk analysis 31
risk management, as form of social
   control 166
scale dependence of 26–7, 117
and securitability 42–3, 47
as social construction 42–3
and terrorism 27
in urban environments 120–24
and violent conflict, links between
   29–30, 63
vulnerabilities
   and adaptive capacity 141–3,
      187–91, 300–301
   analysis of 43, 54–5
   combination of 56
   definition 140–41, 205, 339
   exposure, sensitivity and resilience
      54–5
   fisheries 127–8
   forestry 128
   and human capabilities 55,
      144–5
   hunter-gatherers 124–6
   and individual/ community
      behaviours 339
   influences on 10–11, 339
   national security risks 152–4
   nomadic/ semi-nomadic
      pastoralism 126–7
   poverty 149–50, 187–91, 237
   and risk perception 349
   sedentary agriculture 127
   sustainable livelihoods 145–6,
      339
   violent conflict 29–30, 63
'Human Security Now' 27–8

humanitarian law
  and climate change governance,
    links between 395–7
  and forced migration 395–7
hunter-gatherers 124–6
  Inuit people, in Arctic 283–4, 287,
    289–96
Hurricane Edith 213–14
Hurricane Ella 213–14
Hurricane Flora 215
Hurricane George 212
Hurricane Katrina 203
Hurricane Sandy 164–5, 346–7

Ibero-American Network of Climate
  Change Offices (RIOCC)
  240–41
Index of Globalization 259–60
India
  dam construction programmes
    132–3
indigenous peoples, climate change
  impact on human security
  in Arctic 283–4, 287, 289–90
  forced relocation 298–9
  history and context, importance of
    297–9
  human rights policy challenges
    419–20
  political influences on 298–9
institutions, climate change influence
  on
  social influences 137, 152–4, 157–8
  vulnerability-reduction strategies
    191–3
insurance and reinsurance 115, 175
Inter-American Commission on
  Human Rights 419
Inter-American Development Bank
  244
International Commission on
  Intervention and State
  Sovereignty (ICISS) 32–3
International Covenant on Civil and
  Political Rights (1976) 409
International Development Bank
  (IDB)
  role in adaptation strategy
    development in Latin America
    and Caribbean 244–5

international governance
  on climate change and human
    security
    and human rights 394–5
    and humanitarian law 395–7
    limitations of 406
    links between 383–9
    policy integration measures
      390–94
    state-centric policies, challenges
      of 393–4
  on human rights 416–19
  paradox of 382
  UN coordination role 386–9
  UNFCCC and IPCC roles 383–6,
    397–8
  vulnerability-reduction policy
    development, role in 191–3
International Meteorological
  Organization 95
Inuit people, climate change impact
  on human security 283–4, 287,
    289–96
  adaptive strategies 296–7, 299–301
  forced relocation 298–9
  history and context, importance of
    297–9
  human rights policy challenges
    419–20
  political influences on 298–9
IPCC (Intergovernmental Panel on
  Climate Change)
  on adaptation strategies 239
  on Artctic 285
  Assessment Reports, Third (TAR)
    71–8
    authority of 81–2
    on water wars, in Africa 74
  Assessment Reports, Fourth (4AR)
    79–80
    authority of 81–2
    on climate change and violent
      conflict, in Africa 80–81
    on climate refugees 80
    on resources conflicts 79–80
    on water wars 79
  on human conflict 67–8, 70–71
    climate refugees and violent
      conflict 76–7, 80
    mitigation scenarios 78

resource wars 74–6
  water wars 72–4, 78–9
on human security 22, 56–7, 100,
  342, 385–6, 397–8
Nobel Peace Prize award 67
review process 68–70
role of 68–70, 82–4
scenarios, analysis of 57–8
on South Asia 100
UNFCCC, influences on 385–6
Iran
  US earthquake aid 202
Israel
  human security indicators 265–71
Italy
  human security indicators 265–71

Jasanoff, Sheila 177–80, 306–7
Jordan
  human security indicators 265–71
justice *see also* climate justice
  and climate security 36–7

Keeling, Charles David 95
Kelly, P.M. 155, 300
Kelman, Ilan 202–4
Kennedy, Donald 77
Kent, Jennifer 77
Kenya
  climate change and human security
    drought-induced vulnerabilities
      319–26
    evidence of change 320–21
    global perspective, interference of
      320–21
    multiple stresses 319–20
    pastoralism, impacts on 321–5
  environmental policy developments
    disaster management plans 175
    and foreign investment 325–6
    social protection programmes
      325
    Vision 2030 development
      blueprint 325
Kevane, Michael 317
Khong, Y.F. 55
Ki-moon, Ban 315–16, 318
Klein, Naomi 31
knowledge, effective use of 345–6, 349,
  363

Kyoto Protocol 103, 385
  on adaptation funding measures 242
  on responsibility for environmental
    damage, and human security
    54–5, 392–3
  US refusal to ratify 406, 420

Lappland 126–7
Latin America
  climate change impact in 227–8
    adaptation funding 242–5
    adaptation strategies 239–42,
      244–5
    extreme event trends 228
    human security policy
      development 234–5
    human security vulnerabilities
      235–9
    policy development needs 246–7
  disaster mortality trends 238
  economic indicators 231–2
  greenhouse gas contributions 227
  natural disaster trends 238
  population trends and projections
    230–31
  poverty trends 237
  Prevalent Vulnerability Index
    235–6
  UNFCCC communications 230–31,
    239, 246
Leach, M. 191–2
Least Developed Countries Fund
  (LDCF) 242–3
Lebanon
  human security indicators 265–71
Leichenko, Robin 56, 61–2
Lemos, M.C. 245–6
Libyan Arab Jamahirya
  human security indicators 265–71
Lima Declaration (2008) 241
Linklater, Andrew 393
livestock *see* pastoralism
Livestock's Long Shadow 321–3
local communities
  climate change impact on human
    security
    in Arctic 283–4, 287, 289–90
    history and context, importance
      of 297–9
    political influences on 298–9

responses to climate change 344–8,
353–5
carbon capability behavioural
approaches 348–53
communication challenges 346–7
and policy-community integration
347–8
Lonergan, S.C. 113
Los Cabos G-20 Summit 246

Macedonia
human security indicators 265–71
McElroy, M. 91, 101–2
MacFarlane, N. 55
McKelvey, Robert 76
McNeil, J.R. 57
McRae, Hamish 78
Madrid Action Plan 233
maladaptation 142–3
Malta
human security indicators 265–71
marginalization 149–50
Marres, Noortje 366
Marsabit county *see* Kenya
Massachussetts v. Environmental
Protection Agency (2007) 418–19
Mecer, David 78
Mediterranean region
change trends 255–7
environmental change 254–8
financial crisis and globalization
impacts 259–60
political and institutional changes
260–61
population trends 258–9
social change 256, 258–61
violent conflict 260–61
climate change influences 254–8
Environmental Vulnerability
Index 258, 262–3
extreme events trends 257
interannual and spatial variability
258
temperature increases 257
water/ precipitation trends 257
definition 254
human security
analysis of 261–71
climate change impacts 255
ethical approaches to 272–5

improvement mechanisms 272–5
protection and adaptability 261,
264
regionalization 265–73
remedial responsibility 273–4
retrospective responsibility 273
and social vulnerability 274–5
socio-demographic impacts 255
study indicators 265–71
study method 264–5
study results 265–71
MENA (Middle East and North
Africa) countries
human security trends 265–71, 275
impacts on
financial crisis 259–60
globalization 259–60
political conflict 260–61
Mesjasz, C. 236
Mexico
climate change and human security
vulnerabilities 236
Middle East
water wars 73, 78
migration
and climate change, links between
6, 33–4
resource wars 75–6
seasonal migration 155
violent conflict 76–7, 80, 153–4,
312, 395–7
forced relocation
and humanitarian law 395–7
of Inuits in Arctic 298–9
and human security
and humanitarian law 395–7
links between 27, 33–4, 153–4
influences on 31, 33–4
migratory animals and birds
Arctic climate change impact on
290–92, 295–6
and responsibility to protect 33–4
trends 116
Millar, C. 346
Millennium Development Goals 228
Miller, D. 273
MINDSPACE report 351–2
mineral resources
transnational sourcing, influence of
3–4

Montenegro
  human security indicators 265–71
Moon, Ban-Ki 68
Moonen, A.C. 257
moral principles
  and climate change
    human rights-based policies,
      advantages 403–7, 416–21
    human rights-based policies,
      limitations 407–15
  enforceability 417–18
  global, need for 402–3
  and human agency practices 365–6,
    404
  and human rights, overlap between
    405–6
  moral thresholds, and climate justice
    408–9
  right not to be harmed 390–91,
    393–4, 402–4
    causation 404–5, 409–10
    contributory fault 404–5
  universal narratives 92–4
Morocco
  human security indicators 265–71
Myers, Norman 75–7

Nairobi Work Programme on
  Impacts, Vulnerability and
  Adaptation to Climate Change
  (NWP) 240
Nash, S. 91
National Adaptation Programmes of
  Action (NAPA) 243
National Human Development
  Reports
  on human security priority values
    52–3
National Security and the Threat of
  Climate Change 101
natural hazards see also environmental
  disasters
  definition 201
  and deforestation 208–9
  economic impacts 206–8, 210–11
  and environmental degradation
    208–9
  and freedom from hazard impacts
    34–6, 51–2, 237–8
  resilience to

disaster mortality, influences on
    204
  and human security 203–5
  and income 220
  influences on 203–9
  and political instability 213–21
  urbanization, influence on 217–18
  vulnerability, role of 203–5
  social and political impacts of 201–2
  unequal exposure, human security
    impacts 114–115, 164, 175
  and violent conflict 201–3
neo-liberalism
  and human security, relationship
    between 31–2
Neumayer, E. 204
nomadic/ semi-nomadic pastoralism
    126–7
nudging 349–54
Nuttall, Mark 292–3

Oba, G. 323–4
O'Brien, Karen 56, 61–2, 385
Office for the Coordination of
  Humanitarian Affairs (OCHA)
  388–9
Office of the High Commissioner for
  Human Rights (OHCRH) 394–5
Ogata, Sadako 169–70
Ostrom, Elinor 202

Pachuri, Rajendra 83
Pakistan
  climate change scenarios 58
  natural disasters, resilience to 218
Pantzar, M. 365
pastoralism
  climate change impacts of 321–5
  climate change vulnerabilities 322
  human security vulnerabilities 145–6
  nomadic/ semi-nomadic pastoralism
    126–7
  resilience of 324–5
Patz, Jonathan 77
Peace Index 260
Pearce, Fred 91
permafrost warming 285, 294–6
Picado, Sonia 234
Piervitali, E. 257
pinnoritaq 292–3

Pizarro, R. 237
Plümper, T. 204
political instability
    and disaster resilience, links between
        213–21
population trends
    and human security, links between
        27
    in Latin America and Caribbean
        230–31
    Malthusian theories 1–2
    in Mediterranean region 258–9
    and resource insecurity 310–11
Portugal
    human security indicators 265–71
poverty
    and access to insurance 115, 175
    human security and climate change
        causal factors and vulnerability
            149–50, 187–91, 237
        heat island effects 121–2
        influence on 45, 63, 104–6,
            149–50, 175–6, 185–91
        marginalization 149–50
        poverty reduction initiatives 342
        social organisation, relevance of
            114–115, 131–2
        in urban environments 122–4
Powys White, K. 354
Prevalent Vulnerability Index 235–6
Pro-Environmental Behaviours 362

Rahman, A. Atiq 77
rainfall
    and climate change, in Africa
        311–12, 316–17
    and GDP, links between 311
    and livestock livelihoods 322
    trends, in Mediterranean region
        257
Ramphal, Shridath 78
Reduced Emissions from
    Deforestation and Forest
    Degradation (REDD) 128
reinsurance 115, 175
responsibility for peace and security
    387
responsibility to protect 26–7, 30–34
    and environmental disasters 33–4
    and migration 33–4

peace and security 387
    and silent violence 33
right to food 36–7, 408, 410–11
right to health 410
right to life 409, 411–12
right to nature 3
right to safe environment 413–14
Rio Declaration (1992) 391–2
RIOCC (Ibero-American Network of
    Climate Change Offices) 240–41
risk
    causes of, changing attitudes to
        164–70
    perception of, relevance 349
    risk management, as form of social
        control 166
    risk pooling 191–2
    risk-hazard vulnerability analysis
        177–80
Rothschild, Emma 24–5, 38
Roy, M. 155

Sachs, Jeffrey 315
Safeworld Report (2008) 46
Salehyan, Idean 311
satisficing 349, 351
scale
    community/ individual scale 339,
        341–2, 344–8
    dependence of 26–7, 117
    multi-level influences 342–4
    proximity, relevance of 91–3
    and social impacts of climate change
        151–4
Schellnhuber, Hans-Joachim 76
Schneider, Stephen 76, 80
sea ice melt 283, 285–7, 295
seawater, temperature/ salinity changes
    128
security 337
    citizen security 50
    climate security 24
    Cold War influence on 23, 25, 337
    common security 23–4, 337
    conceptual development 23–6
    downwards security 24, 47–50
    and economic development, links
        between 25
    environmental factors, role in 23–4
    global security 24

multiplicity of 43
perception of, influences on 47–9
political influences on 23, 25–6, 337
responsibility for peace and 387
and securitability 42–3, 47
security risks 152–4
state/ collective security 25, 29, 337, 387
upwards security 24, 47, 51
sedentary agriculture, climate change influences on 127
Selinger, E. 354
Sen, Amartya 144, 159, 166, 169, 192
Senegal
adaptation strategies 186
Serbia
human security indicators 265–71
Shove, E. 354–5, 363, 365
silent violence 33
Slettebak, Rune 102, 201–3, 218
Slovenia
human security indicators 265–71
social capital, role of 147–8
social conditions, of human security
and adaptive capacity 141–3
deprivation of capabilities
hunger and food insecurity 150
inequality and injustice 131–2, 150–51, 173–5
national security risks 152–4
poverty and marginalization 149–50, 187–91, 237
scale variations 151–4
social responses and strategies 154–6
societal instability 53, 137, 151–4
and environmental disasters 114–115
human capabilities 144–5
and human rights 158–9
policy/ institutional role 137, 152–4, 157–8
social and economic development 155–6
social resilience 148–9
and sustainable livelihoods 145–6
wants vs. needs 143–4
social constructivist vulnerability analysis 177–80
social marketing 350–54
social networks, role of 147–8, 155, 202

social resilience 148–9
South Asia
impact of climate change in, IPCC predictions 100
Spain
human security indicators 265–71
Special Climate Change Fund 242
Spring, Oswald 236
Sprinz, Detlef 76
Steinfeld, H. 321–5
Stern Review (2007) 59, 100–101, 311
Stockholm Declaration (1972) 413
Sudan, Darfur conflict
climate change, actual vs. perceived role in 313, 315–19
history and politics 313–15, 317–18
sustainable development
adaptation strategies, role in 240, 342
and climate justice 36–7
community-level responses 344–8
and knowledge, effective use of 345–6
multi-level links with climate change and human security 342–4
as social response to climate change 156
and sustainable livelihoods 145–6
Syrian Arab Republic
human security indicators 265–71

Taleb, Nassim 59
temperature
increases, impact of
in Africa 312
in Arctic 283, 285, 287
in Mediterranean region 257
of seawater, impact of changes to 128
terrorism
and human security, links between 27
Theisen, Ole 311, 314
Thick and Thin: Moral Argument at Home and Abroad 92
Third Assessment Report (TAR) see under IPCC
Thornton, P.K. 322
tropical storms
in Hispaniola, impact of 212–16

Tunisia
    human security indicators 265–71
Turkey
    human security indicators 265–71
Turner, I. 179–80

ul Haq, Mahbub 97
Ullman, Richard 23–4, 32
UN Commission on Human Security
    238–9
UN Development Fund for Women
    388
UN Development Program (UNDP)
    Human Development Reports 44
    on human security
        definition 386–7
        theory development, role in 4–5,
            7, 26–7, 97–8, 398
UN Framework Convention of
    Climate Change (UNFCCC)
    103–4, 239, 242
    developed and developing countries,
        different obligations under
        391–3
    on human security 398
    and human rights 394–5
    and humanitarian law 397
    and moral principle of inter-state
        relations 393
    references to 384–5, 390–91
    IPCC (International Panel on
        Climate Change) influences on
        385–6, 397–8
    limitations of 384–5
    policy focus 384
    purpose 390
UN Trust Fund for Human Security
    388
United Kingdom
    climate change policy
        development
        behavioural change influences on
            351–2
        energy efficiency policies 361–3,
            377–8
United Nations, generally
    on human security
        connecting agencies, role in 29,
            387–8
        theory development role 233–5

United States
    and climate change
        culpability litigation 418–19
        polls 346–7
    international law
        legal obligations, avoidance 406,
            420
    and national security 406–7
    National Security Strategy, climate
        change role in 101
universal narratives
    for climate change 89–90
        climate colonialism and climate
            relativism 104–5
        development 94–7
        and moral understanding 92–4
        and natural variability 96
        problems with 95–6
    for human rights 90
    for human security 97–9
upwards security, meaning 24, 47, 51
urban environments
    and climate justice 36
    energy consumption
        energy efficiency policy
            development 361–3, 377–8
        fuel poverty trends 361
        and human agency practices
            364–6
        policy developments 361–3
        study method 366–9
        study results 369–77
        sustainable consumption
            behaviour 362–3
        technology performance gap 364
    human security implications 120–21
        food security 122–3
        heat island effects 121–2
        hostile urban environments 124
        urban unrest 123–4
    and natural disaster trends 218–19
urban unrest 123–4

Venema, H.D. 155
Vergara, W. 227
Verhagen, J. 101
Vidal, John 319–20
violent conflict
    and climate change
        in Africa 80–81, 309–19

climate migrants 76–7, 80, 153–4,
312, 395–7
link between 6, 63, 70–71, 82–4
mitigation scenarios 78
modeling, development of 82–3
national security risks 152–4
resource wars 74–6
water wars 72–4, 78
and human security
in Africa 80–81, 310–12
humanitarian law governance
395–7
links between 29–30, 63
in Mediterranean region 260–61
and natural hazard, links between
201–3
political stability assessments 213
silent violence 33
urban unrest 123–4
Vivekananda, J. 102
von Humbolt, Wilhelm 23, 27
vulnerabilities
and adaptive capacity 141–3,
187–91, 300–301
post-conflict 388–9
analysis 155–6, 173–4
causal factors, identification of
187–91
entitlements *vs.* livelihoods
approaches 181–5, 187–91
integrative frameworks 179–80
pro-poor emphasis, need for
185–7
purpose 176, 180
research role 193–4
risk-hazard theory 177–80
social constructivist theory 177–80
theories 177–81
and vulnerability-reduction policy
development 187–91
chain of causation
changing attitudes to 164–70
culpability, proof of 409–14
moral principles 404–5, 409
poverty 149–50, 187–91, 237
climate change impact trends 174–5
coping capacity 141–3, 388–9
definition 140–41, 205, 339
disaster risk reduction plans,
influence on 174–5

highly vulnerable groups and
livelihoods 125–7
and crop switching 129–30
fisheries 127–8
forestry 128
hunter-gatherers 124–6
nomadic/ semi-nomadic
pastoralism 126–7
sedentary agriculture 127
specialized export-oriented
agriculture 129–31
human security
and adaptive capacity 141–3,
187–91, 300–301
analysis of 43, 54–5
combination of 56
definition 140–41, 205, 339
exposure, sensitivity and resilience
54–5
fisheries 127–8
forestry 128
and human capabilities 55, 144–5
hunter-gatherers 124–6
and individual/ community
behaviours 339
influences on 10–11, 339
national security risks 152–4
nomadic/ semi-nomadic
pastoralism 126–7
poverty 149–50, 187–91, 237
and risk perception 349
risk perception, role of 349
sedentary agriculture 127
sustainable livelihoods 145–6, 339
violent conflict 29–30, 63
influences on 55–6
causes, analysis of 177–81
inequalities 35–7, 131–2, 150–51,
164, 173–5, 185
natural disasters 205
urbanisation 30, 120–24
social vulnerabilities, defined 236–7
Vulnerability Indexes
Latin America and Caribbean
235–6
Mediterranean 258, 262–3
vulnerability-reduction policy
development 187–91
institutional/ governance role in
191–3

Walzer, Michael 92–4
wants *vs.* needs 143–4 *see also* freedom
   from fear or want
water
  rainfall
    and GDP, links between 311
    and livestock livelihoods 322
    trends, in Mediterranean region
     257
  water resource impacts of climate
    change
    in Africa 311–12
    in Arctic 287–8
  water wars 72–4, 78
Watts, Michael 33, 166–8

Welzer, Harald 106
White, G.F. 345
wildfires 128
Wisner, Benjamin 205
Wolf, Aaron 72–3, 349
Work Programme on Loss and
   Damage (UNFCCC) 385
World Commission on Environment
   and Development (1987) 27
World Development Bank 49
*World in Transition: Climate Change as
   a Security Risk* 101

Zapata-Marti, R. 239

图书在版编目（CIP）数据

气候变化与人类安全手册／（英）迈克尔·R.雷德克
利夫特（Michael R. Redclift），（意）马尔科·格拉索
（Marco Grasso）编著；邵明波译. -- 北京：社会科学
文献出版社，2024.6. --（华政）. -- ISBN 978 - 7
- 5228 - 3822 - 9

Ⅰ. P467

中国国家版本馆 CIP 数据核字第 20243EU271 号

· 华政·城市与公共安全译丛 ·

气候变化与人类安全手册

编　著／〔英〕迈克尔·R. 雷德克利夫特（Michael R. Redclift）
　　　　〔意〕马尔科·格拉索（Marco Grasso）
译　者／邵明波

出 版 人／冀祥德
组稿编辑／高明秀
责任编辑／宋浩敏　宋 祺
责任印制／王京美

出　　版／社会科学文献出版社·区域国别学分社（010）59367078
　　　　　地址：北京市北三环中路甲29号院华龙大厦　邮编：100029
　　　　　网址：www. ssap. com. cn
发　　行／社会科学文献出版社（010）59367028
印　　装／三河市龙林印务有限公司

规　　格／开　本：787mm × 1092mm　1/16
　　　　　印　张：29.5　字　数：451千字
版　　次／2024 年 6 月第 1 版　2024 年 6 月第 1 次印刷
书　　号／ISBN 978 - 7 - 5228 - 3822 - 9
著作权合同
登 记 号／图字 01 - 2021 - 6365 号
定　　价／168.00 元

读者服务电话：4008918866